架构师书库

ARCHITECTURAL INTELLIGENCE
How Designers and Architects Created the Digital Landscape

架构启示录

[美] 莫莉·赖特·斯廷森（Molly Wright Steenson） 著

爱飞翔 译

机械工业出版社
China Machine Press

图书在版编目（CIP）数据

架构启示录/（美）莫莉·赖特·斯廷森（Molly Wright Steenson）著；爱飞翔译 . —北京：机械工业出版社，2020.6

（架构师书库）

书名原文：Architectural Intelligence: How Designers and Architects Created the Digital Landscape

ISBN 978-7 111-65744-6

I. 架… II. ① 莫… ② 爱… III. 软件设计 IV. TP311.5

中国版本图书馆 CIP 数据核字（2020）第 092607 号

本书版权登记号：图字 01-2018-4599

架构启示录

出版发行：机械工业出版社（北京市西城区百万庄大街 22 号　邮政编码：100037）

责任编辑：李忠明　　　　　　　　　　　责任校对：周文娜

印　　刷：北京市荣盛彩色印刷有限公司　　版　　次：2020 年 6 月第 1 版第 1 次印刷

开　　本：186mm×240mm　1/16　　　　印　　张：19.25

书　　号：ISBN 978-7-111-65744-6　　　定　　价：99.00 元

客服电话：（010）88361066　88379833　68326294　　投稿热线：（010）88379604

华章网站：www.hzbook.com　　　　　　读者信箱：hzit@hzbook.com

版权所有·侵权必究

封底无防伪标均为盗版

本书法律顾问：北京大成律师事务所　韩光 / 邹晓东

传统的建筑和现代的数字产品之间怎么会有联系呢？这是我第一次看到这本书时想到的问题。由于自己经常编程，所以总是把 architect 认作架构师，把 architecture 叫成架构或体系结构，其实，这两个词原本分别指的是建筑师与建筑，那么，后来为什么又会用于信息领域呢？

本书正是要研究建筑给数字产业所带来的启发。传统的建筑是有形的，而且体态较大，但是当前的家用计算机硬件与各种便携设备却相对较小，运行在其中的软件则更是没有实体可言。不过，本书作者 Steenson 并没有执着于外在形象，而是努力去揭示这些形象背后的逻辑结构以及这些结构所蕴含的设计理念。

书里研究的四位建筑师都不是传统意义上的建筑师，他们的设计方式也不完全遵循传统的建筑方法，有时甚至是在刻意寻求创新。这种渴望变革的心态与当时新兴的计算机技术一拍即合，产生了诸如计算机辅助设计（CAD）与虚拟现实（VR）等许多成果。有些建筑师与设计师并不满足于只把计算机当成辅助工具使用，而是要让它与人类平起平坐，甚至反过来包围人类，让生活中到处都有计算设备与数字产品。

值得注意的是，本书研究的这几位建筑师及其工作团队虽然有许多天马行空的想法，但他们基本上不是技术决定论或技术万能论者。他们在畅想的过程中，一直都没有忘记这些充满数字产品的建筑毕竟是给人建造的，无论是强调范式、结构与信息，还是注重交互、界面与智能，他们都会顾及用户的个人想法。

这些创新家所设想的环境旨在给用户带来良好的体验，同时又让他们接触到丰富的观点，以避免陷入单调的模式之中。这样的环境不一定要体现为有形的建筑物，它更多的是在强调一种氛围，一种由数字产品所营造的氛围，让居住在其中的人有亲切而安心的感觉，同时又能不断地发现惊喜。从这个意义上讲，智能数字产品也是一种建筑物或建筑环境。大家在这样的精神家园之中，能够享受到便利、丰富而又充实的生活。

感谢机械工业出版社的王春华编辑给我机会"认识"这本书。原作的内容相当丰富，包含各种术语及建筑典故，译者学识有限，只能尽力用通俗的说法来转译，错误与疏漏之处，请大家发邮件至 jeffreybslee@163.com，或在 github.com/jeffreybaoshenlee/ai-errata/issues 留言，不胜感激。

爱飞翔

2020 年 3 月

·· 致谢 ··

　　本书里有许多问题，这些问题都不是我一个人能回答的，其他书恐怕也是这样。然而，本书不仅问题多，人也同样多，我的意思是，本书是在许多人的帮助下写成的，感谢这些人，还要感谢给我提供资料的场所。

　　本书是我在普林斯顿大学建筑学院写论文时酝酿的，当时是 2007 到 2013 年，指导老师是 M. Christine Boyer，副导师是 Axel Kilian，论文阅读者是 Mario Gandelsonas。关于 Cedric Price 的一章（第 5 章）的想法早在我于耶鲁大学建筑学院攻读环境设计硕士学位时就产生了。当时是 2005 至 2007 年，我在 Eeva-Liisa Pelkonen 的领导下学习，Keller Easterling 向我介绍了 Price 的成就。从那以后，Keller Easterling 还给我讲了许多建筑方面的知识。我还要感谢 Claire Zimmerman 与 Peggy Deamer 提供的许多宝贵经验，他们教会我明确自己的兴趣，而且要愿意为此戒除一些嗜好。

　　在读建筑课程的那段时间以及此后的日子里，有许多同学都给我带来了很大影响，其中包括 Anthony Acciavati、Pep Avilès、Alexis Cohen、Rohit De、Britt Eversole、Daniela Fabricius、Urtzi Grau、Gina Greene、Margo Handwerker、Alicia Imperiale、Lydia Kallipoliti、Joy Knoblauch、Evangelos Kotsioris、Anna-Maria Meister、Enrique Ramirez、Nick Risteen、Bryony Roberts、Sara Stevens、Mareike Stoll、Irene Sunwoo、Federica Vannucchi、Diana Kurkovsky West 与 Grant Wythoff。

　　我在许多档案馆与研究机构待了很久，寻找各种资料，并据此做研究，这些研究成果形成了现在这本书。2006、2010 及 2013 年，我在加拿大建筑中心寻找资料，这些资料涉及 Cedric Price 档案以及我当时所教的 Toolkit on Digital 博士生讨论课。我要感谢该机构的主管与工作人员：Phyllis Lambert、Mirko Zardini、Maristella Casciato、Giovanna Borasi、Albert Ferré、Lev Bratishenko、Mariana Siracusa、Renata Guttman、Colin MacWhirter、Natasha Leeman、Fabrizio Gallanti、Tim Abrahams、Howard Shubert 与 Alexis Sornin。尤其要感谢 Antoine Picon，他与我

一起授课，并善意地支持这个研究项目。此外，也要感谢 MIT 特别收藏馆与 Getty 研究所。

由衷感谢 MIT 出版社以及 Doug Sery。在本书从构想到成书的过程中，Doug Sery 始终同我交流，并给予支持。也要感谢同社的 Gita Manaktala 与 Roger Conover。感谢从项目刚一起步就给予我支持的 Marguerite Avery。还要感谢编辑助理 Noah Springer、文字编辑 Erin Davis、设计师 Erin Hasley 以及为本书设计封面的 Chris Grimley。多亏 Lisa Otto 提供帮助，这本书才有插图，感谢她与 Sarah Rafson 给我提供了正确的建议。此外，还有许多朋友也在各个方面为本书提供了帮助，感谢 Judith Zissman 告诉我哪里应该精简，感谢 Rob Wiesenberger 帮我查漏补缺，感谢 Dan Klyn 给我提供意见（他对 Richard Saul Wurman 几乎了如指掌），感谢 Sands Fish 帮我搜罗图片，感谢 Daniel Cardoso Llach 关注本书并提供深刻的见解，感谢 Mimi Zeiger 在精神与专业上提供支持。

我与建筑、艺术及网页设计领域的许多人交流过，他们的想法对本书帮助很大。感谢 Dick Bowdler、John Frazer、Jesse James Garrett、Christopher Herot、Barbara Jakobson、Karen McGrane、Peter Merholz、Drue Miller、Tom Moran、Michael Naimark、Paul Pangaro、Nathan Shedroff、Gillian Crampton Smith、Phil Tabor、David Weinberger、Guy Weinzapfel、Terry Winograd、Richard Saul Wurman 以及 Face 邮件列表中的各位朋友。尤其感谢两次接受访谈的 Nicholas Negroponte，他大方地准许我阅读他的私人文章。

2010 至 2015 年我在瑞典于默奥大学的 HUMLab 待了一段时间，对于默奥设计学院很有感情，书中的许多内容都是基于那段时间所做的研究而写成的。感谢瑞典的诸位朋友：Elin Andersson、Emil Seth Åreng、Jim Barrett、Coppélie Cocq、Lorenzo Davoli、Carl-Erik Enqvist、Anna Foka、Mike Frangos、Stefan Gelfgren、Maria Göransdotter、Alan Greve、Stephanie Hendrick、Adam Henriksson、Karin Jangert、Anna Johansson、Finn Arne Jørgenson、Cecelia Lindhé、Mattis Lindmark、Fredrik Palm、Johan Redström、Jim Robertsson、Jon Svensson、Patrik Svensson、Johan von Boer 与 Heather Wiltse。尤其感谢 Emma Ewadotter，他让我在如此寒冷的地方感受到了家的温暖。

2013 至 2015 年我在威斯康星大学麦迪逊分校的新闻与大众传播学院当教授，感谢那里的诸位同事给我以及这个项目提供的支持，包括 Lisa Aarli、Dave Black、Janet Buechner、Rowan Calyx、Katy Culver、Greg Downey、Stacy Forster、Lucas

Graves、Pat Hastings、Shawnika Hull、Young Mie Kim、Doug McLeod、Lindsey Palmer、Karyn Riddle、Sue Robinson、Hernando Rojas、Robert Schwoch、Hemant Shah、Dhavan Shah、Steve Vaughan、Mike Wagner 与 Chris Wells。 我总是会想起与我在走廊聊天的 James Baughman，还有指导过我的 Lew Friedland。我和 Lew Friedland 早在 1994 年就认识了，并且一起做了第一个网站，感谢他把我带回麦迪逊。在这里，写作小组的各位成员阅读了本书初稿，他们是 Emily Callaci、Kathryn Ciancia、Lucas Graves、Judd Kinzley、Nicole Nelson 与 Stephen Young。与 Mark Vareschi 之间的谈话对写作本书也至关重要。麦迪逊是个亲切的家，感谢这里的各位朋友：Matthew Berland、Anjali Bhasin、Ralph Cross、Tullia Dymarz、Randy Goldsmith、Sarah Roberts 与 Eliana Stein。再次感谢 Lucas Graves 与 Emily Callaci，他们陪我聊天到半夜。

在卡内基－梅隆大学讲课时，各位学生促使我想出了书中的某些观点，他们也对这些观点提出了质疑，其中包括 Irene Alvarez、Ahmed Ansari、Jacquelyn Brioux、Anne Burdick、Deepa Butoliya、Francis Carter、Shruti Aditya Chowdhury、Victoria Costikyan、Saumya Kharbanda、Min Kim、Silvia Mata-Marin、Chirag Murthy、Aprameya Mysore、Kirk Newton、Dimeji Onafuwa、Lisa Otto、Olaitan Owamolo、Julia Petrich、Tracy Potter、Catherine Shen、Monique Smith、Alex Wright、Ming Xing 与 Vikas Yadev。设计学院的同事提供了有力的支持，其中包括 Eric Anderson、Mark Baskinger、Dan Boyarski、Charlee Brodsky、Wayne Chung、Melissa Cicozi、Jane Ditmore、Hannah Du Plessis、Bruce Hanington、Kristin Hughes、Meghan Kennedy、Gideon Kossoff、Austin Lee、Dan Lockton、Marc Rettig、Stacie Rohrbach、Darlene Scalese、Peter Scupelli、Kyuha Shim、Steve Stadelmeier、Andrew Twigg、Dylan Vitone、Matt Zywicka，尤其感谢 Terry Irwin 给我时间写这本书。在本院之外，还要感谢大学中的其他同事，包括 Mary-Lou Arscott、Daniel Cardoso Llach、Daragh Burns、Dana Cupkova、Anind Dey、Jodi Forlizzi、Stefan Gruber、Kai Gutschow、Eddy Man Kim、Steve Lee、Golan Levin、Adam Perer、Nida Rehman、Larry Shea、Francesca Torello、Christopher Warren、Scott Weingart 与 John Zimmerman。感谢他们把匹兹堡变成了温暖的家，为此，我也要向 Desi González、Jedd Hakimi、Jason Head、Val Head、Harriet Riley Lockton、Drue Miller、Becca Newbury、David Newbury、Sarah Rafson 与 J. Eric Townsend 致谢。

　　还要感谢和我一起异想天开的人：Eduardo Aguayo、Megan Sapnar Ankerson、Boris Anthony、Marit Appeldoorn、Jason Aronen、Jennifer Bove、Bryan Boyer、Benjamin Bratton、Jennifer Brook、Anne Burdick、Stuart Candy、Ben Cerveny、Elizabeth Churchill、Aaron Straup Cope、Matt Cottam、Cletus Dalglish-Schommer、Andy Davidson、Birke Dickhoff、Carl DiSalvo、Steve Doberstein、Nick Donohue、Heather Donohue、Jake Dunagan、Lia Fest、Adam Flynn、Laura Forlano、Anne Galloway、Jesse James Garrett、Marian Glebes、Sam Greenspan、John Harwood、Mocha Jean Herrup、Dan Hill、Joe Hobaica、Matt Jones、Jofish Kaye、Christian Svanes Kolding、Thomas Küber、Michael Kubo、Laura Kurgan、Mike Kuniavsky、Liz Lawley、Jesse LeCavalier、Ana Maria Léon、Jen Lowe、Joanne McNeill、Tom Meyer、Stefano Mirti、Rudolf Müller、Ali Muney、Martin Nachbar、Chris Noessel、Erik Olofsson、Andrew Otwell、Erica Robles-Anderson、Frida Rosenberg、Brenda Sanderson、Caroline Sinders、Tristam Sparks、Nick Sweeney、Marcy Swenson、Craig Sylvester、Victor Szilagyi、Vicky Tiegelkamp、Anthony Townsend、Olga Touloumi、Phil van Allen、Greg Veen、Rodrigo Vera、Rowan Wilken、Janice Wong 与 Alex Wright。特别感谢 Evangelos Kotsioris、Theodora Vardouli 及 Fred Scharmen 在与本书话题有关的座谈会及文章上与我合作。还要谢谢 Enrique Ramirez 让我增长了见识，从建筑谈到飞机，又谈到低音吉他……Enrique Ramirez 深刻地影响了我对这个世界的看法，也影响了我的人生道路。我与 Paul Dourish 探讨了各自对精神与物质的看法，他是同路人，总能给我提供绝妙的想法，并带我结识各位益友，尤其是介绍我认识了 Janet Vertesi。Janet 是我的最佳闺密，总是鼓励我上进。说到上进，必须特别感谢 Pam Daghlian，每当我不知道该怎么往下写的时候，她总是提醒我，让我明白自己其实是可以写下去的。最后，还要向网上与现实之中的社群致意，是他们让我的生活变得充实，感谢 chix、HC、IxDA、Eyeo Festival，感谢 Adaptive Path 的朋友组织了多次会议与聚会，让我有机会同大家分享书中的观点。

　　本书受到 Graham Foundation for Advanced Studies in the Fine Arts 的赞助。这个基金会成立于 1956 年，旨在鼓励与建筑有关的各种创想，并探讨它们在艺术、文化及社会中的作用。本书得以出版还部分得益于普林斯顿大学艺术与考古学系 Barr Ferree Foundation 出版基金的赞助。

　　凡事都离不开家人的帮助。感谢我的兄弟与他们的家人：Andy、Carrie、Jack 与

Maddie；Ben、Alexsis 与 Sam。感谢姐姐 Darci 与她的女儿 Fiona。感谢各位亲戚：Ruth 与 Randy；Isaiah、Jane 与 August；Ben、Emily、Katherine、Sam 与 Peter，并缅怀 Omar。我对继父、继母感念至深，感谢继母 Carol 陪我一起成长、一起学习，怀念继父 Chuck DuFresne 陪我一起看书，他若能看到这本书，一定会很高兴。感谢我挚爱的父亲、母亲。小学时代，我第一次看到姓 Steenson 的人写的书，他就是我爸爸 Mike，幼年的我看到妈妈 Mary 宣誓成为律师，长大后又看到她当上法官，这些重要时刻给我留下很深的印象。感谢亲爱的爸爸、妈妈给我源源不断的爱与鼓励。

最后要对 Simon King 说感谢，谢谢你（与我们的狗狗 Emoji）的爱。为我们一起走过的路喝彩，为我们的未来喝彩。这本书送给你!

·· 目录 ··

译者序

致谢

第 1 章　从传统的建筑到新兴的架构 ······ 1

1.1　认识一下本书所要研究的几位建筑师 ······ 3

1.2　architecture 这个词的种种定义 ······ 7

1.3　计算机与建筑学的变化 ······ 9

1.4　用计算机提升建筑师的工作能力 ······ 10

1.5　Architecture and the Computer Conference ······ 13

1.6　对建筑学产生重要影响的各类计算技术 ······ 15

第 2 章　Christopher Alexander：模式、秩序、软件 ······ 21

2.1　Alexander 小传 ······ 22

2.2　为建筑学而设的操作系统 ······ 24

2.3　顺着天意而行 ······ 26

2.4　形象地展现复杂关系 ······ 31

2.5　模式网络与模式语言 ······ 47

2.6　生成能力 ······ 55

2.7　Alexander 对数字产品设计的影响 ······ 58

2.8　软件中的模式 ······ 59

2.9　把建筑学的设计理念引入软件领域 ······ 67

2.10　不受其他建筑师待见的 Alexander ······ 72

2.11 结论 …… 76

第3章 Richard Saul Wurman：信息、制图、理解 …… 78

3.1 美国建筑师学会在费城举办的会议 …… 78

3.2 通过架构促进理解 …… 83

3.3 让事物彼此联系起来 …… 87

3.4 叙述方式 …… 95

3.5 沟通、融合、交流 …… 97

3.6 结论 …… 106

第4章 信息架构师 …… 108

4.1 Xerox、IBM 与 "信息架构" …… 109

4.2 "The Computer Reaches Out" …… 111

4.3 信息架构师与 Web …… 115

4.4 结论 …… 126

第5章 Cedric Price：响应式的建筑与智能建筑物 …… 128

5.1 Price 小传 …… 130

5.2 反建筑师与反建筑物 …… 132

5.3 供教学与交流用的建筑机器 …… 136

5.4 Generator …… 148

5.5 结论 …… 164

第6章 Nicholas Negroponte 及 MIT Architecture Machine Group——与人工智能对接 …… 165

6.1 "献给第一台能够理解手势的机器" …… 166

6.2 architecture machine 理论 …… 170

6.3 "封闭的世界" 与建筑研究的资金 …… 175

6.4 microworld 与 blocks world …… 177

6.5 为了获得资助而调整研究方向 …… 191

6.6　图形对话理论与国家科学基金 ······ **193**

6.7　"supreme usability" ······ **198**

6.8　Mapping by Yourself ······ **210**

6.9　媒体 ······ **216**

6.10　结论 ······ **221**

第 7 章　建造智能的世界 ······ **224**

注解 ······ **229**

精选书目 ······ **283**

第 1 章　从传统的建筑到新兴的架构

architecture 这个词应该与什么动作搭配呢？这要看你问的是谁，因为不同的人会用这个词来表达不同的意思，有时指的是建筑，有时指的是架构。

职业建筑师会告诉你，他在**设计** architecture。他的工作是对建筑物进行设计，尽管有的时候也会参与构建，但其工作重点依然在于设计。反之，对于编写数字结构的程序员以及设计信息架构的设计师来说，他们用的说法则是**做** architecture，也就是设计一套系统，让各个部件形成一个整体。为此，他们既需要自上而下地考虑这套系统的运作方式，又要自下而上地打好基础。从这些数字设计师与程序员的角度来看，建筑师的工作与他们的工作很相似，因为两者都特别复杂，都要考虑各种琐碎的问题。设计师与程序员之所以使用 architecture 一词来描述他们要做的东西，是因为这种东西与建筑师要设计的那种 architecture 有相通之处，它们都很烦琐，都需要与之相关的专业知识。总之，他们用的说法是自己正在**做** architecture。

许多建筑师很反感其他领域的人借用建筑领域中的一些说法。获得建筑师执照是一项职业成就，为此，必须先当多年学徒，然后参加为期好几个月（乃至好几年）的一系列考试。只有通过了这种考试，建筑物的设计者才能称自己是建筑师。有了执照并进行登记之后，建筑师就可以签署规划方案及建筑图纸了，而且可以对项目的风险做出有法律效力的评估。

Nathan Shedroff 于 1999 年收到了加利福尼亚州建筑审查委员会的来信，他发现在没有获得这个头衔的情况下，称自己为建筑师是不合法的。Shedroff 很早就从事网页设计工作，并成立了 vivid studios 公司。他为杂志撰写名为" The Architect"的专栏文章，谈论万维网（World Wide Web，WWW）的设计。本书第 4 章还会提到他。现在，先来看这封信：

Shedroff 先生您好：

本委员会收到信息，表明您可能正在提供 architectural 服务，而且我们还看到，您在 *New Media Magazine* 杂志上以"THE ARCHITECT"为题写了文章。此外，您留的电子邮件地址 architect@newmedia.com 中，也出现了 architect。

提醒您注意：在没有获得加利福尼亚州执照的前提下从事 architecture[○] 活动，可能违反《建筑师执业法案》〈企业与职业法〉第 5536 节的规定。该节提到，不是加利福尼亚州注册建筑师的人，如果通过任何卡片、符号或其他方式公开宣称自己是建筑师，或宣称自己有资格从事建筑活动，那么就犯了 misdemeanor（轻罪），可遭到罚款并 / 或受到监禁。[1]

Shedroff 并不是传统意义上的建筑师。尽管他做的事情与传统的建筑师不同，但从这封信中，大家可以领会到一条重要的信息：建筑是一项很严肃的工作，从事这项工作的建筑师必须认真对待该工作，这样才能对得起这一头衔。架构师也使用 architect 这个词来描述自己的职位，这透露出他们所要处理的问题及数字结构与建筑师所要面对的建筑工作一样，也很复杂。

建筑物可以用结构来容纳各种复杂的实体，并为其提供支持。因此，工程师、计算机科学家以及数字产品的设计者自然会想到借用建筑方面的概念来描述自身工作中的一些复杂状况，因为这些概念和说法可以把大的问题拆解成多个层面，并将各层面中的要素关联起来。如果某人不是建筑师，但却用 architecture 来指代他要做的产品，那说明他是想把自己的产品比作建筑，或是将自己设计该产品的过程比作建筑师设计建筑物的过程。他们要做的那种架构与建筑师要设计的建筑物一样，都要考虑人与空间的交互。因此，建筑与架构领域中的一些概念其实相当接近，并不像某些人想的那样遥远。

本书要研究传统的建筑工作与数字产品的架构工作之间有着怎样的联系。为此，我特别注意到四位建筑师的工作，他们是 Christopher Alexander、Richard Saul Wurman、Cedric Price 与 MIT Architecture Machine Group 的 Nicholas Negroponte。本书在探讨 Architecture Machine Group 时，主要关注的是它从 20 世纪 60 年代成立起到 20 世纪 80 年代之间的工作。在研究这四位建筑师的过程中，我总是先讨论他们在各自的工作中所用的技术典范，例如，他们所依循或提出的究竟是控制论领域中的工作方法，还是人工智能或计算机程序与接口领域中的工作方法。然后，我会探寻这几位建筑师怎样影响数字化的世界，例如怎样影响 20 世纪 80 年代末至今的编程语言、信息架构以及当前

○ 从建筑师的角度来看，意思是建筑，从架构师的角度来看，意思是架构。下一段中的名词 architecture 也是如此。——译者注

其他一些数字产品的设计工作。为此，我们要思考这些工作与建筑有什么相通之处？这几位建筑师怎样运用计算机等技术来做试验，从而拓宽其工作领域？计算机、控制论以及人工智能方面的研究者与工程人员能够通过这些建筑师与他们处理过的建筑问题获得哪些启发？传统的建筑知识对新兴的数字产品来说有着什么样的意义？

设计数字产品的人会向建筑师与建筑行业取经，而与此同时，本书中所提到的几位建筑师却在怀疑他们自己做的到底是不是传统意义上的建筑工作。当 Alexander、Wurman、Price 与 Negroponte 开始用信息处理及计算机理论来构思自己的作品时，他们发现，建筑领域与这些领域之间的差距其实并不大，于是，他们开始怀疑自己做的究竟是不是建筑工作，甚至认为自己正在与传统的建筑工作相背离，或是正在开辟一个全新的领域。有时，他们把自己与自己的工作分别称为 anti-architect 和 anti-architecture（意思是与传统方式相反或有所区别的建筑师和建筑工作）。1968 年，Robin Boyd 在谈到 anti-architecture 这一趋势时说道："它陶醉于人口爆炸以及新提出的地球村概念与媒体理论（这当然要归功于 McLuhan），而且对系统与电子电气很感兴趣，甚至盼望有一天，能把整个行业都交给计算机来包办。"然后又说，"现实情况"并非如此，这些与建筑业的传统理念相背离的想法依然停留在纸面上，而"没有得以实现——至少目前还没有"[2]。Boyd 指出，这种反建筑的趋势会自我抵消，因为那些力求抛开建筑的束缚而做出来的东西本身其实也是一种建筑。

我在本书中会重点探讨这几位建筑师所主持的一些项目，然而这些项目实际上直接产生出具体的建筑物。有些项目本来是打算建造某栋建筑的，但最终没有施行，有些项目关注的是设计工作的过程与工具，以及相关的计算机程序与接口。此外，还有一些项目则是要给人们打造一套数字环境。既然这些项目并不是为了建造某个具体的建筑物而设立的，那么它们所关注的究竟是一种什么样的建筑呢？这种建筑理念对当前各种形式的数字设计与信息架构产生了怎样的影响？

1.1 认识一下本书所要研究的几位建筑师

Christopher Alexander（克里斯托弗·亚历山大，1936 年生）开发过一套旨在强调秩序的操作系统，一开始，他是依靠计算机及相关的计算技术进行开发的，后来，他与同事把这套系统的理念提炼为模式语言。Alexander 对编写程序及开发数字产品的人产生了很大的影响，许多程序员谈到模式的时候，用的都是 Alexander 当年提出的一些说法，数字产品的设计师在讨论架构时也是如此。不过，有一些建筑师对他的这些成就却有所批评，他们认为 Alexander 的方法说教气息太浓，而且太过刻板。Alexander 的这套方法把认知心理学、启发法、控制论以及早期的人工智能理论全都融了进来。在 20 世纪 60 年代初，他所采用的做法是，通过集合与图论把建筑问题表达成固定的格式，后来，又通过 IBM 大型计算机来运行程序，以分析这些需求。他利用各种拓扑结构形象地展示建筑问题，从而让自己能够利用手头掌握的计算范式来相应地处理这些问题。在这个过程中，他会调整自己描述问题时所用的措辞，让这些问题更容易得到展示。后来，他发现自己要研究的结构越来越复杂，于是不再依赖计算机，而改用模式语言。这种语言的生成能力较强，而且能够灵活地表达出他想要强调的那种秩序，因此，Alexander 对此很感兴趣。对程序开发者影响最大的要数他的名作 *Notes on the Synthesis of Form and A Pattern Language*，面向对象的编程语言、软件中的模式、维基百科（Wikipedia）等网站所依赖的维基格式、极限编程等开发方法，其理念都与这本书有所关联。Alexander 提出的模式对以人为中心的设计者尤其重要，那么，建筑师与这些系统设计师之间到底还有没有区别了？如果有，那究竟体现在什么地方？传统的建筑师能否从 Alexander 对其他领域的影响上面获得一些启发？物联网与智慧城市等说法这几年变得相当流行，然而早在 1996 年，Alexander 就对程序开发者说过："如果这世界上还有某个方面没有让相应的程序影响到，也就是说，还没有人写出这种程序来管理这方面的实体与操作，那你恐怕就很难确定这个方面该叫什么名字才好。"[3] 他还问道，程序开发者对于"影响、塑造并改变环境"[4] 究竟愿意担负多大的责任。在这个数字化程度越来越高的时代，各种各样的架构师、设计师与程序开发者是不是都应该按照同样的理念来做事？

对于 Richard Saul Wurman（1935 年生）来说，信息建筑或信息架构是（*information architecture*）对页面、地图与书籍中的信息进行组织时所使用的方式，这种设计语言还可以推广到城市层面，进而运用于整个世界。由此来看，Wurman 所说的信息架构可以通过图形清晰地描述结构并进行交流，或以书与地图集的形式展示信息，这些图形如果能够适当地予以运用，那么可以系统化地套用到城市层面，而地图集这一形式也从 20 世纪 70 年代中期开始逐渐流行起来。Wurman 刚开始和 Louis Kahn（路易·卡恩，1901—1974）一起做建筑，后来在费城独立工作，最后改变了职业方向。近些年来，他最知名的举动可能要数创办 TED 大会了，Wurman 一直都在通过各种活动与会议推行自己的理念。他在 1972 年主持了题为" The Invisible City "的亚斯本国际设计大会，1976 年，又在费城主持了题为" Architectures of Information "的 AIA（American Institute of Architects，美国建筑师学会）会议。这个会议的小册子上写道："如果我们都能够很自然地在城市中找到适合自己的生活方式，那么这座城市是不是就显得更有意义，也更有趣一些了呢？要想让城市更适合居住，建筑师不仅要建造漂亮的房子，更要注重信息，也就是要通过适当的信息体现出各个地点的用途及结构，帮助大家表达自己的需求，并对变化做出回应。这正是 Architecture of Information 的意义所在。"[5]
Wurman 影响了整整一代的软件设计者与网页设计师，让很多人都接受了"信息架构"这一理念，并将其运用在网站、软件以及移动应用程序的设计上面。软件设计领域已经越来越多样化了，与此同时，信息架构这个概念也随着互联网的发展而有所变化，它现在主要指对用户上网时的体验做出规划。

Cedric Price（1934—2003）是按照其信息的流动情况来设计建筑物的。他把控制论中的反馈回路引入建筑项目中，使得建筑师、用户、地点与技术之间的关系变得与从前不同，这些建筑物以及有成长能力的建筑项目可以用一种意想不到的方式来了解用户的使用情况，并据此做出调整与回应。比方说，他运用控制论与前卫的剧场导演 Joan Littlewood（1914—2002）及控制论方面的专家 Gordon Pask（1928—1996）一起合作，设计了 Fun Palace（该项目于 1963 至 1967 年之间进行，最终没有兴建），又在 Oxford Corner House 项目中设想着用计算机技术来装备餐厅所在的大楼（该项目于 1965 至 1966 年之间进行，最终没有实现）。1976 至 1979 年间，Price 设计了名为 Generator 的网络化智能休闲中心，并在其中安排了一套响应式的部件（这个项目最终没有实现）。Price 幽默地颠覆了传统的建筑与系统设计理论，他用控制论与信息处理技术来挑战自己，并刺激那些有可能使用该建筑的人，让大家觉得这栋建筑并不一定只能用来做这件事。Price 构想的建筑物会高度利用计算机来运作，从而形成一套多媒体的环境，并构成分布式的智能平台，这促使我们想象，在计算机化程度极高的社会，大家应该如何学习、如何娱乐、如何生活。尽管他的大部分作品都没有构建成实际的建筑，但 Price 依然很好地启发了后来的建筑师、学生以及英国大众，让大家思考建筑物这一概念在计算机时代会怎样变化。与本书提到的其他建筑师、设计师与技术专家相比，Price 对编程语言及数码产品的设计并没有太过直接的影响，然而他的理念与前者同样重要。

Nicholas Negroponte（尼古拉斯·尼葛洛庞帝，1943 年生）与同事 Leon Groisser 创建了 MIT Architecture Machine Group（简称 AMG），这个实验室由一群喜欢研究东西的建筑师与电子工程师组成。它是 1967 年成立的，后来成为 MIT Media Lab（麻省理工媒体实验室）的基础，并于 1985 年并入后者。Negroponte 把他们在这个实验室中所做的建筑研究工作视为 MIT 在技术与科学方面的一项事业，并与 Artificial Intelligence Lab（人工智能实验室，这个实验室成立于 1959 年，当时称为 AI Project）合作，同时也接受美国国防部及公司的资助。起初，AMG 的研究方向是给 CAD（Computer-Aided

Design，计算机辅助设计）系统及屏幕上显示的界面做设计，后来，这些项目的范围越变越大，而且所追求的效果也越来越逼真。AMG 的研究者设计出了整个屋子那么大的多屏幕环境，让处在该环境中的用户有种身临其境的感觉。后来，Negroponte 用 "media" 这个词给实验室起了个新名字，将其称为 MIT Media Lab，这是个特意选出来的词，用来涵盖消费性电子产品、图形、出版、学习、音乐、手势、屏幕及语音命令等各种系统。AMG 所做的这些研究对今天某些新兴的领域依然有着贡献，比方说人工智能（Artificial Intelligence，AI）、机器学习、智能环境、虚拟现实（Virtual Reality，VR）、遥感以及无人机侦察，等等。目前，很多人在展望数字时代的发展前景时，首先想到的都是 MIT Media Lab。30 多年后的今天，我们更加需要认真思考这个实验室是怎样演化到现在这个样子的，它所提出的设想会在哪些方面引领未来 30 年的发展趋势，该实验室的研究者又提出了哪些值得大家探寻的问题。

我本来还应该再关注几位建筑师与设计师，例如 MIT 的 Bill Mitchell，他致力于研究建筑与网络空间的关系。Mitchell 早在 20 世纪 60 年代就开始研究计算机与建筑之间的结合方式了。他是建筑与规划学院的主任，也是 MIT Media Lab 中 Smart Cities 研究小组的主管。Mitchell 写了许多本书，包括 1977 年的 *Computer-Aided Architectural Design*，20 世纪 90 年代与 21 世纪初的 *City of Bits*（中文名《比特之城》《位元城市》《比特城市》）、*e-topia* 及 *Me++*。还有个比较大的案例本来也应该研究，就是卡内基 - 梅隆大学（我目前在此当教授）以及该校的 Herbert Simon（赫伯特·赛门，汉名司马贺，1916—2001）、Allen Newell（艾伦·纽厄尔，1927—1992）及建筑学教授 Ömer Akin 等人所做的工作。

有一项事实很难忽略：本书关注的这四位建筑师都是白人，而且都是男性。在早期的建筑学领域中，与计算机及建筑打交道的女性并不多，但也不能说完全没有，例如普林斯顿大学的建筑学女教授 M. Christine Boyer（我的论文由她所指导）就拥有宾夕法尼亚大学计算机与信息科学专业的工程硕士学位，并在 20 世纪 60 年代末获得 MIT 城市规划专业的博士学位。她在 MIT 从事的研究涉及数学、计算机以及计算语言学（Boyer 读博士时，之所以选择城市规划专业，是因为这样可以不受军方资助[6]）。本书中提到的许多人都与女学者搭档或密切合作过。例如与 Christopher Alexander 合写 *A Pattern Language*（《建筑模式语言》）并共同创建 Center for Environmental Structure（环境结构中心）的 Sara Ishikawa 就是一位女学者。此外，与 Cedric Price 搭档的女剧场导演 Joan Littlewood 为他们的成名项目 Fun Palace 做出了同等重要的贡献。MIT 有一位重要的女学者叫作 Muriel Cooper（1925—1994），她起初是 MIT 出版社的设计与媒体总监，后来与人共同成立了 Visible Language Workshop，并在那里引领大家设计基于屏幕的界面与沉浸式的环境。Cooper 是 Richard Saul Wurman 的密友，后者把 Cooper 的作品纳入自己的书中，并颂扬了她。Cooper 也很熟悉 Nicholas Negroponte，并将 Negroponte 介绍给 Wurman 认识。David Reinfurt 与 Robert Wiesenberger 所写的 *Muriel Cooper*（MIT 出版社 2017）出版之后，Cooper 才开始得到应有的重视。在 MIT 的 Architecture Machine Group 后期以及 Media Lab 成立之后，Peggy Weill[⊖]与 Judith Donath（1962 年生）等女学者为实验室开辟了新的研究领域。我在数字设计这一行业工作了 24 年，该行业如果没有 Lucy Suchman、Jane Fulton-Suri、Elizabeth Churchill、Lisa Strausfeld、Gillian Crampton Smith、Shelley Evenson、Terry Irwin、Darcy Dinucci 与 Joy Mountford 等女性的努力，根本就不会取得今天这样的成绩（这样的女学者还有很多，此处只举出了其中的几位，我个人的观点与经历也受到这些女学者的影响）。Barry Katz 写过一本好书，叫作 *Make It New: The History of Silicon Valley Design*，该书谈到了其中几位女学者对数字时代的设计工作所做的贡献。

1.2 architecture 这个词的种种定义

architecture（建筑）一词的传统定义根据 *Oxford English Dictionary*《牛津英语字典》[7] 所说，是指 building or constructing edifices of any kind for human use（建造或构造任何一种供人居住的建筑物）的活动，它既能指代"建造的动作或过程"，又能够指代这种动作或过程所产生的抽象及形象结构，此外，还可以表示建筑物在风格、结构以及装饰上面的组织方式。谈论 architecture 时，不仅要关注它的建造，而且还应该强调它最初是怎么构想出来的，其理念后来又经过了哪些变化。这至少应该与建造本身同样重要，因为建筑师毕竟不能刚一上来就直接动手盖楼，而是必须先做很长一段时间的理论与建模工作，然后才能真正开始建造。还有一个建筑学术语叫作 model（模型、建模），起初，它是指对构建工作所做的规划（法语的 modèle 或意大利语的 modello 在 17 世纪进入了英语，并形成了 model 一词），该词源自拉丁语的 modulus，它在建筑学上面的意思是"测量、衡量"。这样看来，model 可以理解为对想法进行权衡，将其从脑中的某个意象转换成一张图纸，进而转换成三维形式。这些与 architecture 有关的说法并不是最近才提出的。有远见的建筑师 Étienne-Louis Boullée（艾蒂安-路易·布雷，1728—1799）

⊖ 也写作 Peggy Weil，参见 https://en.wikipedia.org/wiki/Peggy_Weil。——译者注

早在 18 世纪末就说过："必须对建筑进行构思，这样才能将其建造出来……对我们来说，这种为了产生并创造建筑物而进行的构思才是最有意义的。任何一幢建筑物，其建筑艺术都体现在我们是怎样把它给构想出来并加以完善的。"[8] 对于 Boullée 来说，建筑的要义并不在于建筑物的建造过程（建造本身也是一种建筑艺术，但与设计相比，只能算次要的艺术）。建筑师真正应该做的是把建筑给设计好，把细节给构思好，并把各种规格给制定好。

建筑师与学者 Robin Evans（1944—1993）在文章中说，建筑与翻译之间在某些地方是可以比拟的，因为建筑图纸同建筑目标之间的关系有点像原文同译文之间的关系。"翻译是一种表达方式，是在不改变意思的前提下移动某种东西"。他在 1986 年写过一篇名为"Translations from Drawing to Building"的论文[9]，刚才那句话正是那篇文章的开幕词。按照这种说法，即便是最为忠实的翻译，也可以对某些东西进行移动，只要不改变原意就行。之所以要移动，是因为我们无法把一种语言完全精准地对译成另一种语言，"在这个过程中，总会有东西扭曲、破损或丢失"[10]。建筑史家 Beatriz Colomina（1952 年生）针对这一点也写了类似的话，她说建筑是"一项诠释性的、评判性的活动"[11]。她认为建筑物可以通过各种理论方法来阅读并"诠释"，比方说，可以通过文本（例如一种理论、一条评价、一段历史或一篇宣言）或某种表现手法（例如通过绘图、书写或建模）来进行这样的阅读与诠释。她又写道："诠释对投射行为同样必不可少。"[12] 这些说法都在表达这样一个意思：对建筑进行设计是一种构思与处理的过程，需要在图像与语言之间移动，而且要做出诠释与翻译。

工程师、程序员与各种设计师在描述复杂系统的设计与再现时，同样会将其称为 architecture ⊖。这种 architecture 是指用结构化的方法来设计复杂的系统，这涉及如何将程序组织成各种模块，以及怎样给计算机系统的用户研发更好的界面。尽管 Evans 与 Colomina 的观点并不是专门针对计算机系统而说的，但其中所提到的构思与翻译等要素对计算机系统的 architecture 却同样重要。计算机的 architecture 是指"计算机或基于计算机的系统在使用或设计上面的概念结构与总体逻辑布局"[13]。工程师设计软件的方式与建筑师设计建筑物的方式其实是比较像的，*Oxford English Dictionary* 刚才对计算机的 architecture 所下的定义来自 Frederick P. Brooks（1931 年生）提出的 Architectural Philosophy（架构理念），收录于 1962 年出版的 *Planning a Computer System* 一书中，该书讨论的是世界上第一台超级计算机 IBM 7030（也叫作 Stretch）。

⊖ 中文中一般把这种意义上的 architecture 叫作架构或（体系）结构。——译者注

Brooks 说,"计算机的 architecture 与其他的 architecture 一样","都是这样一种艺术:要求我们在资金与技术的限制之下,判断出某套结构的用户有着什么样的需求,并据此进行设计,以便尽量满足这些需求"[14]。Brooks 的看法源自 John von Neumann(约翰·冯·诺伊曼,1903—1957)在 1946 年写的论文,那篇文章把设计 EDVAC(它属于第一代电子计算机)的过程视为对计算机的"逻辑元件进行安排",并据此制定相应的指令集。系统架构师需要对这些逻辑元件进行翻译与变换。这样的"概念结构"不仅涉及电路图与电线,而且还强调了诠释与翻译。Stretch 计算机在细节与电路上面比同时代的其他计算机都复杂,但如此复杂的电路并没有帮助它取得成功,反而让它的速度始终达不到 IBM 所宣称的效果(IBM 预计它要快 100 到 200 倍,但实际上只快了 30 倍)。这样的情况持续了 5 年时间,导致该计算机的销售以失败告终(本来可以卖 1300 万,后来跌价到 800 万,而且只有政府机构来买)。

尽管 Stretch 失败了,但它的架构却保留了下来,其后大获成功的 IBM 7090 及 IBM S/360 计算机还有其他品牌的一些计算机都是以该架构为基础而设计的[15]。这套架构后来终于得以发扬光大,因为它所依循的逻辑与平台可以迁移到新一代的系统上面,进而又迁移到该系统的下一代系统上面,并这样一代一代地传承下去。Brooks 后来恰好为 Christopher Alexander 与 Herbert Simon 等人以及 Design Methods 运动所影响,开始关注虚拟现实及其设计,并在 2010 年发表了 *The Design of Design*(《设计原本》)一书,该书收录了他的一系列文章,这些文章涉及本书所要讨论的许多话题。

1.3　计算机与建筑学的变化

建筑学与计算机之间的关系似乎是显而易见的,不过,这种关系要想确立,首先得满足一项基本条件,就是建筑师、规划师及设计师必须有计算机可用才行。那个时代的计算机相当少,而且造价高昂、运行缓慢,除了个别例外,一般只有大型的教育机构、建筑工程公司或与军方合作的单位才拥有数字计算机[16]。20 世纪 50 年代,Skidmore Owings and Merrill(SOM 建筑设计事务所)与 Ellerbe & Associates 公司的建筑师用计算机来计算风险并评估开销。Arup(奥雅纳)公司用计算机对悉尼歌剧院顶部那些标志性的风帆造型进行建模,这座歌剧院是由 Jørn Utzon(约恩·乌松)设计的。当时计算机的造价与商用客机一样贵,处理起来既耗时间,又费功夫[17],程序员要花好几个小时去安排穿孔卡片、调试错误并运行程序,然后还得对得到的计算结果进行解读。尽管有这么多障碍,但建筑师与设计师依然想使用计算机,因为他们所要对接的系统越来越多，所要处理的设计问题也越来越复杂，他们需要一套系统化的框架，以便将自己的工作纳入该框架中加以考量，而这套框架比以往的那些框架都要大[18]。

20世纪60年代，建筑师开始求助于计算机来完成工作，因为他们发现，建筑问题变得越来越复杂了。当时，信息的存储、传输及获取技术都取得了进步，这催生了一批新的机构与一些新型的建筑物，也让某些建筑形式变得有可能予以实现，因此，建筑师必须领会并适应这些情况。刚才这些话转述自英国建筑师与建筑评论家 Royston Landau（1927—2001）在1968年所写的文字[19]。对于建筑师来说，这意味着他们的工作性质以及他们所设计的东西都与从前不同了。现在，他们需要与更多的系统对接，而且要处理更为复杂的问题。无论建筑项目是何种规模，都必须放在一套大的框架中加以考量，而且正如 Landau 所说，项目需要"放在某种情境中，作为该情境的一个组成部分与系统的其他部分相联系"[20]。建筑师开始意识到，信息运动可以与物理运动互为补充，建筑师要想理解信息网络，就必须关注如何开展"评判性的理论研究"[21]。在"信息爆炸与研究革命"的背景之下，建筑师自己也成了"信息交换网络"中的节点，他需要在这样的网络中培养"自己的兴趣网以及一套独特的信息感知能力"[22]。建筑师不仅要通过各种信息化的机制来安排自己的工作，本身也必须充当通信节点来与其他领域相沟通。

20世纪60年代早期至中期，Christopher Alexander 与 Cedric Price 等建筑师开始运用控制论形象地呈现设计问题中的动力流动与回馈情况。20世纪60年代末，Nicholas Negroponte 也转向人工智能领域。人工智能有可能让系统变得越来越聪明，因为这样的系统可以根据用户使用该系统的情况进行学习，并随着使用情况不断演变。人工智能的提倡者认为，开发者在给计算机系统编好程序之后，该系统可以根据这套程序以及架构师与用户各自的想法逐渐演化。新的设计过程不断涌现出来，它们不仅运用在建筑学领域，而且还进入了设计学、社会科学以及其他许多领域。当今的建筑师在其工作中的各个方面都会用到计算机，比方说，他们的主要工作基本上会通过 AutoCAD 这样的计算机辅助设计（CAD）程序来完成，此外，还会用到一些算法化与参数化的设计工具，这些工具必须通过计算，对复杂的数据进行视觉呈现，只有这样，才能产生形式恰当的成果。此外，建筑师当然也会使用计算机来进行沟通、发布与推广。

1.4 用计算机提升建筑师的工作能力

一方面，建筑师会向计算机领域学习，另一方面，计算机领域中的工程师与程序员也从建筑领域寻找灵感。20世纪60年代，计算机、控制论及 AI 方面的研究者都开始接触建筑学，其中有些人关注建筑方面的用例（比方说 Douglas Engelbart 的 Augmented Human Intellect 平台，下面我们就要讲到）或问题（比方说 Terry Winograd 的 SHRDLU 语言，该语言可以操作许多名为 block 的单元，本书会在第 6 章讲到这门语言），有些人从建筑师对工作进行抽象与安排的过程中吸取经验（例如 Gordon Pask 的第二阶控制论，本书会在第 5 章及第 6 章讲到，又如 Herbert Simon 的 *Sciences of the Artificial*（《人工科学》）），有些人把这些概念实现为软件例程（比方说 Ivan Sutherland 的 Sketchpad 系统，下面会提到这套计算机辅助设计系统），还有一些人则是想直接把建筑学运用到构建好的环境中（比方说 Mark Weiser 的 ubiquitous computing（普适计算）理念，该理念提倡让计算机无形地融入日常环境，本书第 4 章及第 7 章会讲到这一理念）。这些工程师与研究者不仅会用建筑学中的一些说法来比拟现实中的某些构建工作，而且还会从建筑学中寻找适当的理由来论证我们确实可以通过相应的计算能力来进行这样的构建。建筑学令他们可以用形象的方式来描述自己的工作，从而让更多的人能够理解这种工作。

　　杰出的工程师 Douglas Engelbart（道格拉斯·恩格巴尔特，1925—2013）在 1963 年发明了计算机鼠标。他于斯坦福研究院创立了增强研究中心（Augmented Research Center，ARC），并用建筑学中的场景及项目来展望计算机技术的发展情况，思考该技术将来能够给用户带来哪些丰富的体验。Engelbart 在 1962 年为 Augmented Human Intellect Study 项目撰写提案书时，提出了 augmented architect at work（在工作中受到计算机技术协助的建筑师）这一理念。在这个受到美国 Air Force Office of Scientific Research 资助的研究中，Engelbart 建议通过这样一个项目来提升人的能力，用他自己的话来说，就是"增强人类处理复杂问题的能力，让他更清楚地知道，怎样才能令自己的需求得到满足，并据此拿出适当的解决方案"[23]。Engelbart 的系统要比 Nicholas Negroponte 及 Leon Groisser 在 MIT 的 URBAN2 与 URBAN5 城市设计系统早 6 年（Negroponte 在 1970 年的 *The Architecture Machine* 一书中，于参考资料中谈到了 Engelbart 的这项研究提案）。

　　Engelbart 当年设想的工作环境与建筑师目前的工作方式其实差得并不太远，而且他从刚刚提出项目规划的那个时候开始，就一直是这样想的。Engelbart 觉得建筑师应该有一块足够大的屏幕，同时还要拥有设计与绘图所需的辅助设备以及一台处理工作任务的计算机。他说："我们想象一下，建筑师是怎样在这些设备的帮助之下完成工作的。建筑师坐在工作站里，面对着一块边长约 91.44 厘米的显示屏。这款屏幕就是他的工作台，该屏幕由计算机控制。这台计算机可以称为他的 clerk（助手），建筑师能够通过一块比较小的键盘以及其他各种设备来与之沟通。假设建筑师要开始设计一幢建筑物。他已经把基本的布局与结构形式想好了，现在，他要在屏幕上演示效果。"[24] 建筑师与计算机的关系很友好，他要"仔细指导这位 clerk"，以便让后者把自己早前输入的想法给呈现出来。Engelbart 写道："建筑师只需要仔细操作他的 clerk，就可以做出一张透视图，以观察陡坡上面的建筑情况与铁路布局情况。各种树木也会留在这套视图中，它们是以符号来表示的。此外，建筑师还能观察到各种用途的连接点……他可以通过鼠标指针来指定自己所关注的两个点，同时用左手在键盘上面快速移动并敲击，这样的话，两点之间的距离及高度差就会随着建筑师的操作而变化。他可以在屏幕右边那三分之一的显示区域中实时地观察到这种变化。"[25] 根据 Engelbart 的设想，建筑师在与计算机交互的过程中，会收到后者给出的新数据。"建筑物的结构已经起来了，他现在要不断地观察，不断地调整，而且要经常停下来，在计算机上查询各种手册与信息目录，并做出相应修改，以便更好地协调这套结构中的各个部位。"此外，建筑师还可以把各个方面的设计数据输入到计算机中，以分析出大家会怎样使用这幢建筑物，然后把这些信息保存起来，以便与其他建筑师及承包商分享。建筑师用计算机所制作出来的这种设计方案其实是一种原始的超链接原型结构，可以"把隐藏在实际成果背后的想法给体现出来，并让我们知道这些想法是怎样逐渐成熟的"[26]。

简单来说，Engelbart 设想的这种工作方式其实就是后来所说的人机交互。重要的是，这套设想指出了智能的计算机辅助设计系统在其后 50 年中所要解决的问题。建筑问题是多维的，而且是程序化的，其中要涉及三维空间中的元素，并且要考虑到现实世界中的一些情况（例如建筑物内部的交通拥堵问题）。Engelbart 研究的是一种新的计算机程序，他从建筑学的角度重新定义了这种程序，Engelbart 认为，这样的程序应该与特定空间所具备的功能有关。此外，这种计算机辅助设计系统还有一个特点，它拿到用户明确给出的信息（例如用户绘制的设计元素）之后，会暗地执行一些操作，以了解这套设计方案有可能表现出的某些特征，然后把这些特征反馈给用户（比方说，根据 Engelbart 的设想，建筑师的 clerk（也就是他做设计时所用的这台计算机）会把门的开闭方式以及阳光从窗户外面照进来的效果给展示出来）。这些系统本来是给建筑领域设计的，然而其他行业的用户对此也很感兴趣，也想要使用这样的系统来辅助其工作。正如 Engelbart 所总结的那样，只要你所思考的是一种"符号化的概念"，就会发现这套系统很有帮助：

将来，我们在解决问题时，会尽可能利用这位 clerk（也就是这台计算机）所具备的运算能力来处理数学任务。不过，数学之外的一些任务也可以交给计算机处理，它能够帮助我们操作相关的信息并予以展示，让我们能够更好地对这些非数学的领域进行规划、组织与研究。以符号化的概念来思考的人无论使用什么形式（例如英语、图表、形式化的逻辑或数学），都可以极大地得益于该系统[27]。

最后一句话尤其值得注意。建筑学中的用例经常能够移用到其他情境。Engelbart 的这句话就指出了这一点，而且这也正是本书在讲述相关的历史时所依循的一条主线。无论是构建虚拟的数字世界，还是建设真实的三维空间，我们都会在工作过程中提出一些新的方法，这些方法会启发我们采用新的方式来学习、沟通，并处理信息。

Engelbart 开始在研究怎样用智能设备来辅助人类工作时，之所以选建筑师作代表，可能有两方面原因。一方面，固然是因为建筑师与其他职业相比更需要使用功能强大的计算机与周边设备，而另一方面则在于，这样举例能够更好地显现出计算机在处理大规模的问题时所表现出的功效。尤为重要的是，Engelbart 在研究过程中领悟到了建筑学的巨大意义，这门学问能启发我们把整个世界打造得更加美好。

1.5　Architecture and the Computer Conference

建筑学与计算机开始结合之后，建筑师发现自己所从事的工作正在发生很大的变化，但这些变化未必全都是好的。建筑学所涵盖的范围在计算机的影响下会有所变动，正如 Royston Landau 所说[28]，这种趋势要求建筑师必须掌握一些新的技能，同时也意味着某些旧的做法会遭到淘汰。"信息与知识变得越来越多"，而"由此引发的担忧也越来越大"[29]。1964 年在波士顿参加 Architecture and the Computer Conference 的人所表现出的正是这样的忧虑情绪。问题并不在于计算机会不会改变建筑学，而在于它究竟会怎样改变这个学科。参加会议的 600 人都是建筑、规划、工程与计算研究方面的专家，他们交流了彼此的看法，其中很多人都对计算机将要给建筑领域带来的变化感到担忧。会议的组织者 Sanford Greenfield 在会议论文集的开头提到：这次会议是要讨论"这股不可抗拒的力量对建筑学所产生的影响，无论我们是否为此做出计划，建筑学都会发生巨变"[30]。Christopher Alexander 参加了这次会议，和他一起参会的还有 MIT AI Lab 的联合创始人 Marvin Minsky（马文·闵斯基，1927—2016）。此外，MIT 的机械工程学教授 Steven Coons（1912—1979）也出席了会议，他与 Douglas Ross（1929—2007）一起引领了 MIT 的计算机辅助设计活动。Ivan Sutherland（伊凡·苏泽兰，1938 年生）演示了名为 Sketchpad 的计算机辅助设计系统，这是他当时为了撰写 MIT 的博士论文而研发的。William Fetter（1928—2002）也参加了会议，"计算机图形"这个说法就是从他这里发展并流行起来的，他当时在波音公司任职。这次的会议相当重要，就连 Bauhaus（包豪斯）的创办者 Walter Gropius（沃尔特·格罗佩斯，1883—1969）也以自己的名义为大会写了开幕词。对 Gropius 来说，计算机属于 Sigfried Giedion（1888—1968）在其名作 *Mechanization Takes Command* 中描述的那种机械设备。Gropius 并没有想到建筑师能够对计算机的即时运算能力加以运用，但他提出计算机可以帮助建筑师进行创新。他说："建筑师当然应该明智地使用计算机。这种先进的机械控制手段可以让我们更加自由，从而在设计过程中提出更多创意。"[31]

在参加会议的人中，工程师与计算方面的研究者对计算机技术给建筑学带来的变化基本上持乐观态度，这并不奇怪。Marvin Minsky 估计：就算以"最保守的"态度来看，计算机都将在"很大范围内对我们有所帮助"。他还举了一些较为"直观"的例子，比方说，Minsky 认为，计算机图形系统可以绘制、渲染或生成平面图。到了 1974 年，他又预计，建筑事务所以后可以用计算机图形技术来工作，这句话基本上没说错[32]。然而，Minsky 并未就此止步，他还继续展望了 20 世纪 90 年代中期的发展情况。

用不了 30 年，计算机就会变得与人一样聪明，甚至比人还聪明。这些机器不仅能够进行规划，而且可以完全以机械的方式来进行拼装。现在，某些计算机已经安装了扫描设备，因此可以观察到建筑图纸，以后，这些计算机还将有手臂及眼睛，并且会安装适当的程序，从而相当迅速地完成拼装与建造工作。到了那时，承包商必须面对建筑行业的自动化趋势，与此同时，设计师也必须适应设计领域的自动化潮流。我认为，计算机的创新能力最后会强大到令人恐惧的地步[33]。

Minsky 的这些话既提到了 20 世纪 60 年代的建筑师与 AI 研究者所忧虑的问题，又点出了令他们感兴趣的一些地方，其中很多预言后来都成了现实。后来的建筑师还是在担心计算机会取代自己，这种情绪直到今天都一直存在。其实其他行业（例如医生、从政者以及制定决策的人）也同样担心该问题，只不过，这个问题对于建筑师来说有着特别的意义。Greenfield 写道："特别的地方在于，建筑学中的问题涉及许多变数，要想解决这些问题，我们必须用三维的形式来加以表达，而且最后必须求助于解析，建筑问题在形式上的这种特殊之处最为重要。"[34] 不过，还有一个问题是：计算机到底会不会自发地产生出创新能力？这个问题迷住了本书所要介绍的许多位建筑师与研究者。

1.6　对建筑学产生重要影响的各类计算技术

20 世纪 60 年代，有 6 大类计算技术取得了进展，这些技术对本书所要提到的这些建筑师来说相当关键。这些技术并不都是彼此孤立的，某些技术之间其实有所重合。我现在把它们分成三组来讲解：第一组是计算机辅助设计（CAD）与计算机图形学；第二组是共生、解难与控制论；第三组是人工智能。

1.6.1　计算机辅助设计与计算机图形学

当前的 CAD 软件所具备的某些基本功能与操作模型其实早在第一代 CAD 软件诞生时就已经出现了。Ivan Sutherland 的 Sketchpad 是二维的计算机辅助绘图系统，他以该系统为主题，在 Claude Shannon（克劳德·香农，1916—2001）、Marvin Minsky 与 Steven Coons 的指导下撰写博士论文[35]。Sketchpad 想要创建一套模型，以帮助更好地理解设计过程中的复杂问题。Coons 在 1964 年的 Architecture and the Computer Conference 上面对听众说，像 Sketchpad 这样的计算机辅助设计程序"在几年之内就会培养出一种计算机系统，这种系统会让我们感觉到人与计算机之间能够共生"[36]。Coons 与 Sutherland 在 1964 年的那次会议上面都认为，在人与计算机这二者中，人的地位总是高于计算机。Coons 说："在整个过程中，设计师会持续地与机器相沟通，并始终主导着这个过程。他可以自行决定是否接受计算机根据他所输入的内容而计算出的结果，并且能够根据这些结果修改早前的想法。"[37] 这种说法缓解了建筑师的恐惧情绪，因为他们不想让计算机在设计工作上面取代自己。

设计师在使用 Sketchpad 2 的时候，是直接拿光笔在阴极射线管（Cathode Ray Tube，CRT）显示器上面画线的，然后，他可以对画出的线条执行操作。控制台上有许多拨号盘、按钮、开关与旋钮，用户可以通过它们发出命令，以便对绘制出的图形执行相应的操作。此外，设计师还能够创建出可供复用的原型，也就是把某种绘制好的图形保留起来，让它能够随时运用到其他地方。此外，他可以通过各种图标来反复执行某一套动作，比如，有的图标可以让一组线段变得长度相等[38]。该系统的下一个版本叫作 Sketchpad 3，是由 Timothy Johnson 研发的，他后来加入了 MIT 的建筑学院，在那里讲授计算课程。Sketchpad 3 能够渲染三维图形。为什么只过了两三年时间这种程序就可以处理如此复杂的问题了呢？这是因为系统变得越来越便宜，处理成本越来越低，而计算机的体积却越来越小。Marvin Minsky 在 1964 年指出，系统的成本会持续下降：目前，必须花 300 万美元才能打造出一台可以运行 Sketchpad 的计算机，然而"保守"

地估计，这种系统以后（也就是到了 1970 年）可能只需要花一辆新车的价格就能够实现出来 [39]。

Steven Coons 从计算机辅助设计刚刚起步时就开始产生巨大的影响，并一直激发我们重新思考设计学与建筑学。Daniel Cardoso Llach 在 *Builders of the Vision: Software and the Imagination of Design* 一书中提到，历史上的某些研究是人机交互的先声，而计算机辅助设计正属于其中之一。Coons 的研究工作取得了技术方面的一些成果，例如 Sketchpad 以及 Coons 为其所做的改版（这个版本支持数学曲线，后来又用了更为精确的贝塞尔曲线技术），此外，他还提出了计算机在设计工作中所能扮演的一些新角色。Coons 并没有把 CAD 的研究方向定为怎样自动完成设计工作，而是去思考我们可以用哪些新的方式来与计算机交互，以利用计算机来增强自己的工作能力 [40]。Coons 的研究还对建筑师如何用计算机完成设计工作产生了一定的影响。建筑师不再把计算机当作只能**绘图**的工具，而是"像盖房子那样来构建自己的设计方案，这种思路将设计视为结构化的过程，并强调了该过程中的信息管理工作，从而促使建筑师构想出一些新的设计手法" [41]。到了第 6 章我们就会讲到，Nicholas Negroponte 后来之所以有机会用计算机进行设计，正是因为他在刚进大学的时候上了 Coons 的课。

在美国空军的资助下，计算机图形学的发展过程同航空工业以及机械工程与电子工程业变得密切起来 [42]。计算机图形学这个说法是波音公司的 William Fetter 与他的上司 Verne Hudson 在 1960 年提出来的，意思是将数据转换成图像 [43]。也可以按照 Fetter 在 1966 年所写的那样，理解成"一种经过特意管理并且有相应文档来加以描述的技术，旨在精准而确切地表达信息" [44]。波音公司把人因学⊖研究与计算机图形学结合起来，以模拟驾驶员在座舱内的运动情况 [45]。当时担任艺术指导的 Fetter 正在寻找新的方式来绘制并呈现人体与飞行器之间的复杂关系 [46]。1962 年，他针对波音公司在人因学方面的需求，用计算机图形技术创建了一套座舱模拟机制，随后又在 1964 年创建了 Boeing Man，这是一种经过计算机图形技术处理过的人形，可以描述 7 种不同的运动系统 [47]，还能以动画形式呈现出驾驶员在座舱内的运动范围 [48]。20 世纪 60 年代上半期，计算机图形技术在波音公司有着许多用途，其中包括声学工程、工程绘图、操作分析、人因学、座舱显示系统以及航母降落 [49]。

Fetter 其实已经体会到了计算机图形学在工程通信中的一些意义，这可以从他那本书的名字中看出来：*Computer Graphics in Communication*。他预测，计算机与图形技术

⊖ human factors，也叫作人体工学、人体工程学。——译者注

可能会让许多领域走得比从前更近，这种预测是正确的。Fetter 写道："有许多方式可以教人了解到计算机对工程通信所产生的影响，这些方式都能填补工程学中的某个专业与通信及设计学中的某个专业之间的空白。"[50] 他认为，工程师应该上设计课，而通信专业的学生也应该读一读工程学的课程，各专业之间可能会彼此融合。Fetter 接着说道：

> 许多专业之所以会存在并发展，都是因为人类要对自己遇到的一些重要技术问题做出回应。比方说，之所以会有建筑业，是因为人类要对结构技术中的一些重要问题做出回应，之所以会有图形设计业，是因为人类要对打印技术方面的一些重要问题做出处理。最近几十年中，由于我们亟需解决大规模生产的问题，因此产生了工业设计。随着工程与科学的发展，我们可能还会推出计算机图形学，以满足计算技术的发展需求，这门学科的诞生原因与其他几种设计专业类似 [51]。

回顾历史，我们会发现，Fetter 当年提出的这些建议与现在的设计程序以及后来的 MIT Media Lab 所采用的方法正好一样。从较短的时期内来看，他的这些建议与 Architecture Machine Group 所采用的教学理念也恰恰相同。我们将在第 6 章讲到这一点。

1.6.2　共生、解难与控制论

建筑师会把建筑学当作一门解决问题的学科来进行探索，并且会在探索的过程中运用启发式的方法（或者叫作试探法）。启发法的意思是"有助于发现"问题答案的方法，它是通过 *How to Solve It*（《怎样解题》）这本书流传开的，该书出版于 1945 年，作者是 George Pólya（波利亚·哲尔吉，1887—1985）。这本书不仅对数学很有影响，而且还波及了控制论、认知心理学、人工智能以及计算机科学等领域 [52]。启发法是靠猜想来解决问题的，它会提供一套框架，让我们能够根据亲自解决或观察他人解决问题时所获得的经验提出合理的猜测。在人工智能与认知心理学领域，研究者会运用这种方法来探寻人类是怎样把问题的解法给找到的。研究者可以将这套探寻手法创建成软件模型，从而运用启发法对其他问题的求解过程进行研究。建筑师也可以运用这些手法构思出具备进化及学习能力的建筑系统。Christopher Alexander 的 *Notes on the Synthesis of Form* 一书的核心程序就使用了启发法（参见第 4 章），Nicholas Negroponte 在创想 URBAN5 计算机辅助设计系统时也利用了这种方法，他觉得这套系统应该通过与用户之间的问答式对话来进行学习（参见第 6 章）。

控制论用来描述各种系统及有机体之内的反馈与控制情况，例如生物系统、计算系统、人类学系统或政治系统等。cybernetics 这个词是 Norbert Wiener（诺伯特·维纳，

1894—1964）在 1948 年创造的，它源自希腊语的 *kybernetes*，意思是舵手。这项理论围绕着反馈这一概念而发展，它关注的重点在于某一组消息是通过什么样的交换方式来控制系统的，而不在于其中每条消息的具体内容。系统在执行某个动作时，会收到与该动作的效果有关的信息，并据此做出相应的调整，这与舵手掌舵的情况有些相似。

控制论后来之所以吸引了许多人，其真正原因在于它可以运用到各种各样的有机体与实体上面，动物、人、政府、剧场与其中的表演、艺术品、建筑物等全都适用。它可以为 Geof Bowker 所说的那种全方位策略提供支持。Bowker 写道："总之，控制论专家呼唤新的时代，这既能够融合各种领域（考虑到当前的技术与战争状态），又能够激发各种思想（考虑到它所能激发的各种人文理念）。它是一种强大的工具，能够在这两个意义上面来回转换。"[53] 由于控制论所提供的一些机制有助于建筑师完成这样的变换，因此，它在建筑领域很受欢迎。

有两位英国的控制论学者对建筑师与建筑学很有影响，其中一位是 W. Ross Ashby（1903—1972）。Christopher Alexander 刚入建筑业时，受到了 Ashby 的影响，这种影响体现在 Alexander 的 *Notes on the Synthesis of Form* 一书中，我将在第 4 章讲解这个话题。Ashby 研发了名为 Homeostat 的模拟计算机，并说这是"为了模仿大脑而做的设计"[54]。Homeostat 通过电路维持平衡，Ashby 想要以此演示，该设备能够像大脑那样适应变化。另一位是 Gordon Pask，他与 Cedric Price 及 Joan Littlewood 一起设计了 Fun Palace。这是一套利用控制论技术而构思的响应式空间，可以根据用户的使用情况（例如他们穿越建筑物或是与建筑物互动的方式）做出调整。Pask 在 1968 至 1976 年间，多次到 MIT 的 Architecture Machine Group 长期访问，并与之合作，为技术系统与设计系统建立模型。Pask 在 1969 年写了"The Architectural Relevance of Cybernetics"一文，他在文中说，控制论可以改变设计师与他所共事的系统之间的互动方式。他又说，如果建筑师能够意识到自己其实是在对系统进行建筑或架构，那么就有可能利用控制论方面的理念来改变原有的设计方式。他还写道："设计范式首先应该在内部得到运用，也就是说，不要急着去关注系统与将要居住在该系统内的人之间怎样互动，而是应该先关注设计师与他所要设计的这个系统之间有什么样的关系。"[55]

引入控制论之后，建筑物就不单是静态的实体了，而是有了其他的一些意义，与之类似，设计过程也不单是建筑师与建筑团队绘制图纸并建立模型的过程了。与控制论相结合，使得建筑学成了一种信息交换机制，这也为交互式的建筑设计方式打下了基础。

J. C. R. Licklider（1915—1990）于 1960 年发表了"Man-Computer Symbiosis"（人机共生）学说，在涉及智能与交互的概念中，这是一项经久不衰的理念。他这样写道：

"人机共生是人类与电子计算机在交互协作的过程中自然发展出来的，它涉及人类与其电子搭档之间的这种非常紧密的耦合关系。"[56] 人机共生的目标是让双方能够以相互协作的方式来解决问题，而不是先由人把程序调配好，然后再交给计算机去执行。Licklider 强调，这种协作让人与计算机之间能够以新的方式"合作，以制定决策并控制各种复杂的状况，而不是必须依赖预先编好的某一段固定程序"。对于 Licklider 的这篇文章，Paul Edwards 下了这样的评语，他说该文"迅速成了许多篇谈论计算机科学（尤其是 AI）的文章都加以引用的资料，这就像后来有许多谈论心理学的文章都引用了同年出版的另一部名作 *Plans and the Structure of Behavior*（由 George Miller（乔治·米勒，1920—2012）所写）一样。以后，只要有人想讨论如何创建分时的交互式计算机体系，几乎都会采用这篇文章所定下的基调"[57]。即便到了今天，"共生"仍然是 AI 与人机交互领域所要努力追求的目标。整本书中都会提到 Licklider 与共生，尤其是第 6 章，该章会讲到 Nicholas Negroponte 与 MIT 的 Architecture Machine Group。

1.6.3 人工智能

人工智能这个说法是 John McCarthy（约翰·麦卡锡，1927—2011）在 1956 年提出的，然而，这种能够自主解决问题的计算机其实早就有人想到了[58]。人工智能以及与之有关的自动机等机械其历史可以追溯至公元一世纪[59]，只不过要到 20 世纪 50 年代，它才发展成一项专门的领域，旨在以人脑的思考方式为模型，设法让机器具备与之类似的逻辑。1956 年的 Dartmouth Summer Research Project on Artificial Intelligence（达特茅斯夏季人工智能研究计划）以及 1952 至 1961 年之间的一组论文提出了该领域以后所要解决的一些关键问题。早期讨论人工智能并为其定调的学者包括 Claude Shannon、John McCarthy、Marvin Minsky 与 W. Ross Ashby。对于控制论与系统理论方面的许多学者来说，人工智能不仅对计算机科学有意义，而且其研究范围还可以扩展到生物学、神经学、数学、统计学、语言学、管理科学及心理学等诸多领域[60]。

尽管 AI 研究是从控制论中诞生的，但它所关注的核心问题却与控制论不同。这些问题主要考虑的是系统如何学习，或怎样自我复制。早期的 AI 研究者乐观地提出了许多种有可能实现的概念，然而这些概念真正想要实现却需几十年时间。正如 Marvin Minsky 在 1961 年所写的那样："我认为……我们正在开启这样一个新的时代，在这个时代中，智能的解题机器将会强烈影响我们，甚至有可能统治我们。不过，大家在畅想未来之前，应该先试着描述并解释'人工智能'的第一步究竟怎么走。"[61]

在 Minsky 的人工智能理念中，启发法早就占据了核心地位[62]，不过，他于 20 世纪

60 年代给"智能"一词下定义时，却说得相当谨慎。什么是智能？什么样的行为才是智能的行为？这些问题始终不好回答，到现在也没人说清。你当然可以用启发法或分类法拟定一套规则，让计算机按照这套规则来行动，但这样做是不是缺了什么呢？ Minsky 写道："我明白，如果把各种复杂的启发式方法组合起来，那么我们迟早能够拼装出解题能力超强的程序。"然而，单纯地堆技术并不会发生本质变化，于是，Minsky 就问："如果用尽了各种手段都无法产生智能，那么我们是否应该考虑一下，自己到底有没有正确地理解'智能'这个词？"

我认为，这不单单是技术问题，它还涉及一种感觉，一种让我们引以为傲的感觉。对于我来说，这指的可能是人类所具备的这种智慧能力，让我们自己很是欣赏，但却并不明白其中的道理……虽然我们还无法清楚地了解什么叫作智能，但并不应该就此下结论说，计算机程序不会拥有智能。如果我们最终可以认清智能所具备的结构，那么就有可能写出拥有该能力的程序，从而让计算机像人那样思考，到了那时，我们对于智能的这种神秘感（以及自负感）可能就不那么强了 [63]。

Minsky 谈到了自由意志以及自觉等问题，也谈到了人类如何为自己建模。他还提出这样一个概念，促使我们反思 [64]。Minsky 写道："机器当然是必须能够完成任务的，但我们不能把它所执行的操作全都归到给机器编写程序的人上面，因为有些操作可能是该系统在发现了某些结构之后自行做出的，给机器编程的人当初并没有发现或意识到这些结构。" [65]

智能是不是像 Minsky 所说的那样涉及人的尊严，我们有没有可能通过众多的流程让机器的智力呈指数式增长？也有人认为，机器智能不智能指的就是它聪明不聪明。这种看法对吗？还有人认为，智能意味着机器可以做到其设计者尚未规划的工作，Claude Shannon 在描述 W. Ross Ashby 的 Homeostat 所具备的特征时就提到了这一点。此外，又有一些人说，智能是系统在根据从前的状况对当前的问题迅速做出决定时所涌现出的性质，Ashby 把这种性质称为适应能力。什么是智能？这个问题可以有很多种答案，那么讨论该问题能够给建筑学带来哪些启示呢？

接下来的各章讲的就是建筑师、设计师以及技术专家怎样研究技术对生活的影响，并为这种影响建模。此外，还要谈到他们如何运用技术来拓展建筑学的边界，并将建筑学中的一些做法运用到其他领域。我们首先要研究 Christopher Alexander，此后，还要研究其他一些人所做的编程及数字产品设计工作，Alexander 对这些工作产生了相当大的影响。

第2章　Christopher Alexander：模式、秩序、软件

Christopher Alexander 是一位建筑师，他没想到自己有一天居然会在计算机行业的会议上面发表演讲。那是 1996 年 10 月，加利福尼亚州的圣何塞正在举办 ACM 的 OOPSLA 会议，这个会议谈的是面向对象的编程、系统、语言及应用（Object-Oriented Programming，Systems，Languages & Applications）。Alexander 要在这次会议上发表主题演讲，来听演讲的软件工程师与软件设计师坐满了"一整个足球场那样大的地方"[1]。他在演讲时，明确提出了这样一个问题："我是做建筑学的，你们研究的则是计算机科学，而且正在尝试软件设计这个新兴的领域，那么，咱们要做的事情之间有什么联系呢？"[2]

Alexander 对计算机当然并不陌生。他在 20 世纪 50 年代末至 60 年代初就开始用计算机办公了，这其实相当于他在建筑师刚刚能接触到计算机的年代就这样做了。等 Alexander 后来站在硅谷的讲台上面时，他已经把研究重心从计算机转到了其他方面，可是邀请他来给大会做主题演讲的软件工程师却认为 Alexander 的建筑学作品与计算机行业极其相关，这让他觉得很意外。Alexander 为这些软件工程师讲述了软件建筑与软件架构的理念及策略，并谈到了这些建筑与架构所体现出的美感。

Alexander 借着在 OOPSLA 演讲的机会强调了软件工程师的工作对整个世界的意义。他说："我知道，坐在这里的人肯定已经意识到，自己的工作会在多大程度间接地影响这个世界，因为计算机会对世界产生影响，而计算机的功能与程序则是由你们所控制的。"[3] 软件工程师设计的程序对生活的每个方面几乎都有深远影响。Alexander 当时预言："建筑、交通、建筑管理、医疗诊断、印刷与出版等行业都会受到计算机程序控制。你几乎找不到哪个行业还没有被这种控制实体与其操作的计算机程序给强烈地影响到。"[4] 软件工程师通过他们所设计的程序发挥着巨大的控制力。

当时已经是 1996 年了，万维网正在极速发展，能够联网的软件也越来越成熟。各行

各业都为这一趋势所影响，因此，大家很清楚，Alexander 所设想的许多现象应该是能够实现的。他说，自己当时已经发现，听演讲的人特别关注"真实的物理世界，而且也关注这个世界在面貌、设计、感觉等方面的深层变化以及这种变化给生活带来的影响"[5]。然而，Alexander 当时考虑的重点并不在于怎样让程序员更广泛地控制这个世界，而在于这些构建世界的人在控制世界时应该有着怎样的道德责任感。听他演讲的软件工程师与软件架构师其实与传统的建筑师一样，都属于构建世界的人。Alexander 问过这样一个问题："有一天，你会不会担负起影响、塑造并改变环境的责任？"[6] 这个问题表现出他很能体会到这种责任感。

2.1 Alexander 小传

很少有哪位建筑师能像 Christopher Alexander 这样，让许多人都觉得自己好像听过这个名字。这可能是因为，他所阐发的建筑学理念可以让不当建筑师的人，也能明白自己住的房子与整栋大楼是什么关系，这些楼是怎样安排在街道两边的，进而思考这些街道在村镇与城市中的规划方式，并获得对其他领域有所启示的灵感。Alexander 与 Sara Ishikawa 及 Murray Silverstein（1943 年生）合写了 *A Pattern Language*（《建筑模式语言》）一书，自从该书于 1977 年出版之后，在很多人的书架上都能看到这本书脊是黄颜色的书，这些人不一定都是研究建筑学的。要是哪家的孩子对建筑学感兴趣，那么去读大学的时候，父母更是会买来这本书当礼物送给他了。（我自己就是个例子：我要去读建筑专业的研究生时，父亲就送了我一本 *A Pattern Language* 当圣诞礼物。）在 Amazon.com 的建筑评论类书籍中，卖得最好的就是这本书[7]。

数字时代的每一个方面几乎都被 Alexander 理论所影响，只是有些时候你可能没注意到。你应该用过维基百科吧？你应该学过 Java 或 C++ 吧？就算没学过，可能也用过拿这两种编程语言写出来的程序。另外，你总该访问过大一些的网站，或是玩过电子游戏吧？这些产品中的某个设计灵感可能就是来自 Alexander。我的个人经验很能说明这一点。初次听到 Alexander 这个名字是我第一天在 Netscape（网景）当制作人的时候，那是 1996 年 4 月。Netscape 网站的创意总监 Hugh Dubberly 对我们说，重新设计网站时，应该考虑运用模式与模式语言。这比 Alexander 在 OOPSLA 会议上给软件工程师发表演说还早了半年时间，而且他演讲的那个地方与网景公司一样，也在圣何塞，离我们公司只有几英里远。

Alexander 从读本科的时候，就想把数学、计算机与设计学融合起来，形成一套系统化的方法。当时是 20 世纪 60 年代初，只有极少数建筑师能够以相应的数学知识在计算机上写出程序，Alexander 就是其中之一。他 1936 年生在维也纳，本名 Wolfgang Christian Johann Alexander，1938 年随着家人逃离纳粹统治。他在剑桥大学的三一学院先后取得数学与建筑学的学士学位。Alexander 刚开始在剑桥研究建筑学的时候，赶上了一股新的学术思潮，当时，建筑系的主管 Leslie Martin（1908—1999）正领着大家关注数学与计算机技术。Martin 为建筑学的研究工作定下了基调，其后几十年的学术发展都是以他当时制定的这套规划为基础的。这套逻辑方法对用过该方法的许多位建筑师都有影响，除了 Alexander，还包括 Peter Eisenman（彼得·艾森曼，1932 年生）、Lionel March（1934—2018）与 Philip Tabor 等人。

搬到美国后，Alexander 继续研究建筑学，并从 1958 年开始攻读哈佛的博士课程。在这段时期，他参与了建筑学之外的一些合作项目，例如与哈佛认知研究中心、MIT 和哈佛合办的城市学研究中心以及 MIT 土木工程系统实验室相合作。在合作过程中，他接触了认知科学、控制论与人工智能，这些学科都为他所要研发的设计方法提供了思路。从论文委员会的诸位评审老师那里就可以看出 Alexander 的研究涵盖的范围有多么广泛。在委员会里，Arthur Maass 是研究政治科学的，他的成就是针对水政策提出了定量的建模方法。Serge Chermayeff（1900—1996）是建筑师，也是工业设计师（Alexander 在取得博士学位之后，继续与他共事。他们在 1963 年合写了 *Community and Privacy* 一书）。Jerome Bruner（杰罗姆·布鲁纳，1915—2016）是认知心理学家，与 George Miller(乔治·米勒) 共同创立了认知研究中心，该中心受到国家科学基金会、福特基金会与国防部高级研究计划局赞助，致力于在人类与"帮助我们增强对环境的认知控制所用的那些机制"之间建立桥梁。本书的其他各章还会提到这个话题以及为该中心提供资助的这些机构 [8]。

Alexander 在 1962 年完成了建筑学的博士课程，第二年进入加州大学伯克利分校的建筑系。他的博士论文几乎是照原样出版的，这本叫作 *Notes on the Synthesis of Form* 的书直到今天还在印。1967 年，Alexander 在伯克利创建了 Center for Environmental Structure，并且一直在那里工作到 1994 年。其间，他提出了模式与模式语言，编写了 20 多本书，并发表了多篇文章。2003 至 2004 年，他所写的 *The Nature of Order: An Essay on the Art of Building and the Nature of the Universe* 得以出版，这套书共有 4 卷，总结了 Alexander 的建筑理论。他目前住在英国的阿伦德尔。

2.2 为建筑学而设的操作系统

Alexander 研究建筑学所用的方法对这门学问之外的人也有着重要意义。这套方法吸引了许多需要处理、分析并呈现复杂信息的人，其中也包括软件工程师与信息架构师。传统的建筑师通过绘制图纸与建立模型等手段来强调建筑物的形式与表现方式，而 Alexander 则不同，他想把设计问题中的某些部分所具备的结构以及这些部分之间的关系形象地呈现出来。Alexander 认为，如果能够正确地做到这一点，那么就可以更清楚地看出设计问题所具备的形式，为此，应该把设计问题中的元素画出来，并展示出这些元素之间的关系。在面对设计问题的时候，为什么要探寻该问题所具备的结构呢？根据 Alexander 的看法，其原因在于：建筑学中的问题相当复杂，单凭想象力与直觉而不考虑结构，是无法把这种问题给处理好的。反之，若能将问题的结构描绘出来，则会让设计方案更加优秀、更加正确。

Alexander 的兴趣很广，他采用各种方式研究部分与整体之间的关系，例如，从集合论与图论的角度研究，从需求是否得到满足以及部分与整体是否适应的角度研究，从计算理论与启发法的角度研究，从可视化与社交网络分析的角度研究。在采用这些研究方式的过程中，他把适合自己使用的那些地方保留了下来，等自己对有待解决的问题更为了解之后，他又把不符合研究需要的那些地方坚决剔除掉。Alexander 认为，应该把注意力放在 living structure（活的结构）上面，也就是要注意建筑物的结构是否符合道德与秩序，以及有没有一套客观标准能够对此做出判断。20 世纪 90 年代与 21 世纪初，他所持的观点是，我们有可能定义出这样一些属性，用以判断建筑物好不好，或者说"有没有生活气息"，这种观点在他所写的 4 卷本 *The Nature of Order* 中显得尤为突出。Alexander 此后的作品对早前的观点做了确认与补充，当他认为自己可以设计出这样一种能够接收客观测试的系统时，他又说，我们可以创造出一种合乎道德而且有意义的空间，让大家通过经验来予以测试并证明。

在一般的建筑师眼中，Alexander 并不受欢迎。虽然他们也承认 Alexander 的学说确实很重要，但是比较反感他那种重视道德的论调。他们不认为建筑学中有这样一种客观的善恶概念。Alexander 对建筑物的设计工作处理得相当果断，这让许多建筑师不以为然，因而也不太喜欢他创造出来的建筑方案。Alexander 之所以出名，是因为数码产品的设计者、计算机程序的开发者以及建筑学之外的许多人对他写的 *A Pattern Language* 及 *The Timeless Way of Building*（《建筑的永恒之道》）等书特别推崇，不过，这些作品在某些建筑师看来，似乎过分地简化了复杂的设计工作。建筑师不像 Alexander 那样认为建筑学可以归结成有待证明的真理，而数字设计师与开发者则发现 Alexander 的这种方法及观点对自己所要处理的工作很有启示。

接下来，我要探寻 Alexander 的建筑哲学是在哪些因素的影响之下形成的。为此，我们要考虑 4 个关键的问题。第一，计算机在他的工作中扮演什么角色？第二，把设计问题的结构形象地展示出来，这让 Alexander 得出了一套什么样的设计方法，这套方法对当今的世界有哪些重要的意义？第三，为什么说模式可以描述出设计问题的格式，并且能够形成一套对后来的数字时代很有帮助的问题解决机制？第四，Alexander 的语言观念带来了一些新的建筑学说，这些学说对现实世界很有影响，那么，这些学说是怎样产生的？其后，我还要探寻他对软件设计、建筑学以及工程学的影响，并且要谈到学术界针对 Alexander 与其他许多位建筑师的观点所产生的争论。

计算机所创造的机会及其局限

在建筑学界还没有广泛接触到计算机的时候，Alexander 就开始为他们怎么面对计算机而发愁了。可是等这些人后来在 1964 年的 Architecture and the Computer Conference 上面争论计算机对建筑学是好还是坏的时候，Alexander 却说，这个问题现在已经不值得讨论了，因为"依我来看，'怎样运用计算机来设计建筑？'其实是个误导人的问法，而且很危险、很愚蠢"。——在 1964 年的会议论文集中，Alexander 使用了这种相当激烈的措辞 [9]。他认为，那种一碰到建筑设计问题就想用计算机去处理的人，正和一见到钉子就想拿锤头去砸的人一样。建筑师首先必须了解，建筑设计工作中有哪些地方可以通过计算机的计算能力来予以处理，只有厘清这一点，才能继续考虑采用何种方式去处理，否则，很有可能白白浪费时间。"你需要花些功夫来寻找一种描述问题的方式，让计算机能够看懂这个问题，并为你解决该问题。在这个过程中，你可能会改变自己的看法。这会促使你思考，问题中究竟有哪些方面可以通过代码与计算机程序来解决，实际上，这些方面在整个问题中并不处于重要地位"[10]。

虽然计算机无法解决所有的建筑设计问题，但是它可以促使建筑师重新思考自己对形式的看法。这种形式指的并不是建筑师自己臆想出来的形式，那些形式只不过是"随意地挥洒个人见解"而已。Alexander 所说的形式是一种有条理的形式，能够把复杂的设计问题所体现出的需求以及其中的各种关系给描绘出来 [11]。这种形式才是计算机真正能够帮上大忙的地方。他说，"计算机是一种工具，是一种强大到近乎神奇的发明"，"我们对形式与功能的复杂本质理解得越透彻，就越应该求助于计算机，因为这种工具可以帮助我们更好地创建形式"[12]。

Alexander 之所以这样来谈论形式，是因为他自己有着这方面的经验，而这种经验当时只有少数几位建筑师才能够体会到。Alexander 在 20 世纪 60 年代初读博士的时候，已经可以接触到 MIT 计算中心的 IBM 7090 计算机了，因为他在与土木工程师 Marvin Manheim 及 MIT 土木工程实验室合作。这种机会可不是人人都能遇到的。20 世纪 60 年代，计算机相当少，而且也不太有建筑师知道怎么用它编写程序 [13]，这正好激起了 Alexander 的兴趣。他把自己与 Manheim 合写的程序运用到了博士论文所涉及的研究中，这篇论文后来以 *Notes on the Synthesis of Form* 为题出版成书。该文以印度某个村庄的设计需求为例，分析了这些需求之间的关系。到了 1964 年举办那次会议时，他已经用计算机工作好几年了。他针对设计问题中的需求，用计算机来计算这些需求之间的关系，并据此绘制图表。在这个过程中，他始终想克服计算机程序与工具的局限，以便更加灵活地表现出他所要研究的那些复杂之处。Alexander 发现，把问题的结构用计算机描绘出来并不困难，难的是怎样将它描绘得让人很容易就能看懂。为此，他专门提出了一些视觉结构，使得计算机程序能够更好地处理这样的结构，例如树、半格、网络等。但他感觉到，自己所要描绘的结构越来越复杂，越来越难以用计算机程序去处理，于是，他干脆抛开了计算机。

2.3　顺着天意而行

从 1964 年的 *Notes on the Synthesis of Form*，到 2001 年的 4 卷本 *The Nature of Order*，Alexander 始终在思考这样的问题：秩序究竟是由什么产生的，设计问题中的各种要素与力量要通过什么方法来理解，这些要素与力量怎样结合成具有某种意味的设计方案。在这个过程中，他改变了自己对某些细节的叫法以及分解某些设计问题时所用的手段，并且用新的方式取代了旧的方式，但无论如何，他的作品始终在探寻秩序。

对于 Alexander 来说，研究设计问题就是要研究怎样把它的每个部分拼合在一起，为此，首先应该把这个问题自然地拆解开，以便更好地理解其中的各个部分，然后，再把这些部分重新组合起来。他在 *Notes on the Synthesis of Form* 这本书的开头引用了 *Phaedrus* 中的一段话。在那段话中，苏格拉底与柏拉图讨论了如何阐述自己的观点。苏格拉底说："首先，要把分散在某个 Idea 下面的各个部分罗列出来，让大家都明白你正在讲的是什么……其次，要把这个 Idea 分解成好几个部分，要按照自然形成的连接点来分，而不是武断地切割。" [14] 在 *Phaedrus* 的同一段话中，柏拉图接着说道："我自己很喜欢这种分割与推广的过程，因为这样的过程能够帮助我说话并思考。如果有人能够认识到这种'一与多'

的本质，那我就信服他，而且会'像顺从天意那样跟着他走'。有这种本领的人我喜欢把他们叫作辩证学家，当然啦，这么叫对不对，只有天才晓得。"[15] 对于 Alexander 来说，追寻秩序就是顺从天意。

柏拉图与苏格拉底是把要论述的问题沿着连接点"分解成多个部分"，然后再将其综合起来，让论说变得更加有力。与之类似，Alexander 也是要把有待解决的设计问题拆分成多个要素，并对每个要素分别进行研究，以描绘出它们之间的关系，最后再把这些要素拼合起来，以形成一套设计方案。这样做相当于把设计问题建模成信息问题，并理性地予以解决，而不是由设计师单凭"自我感觉"来推想，这种感觉只存在于每位设计师自身，无法为他人所验证。Alexander 又说："分析与综合是两种对立的方式，有时会让人觉得理智与艺术在设计工作中也是互相对立的，因此，他们会认为，分析式的流程无法帮助设计师找到连贯而有条理的设计方案。"[16]

Alexander 的秩序理论是从许多学科中衍生出来的，单就 *Notes* 一书而言，其理论主要依据的是生物形态学、格式塔心理学及控制论这三者。生物形态学研究的是动、植物的结构以及结构之间的关系，这让 Alexander 可以借用这套术语，对能够产生各种形式的作用力进行描绘。格式塔心理学是心理学的分支，它研究的是部分与整体之间的联系，这可以帮助 Alexander 更为全面地理解设计问题。控制论让他能够把信息输入与信息输出分别视为向对方所提供的反馈，进而从这个角度对系统的稳定情况进行建模。Alexander 把这些理念融入自己所写的计算机程序中，使得该程序可以对设计问题的各项需求之间的许多种关系进行计算，并将其结构形象地呈现出来。

形式、力量与适应程度

Notes 一书在方法上有三个要素，分别是 form、force 与 fitness（形式、力量与适应程度）。Alexander 说，形式就是"整个世界中，我们能够对其加以控制的部分"，"凡是对这种形式提出要求的部分都可以称作该形式所处的环境。适应程度则是形式与其环境之间互相接受的程度"[17]。传统的建筑师通过绘制图纸来创立形式，并根据建筑物与房间的形态来建立模型，而 Alexander 则把形式联系到设计问题所呼唤的结构上面。他在 *Notes* 中写道："无论什么样的形态，其关键之处都在于其组织方式，在这个意义上，我们可以将组织方式称为形式。"[18] 他想用形式来描绘各种"力量"在设计问题中的关系。

这种把形式与组织方式相关联的思路得自 D'Arcy Wentworth Thompson（1860—1948）在 1917 年所写的 *On Growth and Form*（《生长和形态》）一书。这本书研究了物理、化学或电等力量如何决定生物的形式。Thompson 把这些力量所塑造出的形式称作"diagram of forces"(力量之图)。Thompson 写道:

> 形式本身……以及该形式随着运动及增长而出现的明显变化或许都可以归结为力的作用……无论有机体是大是小,我们都必须从力的角度(具体来说,是根据动力学)对该生物的运动做出定性的解读,不仅如此,就连有机体本身的构造也必须从力的角度来研究,这样才能解释它为什么可以均衡而持续地存在下去(在解释这方面的问题时,需要从静力学入手,研究力之间的相互作用与平衡关系)[19]。

按照 Alexander 的观点,设计师必须根据形式与其外部环境之间的边界来开展工作。除了要考虑形式与外部环境之间的界限,设计师还必须顾及另一个复杂的问题。Alexander 写道:"形式本身需要依赖其内部的组织方式,并且要让组成该形式的各个部分相互适应,只有这样,我们才能把该形式当成一个与外部环境有别的整体来加以控制。"[20] 设计师在处理设计问题时,虽然无法改变外部环境,但却可以让自己创建出的形式适应这套环境。把形式与环境都认清之后,设计师需要将这两者结合起来。对此,Alexander 写道:"两个无形的方面一个是形式,它还没有设计出来,另一个是环境,你没办法按照自己的想法去设计它。"[21] Alexander 想要强调的是,结构一定要适应环境,设计师无论拿出什么样的结构,都必须让这种结构可以随着它所处的环境而改变或进化。由此来看,设计师要解决的其实是结构问题,而不是表现问题。只有拿出好的结构,才能适应环境,而图纸与模型只是一种描绘建筑结构的传统表现手法,与结构相比,它们更像是点缀与装饰品。只有结构才能体现出设计问题的本质。如图 2.1 所示。

在 Alexander 的理论中,最显著也最有影响力的是这样一条:如果设计方案中没有不匹配的地方,那么它就是良好的设计方案。所谓不匹配,是指设计方案在"整体上的一种毛病,对于这种毛病,我们根据经验一眼就能观察出来,并加以描述"[22]。设计师的任务是让不合适的地方变得合适。比方说,如果桌子不平,就把火柴盒压扁,垫在桌子腿的下面,或是塞个垫片,你未必一次就能做好,有时需要反复尝试。

设计师在形式与外部环境的分界处工作时,也和刚举的例子一样,需要反复调整,才能得出最佳方案,Alexander 将这种能力称为"设计师的组织力"[23]。设计师在处理设计问题时,必须认清自己所面对的需求(或者说,认清现实情况与需要达到的目标之间有哪些不匹配之处),并引入恰当的形式来予以解决。对需求进行分析与整理可以帮助建筑师找到最契合外部环境的物理解决方案。Alexander 专门从不匹配或不合适的地方入手来进行研究，这是因为，对不匹配的地方进行认定要比开放式地罗列需求更为容易，假如反过来，让设计师自己去写需求——也就是把设计方案所要满足的那些特征一项一项地定出来——那么他可能写很久都不会停笔[24]。总而言之，Alexander 所说的好设计是把不匹配之处给消除掉了的设计。

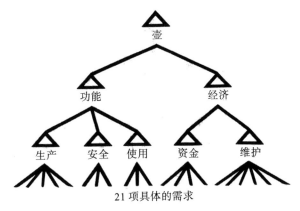

图 2.1 Alexander 以设计壶的时候所要考虑的问题为例，展示了某个物件对其设计者所提出的这些需求之间具备怎样的关系。将这些需求按照图中的方式有层次地组织起来，可以帮助设计师拆解复杂的设计问题。*NOTES ON THE SYNTHESIS OF FORM* by Christopher Alexander, Cambridge, Mass.: Harvard University Press, Copyright© 1964 by the President and Fellows of Harvard College. Copyright © renewed 1992 by Christopher Alexander

注重合适程度或匹配程度是人在寻找最适合完成某项任务的工具时所经历的一种心理过程[25]。Alexander 所说的"合适"，其概念来自 Kurt Koffka（科特·考夫卡，1886—1941）的 *Principles of Gestalt Psychology*（《格式塔心理学原理》）。Koffka 在书中描述了小孩怎样从 4 根棍子中选出最合适的一根来推动栏杆之间的球。在 4 根棍子中，最合适的是一根比较细而且一端向外弯成半圆的棍子，最不合适的是一根比较粗而且两端都很尖的棍子。Koffka 写道："如果……小孩能选出合适的棍子，那说明他是根据物体本身的特征来挑选的。他在选择工具时，会考虑该工具与自己想推的球之间能不能'匹配'，这正是他在做出选择时所依据的标准。"[26] Koffka 又说："无论解决什么问题，都需要寻找一种**匹配关系**，以缓解当前的矛盾。这种匹配律应该成为我们对思维方式进行解读时所运用的通则，而且可以催生新的方法。"[27] 设计师在决定自己如何处理设计问题时，也应该像这样，把物件的形态及特征与该物件所处的外部环境联系起来考虑，然后选出最能够解决问题的形式与措施。

然而，环境与条件并不是静止的，即便是最为简单的设计问题也有可能发生变化，而且几乎总是会发生变化。既然外部环境随时都有可能改变，那么形式要如何与这样的环境相适应呢？为此，Alexander 通过控制论，尤其是通过 W. Ross Ashby 的 *Design for a Brain* 一书（出版于 1952 年）中的理论，来探寻维持系统均衡的办法。Ashby 当年为了对人脑学习知识的方式以及适应不同环境的方式进行建模，制作了名为 Homeostat 的模拟计算机。这种机器采用控制论中的反馈循环机制来演示系统如何保持自身稳定。它由磁铁与线圈构成，其中一部分浸在水里。Homeostat 可以对环境变化做出反应。Ashby 写道："我要提出这样一个定义，**如果行为的形式能够在不超出物理限制的前提下于关键的变量上面保持稳定，那么该形式是有适应性的**。"[28] 这种适应性的概念不仅可以用来研究人脑，而且可以用来研究动物的某些生理机能（例如维持体温），甚至可以研究更为高级的活动，例如人与环境之间的互动。这种让系统回复稳定的能力叫作超级稳定性。

Alexander 把 Ashby 的这套自我均衡模型运用到自己的设计过程中。他认为，如果设计师把问题的需求以及连接这些需求的力量正确地定义出来，那么得出的形式与结构就能够适应变化，并保持平衡。Alexander 构思了一种 Homeostat，以演示按照他所提倡的方式设计出来的系统可以保持均衡。这种 Homeostat 是这样运作的：100 个灯泡排成一排，每个灯泡都处在亮或灭的状态。如果亮了，那么下一秒有 50% 的概率灭掉。如果没亮，但与之相邻的任何一个灯泡亮了，那么下一秒有 50% 的概率亮起。当所有的灯泡全灭时，整个系统中就不会再有灯泡亮起了，此时，他说这个系统达到了均衡[29]。

设计师为什么应该采用这套方法呢？Alexander 认为，这是因为设计师所面对的世界越来越复杂，因此，他不可能把这些相互纠缠的系统以及其中的所有细节全都装在脑子里。"尽管有些问题看上去很简单，但其背后所涉及的需求及活动却相当复杂，无法直接处理"[30]。Alexander 所说的复杂系统处在逐渐增长的大环境中，这个环境中还有其他一些矛盾，例如社会问题、文化问题或信息问题[31]。

Alexander 进一步认为，大多数设计师在设计过程中都是带有偏见的，因为他们在开始设计之前，其实早就把解决方案想好了。Alexander 的这套方法想要克服这样的偏见，他要对设计问题建模，从而让设计师把注意力放在模型上，这样就不会单凭自己对设计问题的第一感觉而行事了。他写道："设计师在制定形式的时候要考虑该形式是否完整（所谓的完整是从它是否连贯的角度来考虑的），他要把各种元素综合起来，形成完备的个体。而设计程序的运作方向则与之相反，它是要利用分析技术来把一个问题拆成多个部分。"[32] 如果设计师能够自觉地运用分析与综合来处理设计问题，那么就有可能创建出具备适应能力的系统。这样的系统是对形式所做的综合，可以针对变化给出回应。

2.4　形象地展现复杂关系

Alexander 与 Marvin Manheim 一起参与了高速立交的设计项目，这个项目影响了他后来所写的 *Notes on the Synthesis of Form* 一书。在该项目中，Alexander 采用计算机程序来计算树状结构。当时是 20 世纪 60 年代初，他所采用的做法是把所有的设计问题都整理成自上而下的体系结构，并且限定：任何一项需求与其他需求之间只能有两个连接点。之所以这样限制，是因为他的程序当时只具备这样的计算能力。后来，他的程序可以计算多个点了，于是，就允许设计需求之间可以有两个以上的连接点，这样的话，设计问题就可以用纵横交错的半格来描绘，这让 Alexander 能够以此表达出更为复杂的问题。到了 1965 年，他发表了题为"A City Is Not a Tree"的文章，这篇文章至今仍有影响力。在该文中，Alexander 又改口说，用树来描绘设计问题的结构是很危险的。至于半格，他在分析社交网络的时候，也曾将其视为一项基本的手段。最后，到了 20 世纪 60 年代末，他决定不再使用计算机去计算设计元素之间的关系，而是将设计问题视为一种网络及语言，因为此类问题中可能出现相当多的关系，因而无法再使用（或者说，不可能使用）计算机去计算。Alexander 在其出版的许多作品中都解释了他的这套系统观以及与之相关的理念，其中包括 *A Pattern Language* 及 *The Timeless Way of Building* 两本书。

2.4.1　树

从 *Notes on the Synthesis of Form* 一书以及与高速立交的设计工作有关的一些项目和论文开始，Alexander 决定采用树来处理设计问题的结构。他认为自己写的用来生成树状结构的程序在某种程度上已经表现出了一定的智能，因为该程序能够连贯而一致地生成这样的结构。

在设计高速立交时，Alexander 与 Marvin Manheim（当时是 MIT 土木工程专业的学生）用到了 Hierarchical Decomposition of Systems 这一计算机程序中的两个版本，也就是 HIDECS 2 及 HIDECS 3。这些 HIDECS 程序是用 FORTRAN 语言写的，可以通过集合论来处理问题，并对节点之间的关系进行分析。Alexander 与 Manheim 列出了 112 个问题，其中包括"路太窄""路太宽"以及"司机要懂的信息太多"等。他们迅速对比了这些需求，并判断这些需求所涉及的因素是彼此相似、彼此无关还是彼此冲突的，然后，将数据记录到穿孔卡片上 [33]。计算机采用启发式的"爬山"程序计算链接中的关系密度。这种爬山算法就像夜里登山，踩稳了一步之后，需要寻找下一个最适合的落脚点。计算机程序也是如此，它会选择某个变量，将其与矩阵中的其他值对比，选出这些值中最低（或最高）的那个，然后移动到下一个变量，并继续按这种方式来选择，直至找不到更好或更低的值为止。HIDECS 2 用的是对称的数值矩阵 [34]。Alexander 与 Manheim 采用图来形象地展示关系，他们把图放在左边，把集合放在右边，让这二者表达同一套关系 [35]。然后，他们根据程序输出的矩阵绘制树图，以展现该矩阵所要呈现的树状层级。由于 HIDECS 2 程序所能处理的每项需求只允许有两个连接点，因此，Alexander 认为，如果要用该程序来处理设计问题，那么这样的问题肯定要以树状结构来表示。

Alexander 与 Manheim 认为，HIDECS 程序是智能的，因为它总能产生一致的结果。他们写道："大家都明白，做爬山分析是很困难的，尽管有这样的困难，但该程序依然可以产生这种结果，这意味着它的稳定程度相当高。根据这些结果，我们认为，问题的结构在较深的层面上确实具备该程序所分析出的那些特征。" [36] 这种强大的智能让 Alexander 认定，HIDECS 可以运用到各种各样的事物上——定性的事物与定量的事物、抽象的事物与具体的事物都可以交给它来分析，因为实际内容并不重要，重要的只是这些事物之间的关系 [37]。Ashby 宣称，他的 Homeostat 是一种"为了模仿人脑而做出的设计"，与之类似，Alexander 也把自己的这套程序视为一种有适应能力而且超级稳定的程序，同时，它还相当智能。

然而，事实果真如此吗？ Alexander 与 Manheim 把设计问题中的元素整理为层次化的体系，然后让程序把这套体系中的秩序给显现出来，不过，在这个过程中，程序所处理的元素以及处理这些元素时所依循的流程都是受到控制的。由于 HIDECS 2 只支持它所能够计算的那些内容，因此，该程序描述的"深层""特征"其实是在这种限制之下得出的。为了避开爬山式的分析算法有可能遇到的困难，Alexander 的这套程序必须严格依照层次化的体系来整理问题的结构，这样才能展示出"智能"的一面。在 Alexander 继续研发这套程序及方法的过程中，他之所以始终能够得出连贯的结果，在很大程度上得益于这种层次化的体系。以这样的体系来构建系统可以令其更加智能，而这正是 Alexander 在其后几十年中所秉持的理念。

Alexander 把 *Notes* 一书中用过的程序以及自己提出的树状展示方法运用到了一个比较大的项目上，这就是 1964 年旧金山的 BART 设计项目。该项目的首席建筑顾问 Donn Emmons（1910—1997）让 Alexander 担任研究团队的主管。他与 Center for Environmental Structure 的同事 Sara Ishikawa 及 Van Maren King 一起，定出了 BART 项目所应满足的 390 条需求，并将其分成 33 类（如图 2.2 所示），例如"事故与安全""维护""心理效应"等。比方说，在"事故与安全"这个类别之下，有这样一条需求："乘客穿越闸机时，腿部不应该让横杆卡到，以免发生事故。"此外，还有这种需求："确保列车在突然停下、突然开动、沿弯道前行或上下颠簸时，不会把乘客从座位上甩出去，或让他倒向左右两侧"[38]。他们的成果在工程师那里遭到了嘲笑[39]。《华盛顿邮报》两年后登出一篇文章，说"工程师把他们的报告当成'笑话书'，并叫停了全部研究工作。这些工程师对其中的任何内容都不感兴趣，他们只关心怎样做更加方便、更容易控制开销"[40]。其实 Alexander 的研究计划是按照土木工程学的思路展开的，但讽刺的是，这项计划敌不过该领域固有的偏见。Emmons 与景观建筑师 Lawrence Halprin（1916—2009）在 1966 年辞职，因为他们针对 BART 有可能给人带来的影响提出了一些建议，但工程师并不关心这些建议。

2.4.2　半格

Notes on the Synthesis of Form 一书出版于 1964 年，在这之前，Alexander 已经开始利用 HIDECS 3 所具备的新功能来研究另一种结构了，这就是半格。新版的 HIDECS 程序能够计算相互之间有所重叠的集合，并允许同一个节点与多个上层节点相连。它能够形象地展现这种更为复杂的结构，而不像旧版那样只支持树状结构，也就是要求每个节点最多只能有一个上层节点[41]。由于新版程序所能计算的关系比原来的更为复杂，因此，Alexander 在设计城市结构模型时，就能多考虑一些因素。一两年之前，他还用树状结构来建模，然而现在，已经改用半格，他认为这才是描述设计问题的正确格式。

a)

图 2.2 Alexander 与 Sara Ishikawa 及 Van Maren King 一起对树状结构加以运用，并对需求进行归组，以设计旧金山湾区捷运系统（Bay Area Rapid Transit System，BART）。Christopher Alexander，V. M. King，and Sara Ishikawa，"390 Requirements for the Rapid Transit Station"（Berkeley，CA: Center for Environmental Structure，1964），2. Courtesy of Christopher Alexander

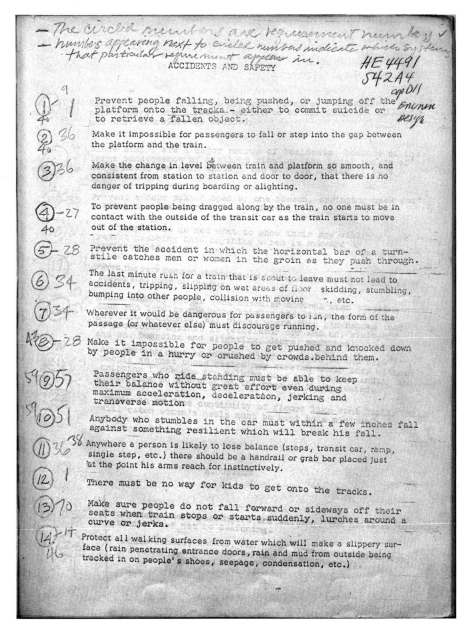

b)

图 2.2 （续）

　　Alexander 在 1965 年写了一篇文章，叫作 "A City Is Not a Tree"，在这篇文章中，他向读者介绍了半格。该文至今依然影响着设计师，并让他们了解到对于一座城市或由一群城市所构成的综合体来说其中的各个元素之间是怎样关联起来的。Alexander写道："文章标题中的树并不是指长着绿叶的大树，而是一种思维模式。半格是另一种思维模式，它比树更加复杂。"[42] 如图 2.3 所示。他认为，真正的城市应该呈现出半格结构，只有那种由人假想出来的城市才会是树状的。他又说："看到这篇文章的标题之后，读者可能已经猜到了这两种结构在我心目中的地位。我认为，自然形成的都市是按照半格组织起来的，而设计师在对城市做人工规划时，用的却是树状结构。"[43] 城市中有许多相互重叠的物体及社会系统，因此，按照 Alexander 的观点，这样的城市实际上是一种半格。如图 2.4 所示。

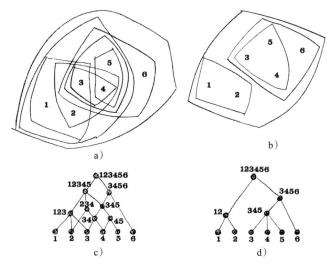

图 2.3　Alexander 是这样来定义树与半格的："对于一群集合来说，如果其中任意两个集合要么是整体与部分的关系，要么毫无共同元素，那么这群集合就形成树，而且只有满足了这样的条件，这群集合才能形成树。""对于一群集合来说，如果相互有所重叠的两个集合所具备的共同元素本身必定也是这群集合中的一员，那么这群集合就形成半格，而且只有满足了这样的条件，这群集合才能形成半格。"图 a 与图 c 所演示的这群集合构成半格，而图 b 与图 d 所演示的这群集合则构成树，因为这些集合要么呈现整体与部分的关系，要么毫无共同元素⊖。*A City Is Not a Tree* 这篇文章推荐用半格来建模，并认为树状结构不适合用来为城市建模。Christopher Alexander, "A City Is Not a Tree, Part 1," Architectural Forum 122, no. 4 (1965): 59. Courtesy of Christopher Alexander

---

⊖　例如图 a 中的 {1,2,3,4,5} 与 {3,4,5,6} 这两个集合并不是整体与部分的关系，前者不能涵盖后者，后者也不能涵盖前者。然而，它们有一部分元素是相同的，这部分元素就是 {3,4,5}，这在图 c 中体现为 345 这个节点同时具备两个上层节点，一个是 12345，另一个是 3456，而不像图 d 那样，每个节点最多只能有一个上层节点。——译者注

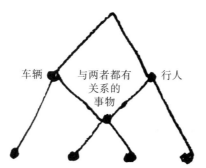

图 2.4　这张半格形式的图展示了伯克利街头的车辆、行人与其他物体之间的关系。
Christopher Alexander，"A City Is Not a Tree, Part 2," *Architectural Forum* 122,
no. 5 (1965)：59. Courtesy of Christopher Alexander

Alexander 在伯克利的一个路口注意到有许多物理元素都与该路口有关：

Hearst 街和 **Euclid** 街的路口有家药店，店外面是红绿灯。药店入口有个架子，上面摆着当天的报纸。等红灯的时候，大家都闲站着，于是，有人就会朝架子上看一眼，瞧瞧报纸的头条，还有人干脆买一份来看[44]。

Alexander 在描述路口附近的各种东西时，会把物体与地点同集合中的物质元素及非物质元素对应起来，并认为这些集合是有所重叠的。比方说，卖报的架子、人行道与交通灯合起来构成的就是一个包含物质元素的系统，而非物质的方面（例如过街的路人以及他们所看到的报纸头条）则由动态的元素构成[45]。路口实际上指的就是这些彼此依赖的小系统："卖报的架子、架子上的报纸、从行人的钱包投到投币孔中的钱、等候交通灯时看报的人、交通灯、改变交通信号的电脉冲以及行人所站的人行道合起来形成一套系统，该系统要靠其中的各个小系统相互协作才能够运转。"[46]这些关系需要用半格状的结构来展示。Alexander 认为，要想用半格呈现这些关系，就必须运用他所提出的方法，因为"你没办法一下子就把这种半格状的结构给绘制出来，假如你一下子就把它画出来，那你画的只会是树状结构，而不是半格"[47]。

Alexander 在"A City Is Not a Tree"这篇文章中，想通过建筑项目或其他一些城市级别的项目来演示如何运用半格结构，然而这些设想都没能实现，这让他无法对自己的模型做概念验证，就连某些知名的建筑项目也依然是在用树状结构而非半格状结构进行分解，例如 Kenzō Tange（丹下健三，1913—2005）为东京的城市建筑所绘制的平面图、Paolo Soleri（保罗·索莱里，1919—2013）为 Mesa（梅萨）市所做的设计以及 Le Corbusier（勒·柯布西耶，1887—1965）为 Chandigarh（昌迪加尔）的建筑所绘制的平面图。Alexander 写道："你可能会问，一座城市如果不按树状结构来设计，而是采用半格去建模，那么究竟会是什么样子呢？我必须承认，自己目前还拿不出这种平面图或草图。"[48]

只有一个例子与 Alexander 设想的半格状结构相合，就是 Karl Popper（卡尔·波普尔，1902—1994）在 1945 年描述过的开放社会理念。按照波普尔的说法，封闭社会可以说是"兽群或部落"，因为其中的人仍然依靠"具体的身体/物理关系"来生存，这种关系尤其容易在身体/物理层面受到约束。反之，开放社会中的人际关系则更加灵活[49]。这里的人要比封闭社会的人更需要竞争，无论是食物还是社会地位，都得通过竞争获得。与此同时，这也让人有了更多的选择，从而产生一种新的个人主义，也叫作新的个体主义[50]。此外，还会形成新的关系，并催生新的交换及互惠方式。Popper 警告大家，开放社会有可能蜕变成"抽象社会"，这种说法与那些对互联网时代表示担忧的人类似。他写道："我们可以设想这样一种情形，人与人之间不再需要当面接触，因为所有的事情都可以通过打字或发电报来沟通，于是，大家都只会开着车各忙各的。（人工授精技术甚至可以实现没有个人因素的繁殖。）"[51]

Popper 所描述的封闭社会有项特征，就是人与人之间的社会联系较为密切，这在提倡个性、协作与交流的开放社会中同样不可缺少。人毕竟是生物，既然如此，那么社会关系就相当重要，而这也正是 Alexander 的半格理念能够取得重大成就的地方，因为这种理念能够很好地描绘出人与人之间的社会关系。他写道："今天的社会实际上到处都彼此重叠着，因此，朋友与熟人所形成的结构应该是半格，而不是树。"[52] 这是他首次尝试对社交网络的结构进行描绘。

Alexander 在提出新的方法时，一般都会否定自己早前所采用的办法，这次也不例外。他现在要排斥的是那种依然想采用树状结构来建模的思路："由于树本身无法表现太过复杂的结构，因此，会严重妨碍我们的城市构想。"[53] 坚持用树会产生极其糟糕的效果：

城市不是树状结构，它不可能用树来表示，而且，你也绝不应该用树表示它。城市是我们的家园，是由生活中的各个方面交织而成的，不是像树那样简单地分叉。假如用树来设计城市，它就成了一组利刃，我们无法把生活托付给这样的城市。用树状结构设计城市会让生活变得支离破碎[54]。

Alexander 提出的半格对当代的数位设计师很有吸引力，因为这可以把个人、架构、基础设施以及社交等层面统合起来。人类天生就喜欢用树状结构来表示各种事物之间的关系，由于它很容易绘制，因此，许多人在描述组织结构时，总是首先想到它[55]。然而，网站与公司现在越来越复杂了，我们必须用更为动态和更为灵活的方式来展现其结构。半格就是这样的一种方式，它能够更好地展现出动态网站、服务设计环境以及各公司的董事会成员之间那种错综复杂的关系。Alexander 当年曾经努力寻找适当的方式来表达城市中的各个元素之间更为抽象的社会关系，并写了"A City Is Not a Tree"一文，2004 年，有一群交互设计师（例如 Andrew Otwell、Dan Hill 与 Tom Carden 等人）打算把这篇文章中的思路运用到城市层面来思考如何设计网络[56]。卡内基 - 梅隆大学设计学院的交互设计工作室建议学生用 24 个小时来观察匹兹堡的某个路口，看看不同的系统之间以及这些系统的组件之间的重叠情况，以求更为细致地了解设计问题，并决定自己应该从什么地方入手来进行干预。比方说，自己需要重新设计的是交通灯、停车计时器还是人行道？需不需要从更大的层面着眼，例如整个交通系统或者人与人之间的交互情况？Alexander 的半格理念给设计师提供了新的思考方式，让他们从不同层面去处理设计问题。

"A City Is Not a Tree"也受到了一些批评。原文 1965 年发表于 *Architectural Forum*，十多年后的 1976 年，Frank Harary（1921—2005）与 J. Rockey 写了一篇名为"A City Is Not a Semilattice Either"的文章，称赞 Alexander 的方法确实有所创新，但在数学上不够协调。Harary 与 Rockey 尤其不赞成 Alexander 把集合论与图论混起来用，认为这样既没把集合论用好，也没发挥出图论的优势[57]。这种批评并不意外，因为 Harary 自己就是知名的图论专家。他们认为，高速公路与道路的组织结构图或许可以考虑用半格状的结构来表示，然而"对于 living city（鲜活的城市）这种复杂的情况来说，尽管 Alexander 认为它'是半格，而且需要用半格来表示'，但我们认为，这种情况不适合用半格表示"[58]。他们认为半格太过简单，必须用更复杂的结构才行："对于城市应该用什么样的图形表示，这不太容易回答。其中的某些方面也许可以用树或半格来表示，但如果要把数学模型设计得更真实一些，让它能够涵盖各种不同的关系，那么就需要'社交网络'这种更为复杂的结构了。"[59]

Harary 与 Rockey 说的没错，半格确实太简单了。他们提出用社交网络来分析城市也很正确，然而当时他们可能没有意识到这种做法的重要意义究竟体现在哪里。仔细看看 Alexander 的研究以及他所引用的资料，你就会清楚地发现，他把社交网络分析技术运用到了城市与建筑领域，并且想让自己分析出来的结果能够在视觉结构上与城市及建筑的真实情况相符[60]。

2.4.3 建筑与社交网络分析

社交网络分析一开始叫作社会人际学，它用结构化的图论法来描绘行动者之间的关系，其重点在于关系，而不是这些行动者自身的属性。从这个角度看，它与 Alexander 的树及半格有几分相似 [61]。社会人际学与社会学、社会心理学以及人类学等其他几门学科是同时发展的。这几门学科都起步于 20 世纪 30 年代，并在 20 世纪 50 至 60 年代引起学界注意，Alexander 当时就读的哈佛大学正在密切关注这几门学问。在社交网络可视化领域，时间较早且影响较大的成果应该是 Jacob Moreno（1889—1974）于 20 世纪 30 年代初所提出的人际关系图，这种图用点和线来描绘人际关系。Mereno 是格式塔心理学家，1925 年移民到美国，他用信息可视化技术展示特定情境中部分与整体之间的关系。1933 年，《纽约时报》有篇文章谈到了 Moreno 的人际关系图，这种图可以把 500 位女学生之间的社会关系以及她们之间的友善程度与敌意给描绘出来。Moreno 说："通过这些图……我们可以同时掌握无数的人际关系网，并观察其中的任意一个部分，从而了解该部分与其余部分之间的关系，或对这一部分单独进行研究。"这种思路与 Alexander 运用可视化技术想要达成的目标看上去很是相似 [62]。对于 Moreno 来说，揭示这种"不可见的结构"正是其研究工作中最为有力的部分，多年以后，Alexander 也在朝着类似的方向努力。Moreno 写道："如果我们能够恰当地描绘出整座城市乃至整个国家……那么就可以了解到各种错综复杂的心理反应，从而把这个由无形的结构所组成的庞大系统给展示出来，该系统有力地影响着人的行为，正如重力影响着空间中的物体一样。" [63]

Alexander 在 1966 年 的 *The City as a Mechanism for Sustaining Human Contact* 一书中，首次明确地利用社交网络可视化技术来设计城市。在该项目中，他想要通过一个例子来演示怎样正式地研究一座城市中的人与另一座城市中的人相互隔绝的问题，并指出如何通过模式让这两群人更为接近。为此，他通过城市这一形式来描述社会结构，这与 Moreno 的人际关系图所采用的正是同一思路。Alexander 造了 autonomy-withdrawal syndrome（自主退缩症）这个词，来指代那种缺乏社会接触的生活方式 [64]。他把人的幸福问题做了量化，认为"人要想活得健康而幸福，必须有三到四位密友。社会要想保持健康，其中的每个人在其生命中的每个阶段里，也必须有三到四位密友" [65]。如果某人与其他人缺乏联系，那么在个别情况下，有可能导致"极端而明确的社会病，例如精神分裂、行为失当等" [66]。Alexander 认为，成年人若到了这种境地，或许很难纠正，但对于孩子来说，这种自主退缩症是可以避免的。

为了预防这种症状，Alexander 提出了一些空间模式。从理论上说，它们能够把人放在一种经常可以接触到其他人的环境中。Alexander 的这 12 条模式规则要求每栋房子的 100 码之内必须有其他 27 栋房子，这些房子必须临街，其公共房间必须能够从街上看到，并且要挨着花园 [67]。那么，符合这 12 条关系规则的几何图形是什么呢？当然是半格了。在图 2.5 这张房屋规划图中，如果画一条斜线，让它穿越那几条平行的道路，那么这种图案与 Alexander 在 " A City Is Not a Tree " 中描绘的半格就很接近了。他在写那篇文章时，一直找不到这样一个实例来演示他所提倡的半格状结构。*The City as a Mechanism of Sustaining Human Contact* 这本书提出了对社交网络进行可视化处理的办法，让设计城市的人能够运用这套办法从几何层面入手去探索解决方案。这种半格状的街区专门要把人安排得与邻居近一些，以治愈自主退缩症。这套方法与社会人际学及社交网络分析领域的早期研究者所采用的方法在方向上是一致的。Stanley Wasserman 与 Katherine Faust 在谈论社交网络分析的历史时说："这些研究者尝试设计这样一种沟通结构，让自己能够很自然地用点来表示行动者，并用线来描绘行动者之间的沟通渠道。" [68] 就 *The City as a Mechanism* 这本书而言，其中所说的人与人之间的友谊，以及人的移动，都可以用这样的渠道来表现。

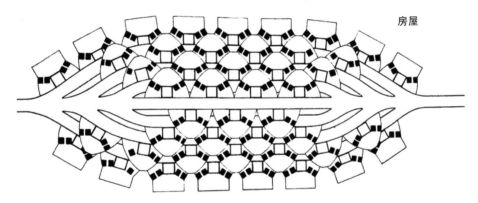

图 2.5　Alexander 一直都想在现实的城市中找到半格状的结构，其实，他在 *The City as a Mechanism for Sustaining Human Contact* 中所设想的城市结构如果能够实现的话，那么本身就是一种半格。他提出了 12 条模式方面的要求，规定在每栋房子（也就是图中的黑色方块）周围的 100 码（91.44 米）之内，必须有其他 27 座房子。房子必须临街，其公共房间能够从街上看到，并且要挨着花园。如果画一条直线，让它穿越那几条平行的街道，那么就能看出半格状的结构。Courtesy of Christopher Alexander

The City as a Mechanism 给我的感觉是：Alexander 为幸福感所定下的数学指标似乎并不是一开始就想好的，而是根据半格状的空间模式反推出来的。尽管如此，他能够想到用社交网络分析技术来处理建筑与城市设计问题已经很了不起了。而且，Alexander 在拟定自己的这套方法时所遇到的问题其他一些社交网络分析学家其实也遇到了，他

们在研究各自的主题时，也尝试过用各种办法来形象地呈现这些越来越复杂的关系 [69]。Wasserman 与 Faust 注意到了 20 世纪 60 年代的其他一些社交网络研究者所遇到的困难，他们写道："某种网络状的呈现方法可能在理论上无法集中于某个主题，因为研究者总是想把这种方法运用到彼此之间相差很大的各种场合中，这些场合出现的问题相当多，涉及的范围也相当大。"他们又说："我们认为，各学科出身的社会科学家都急于对收集到的数据做出解释，而且都在与理论问题缠斗，于是，就有可能会提出这种网络分析法。" [70] Alexander 的方法虽然不够协调，但在某些方面其实情有可原，因为他与其他一些着手分析社交网络的人一样，都在尝试用一种早前从未用过的方式去分析一个早前从来没有这样分析过的话题，此外，由于当时计算机的性能有限，因此，没办法充分利用一些工具与方法把信息形象地呈现出来。"The City Is Not a Tree"这篇文章以及 *The City as a Mechanism for Sustaining Human Contact* 这本书见证了这些研究者在当时的想法与做法。

2.4.4　原子、关系与设计方法

Alexander 与 Barry Poyner 合写的 *The Atoms of Environmental Structure*（《环境结构的原子》，以下简称 *Atoms*）一书介绍了 Relational Method（关系法），这是他们 1965 至 1966 年在伦敦一起参与政府的建筑项目时提出的。*Atoms* 一书给建筑学与设计领域内的多篇论文及多种实践手法提供了思路。尤为要说的是该书在 20 世纪 60 年代新兴的环境设计领域与设计方法运动中引发了争论。此后的十多年里，它始终是一部充满争议的作品，招致一波又一波批评。

Alexander 与 Poyner 没有像设计方法运动中的 John Christopher Jones（1927 年生）与 Bruce Archer（1922—2005）那样，定义需求或"需要"，而是打算从"趋势"入手，因为他们觉得人并非总是清楚自己到底需要什么。建筑师或设计师应该观察大众所追求的趋势，并通过假设来科学地验证自己所认定的趋势能否成立。Alexander 与 Poyner 写道："好的环境就是其中任何两种趋势都不会发生冲突的环境。" [71] 这种冲突不一定立刻就能观察到。在 *Notes on the Synthesis of Form* 一书中，Alexander 强调的是如何解决设计方案的不匹配之处，而在这部作品中，则把建筑师的工作重点放在了用"关系"来解决冲突上，这种"关系"是"一种能够防止冲突的几何布局" [72]。他用"如果……，那么……"这一句式来叙述冲突，比方说：如果遇到的是某某状况，那么就用某某关系来防止或解决该冲突。Alexander 与 Poyner 认为，这样的一套系统可以用来生成建筑形式。他们写道："我们相信……有可能编写一款程序，让它产生出客观上准确无误而且实际形状也没有错的建筑来。" [73]

1967 年的 Design Methods in Architecture 研讨会在朴次茅斯举办，其中有好几篇论文的思路都得益于 *Atoms* 这本书。Poyner 也提交了论文。这次研讨会的主持者 Geoffrey Broadbent 是一位建筑师，同时也是研究 Design Methods 的学者，他认为，在 Alexander 所写的书中，最为重要的可能就是 *Atoms* 了 [74]。然而，Alexander 本人并没有参加会议，他当时已经远离设计方法运动了。Alexander 完全反对与会者这样解读他的作品，他在 1971 年给 *Notes on the Synthesis of Form* 所写的序言里说："我……要声明——我要公开声明——我完全反对这种把设计方法当成研究主题的做法，因为我觉得只谈方法而不实践对于设计来说是荒谬的。"他又说："实际上，那些只研究设计方法而不去实践的人基本上都是不得志的设计师，他们不愿意打起精神去实践，而且没有动力把这些东西做出来。这样的人当然给不出务实的建议，告诉我们应该'如何'去塑造事物。"[75]

Alexander 远离了设计方法运动之后，还是有建筑师在批评 *Atoms*，例如 Lionel March 就在 1976 年写过一篇文章"专门争论"。这篇文章叫作"The Logic of Design and the Question of Value"（《设计逻辑与价值问题》），收录在 March 编著的 *The Architecture of Form* 一书中。March 在剑桥大学研读过建筑学，他和 Alexander 一样，后来从英国那所名叫剑桥的大学到了美国马萨诸塞州那座名叫剑桥的城市，并加入了 MIT 与哈佛大学合办的 Joint Center for Urban Studies，当时，Alexander 已经去了伯克利。March 反对 Alexander 与 Poyner 当年追寻的科学方法，认为它实际上并不科学，而且也没有把逻辑模型用对。March 同时认为，Alexander 与 Poyner 所追求的那种无偏差或无偏见的设计是不存在的。大家注意，这些批评包括 Frank Harary 与 J. Rockey 的"A City Is Not a Tree"一文都是在 *Atoms* 原书出版了将近十年之后才发表的，这进一步证明，Alexander 当年那本书确实引起了深远的回响。

Alexander 提出的树状结构与半格结构反映了他想要通过对信息进行建模并将其形象地加以呈现来解决建筑学中的问题。20 世纪 60 年代，他多次试着用计算机技术来调整建筑问题的格式，使其能够具备恰当的结构。在该过程中，他借助了各种可视化方法，他所使用的术语以及所抱持的观点也在变化。尽管有了树与半格，但 Alexander 还是觉得自己生成的这些几何结构并没有系统地体现出他想要的那种秩序感。他打算为其建模的问题都相当复杂，必须用三维或动态的结构才可以实现，而这样做所需的计算能力当然远远超出了他在 20 世纪 60 年代可以接触到的计算机所能达到的水平 [76]。Alexander 在 20 世纪 60 年代初的这些作品中采用过各种各样的办法，其中有一种办法他觉得特别有用，那就是图，因为只要一看见图，就可以迅速了解该图想要表达的是什么样的设计问题。

2.4.5 图

虽然 Alexander 想要描绘的设计问题比较复杂，但他希望自己能用图[○]来凸现这些设计问题的本质，让人一下子就明白他想说的是什么。在 Alexander 的方法论中，图可以抽象地表示某一组需求中的作用力。如果从图论的角度来说，就是图可以表示出节点之间的边。树或半格描述的是各项需求之间的直接联系，而图则重在解释它要让人领会到的设计问题的本质。树与半格在 Alexander 的方法论中都已经靠边站了，只有图成为他后来研发模式与模式语言时所依赖的基本元素。

一开始，Alexander 与 Manheim 是想用图这种方式将认知心理学与高速公路的绘图工作结合起来，他们 1961 年在 MIT 上土木工程课的时候尝试了这个办法。针对 I-91 州际高速公路在 Northampton（北安普敦）与 Holyoke（霍利奥克）之间的这一段，他们把透明的板子盖到了包含该地理区域的合成照片上，并于其中绘制这样的图，以"凸现其在组织结构上的本质特征"[77]。他们画了 26 张图，以演示这些图想要强调的各项需求之间是怎样交汇的以及其中蕴含着哪些作用力（参见图 2.6a）。比方说，他们用不同密度的圆来表示 I-91 沿途的紧急服务点之间的距离，并在旁边写上文字，以描述这张图要说明的问题。然后，他们把多张小图合成一张大图，以展示这些设计问题彼此之间的联系（参见图 2.6b）。

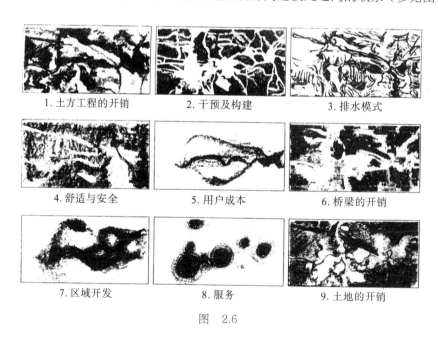

1. 土方工程的开销　　2. 干预及构建　　3. 排水模式

4. 舒适与安全　　5. 用户成本　　6. 桥梁的开销

7. 区域开发　　8. 服务　　9. 土地的开销

图　2.6

○　有时为了与 graph 相区分，也称为图表。——译者注

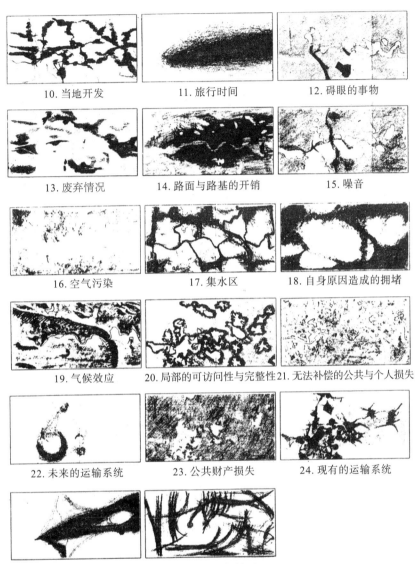

10. 当地开发　　　　　11. 旅行时间　　　　　12. 碍眼的事物

13. 废弃情况　　　　14. 路面与路基的开销　　　　15. 噪音

16. 空气污染　　　　　17. 集水区　　　　18. 自身原因造成的拥堵

19. 气候效应　20. 局部的可访问性与完整性　21. 无法补偿的公共与个人损失

22. 未来的运输系统　　　23. 公共财产损失　　　24. 现有的运输系统

25. 当前的主要交通需求　　　26. 设施的重复情况

a) 这 26 张图描述了选择高速公路的具体路径时所要考虑的问题。与 Alexander 在 *Notes on the Synthesis of Form* 中为印度村庄所画的那些象形图相比，这些图理解起来要容易一些。Christopher Alexander and Marvin Manheim, The Use of Diagrams in Highway Route Location: An Experiment (Cambridge, MA: School of Engineering, MIT, 1962), 7. Courtesy of Christopher Alexander and MIT Press

图 2.6 （续）

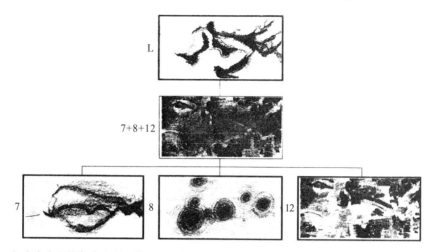

b）由多张小的高速公路设计图所组成的树状结构。这张宏观图表中的小图分别展示了高速公路的各个方面。Christopher Alexander and Marvin Manheim, The Use of Diagrams in Highway Route Location: An Experiment (Cambridge, MA: School of Engineering, MIT, 1962), 12 - 13. Courtesy of Christopher Alexander and MIT Press

图 2.6 （续）

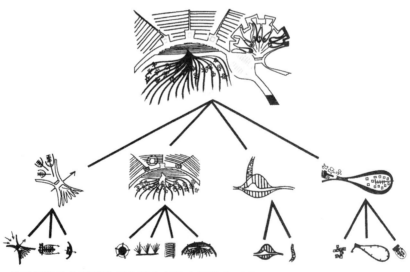

图 2.7　位于树形结构顶端的复合图由多张小图拼合而成，Alexander 用那些小图分别演示印度村庄在某些方面是如何运作的。他在 *Notes on the Synthesis of Form* 一书中，把村庄当成"可供演示的范例"。*NOTES ON THE SYNTHESIS OF FORM* by Christopher Alexander, Cambridge, MA: Harvard University Press, Copyright © 1964 by the President and Fellows of Harvard College. Copyright © renewed 1992 by Christopher Alexander

设计高速立交的时候，Alexander 确实用图很好地表达出了其中的问题，然而在"决定一个印度村庄组件"时，他所画的图的含义就不那么明确了。这一部分研究收录在 *Notes on the Synthesis of Form* 的附录中，Alexander 想要借此来演示怎样用自己的这套方法重新设计一个 600 人的印度乡村。在该案例中，他列出了 141 项不匹配之处，并将其分成 4 类，分别是农业问题、交通问题、宗教问题与文化问题，这些问题都可以通过对该村落的某些方面加以设计而得到解决。这些有待满足的需求包括："9. 同一个种姓的成员喜欢聚在一起，他们与别的种姓之间各吃各的""50. 饲料要放在能受保护的地方""68. 喝水要很方便""95. 要能就近坐上巴士"，等等[78]。然后，Alexander 针对其中一些需求绘制了一张图（见图 2.7），想要表明这些需求在整个村庄的设计工作中所处的地位，但由于其中的图案并没有与实际的地图或特征对应起来，因此很难读懂。他写道："我将以这个程序为基础来构建这些图表，并由此提出相应的形式。"然而，Alexander 并没有告诉我们设计师应该如何根据这样的图表来设计村落，以满足该图所强调的需求[79]。这些图表无法直接当作模型来使用，因为它们既不能照字面来解读，也无法清楚地体现出设计问题中的各种作用力之间有着怎样的联系。在此后的作品中，Alexander 没有继续采用这种形式来画图。

Alexander 在给 1971 年版的 *Notes* 写序时，并没有放弃图示法。他认为，在自己所要解决的难题中，图是最为重要的部分。从此时开始，他将这种图称为模式。Alexander 认为，模式能够把"物理关系中的抽象规律展示成图表，让人看到这些关系如何解决小型系统中那些相互影响且相互冲突的作用力"。由于它是从本质层面着眼的，因此不受制于系统中的具体元素，我们只需要用一套模式就可以概括多种系统[80]。以单个模式为单位，我们可以将不同的模式以各种各样的办法结合起来进行研究，模式之间的组合方式变化无穷。Alexander 认为，模式拥有"巨大的能力"[81]。

Alexander 放弃了采用计算机来处理可视化与结构化工作的想法，而是把兴趣转到了设计模式上。其后的十年间，他与环境结构中心（Center for Environmental Structure，CES）的同事一起研发一种模式网络，这就是模式语言。

2.5　模式网络与模式语言

Alexander 与其在环境结构中心的同事做过许多工作，其中最著名的部分就是 *A Pattern Language*（《建筑模式语言》）一书所总结的内容。这本书不仅在建筑学领域很有影响，而且还为设计界、科技界以及大众所知。与该书一起出版的还有另外两本书，一

本是 *The Timeless Way of Building*（《建筑的永恒之道》），它概括了模式语言的理论及实践，另一本是 *The Oregon Experiment*（《俄勒冈实验》，又译作《社区发展与公民参与——俄勒冈实验的启示》），它以俄勒冈大学校园为例演示了如何运用模式 [82]。即便说的保守一些，这个项目也依然是雄心勃勃的。Alexander 与合著者写道，*A Pattern Language* 一书把"建筑与规划提升到了全新的高度"，它"打算提供一套完全可行的办法，与当前这些涉及建筑学、建筑物及建筑规划的想法相对照。而且我们希望这套办法最终能够取代现有的这些想法及做法" [83]。这本书给建筑学以外的人士也提供了灵感，让他们能够直观地思考怎样设计自己的空间，并寻找适当的模式，将自己的想法变成现实。此外，它还影响了软件业中的程序员与数字产品设计师以及整个互联网。我完全可以说，假如当初没有 *A Pattern Language* 这本书，那么数字世界肯定不是大家现在看到的这个样子。

设计模式源自环境结构中心，该中心是 Alexander 于 1967 年在加利福尼亚大学伯克利分校建立的，它是个集中控制机构，用来收集、研究、评估并分享模式及模式语言，其中一部分援助来自 Kaufmann Foundation 与 Bureau of Standards。该中心在结构上担负着多种职能，既是研究机构，又是数据库，而且还充当学术期刊 [84]。CES 会从愿意为其提供模式的人那里收集模式，对其予以评判，并分享给订阅者。此外，它还会研究这些模式，并将其运用到建筑学与城市项目中。该中心甚至期望到了 1970 年能够用计算机数据库来管理模式，这样就可以根据订阅者的需求，直接把他想要的模式汇集起来。这相当于一种专门为具体的订阅者量身定制的学术期刊，它不像普通的学术期刊那样，要经过漫长的出版流程 [85]。在 *A Pattern Language* 出版之前的十年间，也就是 1967 至 1977 年间，CES 详细厘定了模式的写法。Alexander 与其同事最终认为：模式必须用明确的格式来描述，这种格式应该提供一张照片，让人明白该模式所针对的情境，并用一段话来描述这种模式，同时还要对问题予以说明，并给出一套带有步骤的解决办法，撰写该模式的人要指出自己有没有把握将此模式普遍地运用到各种问题上，并给出一套图表，同时说出该模式与语言体系中的其他模式有何关系 [86]。

模式并不是建筑学中的新概念。很早以前，建筑师就开始对类型及分类法感兴趣了，他们想借此来规范建筑物的样式，以便将其分类，并更好地传授给学生。19 世纪初，建筑师 Jean-Nicolas-Louis Durand（1760—1834）在 *Recueil et parallèle des édifices de tous genres, anciens et modernes* 一书中（书名的英文意思是 Collection and Parallel of Edifices of All Kinds, Ancient and Modern，从古至今各种大厦的汇集与对照），对标准的 éléments des édifices（也就是构成建筑学基础的建筑物要素）做了分类。他记录了各种建筑元素。Antoine Picon（1957 年生）写道，Durand 的分类法"收录的不是当场就能运用的解决方案，而是一套分类体系，让人可以了解实践中有可能遇到的各种问题，Durand 当时没有打算系统地总结这些问题"[87]。一个世纪后的 1905 年，Julien Guadet（1834—1908）发表了四卷本的 *Éléments et Théorie de l'Architecture*，这套书向学生讲授实际的建筑要素，让他们设计并建造出逻辑上合理而且能与周边情境相适应的建筑物。对墙、门、房间及柱廊等元素进行研究，并顾及建筑物的风格（例如宗教建筑、民用建筑还是军事建筑），可以让学生明白怎样把概念与适当的形式相对应，这其实是一种原始的模式语言。*A Pattern Language* 与这些分类法之间的区别在于：Alexander 及 CES 不仅描绘了模式中的要素，而且指出了该模式要解决的是什么问题，以及它与别的模式之间有何联系。

　　Alexander、Sara Ishikawa、Murray Silverstein 以 及 *A Pattern Language* 一 书 的其他合著者写道：模式能够解决"反复出现在我们身边的问题，并给出该问题的核心解法，让你能够多次运用这套解法，而不必每次都从头开始构思"[88]。Alexander 在 *The Timeless Way of Building* 一书中认为，每个人在设计或构建某样东西时，脑中都有模式，他在解决某一类问题时也是如此。Alexander 写道："这些经验法则——或者说，模式——是语言这个大系统中的一部分。"[89] 模式会催生、表现并描述一种印象，让人能够基于这样的印象来采取行动或进行构建。*A Pattern Language* 按照从宏观到微观的顺序整理了253 种规模不同的模式。首先是全局模式，这些模式针对的是策略、制度、基础设施及位置，其后的模式针对的是建筑物与其周边空间的关系，最后，是与调整项目结构以及具体的建筑工作有关的模式。Alexander 写道："我们脑中的模式或多或少反映了我们对这个世界的印象，这些模式抽象地描述了一套形态规则，我们想用这样的规则来总结现实世界中的规律。"[90]

　　模式语言是一种格式，用来整理设计问题中的各个部分与该问题本身之间的关系。这种语言让我们能够与他人分享模式，而且可以根据现有的这套规则打造一套新的规则。模式语言对用户来说应该较为直观，让人能够通过对模式的"感觉"来判断自己运用得是否正确。Alexander 并没有像介绍其他方法时那样严格限定模式语言的用法。模式应该让人很容易就能看懂，Alexander 与其同事在 *A Pattern Language* 中提倡用户应该先把自认为与该问题有关的模式给挑出来，并把无关的排除掉，然后根据口味改动这些模式，并且可以在适当的地方融入自己的想法。注意，这本书叫作 *A Pattern Language*，而不是 *The Pattern Language*。其后出版的 *The Timeless Way of Building* 一书也采用了类似的说法，它建议用户应该采用"模式中的想法，而不是按照字面意思"来处理问题[91]。Alexander 写道："我们更愿意把模式当成 things（事物），而不会刻意强调它是复杂且强大的 field（场）。每个模式都是 field，这样的 field 并不固定，它是由各种关系交织而成的，每次出现时样子都不一样。这种 field 很深厚，无论出现在哪里，总能带来生机。"[92]

换句话说，模式语言就是一种针对设计问题的操作系统。用户把自己想要构建的环境告诉这样的系统，然后，它会调整这些信息的格式，并将其放在一套无中心但是有层次的网络中运行。当年，或许有一些计算机能够用来实现 Alexander 早前提出的那些方法，这些计算机现在都不存在了，然而，这种通过计算技术来运用模式语言以处理设计问题的思路却延续了下来。由于模式语言可以与操作系统相比拟，因此，经常与这种系统打交道的程序员及数字产品设计师越来越重视它。

2.5.1　对模式语言进行操作

假如有人要给屋子里设计采光充沛的起居室，她可能在设计之前，已经想好了这个房间看上去应该是什么样子，她现在要构思一些模式，来描述自己所追求的这种感觉。于是，她拿起一份模式列表，从中选出一种与该项目相契合的模式，并把比该模式层次高的大模式以及比该模式层次低的小模式也纳入考虑范围，同时，还要看看与此相关的其他一些模式，确保自己不仅能够把起居室本身设计好，而且还能让周边环境与之相配套。按照 *A Pattern Language* 一书的说法，这称为 make a language（制作一门语言）。一开始选定的模式称为 base map（底图），例如第 159 号模式 Light on Two Sides of Every Room（每间屋子都能从两面采到光）可以当作 base map 来用 [93]。在设计内部空间时，这是个很重要的模式，Alexander 与其合著者认为，"房间能否设计成功，关键就在于能不能用好"该模式 [94]。本书里用粗体来强调每个模式所要解决的问题，具体到 159 号模式来说，"如果能够选择的话，人们总是喜欢这种两面都有光照的屋子，而不想待在只有一面见光的房间" [95]。就是说，该书的几位著者认为，与只有一面能采到光的屋子相比，人们总是更喜欢两面都能见光的屋子。阅读 *A Pattern Language* 一书的人在看到这个模式时，能够同时了解到它需要处在什么样的环境中，并且知道与这种环境有关的其他一些模式，此外，也能够明白设计这样的房间时，还需要考虑哪些问题。与该模式同组的还有其他 9 个模式，例如 Sunny Place（阳光照得到的地方）、Six-Foot Balcony（六英尺的阳台）及 Connection to the Earth（与大地相接），等等。这 10 个模式都在谈怎样处理房间与建筑物外部的空间之间的关系，它们"把建筑物内部与建筑物外部联系在一起，并让两者交界的地方能够发挥出许多用途，从而体现其自身的意义" [96]。

在 *A Pattern Language* 这本书中，每个模式都有标题，标题写的就是该模式的名称，标题后面可能会出现两个或一个星号，也可能不带星号。星号的数量反映了作者是否确信该模式是必不可少的。如果有两个星号，那么意味着要想把环境设计好，必须让它具备该模式所描述的特征。若是只有一个星号，则说明该模式尚在研发中，并不属于那种非考虑不可的模式。不带星号的模式是著者目前对其还相当没有把握，但依然认为比较重要的模式 [97]。具体到 Light on Two Sides of Every Room 这一模式来看，它的标题后面打了两个星号。标题下方有一张黑白照片，演示了这种模式的实现效果。后面还有草图，告诉你可以用哪些办法来实现此模式。159 号模式中的黑白照片照的是这样一间屋子，其中一面有两个窗户，阳光从窗口照射进来，与它垂直的另外一面装有 French doors（法式房门，也就是落地窗）。在介绍该模式的那段话中，作者提到 159 号模式可以勾勒出房屋的外沿，与该模式相关的还有 "107：Wings of Light"（有光的狭长地带）、"106：Positive Outdoor Space"（良好的户外空间）、"109：Long Thin House"（细长的房屋）与 "116：Cascade of Roofs"（一层一层的屋顶）等模式，读者可以通过这些模式来了解该模式所针对的房间其周边环境应该如何设计，但读者不一定非得把它们与本模式放在一起实现 [98]。讲完这个模式之后，作者用粗体字写出了解决方案："让每间房子至少有两个面能够向着室外，并在这些面上开窗，使自然光能够从多个方向照进来。" [99] 这段话的下方还有手绘的草图，告诉你如何让房子从两面采光，图的右边是另一张建筑图纸，演示了如何安排五个房间，使每个房间都有至少两个面能够见到光。最后，作者讲了这个模式与后面几个模式之间的关系。他是用口语讲的："不要把这个模式用得太过随意，否则，就会破坏 Positive Outdoor Space (106) 中所说的那种简洁效果，而且建筑物的屋顶也不好安排——这个问题参见 Roof Layout (209)。" [100] 看完这些内容后，读者会了解到自己所应考虑的各种事项及限制，从而明白可以用哪些办法来设计采光良好的起居室。

2.5.2　模式语言及模式系统

Alexander 所说的语言概念既是隐喻，又是结构化的机制。从隐喻的角度来看，Alexander 所谓的模式语言是一种情感观念，他在书中写道，语言是人的"根本"特征 [101]。也就是说，所有的人都要使用语言，具体到模式语言来说，他们会在使用过程中，把模式按照不同的方式组合起来，从而表达出无数种语义。语言是个普适的概念，可以用来解释"每一次建筑行动" [102]。人类天生就有一套系统，用来表达自己对空间与地点的直观感受，而模式语言正好能够与该系统相对接。Alexander 在 *The Timeless Way of Building* 中写道：模式语言"让每个使用该语言的人都能创建出无数种新颖而独特的建筑物，正如他可以用日常语言说出许多种句式一样"[103]。从结构化机制的角度来看，模式语言是一种对模式的结构进行整理的语言，它具备一定的形象，而且能够加以操作。Alexander 在早前的研究工作中，用的是数学模型与计算机程序，而此时，他已经用模式语言取代了前两者。这种语言能够表达出一个部分与另一个部分之间的关系，他将其称为一套"有限的规则系统，能够让人以此制作出无数种建筑物"，从而容纳本应处在该建筑物之内的各种元素[104]。与生物体的"遗传密码"类似，模式语言也有它自己的密码，这套密码让人能够制作并复制出自己想要构建的任何东西[105]。该语言会对连接网络进行协调与排序，并以此来维持运作。

系统由其中互动的元素组成，然而它是个整体[106]。借用格式塔心理学家 Kurt Koffka 的话，系统并不等于其各部分之和。模式语言也是一种系统，因此，同样是个整体。这种语言中，有一套按层次整理出来的格式，能够压缩空间信息，这有点像计算机的文件系统（文件系统中的各种文件信息也存放在不同层级的文件夹中）。在设计项目中使用模式，相当于在计算机上运行一款设计程序，该程序会帮你生成相应的空间。

A Pattern Language 中的每个模式都遵循着一套标准的格式，其中记录着该模式所要解决的问题以及与其他模式之间的关系，这些信息是用易于理解、易于沟通的笔调撰写的。这套格式能够对数据进行压缩，从而简明扼要地指出设计问题的关键之处。这种理念在其他一些系统中也有所体现，例如计算机系统可以对数据进行压缩，从而腾出空间来保存更多的信息。它在压缩的时候，会用符号与结构来替换原始数据中那些重复的内容。对信息进行编码能够缩减消息的尺寸，然而以后要想把压缩过的消息给还原出来，则必须进行解码。模式也是如此，用户在使用模式来解决问题的时候，必须把其中压缩的关系给提取出来，并重新予以构建，让这些关系能够反映出自己所面对的实际情况。由此可见，模式对数据所做的压缩有两重意义。一方面是从格式上，对空间信息做了编码，另一方面，则是形成了一套机制，提醒用户在运用该模式时，应该与自身所处的实际空间相结合[107]。Alexander 写道："每个模式都是操作员，都在对空间进行操作。也就是说，它会把原来没有划分的地方给划分开。它总是能够根据模式创建出实例，从这个角度来看，它是具体而确切的，然而同时，它也会告诉用户怎样做才能让自己所创建出的实例能够很好地与周边环境相交互，从这个角度来看，其适用面又相当广。"[108] 由于模式遵循着一定的格式，而且会对信息进行压缩，因此，我们可以把多个模式很好地关联起来。将两个模式合起来看，可以让人通过它们之间的联系，体会到两者自身无法单独体现出来的意义，而且，或许还能发现 *A Pattern Language* 一书没有提到的用途。比方说，Alexander 与其同事谈到了"Bathing Room（浴室）（144）"及"Still Water（静

水）（71）"这样两个与水有关的模式，说如果把"这两个模式压缩到一起，那么不仅能够体现出它们各自的意义，而且还能给我们的生活创造更多便利，因为我们可以通过两者的结合，对自己内心各项需求之间的联系情况多一些了解"[109]。模式本身并不需要明确指出各种潜在的用途，因为用户可以自己去决定这个模式究竟应该如何使用。例如，他可以把刚才说的两种模式用到房屋中的浴室上面，也可以用到澡堂或公共游泳池上面。

Alexander 与其合著者对于模式的压缩方式提出了各种指导意见，但并不是所有的意见都能形成良好而有序的设计方案。在运用日常语言时，作者或讲者压缩一段信息，有时不仅仅是为了节省几个字，可能还想在字里行间留出一些空白，让读者自己去领悟。因此，你在读诗的时候，可能得把它的言外之意给体会出来才行。*A Pattern Language* 一书的诸位作者提倡尽可能多地在项目中运用模式。他们说："每栋建筑、每个房间、每座花园都应该把适用于它们的所有模式给吸纳进来，这样效果会更好。"[110] 他们认为，模式越多，建筑的功能就越丰富，这就好比诗句中的意象越多，味道就越浓厚一样。然而，书里并没有解释怎样才能通过多用模式来提升建筑物的功效。一味地堆砌不太能够做出好的设计，意象过多，反而容易压垮你的诗句。

2.5.3　模式网络

和 Alexander 早前提出的树状结构及半格相比，模式语言的层次并不多，它重在强调元素之间应该互连。*A Pattern Language* 一书的引言写道："这种语言实际上是网络，没办法用直线式的办法来很好地描述它。"[111] 不过，Alexander 所说的网络并不是漫无边际的，它还是得依赖某种层次结构才能正常运作。计算机的文件系统能够用来整理文件，与之类似，模式语言也会对模式做出整理，让这些模式之间适当地联系并交织起来。Alexander 写道："每个模式都在它那个小的连接网中居于中心地位，该模式会与其他某些模式相连，从而形成一整片大的网络……模式语言正是由模式之间的这些连接网所创建的……在该网络中，模式之间的链接几乎与模式本身一样，也成了语言的一部分。"[112]

要想把模式语言用好，必须做到三点：第一，找出恰当的模式；第二，把那些比该模式高一层的模式纳入考虑范围；第三，把那些比该模式低一层的模式纳入考虑范围 [113]。由"这些操作者所构成的每一个系列"都能让用户更加明确地感觉到，自己正在做的设计是很有特点的 [114]。与文件系统类似，这些模式也排列成"一条直线，这对于模式语言的运作是很关键的"[115]。媒体理论家 Cornelia Vismann（1961—2010）在 *Files: Law and Media Technology* 一书中认为，列表可以体现出"空间逻辑"，能够把处理事务所需的信息压缩进来。这种"信息"会沿着列表在格式上所形成的逻辑于各个条目之间

传递 [116]。按照 Vismann 的说法，Alexander 的模式语言所具备的格式及逻辑要求使用这种语言的人必须从大处走向小处，从宏观走向具体，从通则走向细节。Alexander 与其同事写道：用户必须"总是从能够创建大结构的模式出发，找到对这些结构予以修饰的模式，然后再运用另一些模式，对这些结构上面的修饰物进行修饰" [117]。

如果模式语言是一种网络，那么它是什么样的网络呢？为了说明这个问题，我们可以参考 Paul Baran（保罗·巴兰，1926—2011）在 1964 年提出的那个知名的网络通信系统图⊖（如图 2.8 所示），Baran 当时讨论了各种网络在面临攻击时的健壮程度。根据该模型，中心化的网络比较容易受到攻击，因为只要中心节点遭到摧毁，其他节点之间就无法通信。这种网络可以归结成树状结构——只要根部节点遭到摧毁，整个结构就解体了。去中心化的结构由很多个小的中心组成，每个小的中心都维系着它周边的一些节点，因此，摧毁其中某个小的中心，会让它周边的一些节点彼此之间无法通信。最安全、最不容易受到攻击的结构是分布式的网络，其中的每个节点会通过多条链接和别的节点相连，于是，每个节点均可经由多条路径与其他节点通信。这种网络的冗余程度比较高，即便某个节点无法运作，信息也依然能够沿着其他路径有效地予以传递 [118]。模式语言所体现出的网络结构要比 Baran 模型中的去中心化网络更有层次，但并不如分布式的网络那样健壮。（不过，这种网络本来就没打算像 Baran 模型所描绘的通信网络那样应对攻击。）

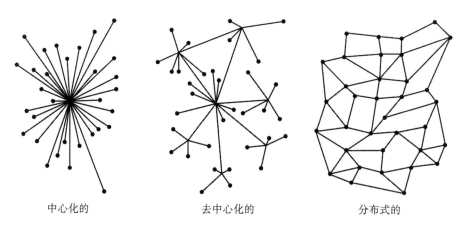

中心化的　　　　　　去中心化的　　　　　　分布式的

图 2.8　Paul Baren 描述的三种网络与该图中的三张小图类似，分别是中心化的网络、去中心化的网络以及分布式的网络。中心化的网络容易受到攻击，与之相比，去中心化的网络以及分布式的网络则让信息能够沿着多条路径传播。其中，分布式的网络拓扑结构对互联网的架构有着重要意义

⊖　参见 https://www.rand.org/content/dam/rand/pubs/papers/2005/P2626.pdf。——译者注

如果在设计过程中忽略了某个必要的模式，那么就会破坏网络中的连接关系，这就好比计算机程序如果跳过了某个必要的步骤就会于稍后崩溃一样。Alexander 与其合著者强调，项目要想成功，用户必须按照一定的层次来运用模式，必须同时考虑到某个模式的上层模式与下层模式才行。否则，项目就会失败，因为这样得出的方案是"不连贯"的。Alexander 与 Manheim 当初之所以认为 HIDECS 程序很智能，其理由就在于该程序能够产生协调一致的成果，这样的成果在结构上面经得起分析。现在，Alexander 采用类似的思路来论证模式语言的成效，他认为，该语言之所以有效，是因为它能够"帮我们自然地形成一套连贯的印象"[119]。Alexander 认为，这种语言并非孤立的网络，而是"由诸多小网络所组成的大网络，由各种小结构所形成的大结构"。不过，这样的模式网络其实还是更接近于半格，它不需要用机器进行计算[120]。该语言刚好能够在Alexander 与其同事所创建的系统中得到展现——他们是用一本书来讲解这门语言的，而没有专门编一款计算机程序来演示。

模式语言的潜在弱点同时也是它的强项。正因为该网络有所限制，因此，这种语言没必要把所有的设计方案全都囊括进来，它只需要构成一套有限的集合就可以了。而且，*A Pattern Language* 这个书名也说了，这只是"一种"模式语言。这说明，我们完全可以把它运用在建筑学之外的领域，并用它来构建别的环境。该语言可以用作一套方法，以确定设计问题中的元素及其关系，而且能够用来表达比此书更为复杂的其他一些系统。于是，有人把 *A Pattern Language* 与 *The Timeless Way of Building* 中所讲的思路运用在了许多不同的系统（尤其是数字系统）上面。

2.6　生成能力

Alexander 的系统中还有一个关键的要素是生成能力，指的是系统既具备多重性，又具备整体性，也就是说，它既有一套可以生成多种方案的规则，又能确保这些规则所生成的方案是完整的。每个具备生成能力的生成系统都是由其中的各个部件所构成的整体。Alexander 在 *The Timeless Way of Building* 一书中写道："*每种模式都是一条规则，它会告诉你必须怎样做才能生成其所定义的实体。*"[121] 早在 *The Timeless Way of Building* 面世之前，Alexander 就已经开始研究生成能力了，这些研究材料在他 1968年发表于 *Architectural Design* 的"Systems Generating Systems"一文中有所体现。Alexander 用下面这四段话来介绍具备生成能力的系统：

词语系统背后有两条理念：第一，该系统是作为整体来运作的；第二，该系统是个生成系统。

作为整体而运作的系统这一说法意在凸现我们在观察系统这个对象时所采用的方式，而不是单单在说该对象本身。它要强调的是，系统必须在整体上面表现出某种属性，这种属性只能通过各部件之间的交互来体现。

生成系统强调的是我们没有把它当成单个的事物来看待，而是将其视为一种由多个部件拼合而成的事物，这些部件之间的拼合方式由相关的规则来约束。

几乎每一个"作为整体而运作的系统"都是由"生成系统"产生出来的。如果我们想让某些东西能够作为"整体"来运作，那么应该发明生成系统，从而创建出这样的效果。[122]

模式语言也是一种具有生成能力的系统，因为它有三项特征。第一，它用一套固有的规则来表达其生成逻辑。Alexander 写道："它不仅会告诉你应该按照什么样的规则进行排列，而且会指出如何将这种排列方式建造出来，只要你按规则做，就可以产生许多方案。"[123] Stephen Grabow 给 Alexander 写过传记，在接受 Grabow 访问时，他提到："我们总是愿意给东西起名字，但很少有人会给这些东西之间的关联方式起名字。"[124] 模式语言就是要试着处理这些东西之间的关系。"因此，它不仅定义了适用于特定情境的句子，而且还提出一套机制，让我们能够用这套机制创造出自己想要的句子来。所以说，这就是一种生成系统，无论面对什么样的情境，我们都能创造出适用于该情境的句子。"[125] 按照一定的顺序执行该系统所建议的操作，就可以产生出一个整体，它会把有待整理的部件协调地融合进来。

第二，模式语言与其他一些生成系统一样，其产生的效果大于各部件的效果之和。Alexander 在 *The Timeless Way of Building* 一书中写道："建筑物与城镇都不可能直接制作出来，而是必须通过大家日常的行动间接产生出来。这好比花朵只能从种子开始慢慢培育，而不能一下子就把一粒种子变成一朵花。"[126] 他认为，我们在使用这种系统的时候，可能会感觉到自己确实有必要把这样的系统以各种各样的方式加以运用。Alexander 写道："现实世界中的模式摆在那里，而我们脑中的模式则在不断地变化。它们受到各种作用力的影响，它们总是想产生出某种成果。这些模式会告诉我们应该怎样进行设计，也会告诉我们什么时候可以（或者必须）把该模式实现出来，在某些情况下，还会提醒我们必须探索新的用法。"[127]

第三，除了能够自我延续，这些模式还带有自我繁殖机制。模式语言"像一粒种子，可以通过基因系统，让成千上万个小的动作合起来诞生出一个整体"[128]。语言能够启动这样一个"展开的过程，该过程就像胚胎发育一样，必须先有整体，然后才通过分裂，产生出其中的各个部件"[129]。同时，语言也会在这个展开的过程中层层地积累。Alexander 又说："接下来，会有很多次建筑行动，每次行动都会弥补前一次行动的缺点，并彰显其优点，慢慢地，就会形成庞大而复杂的整体，这个整体无法单凭其中任何一次行动而产生。"[130]Alexander 在描述他这种"建筑的永恒之道"时，还用基因打了个比方。他认为自己的这套系统具备一种无法形容的能力，Alexander 写道："从这个意义上看，它含有一套密码，在构建城镇与建筑物的时候，这套密码所起的作用有点像生物体的遗传基因。"[131]

Stephen Grabow 在给 Alexander 所写的传记中说，Alexander 感兴趣的地方在于，这套能够产生出建筑物的规则——或者说，这套能够产生出建筑物的模式语言所具备的语法——"不应该像汽车行业中某些人所想的那样仅仅是一种机械技术，而应该从现代科学的角度视为一种天生就具备创造能力的结构原则。"[132]说得直白一点，这种根据一套已知规则来生成建筑物的理念和通过几条遗传规则来操作染色体以进行繁殖，或通过几条语法规则来摆弄词句以撰写诗文并没有太大区别。Grabow 认为，这其实正是 Alexander 想要说的意思[133]。

Alexander 在接受传记作家访问时，提到了 Noam Chomsky（诺姆·乔姆斯基，1928 年生）的生成语法，并说自己打算运用在建筑学上面的就是这样的一套语法[134]。模式语言中的模式本身提供了语法，用户在结合这些模式并加以运用的过程中，会将模式语言的语义给体现出来。Alexander 顺着乔姆斯基的深层结构与表层结构理念，提出这样一个看法，他认为：模式从表面上讲，似乎有很多种加以实例化的方式，但这些方式其实都得靠底层所提供的各种可能性才能够得以实现，这正是模式语言之所以具备生成能力的原因。总之，如果说生成语法能够产生出各种语言的句子，如果说遗传密码能够让鸟类一代一代地延续，那么这种名叫模式语言的生成系统自然也能够制造出各种各样的建筑。Alexander 说："我现在要声明，我实际上能够定出这样一套规则，让你只需按照规定的顺序来运用它们，即可设计出一幢建筑物来。"[135]使用这门语言的人可以根据自身情况选择自己要以什么样的方式来运用什么样的内容，然而这么用之所以能够见效，本质上还是由于该语言具备了适当的结构[136]。Alexander 在讨论建筑问题的时候，总是免不了用基因和语言来打比方。他认为，设计建筑物或规划市镇"本质上是一种遗传过程"[137]，而且"模式总是从语言中来"，这些催生模式的语言相当于一套遗传密码，总是能够形成新的生命体[138]。虽然 Alexander 借用了乔姆斯基的生成语法这一概念，但他认为，乔姆斯基的这种概念即便不是很"原始"，也至少可以说是太过基础了[139]。

Alexander "真正感兴趣的地方" 并不在于生成语法这一概念本身，而在于这种概念强调了词与词之间的关系及其含义，并促使人思考如何通过一个词带出另一个词，于是，他就想在建筑学的领域中也提出一套类似的说法。

生成能力使得模式语言能够产生成果并自我复制。这种语言让模式以一定的格式来压缩信息，并指定了模式之间的运用顺序，令我们可以像执行程序那样来使用模式，从而创建出想要的形式。不过，Alexander 的目标比这更远，他还想从更多的方面来发挥这门语言，例如语义、比拟、诗意以及人的感觉、情绪、秩序感，等等。这些都超越了它在结构、拓扑以及句法等层面的意义。这些语义概念让人能够按照一套程序来打造自己想要构建的环境，从而确立一种生存秩序。由此来看，他的模式实际上成了无尽的轮回。

这就是 Alexander 的最终目标，他想要找到一种方式，把创造生命的机制描述成一个整体的系统。Alexander 想把自己所说的 "生命" 讲清楚，并且想告诉大家哪些地方才能够找到这样的生命。他在 *The Nature of Order* 中写道："这些建筑物中有一种性质，我把它叫作生命。这种生命显然不是生物学所说的那种有机体。这种生命其范围更加庞大，含义也更加广泛。我们能够凭直觉从这些物件中体味出'生命'感，这其实像绘画作品的生命感一样，是完全抽象的东西，无论是一栋有人居住的大楼，还是一套生物学上面的生命系统（例如一棵大树），都具备这种性质。"[140] 数字产品的设计师与软件工程师在 Alexander 的作品中所追寻的正是这样的性质，也就是结构感、协调感与秩序感。

2.7 Alexander 对数字产品设计的影响

Stewart Brand（斯图尔特·布兰特，1938 年生）在 1971 年的 *The Last Whole Earth Catalog* 中说："Christopher Alexander 是一位设计人物，很多设计师都会提到他。" Brand 当时已经预料到，Alexander 将来会对设计师以及建筑学之外的许多人产生影响[141]。程序员与设计师之所以参考 Alexander 的作品，是因为他们想借用建筑学中的概念来描述自己所面对的一些复杂问题。Alexander 解决建筑问题的方式在这些人眼中代表了一种简明、灵活、能够随时适应变化而且以用户为中心的设计思路。他们认为，软件系统的架构应该像建筑物的结构那样设计才对，而 Alexander 的作品恰好提供了一套框架，让他们能够参考建筑学中的一些做法来构建系统。

软件开发者与数字设计师会采用建筑学中的一些说法来描述某些特别困难的工作。Alexander 对软件与设计的影响非常显著，如果让程序员与设计师谈一谈有哪些建筑师对其作品产生了影响，那么很多人可能只会想到 Alexander。我访问 Kent Beck（肯特·贝克，1961 年生）的时候，他想了好久，才想出另一位影响他的建筑师。当时他说："Le Corbusier（勒·柯布西耶）？" Alan Cooper（阿兰·库珀，1952 年生）提到的另一位建筑师是 John Portman（1924—2017），他设计了洛杉矶的 Bonaventure Hotel 与旧金山的内河码头中心。我在本章开头说过，20 世纪 80 年代末与 20 世纪 90 年代，正是 Alexander 在软件开发与编程方法设计领域"如日中天"之时，软件界与早期的互联网行业有很多人都在谈论他。软件工程师想把 Alexander 的作品——例如他在 *The Timeless Way of Building* 中介绍的模式语言及设计思路——运用到软件工程领域，并以此来设计面向对象的语言。设计师、人机交互研究者以及信息架构师根据这些模式及语言，提出了相关的理论，这些理论在以用户为中心的设计这一新兴领域中促成了一批重要的方法。

本章接下来从两个方面讨论 Alexander 对软件工程师及设计师的影响。首先，要讲述模式语言是如何催生软件模式的，并且要告诉大家，Alexander 的作品给 wiki 软件格式（维基百科用的就是这种格式）与极限编程（Extreme Programming, XP）软件开发方法带来了哪些直接的影响。其后，我要研究在以人为中心的设计这一新兴领域中，大家是怎样根据 Alexander 所提出的原则为软件及互联网方面的一些做法建模的。最后，我要把 Alexander 在上述两方面造成的影响结合起来，并将这种影响与那些和 Alexander 保持距离的建筑师所抱持的观点相对比，以便在这在两者之间寻找适当的立足点。

2.8　软件中的模式

许多程序开发者与数字产品设计师小时候都梦想着能够盖一件大的东西，只不过，后来他们盖的并不是楼，而是计算机中的架构。这种现象仅仅是巧合吗？杰出的软件工程师 Kent Beck 说，他年轻时迷恋一本讲房屋规划的书，其中一种方案有个贯穿全场地的游泳池。他根据书里的方案做了许多设想，而且极力寻找最为合适的图样，以把这些想法表达出来。软件设计师与交互设计领域的先驱 Alan Cooper 思考过一个问题，就是程序员为什么没有成为传统意义上的建筑师。他说："这些人确实想造东西，但成为建筑师并不能满足他们的这种想法。反之，成为软件设计师、交互设计师、软件开发者与软件工程师却能实现他们的愿望。他们要做的其实是在数字计算机中造东西，而不是在空地上盖楼。" [142] Alexander 虽然也是一位建筑师，但他们发现，Alexander 思考问题的方式对他们思考数字系统与计算机编程的方式很有启发。

　　程序员通过各种方式接触 Alexander 的作品。有些人在 20 世纪 60 至 20 世纪 70 年代就听说了 *Notes on the Synthesis of Form* [143]。Alan Cooper 说他于 20 世纪 60 年代末，在中学的图书馆中看到过这本书 [144]。据说，20 世纪 80 年代有一种油印本的 *A Pattern Language* 在美国西海岸的程序员之间私下流传 [145]。Beck 第一次看到 *The Timeless Way of Building* 是在 1979 年，他在俄勒冈大学书店的建筑类书架上面发现了这本书。虽然 Beck 当时对建筑很痴迷，但他自认为缺乏对空间的敏锐感觉，尽管如此，Beck 还是在书店的过道中一个词一个词地看这本书 [146]。20 世纪 80 年代中期，他碰到了 *Notes on the Synthesis of Form* 一书，Beck 给自己以及在 Tektronix 公司与他同组的同事都买了一份 [147]。Beck 说："我当时想要寻找一种讨论程序的方式。"对于他自己以及和他类似的程序员来说，模式正是一种能够对代码加以整理的结构，让他们可以在程序所处的大框架以及每个人所编写的小段代码之间来回游走。"在 Tek Labs 写了一年程序之后，我就发现自己的脑子已经满了。虽然我可以写出复杂的程序，但当同事提出了绝好的建议之后，我却不知道怎么才能把这些想法正确地融入自己的程序。" [148] 模式正是这样一种抽象方式，能够把解决方案的精髓概括并提炼出来，让其他人也能明白这种解法的要点，并予以运用。

　　Beck 与他的同事 Ward Cunningham（沃德·坎宁安，1949 年生）属于最早把 Alexander 及其同事所提出的模式运用到软件领域的程序员 [149]。1987 年，他们正在设计一套系统，以测试半导体集成电路，当时要解决的问题是，怎样用 Smalltalk 给程序编写图形界面。Smalltalk 是由计算机科学家 Alan Kay（艾伦·凯，1940 年生）与其在 Xerox PARC 的研究者一起于 20 世纪 70 至 20 世纪 80 年代所开发的面向对象语言。Smalltalk 这种交互式的编程环境很适合用于教学及研究。Kay 在 20 世纪 60 年代末，提出了 object（对象）这个说法，来指代可以反复使用的代码模块 [150]。这些对象之间彼此相似，但是又有微小的区别。它们通过 method 机制从更为抽象的对象或类中继承代码 [151]。有了对象，程序员就不用每次都从头开始写代码了，而是可以直接由这种模块出发，来使用该模块以及与之相关的其他模块。

　　Cunningham 与 Beck 把他们的心得写成了 "Using Pattern Languages for Object-Oriented Programs"，这篇文章收录在 1987 年度的 OOPSLA 会议论文集中，这是 ACM 举办的会议，主题是 Object-Oriented Programs, Systems, Languages and Applications（面向对象的程序、系统、语言及应用），9 年之后的 1996 年，Alexander 在会议上做了主题演讲。这篇文章解释了 Alexander 的哪些观点给他们带来了启发，并演示了怎样把 5 种简单的模式运用到程序设计上面。他们认为，"计算机用户应该自己来编写程序"，"这似乎很不现实，因为无论是构建房屋还是编写程序，都是规模相当庞大而且也相当复杂的工作，设计者必须经过好多年的培训才能胜任。然而，Alexander 提出了一套办法，让我们觉得这有可能会实现，他的这套办法围绕着'模式语言'这一概念而展开[152]。20 世纪 80 至 90 年代，有一群软件工程师多次举办会议与聚会，讨论怎样在软件领域中运用模式语言，让此概念变得十分流行，Beck、Richard Gabriel（1962 年生）以及 Gang of Four（四人组，简称 GoF，包括 Erich Gamma、Richard Helm、Ralph Johnson 与 John Vlissides）都参与了讨论[153]。GoF 采用 Alexander 描述建筑模式时所依循的格式及语法来推广"设计模式"。他们说："这些解决方案采用对象与接口等说法来描述，而不是墙或门等词语，但无论是设计模式还是建筑模式，提供的都是某个问题在某种情境之下的解决办法。"[154] 正如他们所说，这种位于庞大的系统架构之下的"微架构"或"微建筑"，虽然也采用模式这一格式来表述，但并没有像 Alexander 的模式那样形成一整套语言，这一方面是因为面向对象的设计在当时只是个刚刚起步的领域，另一方面则"有可能仅仅是因为软件设计工作所遇到的问题与建筑学不同，因此无法直接拿模式语言来解决"[155]。这四位软件工程师把他们当初的试验写成了 *Design Patterns: Elements of Reusable Object-Oriented Software*（《设计模式：可复用面向对象软件的基础》）一书，这本诞生于 1994 年的作品后来成了畅销书。现在，有成千上万的图书与资料都在讨论怎样把模式运用到软件、游戏、用户体验、界面设计以及其他一些领域中。

2.8.1　软件与"说不出名字的品质"

Alexander 直接与软件工程师接触是在 20 世纪 90 年代中期。既是软件工程师又是诗人的 Richard Gabriel 请 Alexander 帮自己的 *Patterns of Software*⊖（出版于 1996 年）写前言。Gabriel 想在计算机代码的世界里寻找 Alexander 所提出的"说不出名字的品质"。从模式所具备的格式谈到诗化的语言所浓缩的意象，Gabriel 始终想寻找一种应用方式，把建筑学与软件架构贯通起来。Alexander 在给这本书写介绍文字的时候，提出了这样一个问题：通过模式表达出的这些高层原则能否让程序像建筑那样也具有灵性。Alexander 怀疑有没有可能出现这样的"程序，让人赞叹它确实写得很漂亮"，有没有可能形成"一套不断增长的知识体系，把软件工程领域中与如何写出好程序有关的知识给总结出来"[156]。他也怀疑代码能不能"表现出生机"[157]，尽管程序员很想将建筑模式与

⊖　全书参见：https://www.dreamsongs.com/Files/PatternsOfSoftware.pdf。——译者注

程序模式对应起来，但有没有可能因为计算机代码太过抽象，而导致我们无法沿用建筑学中的模式思维来处理它[158]？

本章开头提到，Alexander 在 1996 年度的 OOPSLA 会议上面做了主题演讲。他谈到软件模式在当时的发展情况，并指出这种模式不单是要把必须做出设计决策的地方给确定下来，而且其背后还涉及语言和理论，那些语言和理论还有其他一些问题需要处理。模式有一种"道德意义"，它们应该具备"生成能力"，要能够将部分与整体融合起来，使得自己所产生出的成果在"形态上保持一致"[159]。那么，程序员如何判断程序在道德上是否"良好"，是否与 Alexander 所感兴趣的那种生命理念相符[160]？此时，Alexander 正在写四卷本的 *The Nature of Order*，他认为这种道德品质在建筑学中可以明确定义并通过经验来判断。可是对于软件来说，这种秩序性又体现在哪里呢？

Alexander 认为，计算机代码或许可以沿着能够产生模式的基因框架和语言框架把这种思路发挥得更加充分，这与他早前在"*Systems Generating Systems*"一文及 *The Timeless Way of Building* 一书中的说法是一脉相承的。"我确信，对于社会来说，有一种东西，其作用将与——或者至少与——基因对生物体的作用类似，这种东西就是软件包。"[161] 如果程序员能够把软件包做到这种程度，那么就可以把决策权交到每个人的手里，这正与 Kent Beck 对 Alexander 的作品所做的解读类似，Beck 认为，Alexander 的理论或许可以当作一种工具，让设计过程在社会与政治上变得民主。Alexander 想要搞清楚，程序员究竟在多大程度上愿意担负起"影响、塑造并改变环境的责任"[162]。如果程序员与工程师愿意这样来运用模式，并负起道德义务，那么他们应该设法让世界变得更好。这不仅意味着要把计算机带到各个地方，而且还要求他们必须深入理解计算机应该如何为其周边的生态系统提供帮助。"这是个绝妙的畅想：到了那时，计算机将是这个世界的一项基础，这种基础作用首先体现在它将为我们构建各种各样的结构，同时，它还让这些结构更加活泼、更有人性、能够发挥出更加深远的生态效用，并且有着深厚的生命力。"[163]

2.8.2　对设计模式的批评

虽说设计模式用得很广，但许多人对其用法提出了批评，其中包括早前为其提供灵感的人。而且有的时候，他们甚至觉得，无论在软件领域还是在建筑学领域，这些模式都运用得相当失败。Alexander 自己也怀疑模式语言究竟能不能有效地实现他在设计这套语言时想要达成的效果。在给 Richard Gabriel 的 *Patterns of Software* 所写的前言中，他说：

对于建筑学来说，我要思考的问题其实很简单："我们能不能做得更好？我们讨论的这些是否可以帮助自己造出更好的建筑物来？"……无论他们用的是我本人提出的 Alexander 式的模式，还是其他一些人所提出的方法，都应该想一想，这些方法能不能帮助自己做得更好？用这些方法写出来的程序有没有变得比原来更棒？它们能否更好、更有效、更迅速地产生更为深远的成果？我们在使用这些方法来工作的时候，有没有觉得自己的工作变得比原来更加灵活？这些程序本身的效果以及运行这些程序的人与受这些程序影响的人所完成的事情按照一般的道德标准来看，有没有变得比原来更好？其境界是否比原来更高，其见解是否比原来更深 [164]？

Alexander 在接受给他写传记的 Stephen Grabow 访问时承认（Gabriel 在 *Patterns of Software* 中也提到了这一点），运用这些模式做出来的房屋通常很平庸，而且在几何形状上面也相当乏味，没有表现出他所追求的那种生命力。更糟糕的是，有些建筑师对模式语言太过沉迷，他们执着地按照这样的流程进行设计，这反倒让设计出来的"建筑物显得机械而刻板，其实，他们本来是想把建筑物设计得活泼一些" [165]。Alexander 意识到，要想实现他那个远大的愿望，首先必须对规划的过程进行全面的管理，要考虑到经济问题、地域问题、贷款问题、开发问题以及建设问题。Gabriel 说，这其实谈的是"对流程进行控制"：

对流程的控制其效果也会反映在该流程所产出的结果上面。如果流程的控制方式陈腐而低效，那么制作出来的建筑物自然也是老套而失败的。

建筑学中的这个现象在软件开发领域也有所体现：系统的结构受制于该结构的组织方式，因此，在某种程度上可以说，系统的质量与产生该系统的那套流程所具备的品质有关。[166]

对软件模式最为严厉的一项批评来自 Alan Kay，他将其称为"对编程最为危险的事物" [167]。他在谈论 *A Pattern Language* 以及模式与建筑学之间的关系时说，自己并不反对 Alexander 把模式运用到建筑学领域，因为 Alexander "是在观察两千多年来人类在建造这些让自己更加舒服的建筑时所采取的方式。由于这套方式在本质上并没有多大变化，因此，Alexander 将其抽象成模式是有一定道理的"。"但问题在于，这种思路无法移用到计算机领域，因为该领域并不具备这样的前提，我们根本没有像对建筑学那样透彻地理解编程。因此，从当前的编程方式中提取模式实际上是过分地拔高了这些编程方式的意义" [168]。

Alexander 或许在某一点上会同意 Kay 的说法，因为他也认为，由于软件开发领域的历史较短，因此目前还无法清楚地判断"什么样的程序才是比原来更好的程序"[169]。但与 Kay 不同的是，他依然认为，将来有一天，程序还是能够具备他后来在 *Nature of Order* 中所描述的那种生命力，也就是说，计算机程序及其周边环境会具备神奇的生命力，从而"表现出生机"[170]。要是真能做到这一点，那么对于软件行业来说，软件开发方式将会达到一种很令人赞叹的精神境界。

2.8.3 模式与设计过程中的权力分配

按照传统的流程，软件工程师负责设计系统架构，然后把自己的决定交给他人去执行，并希望执行者不要提出成本太大的修改要求，这与建筑领域类似，建筑师负责设计建筑物，然后把图纸交给工程师与承包方去建造。然而，Ward Cunningham 与 Kent Beck 当年提出软件模式时，却希望由用户本人来设计他们自己想要的环境。Alexander 的作品不仅能用正规的格式来表述编程问题，而且还提供了一套理念，让人能够正确处理设计过程中的社会问题与权力分配问题。Beck 说，他自己与 Alexander 的这套宏观理念很有共鸣，因为该理念"重新安排了设计与构建过程中的政治权力"[171]。在 Alexander 的理念中，能够让 Beck 产生共鸣的地方或许在于，他意识到了建筑师不仅要参与建筑物的构建工作，而且还应该参与规划，这样才能对设计造成影响，进而令其发生变化。无论是建筑学中的建筑师，还是从事计算机系统设计的架构师，都不能仅仅是把画好的图纸与写好的说明交给别人就行了，而是应该认真地思考，自己要设计的这幢房子是给谁住的，自己要设计的这套系统是给谁用的。

Beck 认为，模式给架构师提供了一种手段，让他把需要做出判断的地方呈现在用户面前。Alexander 在 *A Pattern Language* 的第 208 个模式中，提出一个概念，叫作 gradual stiffening（逐步落实），这个概念影响了 Beck 的思路。书里写道："模式语言的基本理念就是建筑物应该适应个人的具体需求以及该建筑所处的具体地点，因此，建筑图纸应该画得宽松一些，以便根据具体的情况做出调整。"[172] 所谓 gradual stiffening，是指设计方案中的各个部分在最终敲定之前要留有修改的余地。这些部分不用提前在纸面上定好，而是可以当场去测试，并根据需要做出调整，等调整到位之后，再最终敲定。Beck 说，这是个相当前卫的概念，因为它与当时的程序开发工作在做法上完全相反[173]。现在的某些平台（例如 Facebook）其实也没有别的办法来设计，Beck 说："实际上，你没办法用别的方式去构建它。因此，我更愿意说，在 Alexander 的这套理念中，最重要的地方可能是他所提倡的原则。极限编程正是在认真对待 gradual stiffening 原则的过程中提出来的。"[174]

1995 至 1999 年间，Beck 提出了极限编程这种新的编程方法，其中包含一套实践原则与价值观。它把编程任务拆分成小块，以便逐步地进行规划，开发者需要坐在一起结对编程，并在编写代码的过程中，同时对代码进行测试。极限编程体现了采用这种方法来编程的人所提倡的理念，也就是沟通、反馈、简洁、勇敢、尊重[175]。在 *Extreme Programming Explained: Embrace Change*（《解析极限编程——拥抱变化》）中，Beck 用题为 *The Timeless Way of Programming* 的一章总结全书，从这一章的标题来看，他想把自己的作品同 Alexander 联系起来。Beck 认为，Alexander 的作品想要挑战建筑学中那种权力失衡的现象，这让自己想到，软件工程领域也有同样的失衡问题。Alexander 当年意识到，建筑界的设计风气必须改变，这样才能设计出全新的建筑物，Beck 觉得软件业也应该如此[176]。XP 试着更好地让业务方、用户以及程序员彼此看齐。Beck 说，尽管 Alexander 没能让建筑界出现这样的变革，但对于程序开发领域来说，我们的成功概率则要大一些。他在 *Extreme Programming Explained* 的最后一章中，呼吁软件界应该做出改变。Beck 总结道："我们身处软件行业，我们有机会创造出新的社会结构，把精湛的技术与商业愿景结合起来，制作出独具价值的新产品与新服务。这是我们的优势。"[177]

极限编程是敏捷项目管理方法的基础部分。这种项目管理方法与瀑布式的方法不同。传统的瀑布式管理方法是客户先把一系列需求交给架构团队，然后由团队根据这些需求拟定系统架构，接下来交给设计团队，最后由设计团队交给实现团队去编写代码。敏捷开发与之不同，它要求团队以较短的冲刺时段为工作单元来进行合作，以便更好地响应变化。2001 年，包括 Beck 与 Cunningham 在内的一群人制定了 Agile Manifesto（敏捷开发宣言），其中最关键的四点是："个体与交互重于流程及工具；可用的软件重于详尽的文档；与客户合作重于通过合同来协商；响应变化重于遵循计划。"[178]尽管敏捷开发也受到了一些批评，但还是有很多大大小小的公司在使用。这些方法能够重新分配团队成员的权力，让更多的人有机会修改代码并影响管理策略。运用 Alexander 的理论，可以令许多领域的设计工作发生变化。

2.8.4　wiki

wiki 是一种网站格式，维基百科用的就是这种格式，它也是个受 Alexander 影响的概念。1994 年，Ward Cunningham 开始为 Hypercard 程序开发数据库，用以记录各种想法在公司内的讨论情况。Apple 公司的这款 Hypercard 软件采用一张一张的卡片来表示一个一个的想法，用户可以通过简单的图形界面把某张卡片与数据库中的其他卡片链接起来。Cunningham 对这套软件系统做了修改，当用户浏览完一系列想法之后，系统会自动添加一张新的卡片，从而"拓宽用户的视野"[179]。Hypercard 是个单用户程序，当时 Cunningham 只能在自己的笔记本计算机上面运行这款程序。他 1994 年参加在伊利诺伊大学举办的程序模式语言（Pattern Languages of Program，PLoP）会议时，有人向他介绍了万维网以及该大学开发的 Mosaic 网页浏览器。Cunningham 的朋友建议他把这套收录"人、产品及模式"的数据库建在网上。Cunningham 用 quick 一词在夏威夷语里的说法 wiki 来给该数据库起名，把它叫作 WikiWikiWeb[180]。1995 年 3 月，他邀请朋友与同事一起加入 http://wiki.c2.com/，创建并协同编辑其中的网页。

Cunningham 特别感兴趣的地方在于：wiki 格式与那种认为计算机程序应该由大家一起来写的想法很是契合。他在接受维基媒体基金会采访的时候说："我们对大家怎样一起编写计算机程序很感兴趣。……当时我们对计算机程序并没有一整套庞大的计划……那个时候，无论是在计算机编程专业，还是在各种文本系统与论坛中，都没听说有人提出这样的想法……我们当时就是想试着研究怎样把这种理念与计算机编程工作之间的结合方式给演示出来。"WikiWikiWeb 不仅促进了大家对模式语言的交流，而且还能反映出他们在交流时所持的理念，这要比普通的邮件列表更有效。这样的沟通或编程方式要想成立，参与者必须彼此信任，而且要乐于分享。代码或观点可以"从中心产生并向外生长"[181]。这些人不一定要认识对方，也未必要了解对方是否愿意与自己一起工作，wiki 机制可以保证大家朝着同一个目标努力[182]。

Cunningham 写了许多文章来讨论模式语言对 wiki 的影响，他很明确地强调了 Alexander 的作用。Cunningham 在 2013 年说过，wiki 是一种"基本的模式语言"。模式语言与 wiki 都具备下列特征：

它们都是开放的信息集，都是由同一种元素组成的（对于 wiki 来说，这种元素指的是页面，对于模式语言来说，这种元素指的是模式），元素间可以通过超链接来联系……

它们都包含与话题有关的文章，这些文章都具备某些结构特征，例如都有包含链接的概览，都有定义、讨论、证据、结论以及提供进一步信息的链接等部分……

从结构上来看，它们都易于创建并分享，而且可以容易由多人共同编辑……

它们（在原则上）都是可以演化的、可以证伪的、可以完善的……

它们都想创建一套有用的本体论模型，从而将这个世界中的某一部分正式描述成语言里的一个子集。对于模式语言来说，有一些模式是专门针对设计工作而创立的，对于 wiki 来说，有一些模式是比较宽泛的知识模型。[183]

总之，模式语言与 wiki 都是世界观。它们是认识论工具，可以从统摄某种空间的信息中总结出规则，这种空间可能是指（维基百科那样的）知识空间，也可能是指软件空间或人工建造的环境空间。

虽然 Cunningham 在 1995 年短暂考虑过是否要申请专利，但 wiki 始终没有成为专利[184]。这种开放的姿态无疑有助于它取得成功。wiki 格式最大的用户就是维基百科，这是个创建于 2001 年的百科网站，其页面数量超过 540 万，而且接受了将近 890 万次编辑，每秒钟的编辑次数超过 10 次，截至 2017 年 5 月，其用户已经超过 309 万[185]。我可以说，最能体现 Christopher Alexander 那套理论的产品就是维基百科。

2.9 把建筑学的设计理念引入软件领域

软件工程师在运用程序语言来给软件编程的时候，会想到参考相关的模式，而其他一些设计师与开发者也开始思考怎样对软件更好地进行设计。软件越来越复杂，所要满足的需求也越来越繁多，但是大多数程序都设计得不够好。使用并购买个人计算机的用户增多之后，这个问题越来越突出。有些程序员及软件工程师通常把设计看成软件工程的副产品，他们首先考虑的是，怎样让软件在技术限制之下满足业务需求，至于设计，只能放在次要低位。为了提升软件质量，我们必须考虑怎样把设计做好。

与软件工程师对待模式的热衷态度类似，在新兴的"软件设计"行业中，很多人开始求助于建筑学中的方法，他们想要寻找一种方式，让自己能够把设计工作处理得更加到位。软件设计师在谈论他们所能参考的建筑学方法时，几乎必谈 Alexander，他们讨论架构时用的一些术语也是从 Alexander 的方法中借用的。这些软件工程师认为自己和建筑师一样，都在定义一种结构，使得按照该结构编写的软件用起来比较顺畅，这就好像建筑师设计出来的结构能够产生适合人居住的建筑物一样。

斯坦福大学的计算机科学教授 Terry Winograd（特里·威诺格拉德，1946 年生）在论述新兴的软件设计学时，参考了建筑学的一些概念，尤其是 Alexander 的那套理念。1992 年，他召集了一群设计师、工程师与业务专家，来参与为期 3 天的 Bringing Design to Software 会议，其中很多人都和加利福尼亚州帕哈罗杜恩斯（Pajaro Dunes）的 Interval Research 公司有关。Barry Katz 在 *Make It New: The History of Silicon Valley Design* 一书中说，参加会议的人"在另一座工程堡垒中磨练他们的战斗技能，那座堡垒在功能与利润上面站得很稳"[186]。Winograd 在 1990 年已经开始采用新的思维来考虑人机交互的设计与架构问题了，他在当年的 Human-Computer Interaction（CHI'90）

会议[○]闭幕时，介绍了一种以人为中心的设计方式，并提出了一些培养专业人员的办法。Winograd 对 1992 年聚会的成果做了编辑，并在四年后的 1996 年出版了同名的 *Bringing Design to Software* 一书[○]，用来总结软件业新兴的设计方法。这个行业变化得很快，他们开始编辑这本书的时候，许多人还没用上互联网，可是到了该书在 1996 年出版之时，WWW 概念已经非常火爆了，Netscape（网景）已经完成了 IPO（首次公开募股）。

Bringing Design to Software 中的许多文章其作者都是数字设计界的名人，例如 Lotus 1-2-3 电子表格程序的设计师 Mitch Kapor（米奇・卡普尔，1950 年生）。他在这本书的开头重新发表了当年的软件设计宣言。书里还收录了其他一些重要的设计师所写的文章，例如 Gillian Crampton Smith，她是英国皇家艺术学院 Computer-Related Design 这一硕士课程的创建者，也是意大利伊夫雷亚 Interaction Design Institute Ivrea 的发起人。她的丈夫 Philip Tabor 是一位建筑及教育学家，在伦敦大学学院的巴特利特建筑环境学院授课，并在那里的博士课程工作室担任主管。给该书撰文的 John Rheinfrank 与 Shelley Evenson 是策略设计师，在都柏林的 Fitch 与 Scient 公司工作过，后来成为卡内基－梅隆大学的教授 [187]。Winograd 这本书收录了多位作者的文章，这些人当时所做的基础工作催生了许多与数字设备及用户体验的设计工作有关的方法，这些方法直到今天依然有意义。

20 世纪 90 年代初，做"软件设计"的人顶着各种各样的头衔，直到今天，这些叫法也还是五花八门，有的叫互动设计师（交互设计师），有的叫用户体验（User Experience，UX）设计师，有的叫信息架构师，还有的同时挂着这几个名号。Association of Software Design 在 20 世纪 90 年代把软件设计定义成"各种计算机学科的交汇，这些学科包括硬件与软件工程、编程、人因研究以及人类功效学[○]。软件设计要研究人、机器以及连接两者的各种界面（例如物理的、感觉的、心理的）如何交汇" [188]。每一位软件设计师都有许多项工作要完成，而软件设计学必须拟定一套公认的语言，让设计师能够以此来协调使用者、业务方以及程序员之间的关系。

软件设计业很有必要做出改变。Kapor 在 1990 年的"Software Design Manifesto"中写道："虽然个人计算机表面上似乎取得了巨大的成功，但是大多数用户在通过计算机执行日常操作的时候，还是会遇到各种各样的困难和障碍，因此，从最初的目标来看，这种革命并没有完成。" [189] 程序开发者（尤其是软件工程师）并没有把软件设计放在核心

○ 会议的全称是 ACM Conference on Human Factors in Computing Systems，简称 CHI。——译者注
○ 其中的部分内容可参见 https://hci.stanford.edu/publications/bds/。——译者注
○ 人因学与人类功效学合起来俗称人体工学。——译者注

地位，这其实是可以理解的，因为软件工程师在工作过程中总是会碰到更为紧迫的问题。Kapor 写道："创建计算机产品的人在观念上最应该转变的地方可能是必须意识到设计的重要地位，意识到它与编程工作缺一不可。"[190] 设计师必须研发出工具及模型，以便将抽象思维与具体概念联系起来，并让基础结构能够给用户体验提供支持。

软件设计成了一种新的建筑或架构工作，这样说，是为了强调设计师以软件设计为手段来表达一定的目标，从 Alexander 的理论与方法来看，尤其如此。这种手段的意义体现在多个层面，从宏观层面看，它确认了架构师这一角色在许多方面都对于软件业有着重要作用，从具体层面看，它让我们可以借鉴 Alexander 的作品来更好地定义该角色。软件设计师使用的方法遵循了 Alexander 提出的模式、语言及秩序等概念。建筑师与软件设计师都在做规划，只不过一个规划的是建筑物，另一个规划的是软件。Kapor 说："建筑与软件设计领域都要给专业人士提供一种建模方式，让他们能够很轻松地针对最终成果来建模，从而可以根据该模型构造出想要的产品。这两个行业都要使用专门的工具与技术。但是在软件设计领域，目前的设计工具并没有做到足够实用的地步。"[191] Kapor 认为，维特鲁威（Vitruvian，约公元前 80 年或前 70 年—约公元前 25 年）针对建筑所提的三原则（持久、实用、美观）也可以用来打造"针对软件的设计理论"——"持久是说程序在功能上不应该有 bug，实用是说用户可以用它来完成自己想要做的事，美观是说程序用起来要顺畅。"[192]

如果设计师是像建筑师那样工作的，那么他就与工程师有所不同了，这样的设计师并不是有些人说的那种只给建筑物装点门面的人。Kapor 写道："建筑师不是负责施工的工程师，而是对整栋建筑物的创建工作全面负责的专业人士。建筑与工程这两个学科是互补的，但在实际设计并实现建筑物的过程中，工程师需要按照建筑师的指示来做。工程师在这个过程中的角色当然也是非常重要的，不过他们的总体行动方向还是得按照建筑师对建筑所做的设计来定。"[193] 建筑师与工程师之间的这种区别在软件行业也有所体现。软件设计师必须考虑彼此相关的一些需求，例如系统要实现的功能、用户的要求与他们在使用软件时所处的情境以及技术上的限制，此外还要考虑用户在看到这款软件时能不能意识到它是可以用来完成某项功能的。设计师要想在设计软件的过程中针对这些复杂的状况进行分析与综合，以协调彼此冲突的各项需求，就必须借用建筑学中的说法来描述这些问题才行。由此看来，Alexander 能够对软件设计师造成影响并不奇怪，正如他能给使用面向对象式的语言来编程的开发者带来启示一样。软件设计与软件模式是同时兴起的，软件设计领域的许多奠基者在学生时代都看过 Alexander 的书。

数字产品的设计师根据 Alexander 的理论，把使用软件系统的人比作居民，只不过这些人住的是软件系统[194]。按照这种理解方式，系统设计师不能只把规划图和指令交给别人，而是必须为"住"在该系统内的用户考虑。他们尤其重视 Alexander 在 *The Timeless Way of Building* 中提到的"说不出名字的品质"，"在生命与精神上，这种核心的品质无论对于一个人、一座城镇、一幢建筑还是一片旷野来说，都是最为根本的"[195]。如果软件设计师把用户当成该系统内的居民，那么在设计软件的时候，就必须考虑怎样让软件系统具备"生命"气息。

软件设计师认为，软件不仅仅是空间概念，更是一块有用户居住的地方。Winograd 在回应 Alexander 给 *Bringing Design to Software* 所写的前言时说：

> 软件不只是用户进行交互的工具，它同时也是用户所在的空间中的生产者。软件设计与建筑业相似，建筑师在设计居民楼或办公楼的时候，会制定一套结构。更为重要的是，这套结构正影响着住民的生活模式。这些人是居住在这套结构中的居民，而不仅仅是建筑物的用户。在本书中，我们就是要把软件的使用者也当成软件系统的居民对待，并关注他们在设计师所创建的空间中能够过上什么样的生活。我们的目标是把设计师的工作放在使用者所生活的世界中考虑[196]。

Alexander 把建筑当作一种生成系统，住在该系统内的人可以根据需要，制作出相应的结构。Winograd 把软件的用户比喻成生活在软件系统中的居民，以提醒软件的开发者与设计者注意这些居民所处的空间。那么，设计师必须了解与居民有关的哪些问题，才能制作出符合其需求的软件呢？这些问题对于软件空间来说意味着什么呢？

Alexander 认为，某些采用软件模式来编程的开发者过于强调模式本身，而忽视了表达这些模式所使用的模式语言以及容纳这些模式的体系。软件设计师则不然，他们把语言当作开展设计工作的基础。在 *Bringing Design to Software* 的一篇文章里，John Rheinfrank 与 Shelley Evenson 介绍了设计语言。他们认为，这些设计语言能够把复杂的行动表述成简单的步骤，就好比你面对着办公室里的一台 Xerox 复印机，尽管你并不是专业维修人员，但还是可以按照一份带有各种图表与颜色的维修指南，把发生故障的复印机修好。他们写道："在我们所构建的环境里，到处都有设计语言。大多数设计语言都是在设计活动中无意间演化出来的。"[197]Rheinfrank 与 Shelley 把设计语言定义成一套通用的方法，说这种方法能够让多个部分合起来形成一个更为强大的整体，这与 Alexander 对模式语言的定义相似。他们还说："自然语言（无论是口语还是书面语）是组词造句的基础，设计语言也一样，它是进行创造并与世界互动的基础。而且，它和口语或书面语类似，也融入了日常生活，它影响着我们的感受（这种影响通常是潜移默化的），让我们能够过上更好的生活。"[198] 这些持续进化的设计语言把用户当成居民对待，并关注他们所"居住"的环境，让大家能够通过这样的语言彼此理解并沟通。

　　软件设计师总是爱用建筑做比方，然而并不是所有人都为这种思路叫好。Winograd 与 Philip Tabor 写了题为"Software Design and Architecture"的一章，他们告诫大家不要毫无保留地拿建筑学去类比软件设计。"软件工作者可能要从古往今来的许多建筑方法与理论中广泛地学习。但与此同时，也必须注意，拿建筑来类比软件实在是太过宽泛了，因此容易变得肤浅，容易提出那种看似合理但实际上却起到误导作用的建议。"[199] 首先，Winograd 与 Tabor 提醒读者，通过建筑来谈软件只是个比方，建筑学中确实有一些活动与软件设计类似，但这并不表示二者完全相等。他们还说，无论是建筑物还是软件，其用户都不会把每一个细节以及建造该产品的过程全都看一遍，"他们看到的只是做出来的整体"[200]。他们又提醒读者思考，建筑领域中的分工可以给软件设计行业带来什么启发。在建筑领域，建筑物的结构由工程师来定，建筑师针对该结构提出规划，并决定其外观、气质与空间体验，盖楼的工作则由建筑工人完成。在传统的设计与构建工作中，建筑师、工程师与开发商需要承担各自的法律责任，那么软件行业中的架构师与设计师有没有类似的责任呢？

　　Kenny Cuppers 最近编了一本书，叫作 *Use Matters: An Alternative History of Architecture*，他在书中写道："实用性是建筑师在日常工作中必须考虑的问题，正如他们必须应对客户、建筑标准以及建筑法规一样……然而与后面那几项相比，实用性还有一重意义在于它可以决定建筑物在日常使用过程中给我们带来的各种体验，这些体验是设计者无法直接掌控的。"[201] Cuppers 认为，日常的建筑工作并不是一种形式至上的工作，而是要同时考虑到图纸、计算、制度以及沟通这几个方面。"如果我们不再像原来那样单纯地在制图板上决定建筑的意义，而是能够把它放在复杂的环境中考虑，思考住户怎样住在其中，如何消耗并使用该建筑，以及它受不受人重视等问题，那么我们就会发现，建筑所处的环境才是最为重要的，而且这一环境并没有得到充分研究。"[202] 在实用性方面，建筑师应该向软件领域的设计师、研究者与开发者学习，因为他们在几十年里一直都把软件的用户放在软件所处的环境中考虑。如果建筑师也能这样思考，那么他们就可以用一种与以往不同的眼光来审视用户，这会给建筑带来哪些变化呢？

　　不久前，Alan Blackwell 与 Sally Fincher 建议重新看待 Alexander 提出的那些模式，把重点放在用户体验（user experience，UX）而不是用户界面上面。他们认为，Alexander 的那些模式最为关注的地方在于体验，而不是建造。以往的某些软件模式总是像建筑师写的规格书那样，规定一栋楼应该如何装饰，而没有考虑进到这栋楼里的人会有什么样的感受。反之，如果我们能用模式来描述这些感受，那么或许就可以"设计出更为人性的系统，而不会把注意力过多地放在 UI 渲染上面。假如过度关注后者，那么每出现一批渲染技术，我们就得据此修改技术结构，并对界面做出相应的修饰"[203]。这种模式观可能更接近 Alexander 的看法。Alexander 想通过模式形成一套客观的判断标准，促使我们制作出善良的软件。

建筑物怎样从用户使用它的方式中学习

当 Terry Winograd 与其同事编著 *Bringing Design to Software* 一书的时候，另外一本谈论建筑的书出版了，这就是 Stewart Brand 所写的 *How Buildings Learn: What Happens after They're Built*（《建筑养成记——建成后纪实》）。这本书出版于 1994 年，它对软件与系统设计师很有影响。Brand 本人不是建筑师，但他对建筑很有想法，他认为建筑既是物体，又是过程，也就是说，建筑应该"视为一个整体，不仅在空间上如此，在时间上也应该这样"[204]。整本书都在引用 Alexander 的作品以及他与 Alexander 之间的谈话，此外，还涉及 Alexander 周边的其他几位设计师，例如 Sim van der Ryn 等人。Brand 赞同那种在结构与演化方式上面比较灵活的建筑方法。建筑学界对这本书评价不错（其中，*Journal of the Society of Architectural Historians* 给出了正面的评论），20 世纪 90 年代与 21 世纪初的信息架构师及交互设计师也愿意参考此书。Brand 这本书之所以对数字设计师及程序员很有吸引力，是因为它强调了迭代与进化，这正是早期的 Web 设计师特别看重的地方，这些设计师当时正在打造以用户为中心的设计技术，并且想让制作出来的网站能够灵活地适应变化。比方说，Brand 在书里举了这样一个例子：某座校园中有一块场地，该场地的设计者故意不去明确地规划穿越这片场地的道路，而是等到刚下过雪之后观察大家怎样从场地一边的建筑走到另一边的建筑，这样的话，正确的道路自然就会浮现出来，于是，设计者就可以根据雪地中的脚印来开路了。Brand 说："有些地方还是等用过一段时间之后再来设计比较好"[205]。这个例子很能抓住数字设计师的心理，因为它蕴含了一种从下到上的设计理念，也就是由用户自身的用法来决定某一块空间的功能。这个例子不仅演示了建筑物怎样从用户使用它的方法中学习，而且还提醒设计者，要根据用户使用产品的方式做出改进。

2.10　不受其他建筑师待见的 Alexander

在软件设计行业以及其他一些数字设计领域，Alexander 几乎是建筑师的同义词，因为很多程序员与数字设计师在回忆对自己有影响的建筑师时，基本上只会提到 Alexander 一个人。然而 Alexander 总是对建筑师以及建筑的设计与实践方式提出严厉批评。虽然他也认为建筑物与其几何结构是至关重要的，但 Alexander 的口味特别保守，而且一再宣称，自己对当代建筑的教学方法与实践方法不感兴趣。这种态度让他与许多位建筑师十分疏远，他们觉得他说教气太浓，而且喜欢过分地简化问题。这种批评反倒让追随这套方法的技术人士更有兴致了，因为他们觉得 Alexander 的这套方法确实管用。于是，这就造成一种奇怪的局面：软件设计与软件模式本身虽然也算是数字世界中的建筑方式，但运用这些"建筑"手法来工作的架构师却与建筑领域中的建筑师不同，他们并不像当今的大多数建筑师那样注重某些形式与表现方式。

许多建筑师都觉得建筑形式本身是至高无上的，不需要再由其他机制来定义，因此，他们不太认同 Alexander 的观点，即认为必须由一种道德系统来定义建筑的形式。Peter Eisenman（彼得·艾森曼，1934 年生）是一位建筑师，只比 Alexander 年轻 4 岁。他从刚开始做研究的时候，就致力于定义一套能够产生建筑形式的秩序体系。历史学者 Sean Keller 与其他一些人都指出，Alexander 与 Eisenman 之间其实隔得并不远。这两位建筑师在同一时间就读于剑桥大学，都试着用逻辑的方式来理解建筑，又都想把事物的底层结构与其外表相分离。Eisenman 与 Alexander 一样，对界定物体间关系的语言结构感兴趣。Keller 指出，他们都在推敲"建筑逻辑"，以求定义一套基于规则的建筑生成系统 [206]。Eisenman 要定义的是建筑物"内部的松散规律"，他认为 14 世纪以来的建筑师都在追寻这套规律的"本质" [207]。Keller 写道：Eisenman 在追寻这套规律的时候，也是从理性、逻辑、自制的设计系统以及"深层结构"入手，试着回应越来越复杂的社会技术问题 [208]。他把柏拉图立体（也就是正多面体）与建筑物的"意图、功能、结构与工艺"联系起来 [209]。Eisenman 分析了 Le Corbusier、Alvar Aalto（阿尔瓦尔·阿尔托，1898—1976）、Frank Lloyd Wright（弗兰克·劳埃德·埃特，1867—1959）与 Giuseppe Terragni（1904—1943）的作品，并定义了一套生成系统，用来观察形式交互中的内在"压力"。

尽管两人在上述方面较为相似，但他们的立场可以说是截然不同的。Eisenman 说，他之所以写那篇名为"The Formal Basis of Modern Architecture"的论文，是因为强烈反对 Alexander 在论文中的观点，后者的论文后来以 *Notes on the Synthesis of Form* 为题出版成书 [210]。Alexander 与 Eisenman 这两个人一个强调客观的道德，一个强调客观的理性，他们对建筑理念的这种冲突引发了 1982 年那场有名的学术辩论，当时，两个人在哈佛大学设计学院用各自的设计方法就建筑物中的道德、理性与情感做了辩论。建筑师 Moshe Safdie（摩西·萨夫迪，1938 年生）是该学院 Urban Design Program 的主管，他那天晚上介绍 Alexander 的时候，强调了其对建筑传统的挑战以及 Alexander 提出的人性化方法："我认为，Christopher Alexander 在整个职业生涯中，总是在行业最前沿强烈地反思当时很多人所抱持的建筑思想……他所做的各种事情总是贯穿着这样一个主题，就是基本的人文精神以及对人的关爱。"[211]

Eisenman 对 Alexander 提出批评，认为他过于追求设计中的"感觉"，而轻视了合理性。Alexander 认为建筑必须具备和谐与舒适这两项特征，而 Eisenman 则认为不和谐与不一致也有一定道理。他举了这样一个例子：Rafael Moneo（拉斐尔·莫内欧，1937 年生）给西班牙洛格罗尼奥市政厅所做的设计就用了一些很细的柱子，虽然这种效果在照片上让人看得很不舒服，但实际上却体现出了现实中一种很重要的不调和感。Eisenman 这样评价 Moneo 的作品："它把过于庞大的东西给拿掉，造成一种分离与破碎感，这正是我们在当今这个充满汽车的环境中面对大量的技术与机器时所产生的感觉。"[212]。Alexander 惊愕地说道："我实在无法理解。这太不负责了。这样多奇怪啊。我对这位建筑师感到遗憾，而且我特别生气，他竟然这样搞。"[213] 当时有听众鼓掌。

当然也不是所有的建筑师都像 Eisenman 这样极为强调形式。建筑学界之所以对 Alexander 的学说产生分歧，有一些原因可能在于，美国东岸与西岸有着不同的建筑文化。例如 Sim van der Ryn 与 Charles Moore 这两位建筑师就比较重视 Alexander 的理论，而且加利福尼亚大学伯克利建筑学院也受到 Alexander 那套方法的影响。不过，并非所有的学生都对此感到满意。比方说，伯克利有一位 Alexander 的学生，在采用 15 种模式来设计房屋的时候，就觉得这套模式的限制太多，而且把某些问题考虑得太过简单了。这位以前师从 Alexander 的学生说："我觉得这样设计没有道理，所以我转向其他方法了。"[214] 一位建筑师也说："如果我连 Alexander 的 *A Pattern Language* 都不知道，那会觉得自己根本没学过建筑，因为这本书里有一些重要的方法可以用来分析世界上的建筑。但要是让建筑专业的学生也像他那样来设计模式，那恐怕就与用数字来画画一样——那会让你走到 Guy Debord（居伊·德波，1931—1994）的路子上面。"[215] 还有一些人认为，Alexander 的思路在抽象层面上很有意义，但无法付诸实践。其实 Alexander 在用树状结构、半格以及模式网络做实验的过程中，多次提到过这一点，这些方法对他来说，其意义在于：让他意识到目前的几何结构以及由这些结构所生成的建筑自己并不喜欢。总之，Alexander 这套说教气息比较浓甚至有点神化了的建筑理论让

　　⊖　照片参见：https://commons.wikimedia.org/wiki/Category:Town_hall_of_Logro% C3%B1o。——译者注

许多建筑师吃不消。

最近的建筑学界倾向于重视建筑的规程与功能以及建筑物的使用者。有许多位在这些方面用力的人都赢得了相关的大奖。比方说，2016 年普立兹克建筑奖颁给了智利的建筑师 Alejandro Aravena（亚历杭德罗·阿拉维纳，1967 年生），他是 Elemental 建筑事务所的主管，又例如 2015 年的透纳奖颁给了英国团体 Assemble，它本来是一个艺术奖，这是头一次有艺术圈之外的人获得该奖，因为 Assemble 可以说是个建筑团队，其中有些人不是艺术家。

Elemental 设计并建造过一种受政府补贴的两层房屋，事务所把它叫作"半个好房子"，住在这种房子里的人可以根据家庭需要以及资金状况逐渐打造另一半空间。最开始设计这样的房屋是在 2002 年的智利伊基克（Iquique），当地居民说，如果政府要建高层，他们就绝食抗议，于是，改由 Elemental 来设计这种留有一半空间的低层房屋 [216]。这种设计后来也用在智利孔斯蒂图西翁（Constitución）市的 Villa Verde 房屋项目上面，该项目的出资方是一家木材公司。当地 2010 年遭受了 8.8 级地震，百分之八十的房屋被毁 [217]。Elemental 设计的这种房屋从中间分成左右两半，其中一半由 Elemental 建造，另一半留给住户去造。从 Aravena 接受采访时所说的话来看，他好像是在呼应 Alexander 的理念，他说："这种房屋漂亮的地方在于，如果说建筑物中有所谓的力量或权力，那么这种力量就是通过综合来体现的。所有的作用力最终都在这套设计方案中得到了综合。我们要做的是理解这种语言，并时时提醒自己，要通过设计做出回应。我们不一定要成为制定策略的人，或是成为经济学家，我们只是以设计者的姿态来处理问题。" [218] 我需要指出，这种只造半间房的做法当然也受到了一些批评。它是针对低收入的住户按照最低的标准制造出来的。智利孔斯蒂图西翁市的项目的出资方是一家木材公司，因此，资方最为关注的可能是怎样花最少的钱就把房子给盖起来 [219]。不过，住户其实还是挺喜欢这种房子的，就算当时有更多的资金可用，他们也还是觉得把房子造成这样就够了，其余的钱可以给 Elemental 去建设房屋周边的公共空间 [220]。

Assemble 是个跨学科的团体，其中的 18 位成员是在读大学时认识的，他们有的人是建筑师，有的人是艺术家，还有一些人是设计师。这些人没有直接把建筑学理论强加到项目中，而是与当地住民一起，积极参与整个过程。Assemble 的网站上面写道，该团体"提倡互助的工作方式，想要让公众参与进来，与我们一起合作，逐步完成项目" [221]。他们设计了 Yardhouse，这是一种多人协作的空间（截至 2016 年 12 月，他们在出售该项目，并把它叫作"伦敦最常出现在 Instagram 上面的地点之一"）[222]，此外，还在克罗伊登（Croydon）的 New Addington 找了一片公共场地，举办了一系列活跃公众气氛的活动。他们又在利物浦做了 Granby Four Streets 项目，与当地住民一起翻新房屋与花园。这些项目都是想让普通人参与到设计过程中，让他们自己说出想要的功能。这种做项目的方式与 Alexander 在多年以前提出的理论相呼应，而且也正是 Cedric Price 一直追求的做法。《卫报》写道："他们讨论设计，并认真听取住民的想法，他们还谈到实际构建过程中的许多细节，这些细节或许并不是工作中最为关键的方面，但有的时候确实与整套组织或整个计划一样重要。"[223]Assemble 不太受制于某一套强调形式或表现手法的理念，然而他们也不反对形式。他们告诉《洛杉矶时报》，他们不认为自己的这种方法是在与形式主义唱反调[224]。

Elemental 及 Assemble 等公司及团体回归了 20 世纪 60 至 20 世纪 70 年代流行的那种强调参与的办法，并获得了许多赞誉。无论是打造实惠的房屋（例如 Elemental 的"半个好房子"），还是让不同文化的劳工和睦相处（例如 Assemble 的 Granby Four Streets），他们都强调让用户参与进来，与设计者一起实现其需求。这正与 Alexander 当年的设计方法相合，而且拓宽了当代建筑学的影响范围。

2.11 结论

Christopher Alexander 的学说是沟通建筑学与数字设计领域的重要桥梁。他的作品能够帮助我们理解数字世界中的建筑师（也就是数字产品的架构师）遇到复杂的问题时应该如何应对，这直到今天都是个很值得关注的话题。此外，Alexander 的学说也有助于我们看清建筑学对编程工作、交互与体验设计以及信息架构的影响。

程序员与设计师都觉得 Alexander 的理论越来越重要了。他后来出版的四卷本 *The Nature of Order* 给新型的设计方式提供了灵感，例如社会创新设计以及转换设计等。这些设计方式勾画了一幅理想的图景，并且想通过设计过程帮助我们实现这个理想。Marc Rettig 最近在 Facebook 上面与 Alexander 对谈，Rettig 说："我越研究复杂的社会问题，就越发现自己必须提到 Alexander 的观点才行……我本人不是建筑师，但我觉得这种按步骤分解整套体系的做法、这种强调物体间关系的做法……在建筑学之外也是有意义的。这是一套很有价值的理论。"[225] 有许多设计者都采用 Alexander 的思路来拟定设计方案，以体现某种秩序，或是让设计出来的产品能够产生更有意义的共鸣。

然而另一方面，还是有许多设计师反对 Alexander 那种说教式的论调。尽管如此，Alexander 的理论在他们眼中也越来越受到重视。建筑设计与建筑教学领域正掀起新的浪潮，计算机在操作过程中扮演着愈发重要的角色，因此我们必须重新思考应该如何讲授建筑知识并构思建筑作品。在某些建筑学院中，学生学的不是建筑制图，而是"可视化"，除了学习 construction（建造），他们还要了解 fabrication（制造）。他们要把建筑项目中的信息与决策过程捕获到"建筑信息模型"（Building Information Model，BIM）中 [226]。有一些建筑与城市设计方面的事务所与工作室正在涉足软件行业，例如 Frank Gehry Studios 在 2002 年设立了 Gehry Technology，城市和区域规划公司 Calthorpe Associates 最近也成立了新的 Calthorpe Analytics 公司，想把自己的规划方式打造成建模与规划软件。在做出转变的过程中，用户体验设计师与交互设计师还是缺乏一套工具来帮助他们考虑用户（或住户）会如何使用该软件（或建筑），以及界面与环境应该怎样对这种用法做出回应。还有一个地方也有所缺失，就是我们需要更加充分地理解 Alexander 等建筑师是怎样把人的需求放在中心地位的。在建筑学界，有许多注重可视化的设计方法都可供软件行业借鉴，此外，有一些受到 Alexander 影响的交互式设计方法也很值得我们学习，那么，这些方法能给我们带来什么启示呢？

　　程序员与交互设计师及用户体验设计师对生活环境造成的影响急剧增加。我们再读一遍 Alexander 当年在 OOPSLA 演讲时所说的话，当时他向听众指出，程序员是权力很大的人，因为"计算机的功能与程序是由你们所控制的。……几乎找不到哪个行业还没有让这种控制实体与其操作的计算机程序给强烈地影响到"[227]。Alexander 说这番话是在 1996 年，当时全美国才有两千万人上网 [228]。因此，在今天，这种影响只会变得更加强烈。建筑物与城市越来越能够回应人的需求了，而我们身边也充满了各式各样由人工智能及算法所控制的东西，因此，架构师、设计师与程序员都必须注意 Alexander 当年那段话里所提到的意思。由于这些人设计出的界面控制着世界上的很多事情，因此，这些设计与编程决定所产生的效果可能超过当初的预想。

第 3 章　Richard Saul Wurman：信息、制图、理解

3.1　美国建筑师学会在费城举办的会议

3.1.1　2016 年的会议

会场上一片漆黑，只能看到两把白色的皮椅，这里要展开一场能够引发讨论的对话 [1]。坐在右边的 Rem Koolhaas（雷姆·库哈斯，1944 年生）是一位得过普立兹克奖的建筑师，坐在左边的采访者是哈佛大学设计学院的主任 Mohsen Mostafavi。这场谈话的标题叫作 Delirious Philadelphia（癫狂的费城），沿用了 Koolhaas 在 1978 年出版的书 *Delirious New York*（《癫狂的纽约》）的标题，只不过其中的城市从纽约变为费城。他们谈的内容很吸引人，Koolhaas 批评了硅谷技术专家，觉得那些人总是拿建筑学中的一些说法来表达他们想要讲的意思。Koolhaas 对 Mostafavi 说：“硅谷的人谈事情的时候，几乎总是要用到建筑与建筑学中的一些说法，像是平台、蓝图、结构等。”

Koolhaas 指责别人总拿建筑词汇来谈数字产业，其实他自己恐怕也是这样。他所做的许多事情都把数字媒体与建筑素材联系了起来。比方说，2003 年，Koolhaas 编辑过一期 *Wired*（《连线》）杂志，在其中介绍了 30 种具备新秩序的空间，并提到了许多作者、评论者与研究者的看法。他在这期杂志中说：“以前人们认为空间是永久的，但现在它变得短暂了——或者说正在变得短暂。建筑学里的一些词汇与思想曾经是描述空间时所用的官方语言，然而现在，它们已经无法描述这么多新出现的情况了。”他又写道：“我们开始怀疑现在还能不能再用建筑词汇来描述现实世界，然而与此同时，建筑语言中的一些概念和比喻却活了过来，因为它们可以清晰地定义一些目前还不太熟悉的新领域，例如你可以想想这些词中的建筑成分：聊天室、网站、防火墙。现实世界中沉睡的许多建筑词汇在虚拟的世界中醒来了。”[2]

回到 2016 年这次引发讨论的对话。Koolhaas 对 AIA 会议的听众说，技术变得太快了，而建筑学则发展得比较慢。他这样说的时候，似乎忘了自己过去几十年里是怎样用

建筑学来讨论数字文化的。他说道："硅谷把我们建筑学里的一些比喻方式拿过去用，其实其步调要比建筑学快。可是不管怎么样，这都提醒我思考，人家不一定非得用建筑物的形式来描述当前这个世界，而是可以考虑用知识或组织等形式去描述，用我们能够建立的结构与社会等形式去描述。"[3] 在那次 AIA 会议的对话中，Koolhaas 从信息的角度阐述他对建筑的看法，其实 40 年前就已经有人这么做了，而且也是在 AIA 的会议上。

3.1.2　1976 年的会议

40 多年前，也就是 1976 年，Richard Saul Wurman（1935 年生）在费城的 AIA 全国会议上发表了闭幕演讲。他主持的会议的主题是 " An American City: The Architecture of Information"。会议手册上的文字像飘动的旗子那样按曲线排列（如图 3.1 所示）："我们都知道，描述物理空间的运作原理与描述它的外观是同样重要的……如果每个人都明白他能在城市中做什么和如何利用这座城市，那么这样的城市——无论指的是哪座城市——是不是就会比原来更好、更有趣了呢？大家都是建筑师，我们都明白，要想让城市更适合居住、更有意义，光靠好看的建筑是不够的。我们还需要信息，不仅要知道建筑物看上去是什么样子，而且还要知道这些空间能用来做什么。我们需要用信息帮助用户表达需求，并响应变化。这就是 Architecture of Information 的意义所在。"[4]

1976 年的 AIA 会议从议程上看，有点像今天所说的大会，其中有些演讲谈的是城市层面的信息设计、公共空间与教育以及计算与媒体。正如会议手册所说："Architecture of Information 是个双向的过程，为此，我们会安排多场讨论，以探讨怎样收集信息，怎样把各种信息关联起来，以及如何交流这些信息。"[5]Buckminster Fuller（巴克敏斯特·富勒，1895—1983）发表了题为 " Lucky to Have Bucky"（幸好有 Bucky）[○]的早场演讲。病毒学家 Jonas Salk（乔纳斯·索尔克，1914—1995）（也就是脊髓灰质炎疫苗（小儿麻痹疫苗）的发明者）做了题为 " Visualization of Complex Ideas"（复杂思想的可视化）的讲话。Frank Gehry（法兰克·盖瑞，1929 年生）与 Doreen Nelson 讲的是 " The School Room: Analogue of the City"（教室：与城市相似）。会议在介绍这两位演讲者时，说 Nelson 是一位教育系统设计师，说 Gehry "以设计瓦楞纸家具而得名"[6]。有多场演讲都提到了计算与信息，其中包括 William Fetter（1928—2002）的演讲，他是计算机图形学的奠基者。Fetter 在这次会议上做的演讲的标题是 " Computer Graphics and the Urban Perception"（计算机图形与城市感知）。Marley Thomas 与 Ronald Thomas 告诉听众 "How to Spec an 'Interface', Detail an 'Input' and Supervise a 'Programming

---

　　○　Buckminster 的昵称是 Bucky。——译者注

Process'"（怎样制定"接口"的规格，如何详细地描述"输入"，并督导"编程过程"），又做了题为"The Architecture of Understanding"的演讲。还有一些演讲者关注的是城市、媒体以及通信渠道之间的接口，例如建筑师 Don Clifford Miles（1942 年生，帮助建立了 Project for Public Spaces）讲的是"Space Doctors: Understanding How People Use Public Spaces"（Space Doctors：理解人们是怎样使用 Public Spaces 的），Michael Southworth 与 Susan Southworth 讲的是"Communicating the City"（城市沟通），Jivan R. Tabibian 讲的是"Information about the Environment: Context and Meaning"（与环境有关的信息：情境与意义）。Ivan Chermayeff（1932—2017）谈了"Communication in Architectural Environments"（建筑环境中的沟通）。这是不是有点像现在的 TED 大会呢？没错，因为 TED 就是由主持这次会议的 Wurman 所创办的。

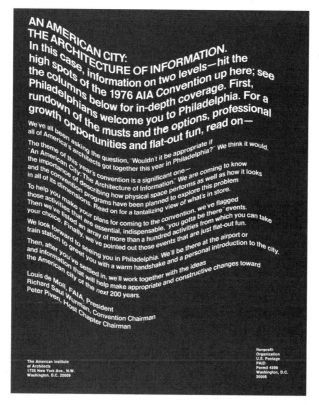

图 3.1　Richard Saul Wurman 主持了 1976 年的 AIA 会议，会议的主题是"An American City: The Architecture of Information"。会议想要让信息与信息之间的通信成为建筑师所应关注的一项议题，并且让建筑成为组织信息与浏览信息的一种方式。An American City: The Architecture of Information (Washington, DC: AIA, 1976). Image courtesy of The American Institute of Architects Archives, Washington, DC

　　在 Architecture of Information 会议的闭幕演讲上，Wurman 讲了一个寓言故事。他给参加会议的人发了一本带有插画的小册子（如图 3.2 所示），题目叫作" What-If, Could-Be: An Historical Fable of the Future"（What-If, Could-Be：一则关于未来的历史寓言），其中的图是由 R. O. Blechman（1930 年生）绘制的。故事说，有个国家叫作 What-If，正在庆祝建国 200 周年，国家中有一座古城，叫作 Could-Be 市，Wurman 是 Curiosity and Imagination（好奇心与想象力）机构的委员。这个机构由各行各业的市民组成，他们签发一些命令，例如 Public Information Must Be Public（公共信息必须公开）[7]，并建立 Right to Copy（复制权）制度 [8]，而不是 copyright（版权）制度。此外，他们还建立了 Urban Observatory（城市观测站），让 Could-Be 市的人更容易查询公共信息 [9]。"等到 Urban Observatory 的范围变大之后，它就从市政厅中单立了出来，有了自己的房子，而且开始采用只有大公司与大学才有的许多先进技术来存储并获取信息。"Wurman 继续说，"计算机能够对信息进行分类并更新，还有一些用来产生地图、数学图与示意图等形式的图表，将其显示在终端上面，并打印出来。"[10] Could-Be 市启动了许多计划，想要让这座城市更加透明，更容易为市民所接近。

　　然而，这个故事的结尾并不令人开心。"这些计划本来是想让市民更加清晰地沟通，但实际上却产生出一大堆令人困惑的信息，叫人摸不着头脑。*每个人都在抱怨自己接收的信息太多，但在这些东西中，真正可以称得上信息的内容其实并不多。*"[11] 那么问题出在哪里呢？ Wurman 说，问题在于，我们真正应该关注的是："产品的效率，而不是产品本身……是有没有学会，而不是去哪个学校上学……是能不能方便地行动，而不是建了多少条高速公路。是能不能有效地通信，而不是用了多少信号、照明设备或电线杆……是信息之间怎样形成合理的建筑或架构，而不是单单把涉及这些建筑或架构的信息给罗列出来。"[12] 这个故事描述的情况与现实生活中的某些情况类似，正如 Wurman 在故事结尾所说的那样，Could-Be 的市民"*只是想把事情办好，但后来却给弄砸了*"[13]。

　　那么，建筑师应该怎样做才好呢？建筑师应该意识到，建筑是与信息相关的，建筑师可以用自己的知识组织这些信息。他们可以在多个层面上设计信息，例如绘制地图与示意图，把大规模的数学图表与建筑物及城市中的各个部分相结合，将一套建筑环境与另一套建筑环境灵活地整合，从而让人们更好地理解它们。Wurman 在 1975 年与 Joel Katz 合写了一篇文章，叫作"Beyond Graphics: The Architecture of Information"，其中写道："那种完全能够自行揭示其功用的环境是一种理想的状态，就好比我们总是想建造出这样的建筑物，或者总是想打造不需要看说明书就能操作的仪表盘一样。不过，建筑师与设计师还是应该朝着这个方向努力，利用自身的特殊优势更加负责地将环境设计好，让它更加实用、更加直观，使人更容易理解其功用。"[14]Wurman 与 Katz 认为，在面对城市层面的问题时，仅仅运用图形设计技术来加以处理是不够的，建筑师还必须真正用心地对信息做出整合，让整座城市给人们带来更为一致的体验[15]。最后，Wurman 认为，这并不是个全新的概念。*AIA Journal* 收录了 Wurman 的 "An Interview with the Commissioner of Curiosity and Imagination of the City of Could Be"（采访 Could Be 市的好奇与想象专员）一文，文章的结论部分提到了 Wurman 从这位专员经历的故事中所总结出的两条经验，这与 Wurman 后来在 AIA 会议上演讲时的观点是一致的。第一，"现在要做的事情原来早就有人做过，只是我们没听说。"第二，"现在已经完成的东西原来早就有人做出来过，只是我们没看到。"[16]Wurman 从这位专员的故事中总结出的经验直到今天依然很有用，它们提醒建筑师 / 架构师、设计师与程序员应该寻找一个承上启下的位置，并由此出发来探寻信息与建筑 / 架构的交互。

图 3.2　参加 1976 年 AIA 的人收到了这样一本小册子，小册子中有一则名为 "What-If, Could-Be: An Historical Fable of the Future" 的寓言故事，其中的插画是 R. O. Blechman 绘制的。Wurman 在故事中自比为 What-If 国 Could-Be 市的好奇与想象专员。他在 2009 年的 *Understanding Change and the Change in Understanding* 一书中重新发表了这则故事。感谢 Dan Klyn 供图。Permission granted by Richard Saul Wurman. The artist is R. O. Blechman

本章要讲的就是这位自比为好奇与想象专员的 Richard Saul Wurman 的影响。Wurman 对信息的结构进行处理，让各种事物能够联系起来，从而为新的叙述方式提供支持，并通过对话，在他所说的理解过程中产生新的共识。我们要谈谈他如何对信息进行绘制以及怎样处理其结构。这些努力旨在让建筑师更加重视这一工作，并将建筑与架构和涉及沟通的一些问题对应起来。现在就来看看怎样通过信息的建筑 / 架构帮助我们更好地理解问题以及 Wurman 是如何正式定义这套方法的。

3.2 通过架构促进理解

Richard Saul Wurman 生于 1935 年，信息架构这一概念、信息架构这一职业以及信息架构师这个头衔都是由于他而流行起来的。与 Christopher Alexander 类似，Wurman 也是对许多信息架构师与交互设计师极有影响的人。他致力于厘清早期万维网的乱象，令其变得更加亲切，也更易于访问。Wurman 在整个职业生涯中，始终对城市、沟通、学习、制图、信息设计以及会议很感兴趣。与 Alexander 类似，他也一直频繁地出版作品、发表演讲、组织活动，并传播自己的想法。在这个过程中，他唯一追求的就是"理解"，也就是让信息能够以更好的形式来展现知识，或者说，在信息中寻找形式。

Wurman 受过建筑学训练，也当过建筑师，他的学士学位与硕士学位都在宾夕法尼亚大学取得，而且都与建筑有关。一开始，他与杰出的建筑师 Louis Kahn 一起工作，后来于 1976 年开始独立执业。Wurman 认为当时的设计方式并没有很好地改变这个世界。他写道："这就是我为什么要叫自己 Information Architect，这个 architect 并不是盖房子的建筑师，它更像是制定外交策略的架构师，其职责是创建一套有系统、有结构、有秩序的原则，让事物能够运作——无论是某件产品、某种想法还是某项策略，architect 都可以把它定义得更加清晰，从而通过适当的结构传达出一定的信息。"[17] Gary Wolf 给 *Wired* 杂志写过一篇文章（该文发表于 2000 年，这个项目本身也是因为在 TED 会议上的一些交流而启动的），他在文章中提到，Wurman 用这个办法丰富了建筑师 / 架构师与设计师的工作手法，让他们能够更加灵活地工作[18]。Wurman 写的 *Information Anxiety*（《信息饥渴》）一书于 1989 年出版，该书的引言这样开头："Richard Saul Wurman 受的是建筑师的训练，但后来却成了美国顶尖的信息架构师。"[19]

Wurman 的作品通过信息的结构来阐释空间的意义，从而把设计与架构联系起来，他所说的信息结构可能是二维结构，也可能是三维结构，可能是理论上的结构，也可能是实际的社会交往活动所体现出的结构。Wurman 通过一些机制对信息进行划分与排序，从而将其放置在适当的空间与类别中，这样就可以研发出一些方法来控制信息超载的情况。此外，他还对技术的融合方式有所理解，并设法让人通过学习与分享知识来获得更多的社会成就。有人在 1976 年写下了其与 Wurman 的对话，说 Wurman "一直跟我讲他是在做交流，而我则认为他是在讨论空间"[20]。实际上，Wurman 同时在关注这两个方面，因为对他来说，城市、出版以及信息之间没有区别，Wurman 总是用同一套方式来加以对待。他并没有把收集与分享信息仅仅当成建筑工作或架构工作来看待，而是认为这关系到市民的权利。他提出过一些信息分享平台，以帮助大家更为方便地获取信息（现在他仍在继续研发这些平台）。例如他在各种文章与图册中提出过一些绘图方法，他汇集并出版了许多设计师的作品，他参加了 1972 年的 Aspen International Design Conference 以及 1976 年的 AIA Convention，他在 1984 年创立 TED，并一直引领着历次 TED 会议，直到 2002 年为止——这些都属于他提出的信息分享平台。Wurman 的作品把纸面上的理论与实际生活中的人联系了起来，并始终把促进理解与学习放在核心地位。

当然，Wurman 本身不一定是这么认为的。你如果问他做的是什么，他可能会说，做的是理解。在一次访谈中，他提到："我从来没有思考过信息对架构 / 建筑的重要意义，我思考的是理解对生活的重要意义。"[21] 这条原则反复出现在他的作品中。Wurman 一贯抱持这种态度，他在 1963 年是这么说的，其后的 1974 年、2001 年乃至最近的 2013 年，他仍然这样说。这种理念体现在他所写的大量作品中，包括至少 83 本书以及他参加过的许多会议，还有最近设计的网站与 App。信息架构师 Dan Klyn 研究了 Wurman 及其思想在信息架构工作中的运用，他发现 Wurman 涉猎的范围极广，很难单从某一个方面来论述他的成就[22]。Wurman 只是不停地提醒，要尽量简单一些、直白一些。

Wurman 收集各种想法，并加以推广。本书提到的其他几个人都与他有关。比方说，他编辑的书中，有 Christopher Alexander 参与设计的地图，而且他也提到过 Alexander 的模式语言。本书要讲的另一个主要人物 Nicholas Negroponte 是 Wurman 的好友，曾在首届 TED 会议上发言（以后也多次发表 TED 演讲）。Wurman 的作品中体现出的某些主题也会出现在本书的其他章节，例如融合、生成能力、转化等。他会用各种手法来处理这些主题，例如把建筑学中的某些知识转化成数字世界的基础理论，把对文字信息的理解转化成三维形式，并将这两种转化方式运用于社会领域。Wurman 的作品能够帮助我们更好地理解城市、结构与建筑 / 架构。

本章中，首先讲述 Wurman 出版于 1996 年的 *Information Architects* 一书，然后跳回 1963 年，谈谈当初他与 mapping 有关的出版品和项目以及其中所使用的空间与排序策略。然后，开始讨论 Wurman 的叙述方式，也就是他的信息 - 组织技术，以及这些技术能够帮助我们形成一种什么样的理解。最后讨论 Wurman 设计的融合平台，也就是他通过各种作品想要发起的会议与谈话活动。在结论部分，重新审视他的这套方法在建筑 / 架构上的意义以及影响数字设计的方式。

Information Architects

我们淹没在信息的海洋中，每个人都让信息给"呛"到了。这会产生许多问题，例如教育问题、商业问题、政治问题、医疗保健问题，等等。我们需要信息架构师的帮助。

在 1996 年出版的 *Information Architects* 一书中，Richard Saul Wurman 认为，要想治理信息洪流，就必须做信息架构。引言的开头是这样写的："数据海啸正在袭击文明世界的海岸，这股巨浪由二进制的数位和字节组成，其中全是一些没有经过整理与控制的数据，这些数据看上去就是一团乱七八糟的泡沫。"[23] Wurman 又写道："然而，在这样的气氛中，有一小群叫作信息架构师的人依然在劲头十足地做事，他们想要通过文章、电子产品的界面、各种精彩的展会，让更多的人看到自己的努力。这些人引领着未来的趋势。"[24] 信息架构是一项崇高的使命，有人听从了召唤，后面我们就会谈到这样几位信息架构师。

这本书的内容很丰富，有 240 页，可以当成一本画册放在咖啡桌上，书中有很多地方都用黑底白字印着各种设计作品，这些作品来自 20 位设计师。其中有大量与信息设计有关的范例，包括出版物的图形设计，还有一些例子讨论的是如何在公共空间寻路以及怎样设计软件的界面。在那个年代，信息设计与信息架构之间并没有明显的区别，而 Wurman 的这本书正在努力提醒大家注意这种区别。*Information Architects* 赞扬那些突破媒体界限的作品，例如采用新方法来设计书籍与软件界面的作品、采用新手法来制图的作品，以及一些新的环境设计方案，这些作品都可以根据情况进行平移与缩放，以适用于不同的情境。这本书里的项目之所以在建筑 / 架构上有意义，是因为这些项目在某种程度上都涉及空间问题。也就是说，*Information Architects* 中举的例子都以各自的方式对空间以及人的活动过程做了整理。

Information Architects 中的项目将电子设备的屏幕与书籍的页面这两种形式贯通起来，让二者都能具备某些无法单独体现出来的功能。Nathan Shedroff 与 vivid studios 设计

过一种 CD-ROM 课程，叫作 *Voices of the 30s*，这种 "盒子里的图书馆" 通过主题教学法，让你感受 20 世纪 30 年代的居住情况。学生可以通过这些素材，按照他们自己的思路进行设计——这可以称作 "前 Web" 时代的一种网页格式。vivid studios 还给 Apple 设计过名为 *Demystifying Multimedia* 的作品，既可以印成书，又可以灌成 CD-ROM，或者说，有点像做在书上的软件界面。它会告诉你一套流程，让你能够根据该流程来设计多媒体项目（例如先做原型，然后正式制作，接下来测试，最后发行）。这本书所说的项目设计流程实际上是一种多媒体形式的制作流程，只不过印在了书上。

　　与刚才举的两个例子类似，YO 信息设计公司的主要股东 Maria Giudice 与 Lynne Stiles 也把数字印刷的流程转化成了 AGFA 的 *Digital Color Pre-Press Guide* 一书，这是一本相当直观的书，是写给设计师看的 [25]。与 Shedroff 及其在 vivid studios 的团队相似，Giudice 与 Stiles 关注的也是怎样完成任务，他们对最有助于完成任务的信息与材料进行了整理。他们做的第一个 Web 项目是给 Peachpit Press 设计网站，他们知道那个年代无法像后来的 AGFA 书籍那样使用许多丰富的图形技术。Giudice 与 Stiles 写道："设计网页或网站的时候，不要总想着怎么利用各种 '图形设计' 技术（至少在 Web 行业刚起步的时代是这样的）。你应该把注意力放在界面上，也就是要考虑读者怎样理解网站的发布方所公布的内容，他们如何访问这些内容，如何在不同的页面之间跳转。网站要想做成功，最关键的两个方面就是把内容整理清楚，并把导航系统处理好，而设计工作正是要给这两个方面提供支持。" [26]

　　Information Architects 中还提到一些项目，把信息架构这个概念运用到了物理空间中，例如有的项目演示了博物馆的展会设计是如何对空间与体验进行安排与整理的。比方说，书中提到了 Ralph Appelbaum 的作品，还提到了 Donovan and Green 以及罗纳德·里根总统图书馆所采用的策展与信息策略。MetaDesign 的创立者 Erik Spiekermann（1947 年生）的经历证明了一间工作室可以产生出大小不一的各类系统，从小处说，它可以对字体的细节进行设计，从大处说，它可以通过一定的策略把城市中用墙隔开的两个部分重新联合起来。*Information Architects* 在这两方面都举了例子。Spiekermann 与其在 Sedley Place Design 的同事设计了一种叫作 FF Meta 的字体，这套字体本来是在 1987 年给 German Bundespost 设计的，但是邮局方面并没有使用。该字体从 1991 年开始商用，世界上很多地方都能见到用这种字体印刷的文字，例如书籍与杂志、车身广告、机场的导向系统以及交通图等。在字体层面之外，*Information Architects* 一书还讲述了 MetaDesign 是怎样把设计思维运用到地图乃至整座城市上的。Spiekermann 与他的同事在 1992 年设计了后柏林墙时代的公共交通图，这个项目对人

在柏林找路的方式很有影响。柏林墙拆除之后，原本隔开的双方要花很长时间才能把各自庞大的交通系统整合起来，那些系统是由许多不同的机构管理的。这个项目的目标是设计一种能够适应变化的地图，使得 BVG（Berlin Transit Authority）可以根据情况对其做出更新。这种地图见证了这座城市"团聚"的过程。

　　Wurman 在他那本书里介绍的信息架构师是一种转换者，他们根据人的活动与兴趣来判断相关的信息需求，并据此进行整理。这些转换者知道，人的活动会随着时间与空间而展开，因此，需要设计相应的接口，让这些活动能够有序地进行。本书开头谈过 architecture 这个名词的定义，Wurman 所说的这些设计者显然是在用架构式的思维来考虑问题，因为他们有一套从构思到制图、从表达到转换、从测量到建模的过程。与之类似，我们还可以说，这些设计师所从事的工作其实就是在做架构，他们把大大小小的部件拼合成一个整体，使其功效超过各部分之和。Wurman 在 *Information Architects* 一书的引言部分说，这个新兴领域的从业者引领了未来的趋势。从 architecture 与 architect 等词的含义来看，这种说法确实有一定道理。

3.3　让事物彼此联系起来

　　好的图可以凸显各元素之间的关系，从而让人更加容易理解。Richard Saul Wurman 在 1974 年写过这样的话："你只能理解那些与已经理解了的东西有关的事物。"[27] 此后，Wurman 还多次重复过这句话。他参与了各种制图项目，其中有一些是编纂纲要或提纲，例如把学生和其他设计师绘制的图与可视化信息收集起来，让人看到它们彼此之间的关系。这些作品先后得以出版，让读者能够看到作品之间的关联，从而更好地理解自身所在的城市以及自己去过的其他城市，并熟悉它的过去，展望它的未来。这样的概念其实并不新奇，因为早在 19 世纪初，Jean-Nicolas-Louis Durand 就已经开始展示各类建筑要素之间的关系了，他想用这个办法让受训的建筑师学习建筑类型学方面的知识。不过，Wurman 制作的图并不是为了强调建筑类型之间的关系，而是想让设计师在进行可视化处理的过程中更好地理解不同种类的数据，例如 *Urban Atlas: 20 American Cities* 就是如此。此外，还有一些图可以帮助读者更好地游览某座城市，或查看与某个话题有关的各种资料，Wurman 所在的公司出版了 *Access Guides* 系列的城市指南与涉及其他话题的一些书籍，那些书中所画的图就属于后一种。

　　对于设计师来说，制图与可视化的过程可以形成反馈回路。他们首先分析信息，然后试着用各种办法把元素关联起来，等看到结果之后，又回到早前的数据上，并继续对其进行迭代。比方说，在做第一轮制图工作的时候，设计师可能会发现一些看上去似乎很有意义的数据，但是等把图画好之后，他或许会意识到，这些数据并没有早前想的那么特殊，与此同时，他还有可能发现另外一批更值得关注的数据，从而在第二轮中继续尝试。对于看图的人来说，他在看图的时候，首先会注意到自己所在的地方。对复杂的信息集进行解释的可视化图表也是如此。一张好图能够把其他手段不容易表达出来的联系给展示得更加明显。除了这些问题之外，在绘图的时候，还应该考虑到图所针对的范围以及它造成的影响。清晰而实用的信息可以产生良好的图表，从而帮助市民过得更好。反之，如果数据比较隐晦，获取、使用及绘制起来比较困难，那么这样做出来的图就很难让人发现这座城市的便利之处了。

为了让学生注意到自己所在的地方与整个世界的关系，Wurman 启动了他的第一套制图项目。1963 年，他给北卡罗来纳州立大学建筑专业的二年级学生布置了作业，让他们给北美、中美、南美、欧洲、亚洲及北非的 50 座城市分别绘制 1:7200 的模型图。这些模型图用绿色的橡皮泥、软木及颜料画在 16 英寸⊖的 Masonite⊜方格上面[28]。Wurman 把这些图发表在了 *The City, Form and Intent* 一书中，该书在 1974 年以 *Cities: Comparisons of Form and Scale* 为名重新出版。由于每座城市都是按照相同的比例绘制的，而且用的都是同一套配色方案，因此，读者很容易就能比较出某座城市的规模与其他城市有何区别，并观察出该城市所具备的一些特征。书中只是相当简略地介绍了每座城市，例如建成时间、是否遭受过火灾与战乱以及人口的增长情况，等等，有时还会在模型照片旁边配一张速写图、示意图或线条图。北京与巴黎这样的城市模型图要占用两页篇幅，而危地马拉的蒂卡尔（Tikal）则只需要用一页书中的一栏就可以画下。与地图集中的图相比，这些图把很多细节都给抽象掉了。

由于 Wurman 对信息做了适当的简化，因此，他这本书把自己想要强调的空间关系控制得十分到位，也就是说，他凸显了城市的规模这一因素，将该因素看得比其他因素更为重要。1974 年的版本中有一篇访谈，Wurman 在访谈中说："你以后要绘制的视觉图像都得先以该地的规模为基础来确定。这听上去似乎相当简单，但从来没有人把它处理好，其实单单把这个问题解决好就已经能产生很大的成果了。"[29] 排列这些模型图的时候，Wurman 与他的学生一起把城市中的某些方面与其他方面相区隔。Joel Katz 在访问 Wurman 时，认为他的做法能够"把问题限定在适当的层面上，让人可以从同一种风格（如果你愿意把这叫作风格的话）与品质入手，对问题进行研究"[30]。Wurman 与他的学

⊖ 1 英寸＝0.0254 米。——编辑注
⊜ 一种硬纸板。——译者注

生对信息做了简化，并选用一致的配色与形式来排列这些城市的模型图，从而很好地控制了整个项目的空间节奏——它并没有罗列全部信息，而是选定了一套变量。

Cities: Comparisons of Form and Scale 一书把有待研究的问题化简成规模与地形关系这样两个方面，但是在 Joseph Passonneau 与 Wurman 合写的 *Urban Atlas: 20 American Cities* 一书中，他们用的则是另一套绘图方式，那本书涉及一个于 1962 年启动的项目。1965 年，圣路易斯华盛顿大学的一些学生参与了该项目。作者用颜色不同的一系列嵌套圆圈，把各种类型的人口数据标注到城市上面，以描绘这些数据之间的关系。这种绘图方式依然采用相同的比例来对待不同的城市，但它还要求建筑师针对每一个城市自己来决定该城市中的哪些数据对整幅地图最为重要。这种地图由计算机来生成，似乎更加方便，但实际上，它们是由学生手工制作的，大家辛苦地裁剪出每一个圆点，并将其贴到地图上。尽管如此，制图的思路仍与计算机及控制论相合。

Passonneau 与 Wurman 研发了这种实验性质的视觉语言，并且想通过该语言更好地理解信息与其视觉表现形式之间的关系。在关于该项目的一篇文章中，Wurman 与建筑师 Scott Killinger 认为，地图集必须处理这样一些问题，例如："在设计师经常用到的信息中，哪些种类的信息最适合以视觉形式展现？""要想轻松地制作出图形等视觉展现形式，并自动地对其进行修改、聚合与过滤等操作，我们必须制定出哪些基本的原则？""这些图形所具备的能力……会给收集信息的人提供什么样的反馈？这种反馈会对他们的信息收集工作带来何种影响？这样的影响会不会促使他们改用其他形式与技术来收集信息？"[31]

Urban Atlas 一书中的地图可以称作建筑学中的地图（如图 3.3 所示），因为设计者在判断哪些数据需要画在地图上时，所采用的流程与开发一款建筑学的"程序"类似——两者都需要决定空间的功能及其要素[32]。Passonneau 与 Wurman 写道："编制程序与提出设计方案这两项工作最好穿插进行，而且应该由客户与设计者一起来完成这个学习的过程。"[33] 这样绘制出来的地图可以视为上述建筑学程序的一种形式。程序可以"用语言、图像、三维、电影或数学形式来呈现，也就是说，程序本身是可以通过多种形式来表达的"[34]。此处之所以选用地图这样一种形式，是因为该形式能够更清晰地表达出一些关系，这些关系假如改用其他形式来表达，可能就没有这么明显了。他们又说："无论城市的规模是大还是小，它通常都蕴含着各种不可见的关系。例如地形与交通的关系以及人或机构的活动，还包括与心理有关的历史，等等。*城市建筑师的工作就是要把人与自然之间的这么多种关系及其变化情况捕获到几何网络中。*"[35]

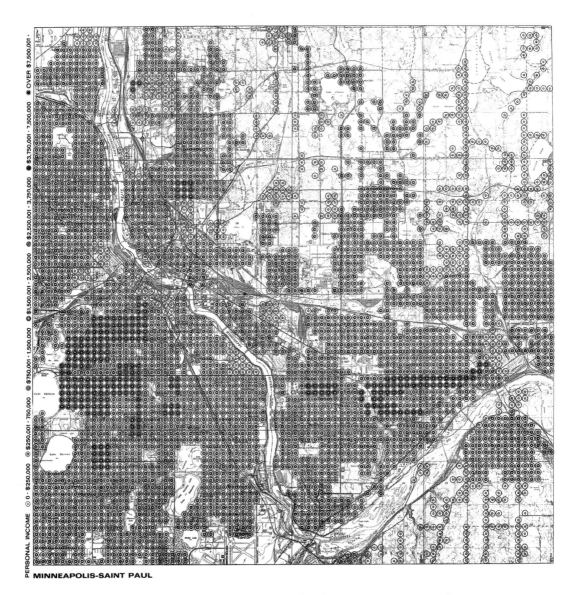

图 3.3　在对城市人口数据进行可视化处理的过程中，Joseph Passonneau 与 Richard Saul Wurman 编写了 *Urban Atlas: 20 American Cities* 一书。该书通过地图与其他一些手段，试着研究这样一种反馈循环，也就是设计师所拼装的信息与该信息的视觉呈现方式之间是如何相互衔接的。该图呈现了明尼阿波利斯与圣保罗（Minneapolis/St. Paul）这个双城地区的个人收入情况。点的颜色越黑，表示收入越高。Joseph R. Passonneau and Richard Saul Wurman, *Urban Atlas: 20 American Cities, a Communication Study Notating Selected Urban Data at a Scale of 1:48,000* (Cambridge, MA: MIT Press, 1968) with permission of Richard Saul Wurman and MIT Press

　　有一些重要的策略和想法从这样两个城市绘图项目中涌现出来。首先，Passonneau 与 Wurman 把制图当成建筑学中的问题。于是，设计地图就成了制定形式，也就是说，它要求设计师必须把人与数据的关系表现在形式恰当的地图上。这种绘图理念与 Wurman 的导师 Louis Kahn 有关。Kahn 在 *The Notebooks and Drawings of Louis Kahn* 一书中谈到了建筑平面图与建筑形式之间的关系，这本书是由 Wurman 与 Eugene Feldman 一起编辑并设计的。Kahn 在 1962 年说："音乐中的各种记谱方法揭示出乐曲在听觉上的结构与谱写方式，而建筑物的平面图也是这样一种乐谱，它揭示了建筑物在自然环境中的结构与组织方式。"这段话谈的是某些建筑图纸（尤其是俯视图）对建筑物在空间上的组织形式所做的呈现[36]。根据 Kahn 的观点，图纸与形式之间有一种限定关系，"图纸能够表示出形式所受的限制，而形式则由各系统和谐地搭配而成，它能够根据选定的设计方案进行生成。图纸揭示了形式"[37]。设计师与建筑师要根据模型或页面所施加的相应限制来判断如何才能最为恰当地利用空间（按照 Kahn 的说法，这种模型或页面实际上就是一种图纸）。Wurman 所说的形式指的是界面，这样的界面能够提供各种手段，让观察者进行解释并获得体验。建筑师或设计师必须在图纸的约束之下工作，而且要顾及与数据有关的一些要求，形式正是在这样一种情况下出现的。Kahn 所说的生成是指用户看了地图之后能够获得一些领悟。用户可以通过地图这一形式，发现自己与图中不同位置上的数据之间有何联系，这不仅可以让人获得新的知识，而且能使我们更加明白自身在整座城市中的地位。

　　1971 年，Wurman 给沃克艺术中心出版的 *Design Quarterly* 杂志当了一次客座编辑，他编的那一期叫作"Making the City Observable"，其中收录了 64 种观察与解释城市的办法（如图 3.4 所示）。Wurman 让北卡罗来纳州立大学与圣路易斯华盛顿大学的学生以相同的比例与手法，为不同的城市绘制过一些模型图，以对比这些城市在空间上的特征，而他这次编"Making the City Observable"的时候，用的则是另一套方式。Wurman 选了一些城市做例子，把每座城市都当成信息与通信系统逐页地展示出来，他想让这些城市变成一个教育与学习的环境，从而让人以一种新的方式来观察世界，并与这个世界相处。这期杂志中提到的展现方式与可视化手段相当丰富，包括地图（例如纽约的平面图、Nolli Map⊖、Sanborn Fire Insurance 地图⊜，以及 USGS 地图（USGS 是

　　⊖　因 Giambattista Nolli（1701—1756）而得名的一种图，参见 https://en.wikipedia.org/wiki/Giambattista_Nolli。——译者注

　　⊜　与火灾保险有关的一种图，因 Sanborn Map Company 而得名。参见 https://en.wikipedia.org/wiki/Sanborn_Maps。——译者注

United States Geological Survey（美国地质调查局）的缩写））、游览图（例如 Rettig
编的马萨诸塞州剑桥市导览图、Nicholson London Guide[⊖]以及一张给儿童看的旧金山旅
游图），还有一些图形、图表以及可视化图样（例如 Christopher Alexander 与 Marvin
Manheim 做的 highway route locator 项目、William Fetter 的 Boeing Man、Plan for
New York City、Lance Wyman 为墨西哥城的地铁所设计的标识以及 Hertzberg 的
One Million）。"Making the City Observable" 的后三分之一内容中有 Wurman 的某
些项目，例如他为自己创建的 Group for Environmental Education（GEE）所设计的
一些工具与课程以及 City/2 展览的一些素材，该展览想告诉参观的人"这座城是属于你
的"[38]。Wurman 为这期杂志写了导言，他是这样说的：

图 3.4　Wurman 为 *Design Quarterly* 杂志编辑的"Making the City Observable"把城市定位
　　　成信息与通信系统，并认为它应该成为一种教育及学习环境。Richard Saul Wurman,
　　　"Making the City Observable,"*Design Quarterly*, no. 80 (1971). Courtesy of the
　　　Walker Art Center

⊖　*Nicholson Guides* 系列的导游图参见 https://en.wikipedia.org/wiki/Nicholson_Guides。——译者注

公共信息应该公开。

与我们的城市环境有关的信息，应该做得让人能够理解。

架构师、规划师与设计师，应该努力寻找这样一种表达方式，即让别人能够迅速明白自己的想法。

让城市可观测意味着城市应该变为一套学习环境，为此，应该在学校开办与人工环境有关的课程，应该设计清晰的地铁图，或是设立易于理解且能够得到合理运用的投票机制。[39]

在 "Making the City Observable" 的最后，Wurman 提出了 urban observatory 想法，这是一种基于城市的信息中心，有点像那个年代的因特网。本书的第 5 章会提到 Cedric Price 的城市信息中心计划，Wurman 的 urban observatory 与该计划有些相似，这是个"城市与区域的视觉数据中心"，要用多媒体内容展现城市的过去与未来 [40]。Wurman 说："访问者可以对上述元素之间的任意关系进行'计量'……并由此理解这些元素之间的各种联系及关联。"[41] 在整座城市中，地面上的每一幢公共建筑物都充当一个信息节点，这些节点合起来形成一套信息网络，使得城市与其中的各个机构能够与市民沟通。多年以来，Wurman 始终在坚持他的各种想法，urban observatory 就是其中之一。2013 年，他公布了同名的 urbanobservatory.org 网站，该网站是 Wurman 与 Esri（一家地图技术公司，制作地理信息系统（Geographic Information System，GIS））及媒体制作公司 RadicalMedia 共同创建的。Wurman 在 2012 年的 WWW 会议与 2013 年的 Esri International User Conference 上实际演示并操作了这个网站，Urban Observatory 允许用户及观察者与网站中的数据集进行交互，并在地图之间做比较，他们还可以向网站提交自己制作的地图 [42]。"Urban Observatory 提供了一套框架，以便通过地图来解答与城市有关的问题，例如市民住在哪里，做什么工作，去什么地方休闲，等等。该网站可以运用比较视觉分析技术来回答这些问题。"[43] 这话听上去似乎有点耳熟，其实这本来就是 Wurman 一直想要实现的目标，它与 Wurman 在 20 世纪 60 年代所表达的看法是一致的，只是个别词句略有不同。

对于 Wurman 来说，城市是一种"消息系统"，而城市的建筑模式则向用户传达出了"潜意识的消息"。Wurman 提出这样一个问题："城市应该如何描述自己，才能让游客与居民都觉得自己很智能呢？"[44] 这个问题不是仅仅设计出一套好的环境图形就可以解决的，而是要求这些图形必须分别与某种沟通机制相对应。其实城市图不应该只当作导游图来使用，它还应该具备利用的功能。Wurman 自己有一家出版公司，叫作 Access Press，他通过发行 Access 系列的城市指南来推行上述理念。第一本指南的名字是 *LA Access*，该书出版于 1980 年。如图 3.5 所示。之所以针对洛杉矶（Los Angeles，LA）而写，是因为 Wurman 刚搬到这里的时候，发现很难熟悉这座城市 [45]。

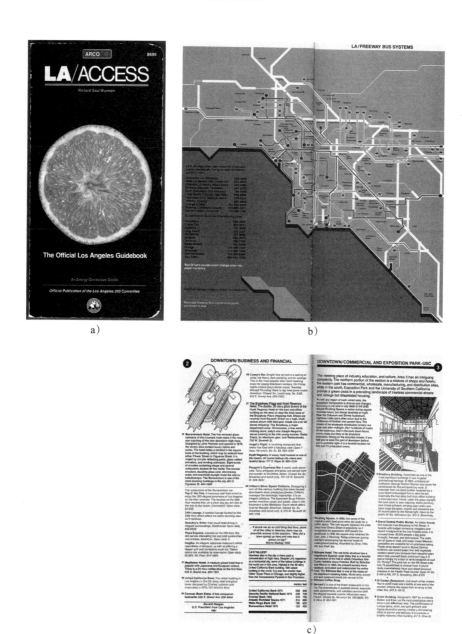

图 3.5　Wurman 的出版公司 Access Press 出版过许多指南书，*LA Access* 属于较早出版的一种。
　　　　之所以称为 Access，是因为这些书想给人提供地图与指南，让大家可以用另一种方式接
　　　　触这座城市。上图是 *LA Access* 的第 1 版，后续版本采用了完全不同的设计。这本书告诉
　　　　洛杉矶市民与以后要来洛杉矶的人应该怎样使用这座城市的公共交通系统，此外还指出
　　　　了洛杉矶城区的许多标志性建筑，例如 John Portman 设计的 Bonaventure Hotel 以及
　　　　Bradbury Building。Richard Saul Wurman, *LA/Access: The Official Los Angeles Guidebook*
　　　　(Los Angeles：Access Press, 1980). Permission granted by Richard Saul Wurman

书的开头印着由色块组成的洛杉矶区域地图，还有一些抽象的图形地图，用来表示高速公路与公共交通路线。城市中的每个区域均有对应的地图和一些文字，用来讲述该区域的特色，此外，还有一些独特的线条图，用来描述其中的某些建筑。主题公园配有全彩印的地图，剧院以及好莱坞露天剧场等活动场所配有座位图。另外，还印有洛杉矶知名人士的一些格言。这些内容的后面是 200 多个重要的日期、可供参考的旅行路线图以及有可能用到的一些电话号码。这本书的尺寸大概是 29.21 厘米 ×12.7 厘米，刚好适合拿在手上翻看。*LA Access* 的第 13 版于 2008 年面世⊖。

Wurman 运用他的想法继续制作了许多这样的指南书，其题材不局限于城市。例如 1984 年出版了 *Olympic Access* 一书，它详细剖析了奥运会的体育项目。比方说，针对射箭项目，它给出了各种各样的示意图，以描绘拿弓的选手、弓的各个部位以及为了射中靶心而要考虑的因素，等等。该书还给出了每个项目的各种世界纪录。例如从 1985 年开始有了 *Medical Access* 这本书，它告诉读者与人体有关的一些知识以及如何寻找医生、怎样去医院看病。Wurman 及其团队给这本书设计了一些很有特点的图形与文字。他在 1989 年说："我关心的是怎样让大家更好地体验生活和更方便地获取信息，为此，我要给读者提供一些新的方式，让他们能够通过这些方式来利用环境并安排生活。"[46]

3.4　叙述方式

Wurman 的书研究了信息空间，并用结构做了一些实验，这体现在许多谈论地图的作品中。无论是 20 世纪 60 年代的早期作品，还是近些年的 *Access* 系列指南，都在帮助读者培养一种新的空间感。这样的空间感要通过对信息进行整理而形成。制图正是这样一种把信息加以空间化的方式。Wurman 提出，"地图是一种可以理解的模式"，而且"每张图表实际上都是一张给某件事物绘制的地图"[47]。除了地图，还有其他一些方式也会影响我们所能设计出的形式。Wurman 在 1989 年编辑了 *Hats* 杂志的第二期 "Design Quarterly"，他写道："有创意地整理信息可以产生新的信息。"如图 3.6 所示。杂志虽然叫 *Hats*，但并不是在讨论帽子，而是以此为比喻⊜来讨论怎样给信息分类。Wurman 在 1996 年造了个首字母缩略词，叫作 LATCH，用以强调五种信息分类方法：

Location（按地点划分）

Alphabet（按字母顺序／名称划分）

⊖　现在的书名是 *Access Los Angeles*。——译者注
⊜　hat 一词除了实指帽子之外，还有角色、立场、身份、阵营的意味。——译者注

Time（按时间划分）

Category（按类别划分）

Hierarchy（按层次/体系划分）

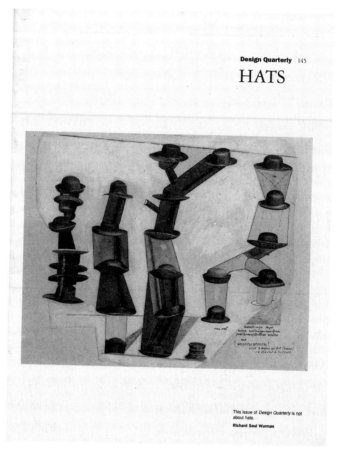

图 3.6　杂志名"Hats"并不是日常所戴的帽子，而是一种比喻，用来提醒我们思考怎样对信息进行组织与整理。Richard Saul Wurman, "Hats," *Design Quarterly*, no. 145 (1989). Courtesy of the Walker Art Center. The artist is Max Ernst

　　假如你负责管理衣帽间，那么可以按照地点对帽子分类（例如按帽子的产地划分，或者按寄存者的来源划分），也可以按照名称对帽子分类（例如把贝雷帽排在牛仔帽的前面），还可以按照时间（例如寄存的时间）、类型（例如帽子的款式）或层次（例如帽子的大小）分类。每一种分类方式都透露出不同的意味。这个比喻可以促使我们思考数据处理方式的意义。如果你采用了其中一种分类方式，那是不是意味着你把某项因素看得比其他因素更重要？

此外，划分信息所用的方式本身也有其意义。这些方式会促使我们制定并打造相应的工具，以增进理解。Louis Kahn 说过，形式"由各系统和谐搭配而成"，它会产生出设计。信息的组织工作也是如此。如果改用另一种结构或模式来整理信息，那么信息所透露出的意味以及信息所具备的形式就会发生变化。信息的架构方式会影响信息的含义，正如建筑物的结构会影响其形式一样。信息架构也是与形式有关的工作，只不过这种形式是文字形式。

3.5　沟通、融合、交流

融合是一种现象，其特征表现为：媒体与承载内容的渠道之间彼此交汇，不再像原来那样有着清晰的关系。以前，信息与携带信息的渠道之间是一一对应的关系。但随着电子媒体的发展，这种情况开始发生变化。现在，一种渠道（例如广播或印刷）可以承载许多媒体，反之，同一项媒体服务也可以由多种渠道承载。比方说，电话网早前只能承载语音呼叫业务，但现在，它还可以承载数据并传播信息。反过来说，某些内容早前专门通过报纸或电视等渠道来传播，但现在，还可以同时经由电话网来传播。

融合所产生的变化是巨大的，而且这种变化仍在继续。融合这个概念是由 Ithiel de Sola Pool（1917—1984）提出的，他在 1983 年出版了一本书，叫作 *Technologies of Freedom*，该书描述了一种"前所未有的变局"，涉及人类的通信、表达以及知识生产。de Sola Pool 写道："用户可以把各种各样的电子设备放在手中操作，以使用许多功能，这些功能是传统的印刷机无法实现的。这些设备可以思考问题，可以把一座庞大的图书馆中的知识呈现给用户，帮助他做研究，还可以与地球另一边的人通信，它们扩展了人类的文化。早前的通信工具所具备的功能这些电子设备都有，而且还具备许多新的功能。"[48] 融合产生的政治影响让 de Sola Pool 很感兴趣，他是 MIT 政治科学系的创立者（de Sola Pool 于 1984 年去世，也就是 *Technologies of Freedom* 出版后的第二年）。电子通信可以通过更多的媒介把更多的观点公之于众，同时，也引起了治理与法规方面的一些问题 [49]。

Richard Saul Wurman 与 Nicholas Negroponte 都对通信方面的变化加以利用。他们都体会到融合所产生的新变化会让人与信息以及人与沟通方式之间出现新的关系。Wurman 与 Negroponte 在各自的研究工作中，利用了融合所带来的变化，而且其利用方式也彼此相关。Wurman 通过会议、出版以及后来的网站与 App 等形式做研究，而 Negroponte 则创立了 MIT Media Lab。本书第 6 章会讲到 Negroponte 对融合的研究与利用。这里主要讲 Wurman。

Wurman 收集并对比许多人的想法，他在各种会议与文章、书籍中，通过各种层次的信息让人们可以经由各种方式来讨论并实践这些想法。这样做是想改变读者与参与者对通信的理解。Wurman 认为，城市与通信是密不可分的。早前说过，Wurman 认为城市是一种"消息系统"，可以把消息从发送方传递给接收方，这种传递功能本身蕴含在城市的设计中，因此，建筑师与设计师必须考虑到这个问题 [50]。此外，如果能够更加清晰地沟通，那么城市还可以成为一套学习环境，或者至少有潜力成为这样的环境。换句话说，城市是通信、学习与体验的融合点，Wurman 希望住在城市里的人能够经由沟通与学习获得不一样的感受，并做出改变。

接下来的几个小节将在 Wurman 所参加的会议与所写的书籍之间跳转，并参照当今的情况来整理他在各个时期对融合所抱持的看法及其演变过程。首先，要谈到 Wurman 在 1972 年主持的 International Design Conference in Aspen，会议的主题是"The Invisible City"。然后，要提到 Wurman 的两本书：*Information Anxiety* 与 *Information Anxiety 2*。接下来，回到他于 1984 年启动的 TED 会议，最后，重新评述"Architecture of Information"（信息的架构），也就是本章开头提到的那次 AIA Convention 所讨论的话题。看完这些内容之后，大家可以再思考一下信息架构到底是什么意思。如果你把 Wurman 的作品与 Rem Koolhaas 在 40 年前的那届会议上所发的评论相对比，如果你回顾一下城市的历史，如果你看看建筑师这些年来对 IT 界采用建筑学来比拟架构的做法抱持什么样的态度，那你就会发现，传统的建筑与数字领域中的架构有着千丝万缕的联系。

3.5.1　看不见的城市

Wurman 通过会议凝聚各种人、各种力量与各种想法，让大家经由文字、图形、对话乃至在城市中游走等形式来感受这些想法。2012 年，Wurman 在 Cooper-Hewitt Museum 接受采访，从采访视频里可以看到，他一连串地说出了自己组织过的许多场会议，例如 1972 年的 Aspen International Design Conference（主题是"The Invisible City"）、1973 年的第一届 Federal Design Assembly、1976 年的 AIA Convention（主题是"The American City: The Architecture of Information"）以及他在 1984 至 2002 年间主持的 TED 会议。然后，Wurman 继续畅谈他组织各种会议的心得，他总是能用出奇的方式让出奇的人聚到一起。

1972 年，Wurman 主持了题为"The Invisible City"的 Aspen International Design Conference 会议。如图 3.7 所示。之所以说城市"看不见"，是因为住在城市里的人意识不到城市如何处理信息，也无法访问并利用城市中的资源与信息 [51]。假如城市是"看得见"的，那么市民就可以用新的方式来学习。会议海报是这样写的：

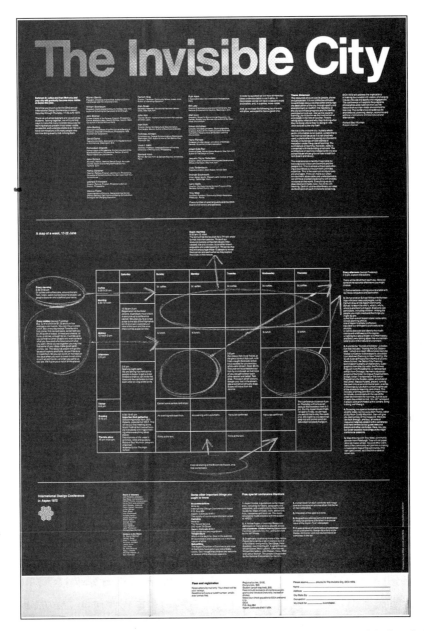

图 3.7　"为了成功，我们必须让对方能够理解自己的想法。在这个过程中，我们自己会变得更容易接触，而且从某种意义上来说，会变得更容易为他人所看到。"——1972 年 Aspen International Design Conference 会议的海报，那届会议由 Wurman 主持，其主题是"The Invisible City"。Image courtesy of International Design Conference at Aspen records, IDCA_0002_0018_001, University of Illinois at Chicago Library, Special Collections. Permission granted by Richard Saul Wurman

城市的资源在于人、地点与进程。我们对资源的态度决定了大家是想冷漠地放弃这座城市，还是想通过参与及利用来重新肯定这座城市的价值，重新发现它对于文明进步的重要意义。所谓利用这座城市，是说你应该把它当成一种学习环境，而参与则意味着每一位市民都应该教给别人一些知识。大家会讨论自己正在做的事情以及这样做的原因，还会说出自己是在什么地方做这些事情的——而城市本身正是由多个能够让大家做事的地点而组成的。

我们生活在不可见的城市中。在这里，公众信息并不是公开的，而且城市中的各个地方也没有得到创造性的运用，年轻人待在护栏围起来的建筑物中，这些建筑之间虽然有路相通，但仍然是一座座孤岛，它们并不是真正的学习环境。真正能够促进学习的建筑物通常不是指学校中的某一栋楼，这种概念是在强调整座城市应该成为一个大的校区，随处都能找到讨论板与图书馆。

在可以想到的各种学习环境中，最为广阔的一种是由城市本身所形成的学习环境，让每一位市民都能够学习。这是一座没有围墙的学校，它包含无数种课程，可以交给你各式各样的本领。无论多少岁都可以来读这所大学。如果城市环境能够发展到这样一种易于观察、易于理解的程度，那么它实际上就相当于一座无边无际的教室，让全世界的人都能坐在这里学习。我们每个人都应该积极地创造这样的学习环境。[52]

Wurman 邀请设计师、建筑师与教育者参加 Aspen International Design Conference（IDCA），讨论新颖的、与现有方式不同的教育理念，例如没有围墙的教室，或者在城市中心授课，等等，比方说，把蒙特利尔地铁的空闲区域当成教室来用。Wurman 在这次会议上就已经开始像后来那样试着融合各种讨论方式了，这样所形成的方式更接近于脱口秀。他在一次访谈中说：这种方式"比演讲更容易让人相信"[53]。Wurman 组织的这种讨论把演讲者叫作 Resource People（资源人），其中包括教育者或能从建筑／架构的角度来研究教育的人，也包括建筑师／架构师（这些人中有城市学家和社会学家，还有 FCC（联邦通信委员会）的主管）。Louis Kahn 与 Paolo Soleri 都做过演讲（还有一系列以此为主题的幻灯片）。会议播放涉及城市与教育的一些电影，包括 *The Idea of the City*，它讲的是城市的畸形发展问题，还有 Fritz Lang（弗里茨·朗，1890—1976）在 1927 年拍摄的名作 *Metropolis*（《大都会》），以及 1968 年的纪录片 *The Jungle*，它描述了费城 Twelfth Street and Oxford 一带的青年帮派[54]。传统意义上的设计师 Saul Bass（索尔·巴斯，1920—1996）与 Ivan Chermayeff 分在了 Poster Group。

要想改变一座城市，首先需要把注意力从静止的概念转移到运动的概念上，并转移到城市的效果与进展上，[55]。例如从警车这样的物件转移到安全问题上。比方说，Wurman 认为，如果能从"人、光照与建筑物的综合效果"上考虑问题，那就有可能给市民带来不一样的感受[56]。Wurman 在 1972 年的 IDCA 访谈中说："兴趣、舒适程度、交流、安全、光照、学习等话题讨论起来总是比较困难，不如电线杆、车辆、道路、公园、警察等具体的名词那样容易讨论。这就是我把城市称为不可见的原因，因为如果总是讨论这些显而易见的事，那么我们可能无法看清这些事情背后的效果。"[57]Wurman 举办这次会议就是想把城市的效果变得更容易看见。

3.5.2　融合与信息焦虑

Wurman 把信息过量所引发的症状叫作"信息焦虑"，这也是他在 *Information Anxiety*（出版于 1989 年）及 *Information Anxiety 2*（出版于 2001 年）中想要解决的问题。如图 3.8 所示。他在第一本书里提到的焦虑感本质上来自计算机对通信的全面影响，在那个年代，越来越多的计算机与传播渠道开始用于通信，这样就产生了许多零碎的信息，这些信息无法让人们了解事件的全貌，因此显得不那么有意义。Wurman 在 1989 年写道："我们能够理解的东西太少，而我们想要理解的东西又太多，这两者之间的差距越来越大，于是，就产生了信息焦虑。这种焦虑感是数据与知识的黑洞。如果你看到的信息无法解答你想知道的问题，那你就会感到焦虑。"[58]*Megatrends*（《大趋势》）一书的作者 John Naisbitt（约翰·奈斯比特，1929 年生）给 *Information Anxiety* 写了导言，其中，他强调了信息焦虑给融合带来的影响。Naisbitt 引用他自己书中的话写道："电话、计算机与电视等技术合起来形成了一套信息与通信系统，该系统可以传输数据，而且能够让人与计算机之间即时地互动……于是，世界上第一次出现了这样一种经济现象，它所依赖的关键资源不仅仅是可再生的，而且该资源本身就能够自我繁衍。在这种情况下，我们要担心的不是资源太少，而是资源太多。"[59]

在 *Information Anxiety* 这本书中，Wurman 告诉读者如何才能从信息的洪流中"逃生"。Wurman 想让读者能够迅速浏览全书的 15 章内容，为此，他提供了三种阅读本书的办法。第一种办法是只看目录（如图 3.9 所示）。这 21 页的目录实际上就是本书的大纲，读者由此可以最为迅速地了解信息焦虑问题。第二种办法是把全书大概地通读一遍，只关注自己感兴趣的地方，并不需要按顺序去读。第三种办法是通过旁注以及其中的引文、绘图与其他一些内容来激发自己的兴趣，并促使自己联想到与之有关的话题，读者也可以从正文中的插图、引言及图表入手。

图 3.8　*Information Anxiety* 这本书想要解决信息过量的问题。Richard Saul Wurman, *Information Anxiety*, 1st ed. (New York: Doubleday, 1989). Permission granted by Richard Saul Wurman

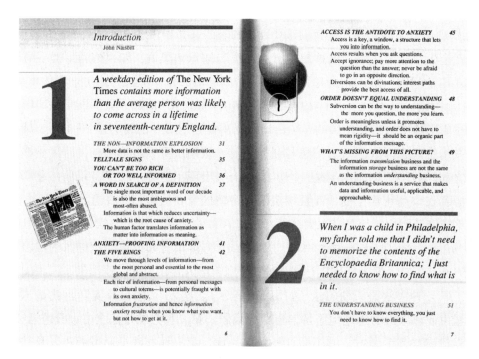

图 3.9　*Information Anxiety* 一书的目录打算缓解读者对信息过量的焦虑情绪，让人们只需要随意地翻一遍，就可以知道这本书大概要讲些什么。Richard Saul Wurman, *Information Anxiety*, 1st ed. (New York: Doubleday, 1989). Permission granted by Richard Saul Wurman

　　这本书中讲的是 Wurman 经常谈论的一些话题。例如：怎样最有效地寻找信息，怎样调整信息的结构，让别人也能找到它？怎样激发兴趣，让人愿意学习？新闻是怎样变化的？我们如何做决策，才能解决信息过量的问题？各种对话方式会发生怎样的变化？计算机是怎样参与这个变化过程的？这归根结底还是架构与形式的问题。缺乏适当的架构或形式，会让信息焦虑变得更加严重。Wurman 说："我们可以从名词 information 中剥离出 inform 这个动词，然而我们未必能够意识到这个动词所体现出的形式或结构等意味。"[60] *Information Anxiety* 实际上可以称为一部社会学作品，它有点像是在旁听别人之间的对话，其实这本书本来就是这样写的，它本来就想把自己打造成一部贴近社会的作品。比方说，它的折页上面印有 15 位社会知名人士所给出的赞誉，其中包括 Alan Kay、John Sculley（1939 年生）、Jay Chiat（1931—2002）、Stewart Brand（1938 年生）、Nicholas Negroponte、参议员 Arlen Specter（1930—2012）和 Craig Fields（他在DARPA（国防高级研究计划局）工作，DARPA 给 MIT Architecture Machine Group与 Media Lab 的人工智能研究工作提供了许多赞助）。这一串人名与引言列表看上去很像是在介绍 TED 会议的演讲者，其实从某种程度上来说，这本书可以算是 TED 的先声。

　　等到续作 *Information Anxiety 2* 出版的时候，世界已经发生了巨大的变化，不过，第一部作品中提出的某些吓人的预言并没有应验。Wurman 在 2001 年的这本续作开头写道："*Information Anxiety* 于 1989 年出版之后，天并没有塌下来。我们在交流的时候，使用的依然是延续了多个世纪的语言，而不是由 0 和 1 组成的二进制语言，人类依然在主动地塑造着计算机的世界，而不是被动地受制于它。"[61] 如果说计算机的世界中确实有某样事物对人产生了很大的影响，那么可能要数因特网了，因为它把更多的人联系了起来，让人们能够访问那些原本受到控制或不让人查看的信息。但是，这同时也让信息焦虑情绪变得越来越严重，因为信息过多意味着其中无效的信息也同样在增多。那么，面对这些信息的时候，用户怎样才能准确地知道这是不是自己要找的信息呢？对此，Wurman 还是秉持他一贯的看法。他说："只有信息是不够的。""信息的组织方式与信息本身一样重要。""问题并不在于寻找什么样的信息，而是如何寻找信息。"[62] 这部续作依然是一本贴近社会的书籍，而且其社会气息比前一部作品更浓。这次它足足引用了 27 段赞誉，并且收录了 Nathan Shedroff 及 Mark Hurst 等人的文章，Hurst 是 Creative Good 的 CEO，这是一家专注于客户体验的公司。到了 Wurman 发布 *Information Anxiety 2* 的时代，已经有很多人在从事信息架构工作了，他们中的许多人都从 Wurman 的作品中获得了灵感，他们想要让互联网变得更加有用。这些人认为，整理信息应该是一项有新意、有创造力的工作，他们需要用新的办法来提升网站的效果。

3.5.3　TED

大家应该都看过 TED 演讲吧？现在，TED 已经成了一种文化现象，这样的讨论形式正在广泛地流行——这其实也正是融合所产生的效果。Wurman 在 1984 年与别人联合创立了 TED，其中的 T、E、D 分别表示 Technology（技术）、Entertainment（娱乐）、Design（设计）。当时，有一位退休的电视节目主管叫作 Harry Marks，他同时是计算机图形领域的一位发明者。Marks 问 Wurman 是否愿意同他合作，推广一种新的会议理念。Wurman 转而求助 CBS（哥伦比亚广播公司）的前总裁 Frank Stanton（弗兰克·斯坦顿，1908—2006，他也赞助了 Wurman 的 Access 出版社），请他援助这个项目。他们各出了一万美元，于是就有了 TED。如图 3.10 所示。

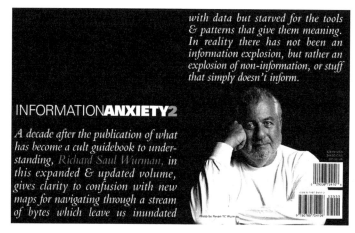

图 3.10　Wurman 发布 *Information Anxiety 2* 的时候，已经有大量的信息通过因特网得以传播了。这本书的封底写道："实际上，近年来呈现爆炸式增长的并不是有效的信息，而是一些无效的信息，或者说，一些无法有效传达知识的信息。"Richard Saul Wurman, *Information Anxiety 2* (Indianapolis: Que, 2001), back cover. Permission granted by Richard Saul Wurman

在第一届 TED 会议上，300 位与会者一起展望了未来，其中的几场演讲拓宽了技术、媒体与社会的边界。以分形几何而知名的数学家 Benoit Mandelbrot（本华·曼德博，1924—2010）讨论了复杂度与粗糙度以及分形中的模式。Nicholas Negroponte 提出了多条预言，其中有好几条后来都成真了。此外，TED 还是消费者技术产品的首发场。Steve Jobs（史蒂夫·乔布斯，1955—2011）通过 1984 年那则标志性的电视广告，公布了 Macintosh 机型。这种计算机当时还没有开始正式发售，不过乔布斯借给 TED 三台，供他们演示（Marks 自己有三台 Apple Lisa 计算机，这或许是他能够拿到样机的原因）[63]。索尼公司的总裁 Mickey Schulhof 在会议中演示了光盘（Compact Disc，CD）的样品，其实光盘 1982 年就出现了，但直到 1984 年还很少有人知道[64]。整个会议的讨论过程推进得很快，因为每场谈话都比较简短。如果 Wurman 感觉发言的人有可能要占用过长的时间，那么他就站起来朝讲台走过去，提醒演讲者尽快结束这次演讲。

第一届 TED 会议在经济上是失败的。Wurman、Marks 与 Stanton 早前达成共识：只有在观众人数多到足以确保会议成功的情况下，才正式举办这次 TED，但实际上，开会的时候场地中只坐了一半人。他们损失了三分之一的投资，不过 Wurman 仍然决定继续推动 TED，这导致 Stanton 与他不合，后来，Marks 也不再同他协作[65]。下一次开办 TED 已经是六年之后了，不过，规模要比第一届大。从 1990 到 2002 年，Wurman 每年都会在加利福尼亚州的蒙特雷举办 TED，直到 Chris Anderson（克里斯·安德森，1957 年生）接手。

TED 引领了一种新的分享方式，让大家可以分享简洁的、睿智的、能启发人的想法。现在，TED 已经成为这样一个非营利组织：它"专注于传播思想，尤其是以简短有力的演讲（不超过 18 分钟）来传播"[66]。2006 年，TED.com 开始在 Creative Commons（CC，创作共用）协议之下分享演讲视频。目前，网站宣称页面访问量已超过 10 亿，TED Translators 项目的志愿者把这些演讲翻译成了 112 种语言[67]。TED 还衍生出了其他一些系列，例如在城市、社区与校园举办的 TEDx 演讲，每两年一次的 TEDWomen 会议，以及 TEDYouth 会议，等等。赏金 100 万美元的 TED Prize 用来支持那些有益的项目，获奖者由出席会议的人投票选出来。此外，TED 还会培养一批 TED 会士[68]。

批评者认为，TED 的精英气太浓。大多数人要想接近 TED，恐怕只能访问它的网站了。2017 年度的 TED Global 会议在温哥华举办，参加这次会议需要花费 8500 美元，而且只能通过获得邀请与主动申请这两种方式参加。门票早在一年前就卖光了。在 TED 的演讲者中，绝大多数是男性（截至 2012 年，只有 27% 的演讲者是女性），而且是来自北半球的西方白人[69]。此外，正如 Benjamin Bratton 评论的那样，TED 演讲的形式促使发言者必须简化其内容，这样一来，TED 就成了"大教堂中的谈心会……演讲者说的都是他个人的一些心得体会"[70]。还有一些人指责 Wurman 过于自负。Gary Wolf 在 *Wired* 杂志的"The Wurmanizer"一文（发表于 2000 年）中写道："每次 TED，Wurman 都备受指责。有人嘲笑他的体形，或他那种自以为是的态度，但更多的人其实是对他总想寻求赞助的做法表示不满。每当 Wurman 放手不管的时候，会场上一团和气的假象就会消失，此时大家会看到，Wurman 厚着脸皮去请求援助，其实造成了许多矛盾。"[71]

有许多人都在批评 Wurman，而且 Wurman 自己可能也完全了解那些人为什么会这样批评他。尽管如此，他依然把 TED 当成得意之作来加以推进，因为这代表了他想通过对话来促进融合的一种愿景。这种对话方式虽然听上去比较高端，但它至少从某种程度上可以为大众所接受，而且它能够增加见识，让人以另一种方式来观察世界。

3.6 结论

现在回到本章开头所说的那次 AIA Convention，我们再来想想 Rem Koolhaas 与 Mohsen Mostafavi 在 2016 年的对话。Koolhaas 从来没有发表过 TED 演讲，但从他在 2016 年的 AIA 对话中可以看出其风格已经开始接近 TED 演讲了 [72]。这种风格在会议的其他演讲者身上体现得淋漓尽致。前一天晚上，MIT Media Lab 的教授 Neri Oxman（奈瑞·奥克斯曼，1976 年生）发表了主题演讲，她本人就是一位 TED 演讲者，其演讲视频有 150 万人看过 [73]。

Koolhaas 在谈话过程中，对这样一种现象很有意见，他觉得硅谷人士总喜欢用建筑学的一些说法来打比方。他当时对 Mostafavi 说："硅谷把我们建筑学里的一些比喻方式拿过去用，其实他们的步调要比建筑学快。可是不管怎么样，这都提醒我思考，大家不一定非得用建筑物的形式来描述当前这个世界，而是可以考虑用知识或组织等形式去描述，用我们能够建立的结构与社会等形式去描述。" [74] 假如他当时能够穿越回 1976 年，那么就会发现，当年的 Richard Saul Wurman 也是这样想的。

然而，Koolhaas 说这话的时候可能忘了，数字领域使用的这些比喻实际上是从建筑师与其建筑工作中产生的，正是建筑师们提出了这样一些知识结构与信息组织方式，让我们能够在信息与电子媒体越来越发达的时代对信息进行整理。Wurman 与本书所要讨论的其他几位建筑师或许可以提醒 Koolhaas 注意到这一点。其中，Wurman 很早就开始在这方面鼓吹了，他写的书、开的会都是在全力推行这样一种理解方式。除了 Wurman，早前讲到的 Christopher Alexander 以及后面几章要讲的其他几位设计师也是这方面的先驱。

建筑还是一种转换与协调工具。本书第 1 章提到过 Robin Evans，他在谈及从图纸到建筑物的转换过程时说："转换得到的成果与当初有待转换的东西未必总是相同。"我们也可以类似地说，针对建筑物的设计方案与根据该方案设计出的建筑未必相同，针对信息的设计方案与根据该方案搭建出的知识结构与信息架构也未必相同 [75]。对于这个转换过程来说，它的一端与另一端未必是同一种东西，因为无论是建筑还是架构，当你真正开始执行这项工作时，就会感受到这种差异。Koolhaas 与 Mostafavi 谈话的时候已经注意到，建筑学的发展非常依赖于工程师，或者至少可以说，他们所做的贡献与建筑师同样大。

如果抛开厌恶感，那么建筑师可以从硅谷人士使用建筑学术语的方式中得到哪些启示呢？如果他们自己也能把建筑当成动态的概念来看待，意识到自己是在做架构或做建筑，那么建筑学会有什么变化呢？如果建筑师能够仔细审视他们通过文字与比喻所描述的设计方案以及针对实体建筑物的设计方案，那么就有可能发现一些诠释世界的新方法，这些方法既可以用于传统的建筑物，也可以用于新兴的数字产品。为此，Koolhaas 曾经提醒传统的建筑师与新兴的架构师注意："我们所在的世界有着多种不同的文化，它们都有各自的价值系统。如果你要与这些文化打交道，那么就必须开放地面对各种价值观、诠释方式与解读方式。西方人从前的那套看法已经不管用了。我们依然要保持睿智与严谨，但与此同时，还应该用相对的、比较的眼光看问题。"[76]Richard Saul Wurman 其实也多次说过："你只能理解那些与已经理解了的东西有关的事物。"[77] 从这个角度来说，1976 年的那次演讲与 2016 年的那次演讲隔得并不远。

第4章　信息架构师

"信息架构中怎么会有建筑呢?"[1] Dan Klyn 在密歇根大学给信息学院的学生上课时,经常有人这么问他。虽然 Klyn 的专业是图书馆学与信息科学,但为了回答这个问题,他必须在建筑学中寻找答案。Klyn 在一段名为 "Explaining Information Architecture" (解释信息架构) 的视频中说:"大家都知道,如果你想建造具备一定规模的物体,让人能够住在那里,并使用它的各种功能,那么就需要请一位建筑师过来。" 当年 Klyn 带研究生的时候,是从 Richard Saul Wurman 与 Christopher Alexander 讲起的,他还给 Wurman 写过传记。Klyn 把自己对建筑学的兴趣展示给信息架构师与用户体验设计师,在开会的闲暇时间,Klyn 陪他们去散步,鼓励他们从数字世界走出来,试着去建造现实世界中的桥梁,并熟悉建筑物的历史。Klyn 的这种兴趣最为突出地体现在他对 Wurman 与 Alexander 所做的研究上面,因为信息架构的实践基础正是由他们奠定的,而且他们还给这门学科带来了很多启发。

信息架构师是一种结构设计师,他们要对信息的结构以及用户在使用软件或访问网络时所获得的体验进行设计与调整。由于名头中带着 architect (架构师) 一词,因此他们的工作与其他形式的设计工作是有所不同的。他们与建筑师有几分相似,因为都要拟定蓝图,并对设计方案做出规划,让人能够更好地居住在某种空间中。这些人与技术架构师离得比较近,而与图形设计师则隔得比较远。信息架构工作兴起于 20 世纪 90 年代中期,那个年代"设计"指的是传统的图形设计与通信设计,或者营销设计与广告设计。信息架构师要做的不是这样的设计,他们所做的设计与传统的图形设计师与通信设计师不一样。这些人可能是图书馆学或人类学出身,也可能来自新闻、艺术、人机交互 (Human-Computer Interaction,HCI) 以及认知心理学等各个领域。其实信息架构这个说法早在面向 Web 的信息架构工作兴起之前就已经出现了。该说法诞生于 1970 年的 Xerox 公司,从 1976 年开始,随着 Richard Saul Wurman 变得流行起来 (第 3 章提到过），早在 1989—1990 年，研究 HCI 的一些人就已经开始使用这个术语。

我在本书中所谈的历史几乎都是针对某一位受过传统训练的建筑师而言的，其重点在于研究此人的建筑学思想对计算机与数字世界的影响。但本章采用的不是这种写法，这一章没有中心人物要研究，而是想回顾几种实践方式、几次会议与几个合作项目。Wurman 对信息架构的影响前面已经讲过了，现在不妨谈谈信息架构史中的其他几个方面，例如早期的企业是怎么管理信息的。我们先看 20 世纪 60 与 20 世纪 70 年代的 IBM 及 Xerox 公司，然后转向 1990 年的 ACM SIGCHI（Special Interest Group on Computer-Human Interaction）。此外，还要谈到对许多位信息架构师都很有影响的一本书，也就是 Louis Rosenfeld 与 Peter Morville 写的 *Information Architecture for the World Wide Web*（第一版发布于 1998 年，现在已经出到第 4 版了，由于封面上有一只北极熊，因此也叫作"北极熊书"[⊖]）。然后，我会谈到信息架构的职业化现象以及信息架构这一理念的兴衰，最后，讨论信息架构之下的用户体验与交互设计工作。总之，本章所围绕的其实就是许多人问过 Dan Klyn 的那个问题：信息架构中怎么会有建筑呢？信息架构为什么会与传统的设计工作分离，又为什么会与范围扩大之后的设计工作发生联系？传统的建筑师能够从信息架构师的影响、兴趣与实践方式中获得哪些启发？

4.1　Xerox、IBM 与"信息架构"

在还没有产生互联网的年代，Xerox 与 IBM 这样的大型信息技术公司就已经开始考虑信息的整合与管理，这甚至比个人计算机的出现还要早。它们认为，这个问题必须要解决，过去 50 年间，这两家公司的许多策略都是在这样一种紧迫感的驱使之下制定出来的。Xerox 在宣布成立 Xerox PARC（帕罗奥多研究中心）的时候，定出了信息管理方面必须达成的目标，IBM 也认为，本公司必须通过协调一致的设计来管理信息。IBM 设计的 ThinkPad 是一个具有创新意义的系列，IBM 的网站也属于互联网早期的大型网站，这些产品都进一步发扬了对信息架构进行设计的理念 [2]。

在 1970 年首先提出信息架构这个说法的不是 Richard Saul Wurman，也不是其他建筑师，而是 Xerox 的总裁 Peter McColough（1922—2006）。他当时希望，Xerox 公司能在未来 10 年中，通过对信息进行管理而获得成长。在向 New York Society of Security Analysts 演讲时，McColough 宣称，公司的"基本目标"是"寻找最好的办法，

⊖　第 3 版的中文名叫作《Web 信息架构——设计大型网站》，第 4 版的中文名叫作《信息架构——超越 Web 设计》。——译者注

让信息更有秩序、更有条理……因此，我们最为基本的动力就是在我们称为信息架构的领域中获得领先，这也是我们的共识所在"[3]。McColough 提倡把一种结构化的、架构式的方法运用到 Xerox 公司的整个业务与信息工作中。为了推进这项事业，Xerox 主要关注"发展先进的信息架构技术所需的原材料。我们想建立这样一种理念，就是把信息当成未经开发的自然环境，我们可以对环境进行改造，让人能够更舒适地在其中工作与生活"[4]。谈到未来 10 年的信息管理设计与信息管理技术时，McColough 说，为了设计并构建信息管理机制,Xerox 会把所有的机器联合起来，用"极大的研究力度与广阔的视野"来整合各种尺寸的"计算机、复印机、微缩摄影机、通信设备、教育技术、显示与传输系统以及图形与光学功能"，等等 [5]。对于 Xerox 来说，推进"信息架构"工作意味着要开发相关的产品与服务，并设立研究计划，来应对信息过量所引发的冲击。McColough 的这番话说出了 Xerox PARC 成立的根本原因：Xerox 想通过这个研究中心，让公司在新兴的信息时代中获得领先。

IBM 早就认为，自己必须实现这样一种战略，用结构化的、概念化的、有逻辑的方法来管理信息。正如 John Harwood 写的那样，IBM 的未来在于"聚合并整理空间中的信息，并将其重新发布"，IBM 公司想通过设计方面的努力来实现这一点 [6]。1956 年，公司聘请工业设计师 Eliot Noyes（1910—1977）来当设计顾问总监，以求培养优秀的设计人员，并改变现有的管理结构，让它变得扁平一些，而不要那么等级森严。有一个咨询团队与 Noyes 协同工作，该团队汇集了设计界与建筑界的多位名人，例如 Charles Eames（1907—1978）、Paul Rand（保罗·兰德,1914—1996）、George Nelson（乔治·尼尔森，1908—1986）、Marcel Breuer（马赛尔·布劳耶，1902—1981）、Ludwig Mies van der Rohe（路德维希·密斯·凡德罗，1886—1969）、Paul Rudolph（保罗·鲁道夫，1918—1997）与 Eero Saarinen（埃罗·沙里宁，1910—1961）。他们全面调整了 IBM 品牌，从计算机到打字机，从商标到设计语言，再到公司所从事的各种交流活动（例如参加世界各地的展览会时布置的展览室与展览馆），都重新做了安排 [7]。Noyes 把这叫作"环境控制"，他在 1966 年的一次采访中说："实际上，IBM 想要做的是帮助人把他的控制力延伸到环境上面……这正是该公司努力的意义。"[8] 换句话说，Noyes 认为，设计工作是要聚集并获取力量。Noyes 设立的这种定位以及 IBM 的计算机所采用的工业设计思维在今天引发了反响。Harwood 认为，与其他人所做的工作相比，工业设计是一个"有限的专业领域"，除此之外，还需要有电气工程师来设计技术架构，有人体工程学工程师来调整计算机，让其与人体更加契合，并且要有建筑师来调整机器与房屋的格局，使得计算机能够合理地摆放在房屋中。为此，设计师需要把各个专业领域的数据集成起来，打造这样一种东西：" Noyes 与其在 IBM 的同事把这种东西称为机器的外观，也就是 interface[⊖]。"^[9] 对于 IBM 来说，这样的界面可以把各种信息流动情况与管理流程整理清楚，让人通过打字机或大型计算机加以观察并操作。这样的界面实际上是控制点，通过这个点可以操作各种数据。

4.2　"The Computer Reaches Out"

IBM 与 Xerox 都明白，公司要想发展，就必须管理并控制好信息，而在这项事业中，设计扮演着很重要的角色。尽管如此，但那个时候的计算机对用户并不是特别友好。用户友好性[⊖]这个说法是 1972 年提出来的，直到 20 世纪 80 年代早期才进入日常语言^[10]。当时的工程师在设计硬件接口与文本编辑器时，主要考虑的是怎样让自己的工作执行起来更顺利一些，也就是要便于编程并控制计算机。等到硬件层面的问题得到解决之后，计算机就开始从专业领域中"走出来"（reach out）了。Jonathan Grudin 在 1990 年的 SIGCHI 会议（这是一次讨论人机交互的会议，简称 CHI'90）上分享了一篇题为" The Computer Reaches Out"的论文，讨论用户界面的历史，他在这篇文章中提出了 reach out 这个说法^[11]。

Grudin 的论文中有一张重要的图，可以说是按照时间顺序形象地描绘了计算机"界面在发展过程中的 5 个关键阶段"（如图 4.1 所示），体现出了人与计算机在交互程度上面逐层深化的情况。图 4.1 中的第 1 与第 2 阶段画的分别是大型计算机与点阵式的操作机制，表示的是 20 世纪 70 年代专为程序员与工程师而设计的界面，也就是"在硬件上的界面"与"为了执行编程任务而使用的界面"^[12]。其后，人体工程学与认知模型方面的研究成果提升了计算机终端的水平，让工程师与计算机科学家开始考虑把界面放到终端（显示屏）上，这样用户就可以通过终端与计算机对话。此时，业界开始考虑软件界面的样式问题。Grudin 这张图的第 4 阶段画的是用户把手放在键盘上面操作终端，同时，他的视线向左穿越了第 3 阶段与第 2 阶段，一直到达第 1 阶段的大型计算机，这意味着早前那些界面所支持的操作现在都可以通过与终端会话而实现。计算机通过这样的会话对用户产生了影响。Grudin 说："这是一种隐喻，意味着计算机的影响力已经超出了键盘与显示器，它不仅可以通过软件所采用的字体、配色方案以及菜单来影响用户，而且还

⊖　偏向用户的 interface，多译为界面或介面，偏向技术的 interface，多译为接口。——译者注
⊖　user-friendliness。所谓用户友好，通俗地说，就是某产品容易使用、用起来比较容易，或者某作品容易阅读、读起来比较顺畅。——译者注

会把知识注入用户的脑中。"[13] 最后的第 5 阶段描述的是"办公桌上的界面",三个人聚在圆桌旁边讨论工作,桌子上放着他们要谈的图表与文件。这里并没有计算机,或者说,没有实物形式的计算机。此时的计算机已经不再以有形的姿态出现,它跳出了各种层次的实体界面,并无形地融入了社会环境中。大家在讨论工作问题的时候,总是抛不开计算机的影响,这种界面可以叫作"社交界面",工作只不过是其中的一个场景。

图 4.1 Jonathan Grudin 在 1990 年画的这张图可以说是按照时间顺序描绘了计算机的发展过程,让人看到它怎样逐渐走入日常生活,并影响用户的思维方式。Jonathan Grudin,"The Computer Reaches Out: The Historical Continuity of Interface Design," in *Proceedings of the SIGCHI Conference on Human Factors in Computing Systems*, CHI'90 (New York: ACM), 263

Grudin 明白计算机从专业领域走入日常生活之后所带来的深远影响。与 IBM 的 Eliot Noyes 及 Xerox 的 Peter McColough 一样,Grudin 也明白计算机与人交互实际上意味着它在控制人所处的空间。Grudin 写道:"从某种程度上说,计算机正在我们的环境里殖民,如果说得温和一些,就是计算机正在逐步学习它身边的世界。"[14] 因此,人所生活的环境对于计算机来说既是输入端,又是输出端,而且计算机的野心并不会仅仅局限在这个小环境中。Grudin 用儿童在成长中认识这个世界的过程来比喻计算机的这种扩张情况,当然他自己也承认,这个比喻无法全面地说明计算机想要做的事情。他写道:"小孩在成长过程中,体格越来越健壮,感知能力、认识能力与社交能力也在逐步增强。这篇文章要说的是,计算机同样如此,它不仅会更好地控制其硬件与软件机能,而且会越来越透彻地了解人类的感知能力、认识能力与社交行为。"[15] 计算机将会产生做事的动力,也就是说,它会具备这样一种倾向,即想要通过理解人类的生活方式来更加深入地控制人类的世界,这是一种新的人机共生理念。自从 J. C. R. Licklider 在 1960

年提出人机共生之后，这种理念就一直在酝酿并发展，本书第 6 章还会提到，MIT 的 Architecture Machine Group 也在研究这个问题。

Grudin 这种大胆的观点超越了同时代的人在讨论计算机及其与用户的交互时所采用的思路。在 Grudin 给 CHI'90 写这篇论文时，还有一种理念是由 Xerox PARC 的 Marc Weiser（1952—1999）提出的。该理念强调无处不在计算（普适计算），这是指计算机会融入我们周边的环境中。Weiser 在 1991 年写了这样一句名言："影响最为深远的技术是那些无形的技术，它们会全面地融入日常生活，让你察觉不到明显的痕迹。"[16] 与虚拟现实正好相反，这种无处不在或者按照 Weiser 的说法"不可见的计算技术是如此强烈，以致有人把它叫作 embodied virtuality ⊖。这个术语用来表示将计算机的运作理念从计算机机箱中拿出来，套用到日常生活中"[17]。这种理念与 Grudin 那种更加激进的观点有着不同的方向，Grudin 突出计算机的主动作用，而该理念则更加强调人的主动作用，强调应该由人来把计算技术运用到日常生活中的各个方面。这就引出了架构层面的问题：架构师与设计师在把计算机技术引入日常生活的时候，应该采用什么样的结构来引入呢？这实际上要求我们开辟一个新的工作领域。

用建筑专业中的教学理念来讲授 HCI 知识

Jonathan Grudin 在 CHI'90 上面公布了"The Computer Reaches Out"这篇论文，而 Terry Winograd 在该次会议闭幕时对全体与会者做了演讲，演讲的题目是"What Can We Teach about Human-Computer Interaction?"（我们应该怎样讲授人机交互？）。Winograd 在演讲的时候，提倡参照建筑事务所培养学生的办法来培养未来的软件设计师。Winograd 拥有 MIT 的博士学位，并曾在 AI Lab 做过研究工作，他于斯坦福大学开设了人机交互课程，后来成为该校计算机科学系的荣休教授。

到了 1990 年的时候，他已经把研究重点从 AI 转到了人机交互（HCI），这在当时是个新兴的领域。从事 HCI 的人必须考虑软件的样貌，或者说，必须考虑应该如何设计软件。但问题在于，计算机科学专业的教学方式不太适合培养 HCI 人才。Winograd 发现，计算机系的人好像不太喜欢从别的学科取经。然而 HCI 本身是一门综合的学问，为了开发出优秀的软件，我们需要理解用户的行为，并且要知道怎样给这些行为建模，其后，还必须能够设计出与这些模型相匹配的界面。设计过 Lotus 1-2-3 电子表格程序的软件企业家 Mitch Kapor 给 Winograd 写过一封信，其中提到"计算机科学专业的研究生课

⊖　直译是嵌入式虚拟，可以理解成融入真实世界的虚拟技术。——译者注

程并没有充分强调以人为中心的价值理念，而这种理念对于面向设计的方法来说却是很关键的"，Winograd 在演讲中引用了这句话[18]。

那么，到底应该怎样向学生讲授 HCI 方面的知识呢？在 Winograd 读给大会听众的信中，Kapor 建议，应该参考建筑学院采用的教学方式，也就是让学生学会基本的建筑结构，并让他们运用这些结构来解决建筑设计事务所中的一些建筑问题，然后由建筑评论家评价他们的方案，以促使其做出调整。Winograd 说："为了把一栋楼盖好，学生必须知道住在这栋楼里的人会从事哪些活动，还必须考虑到他们在做这些事情的时候有可能遇到什么样的问题。在面对具体的案例时，为了把这些问题弄清楚，你必须从个体以及社群这样两个层面上通透地掌握住民的构成情况与行事风格。"[19]总之，为了在这个新兴的领域中培养设计师，教育者应该采用一种与"教练"类似的方式来指导他们。教育者需要从用户的实际需求出发，向学生介绍新的知识领域及学习方法。Winograd 承认，这种"指导式的学习"方法目前还在实验中，但无论如何，HCI 与计算机科学系的人都应该把重点放在以人为中心的设计模型上面[20]。

Andrew Cohill 在 CHI '90 会议上面听到了 Winograd 的建议。受到这次演讲启发，Cohill 于 1991 年提出了一种新的角色，叫作信息架构师，这种人负责指导以用户为中心的设计过程。Cohill 当时是学习环境设计的博士生，正在攻读建筑师与建筑理论的博士学位，他研究的是建筑师如何使用计算机与信息系统。Cohill 思考了这样一个问题：怎样把设计与建筑学中的一些原则运用到软件工程上面。他预言："将来会有一种高层次的设计工作，它不是由现在这些系统分析师来完成，而是改由另一种职业的人去做，那种职业称为信息架构，从事该职业的人叫作信息架构师。"[21]

对于传统的建筑物来说，建筑师与工程师担负着不同的职责，软件开发其实也一样，在开发软件的过程中，设计问题由"信息建筑师"（也就是信息架构师）来处理，而技术组件则交给工程师制作。Cohill 写道："这样一门学科的基础在于设计，教育者培训信息架构师的时候，要让他们明白，自己的主要职责是发现信息环境中的深结构，而不是数据中的浅结构。"[22]如果有扎实的设计知识做基础，那么信息架构师就能够充分地理解组织结构、人为因素以及信息系统。Cohill 针对信息架构提出了 6 条设计原则：

1）设计是一种过程，一种循环的、重复的、不可预料的过程。

2）设计是因人而异的，也是难以言说的。这种过程只能由自己通过探索与体验去领悟，而无法直接向别人学习。

3）设计是一种探索行为，是以反馈为导向的，它要求设计者必须愿意做出改变，而且要能够敏锐地判断出某种设计方案能否形成优美的作品。

4）信息架构关心的是信息环境，这种环境可以表示为自成一体且能够自我调整的结构，该结构由各种元素构成，这些元素由彼此之间的互连关系来界定。

5）信息结构的元素是计算机（软件与硬件）与人，以及计算机和人所处的物理与社会环境。

6）信息架构师是这样一种设计者，他既要有坚实的设计功底，又要掌握计算机系统、组织行为与人体工程学方面的专业技能，这样才能有足够的知识来设计信息结构。[23]

尽管 Cohill 是从 Winograd 提出的建议中受到启发的，但他并没有就此止步。Cohill 认为，信息架构不应该仅仅作为短期的实验课程来讲授，而是应该发展成一套涵盖研究与实践的设计方法。Cohill 提出上述原则的时候，还没有多少人把自己叫作信息架构师，这个头衔要到好几年之后才开始流行。Cohill 提出的原则现在已经成为信息架构师与数字产品设计师的共识。目前，信息架构师的工作范围越来越大，他们从文化与社会切入，来了解用户及其潜在需求。他们构思数字信息环境并调整其结构，而且通常要主导数字产品的设计过程。本章后面会讲到，21 世纪初的信息架构师会把信息架构（IA）分成"小信息架构"（Little IA）与"大信息架构"（Big IA）来讨论，前者的意思是针对 Web 给信息分类，后者则是指由信息架构师所引领的一套宏大的设计构思与策略。

4.3　信息架构师与 Web

在 Web 刚刚诞生的那个年代，有许多资源讨论的都是怎样建网站，而不是怎样设计它。Laura Lemay（1967 年生）写了一本很成功的书，叫作 *Teach Yourself Web Publishing with HTML in a Week*，这本书在 1995 年 1 月 1 日发行，它介绍了 HTML（Hypertext Markup Language，超文本标记语言）的基础知识以及调整 Web 格式所用的语言，此外还以 Netscape 网站为例提供了一些建议。当时的人基本上都是在制作的过程中来学习设计的，例如发现某个网站做得比较漂亮，于是就通过 view source 等命令查看它的 HTML 代码，然后试着修改，以实现自己想要的功能。这些很早就开始制作网站的人并不一定考虑到了网站的最终用户。他们想的主要是怎样实现自己的兴趣，怎样运用最新的网络技术来发布自己喜欢的内容。（我自己也是如此，我在 1995 年创立的 Girlwonder.com 也属于这种网站。如果用现在的 Web 设计理念来反思当年的网站热潮，那么应该说，"你可以做，并不意味着你一定要做"。）在那个年代，做网站的人主要想的是网站酷不酷，而不是它设计得好不好。正如通信学者 Megan Sapnar Ankerson 所说，很多意思都可以叫作酷，"这就是一团大杂烩，你很难从中提炼出某项具体的特征"[24]。至于设计，在 Web 发展之初根本就不存在。

Web 时代刚刚揭幕的时候自然是一团糟。由于不太受专利体制束缚，因此，各种建站工具及建站语言都发展得比较蓬勃。这一时期还没有出现稳固的设计范式，直到 21 世纪初，博客系统才确立了它的地位。这种开放的环境让 Web 设计能够迅速得到发展。

但与此同时，这个年代的网站显得相当杂乱，或者至少可以说，设计得不够协调，因此，需要由信息架构师来拟定适当的结构与格式，让网站变得更有效用。Christina Wodtke（1966 年生）是一位信息架构师，她 2014 年在 Medium 上面发表了一篇谈论信息架构史的文章，其中讲到了互联网早期的混乱局面：“并不是特别讲究交互，而且说实话，几乎没有对界面做过设计。”[25] 当时所谓的交互，更多地是指用户对浏览器按钮的操作行为，例如把某个网页添加成书签，或者在其中填写某张 Web 表单。“其实，互联网的优势在于它有信息，每个人都可以把各种各样的信息发布到互联网上面，例如帮助页面或营销手册等。这种信息多了之后，就会变得很杂乱，因此，需要有人出来，把它们整理得更加清楚。许多软件交互设计师当时已经不再想摆弄这几种老套的交互方式了，然而与此同时，另一批人却想要迎战这股‘数据浪潮’。这些人就是第一代信息架构师。”[26]

在互联网早期，对结构化的 Web 设计与开发很有启示的一项资源是由 Lou Rosenfeld、Peter Morville 与 Samantha Bailey 所写的“Web Architect”专栏，该专栏登载丁 *Web Review* 杂志（这是第一本谈论 Web 设计与开发的周刊），首发于 1995 年 8 月 17 日。在介绍这个专栏时，Louis Rosenfeld 说，该专栏谈的是 Web 发展之初所面对的一些问题，例如：“什么叫作网站的架构？”他写道：“Web 用户访问网站有许多困难，例如网站设计得很糟糕、导航系统令人困惑、要看的文档总是被各种蓝色的链接给挡住，等等。对于网站的架构来说，每一个层面都有许多地方可能出错，而这些可能出错的地方确实有许多人会做错。”Rosenfeld 认为，网站的架构应该考虑到站点受众，应该在设计与功能之间求得平衡，应该提供短小精练的页面，并留出可供将来扩充的地方。他写道：“如果网站的架构是‘好’的，那么它在每一个层面上都会成功。”[27] 页面中的元素、页面本身乃至整个网站全都如此。网站架构师不应该把网站做得特别花哨，让访问者晕头转向。Rosenfeld 说：“这些绚烂的效果用户看久了就会觉得腻，实际上，**网站要想成功，不能靠一味地吸引新用户注意……不要为了这些效果而牺牲网站应有的功能。打个比方，这些效果只是甜蜜的情话，婚姻要想美满，必须过得充实才行。**”[28]

然而，早期的信息架构领域不太重视设计。它认为设计这个东西似乎与更加严肃、更加坚实的“架构”不太搭调。设计更像是一种锦上添花的东西，而真正的问题还得靠“架构”来解决，“架构”才是最能体现思想的地方。Rosenfeld、Morville 与 Bailey 提醒刚刚成为 Web 架构师的人应该对网站的各个层面都加以注意，无论是宏观层面还是微观层面，都应该准确体现在网站蓝图（或者网站地图）上面。Web 架构师应该运用适当的比喻进行设计，并调整各个页面及网站架构。他们的重点是鼓励读者像其他的架构师或建筑师那样去思考，而不是强调设计思维。

4.3.1　"北极熊之书"

　　网站变得复杂之后，有人开始求助信息科学及图书馆学，想借用其中一些高级的手法来整理网站的信息。在信息架构领域，图书馆学家与信息科学家的意见是十分重要的，他们认为，信息架构工作需要逐层开展，这是一种结构化的过程，需要一定的专业知识。给"Web Architect"专栏写文章的 Louis Rosenfeld 及 Peter Morville 正是出自信息科学与图书馆专业，他们都获得了密歇根大学信息科学与图书馆学的硕士学位。1994 年，Rosenfeld 与密歇根大学的 Joe Janes 教授合作成立了 Argus Associates，并聘请了当时还是学生的 Morville。Argus 专门提供信息架构方面的咨询顾问服务，其重要客户包括 AT&T（美国电话电报公司）、Chrysler（克莱斯勒）与 Dow Chemical（陶氏化学）。是不是必须要有信息科学方面的学位才能够从事信息架构工作呢？Rosenfeld 与 Morville 表示，该工作并不需要这方面的专业知识，这一观点是他们首先提出来的。Rosenfeld 与 Morville 写道："要想成为优秀的信息架构师，不一定非要有图书馆学的学位。有些公司招人时，要求应聘者必须有一定的经验，但在这个新兴的领域里，很难找到有多年经验的人。Web 是刚刚诞生的东西，几乎没人敢说自己找到了'正确的'工作方式。"[29] 不过，信息架构领域汇集了不同背景的人，他们后来确实走出了一条正确的——或者至少可以说，较为合理的——路。

　　在还没有 Google 的年代，从网上寻找信息是很困难的。当时也有一些搜索引擎，但并不像今天这样好用，而且当年也没有一套实用的信息整理办法，这导致用户很难浏览网站。信息架构师必须定出适当的整理办法，例如他要决定这些信息是按照名称或地域来排序，还是按照其含义或所属的任务来排序。此外，网站的导航方式、每个页面的关键词以及该页面与其中各个段落的标签也需要由架构师考虑。他们必须按照信息的层次来创建网站地图，从而让用户明白怎样从一个页面跳转到网站中的另一个页面（这种地图最早叫作蓝图）。Rosenfeld 与 Morville 说："如果能把网站的信息架构给规划好，那么就会产生一种奇妙的效果，让用户与数据都能找到各自的路。"[30]

　　信息架构师会定义数字空间或信息环境的架构。这种架构在传统的建筑师眼中称为 *program*，也就是建筑空间的功能。对于早期的信息架构师来说，用建筑物去比喻信息架构领域中的事物，可以让他们在思索设计与结构的同时，还能顾及住在数字空间中的人（即数字产品的用户）。Rosenfeld 与 Morville 在 *Information Architecture for the World Wide Web* 一书（如图 4.2 所示）中问道："建筑物中，到底有什么东西能让我们感受到这些建筑物各自的特点呢？"[31]（这本书也叫作"北极熊之书"，因为封面上印着一只北极熊。此书现在已经出到第 4 版，该版本于 2016 年发行。）两位作者描述了安娜堡的一组建筑物及其环境——一家烟雾缭绕的酒吧，一座悠闲的咖啡馆，还有一间由车库改造而成的办公室。"为什么现实生活中的这些建筑会给我们留下那么多令人回味的印象呢？这是因为，这些建筑物让我们觉得很亲切，而网站则无法给人这样的感觉。其实这些建筑物与网站类似，都具备某一套能够促使人产生行动的结构，因此，如果能用传统的建筑物及其结构来类比网站以及网站的架构，那么信息设计师就可以从这样的比较中获得很大的启发。"[32]

图 4.2　Louis Rosenfeld 与 Peter Morville 写的 *Information Architecture for the World Wide Web* 一书最早出版于 1998 年，由于封面上有一只北极熊，因此经常叫作"北极熊之书"。*Information Architecture for the World Wide Web*, 1st Edition by: Louis Rosenfeld and Peter Morville Copyright ©1998 O'Reilly Media, Inc. All rights reserved. Used with permission

Rosenfeld 与 Morville 讨论架构的方式与传统的建筑师不同。本书第 1 章说过，建筑师在谈论建筑物的结构或架构时，重点关注的是设计。他们不太会说：某栋建筑物"有着"这样或那样的架构。他们之所以会把建筑物规划成某种模样，是因为他们觉得应该将其设计成这个样子。Rosenfeld 与 Morville 用建筑学中的一些概念来谈信息架构，然而他们使用这些概念的方式却和传统建筑师不同。他们的思路让很早就从事 Web 架构的人学会了从结构上思考问题，让他们能够采用建筑学里的一些词汇来描述某些必要的功能与流程。传统的建筑师要对建筑物的 program、结构与工程以及整栋建筑物给人的感觉做出设计，与之类似，信息架构师要决定信息产品的功能，还要决定站点的结构以及该站点应该提供哪几种信息，此外要考虑用户体验，也就是用户在访问这个网站时的感受。从建筑学的视角来思考 Web 产品，可以提醒我们注意用户访问网站时的感受，因为在设计传统的建筑物时，建筑师总是要考虑进入这栋建筑物的人会怎样想。与之类似，我们在设计数字产品时，也会想到要把自己的产品设计得与一栋漂亮的建筑物一样，优雅、体贴、有吸引力。

4.3.2　从信息设计师到信息架构师

虽然早期的许多信息架构师都在怀疑有没有必要对 Web 产品进行所谓的设计，但当时，确实已经形成了"信息设计"这个领域，而且它还有了自己的学术出版物（从 1979 年开始发行的 *Information Design Journal*）。这些信息设计师关注的是如何展示信息。Robert Horn（1933 年生）在 1999 年写道："信息设计与其他类型的设计在价值上的区别是，它更注重高效率地进行交流。"[33] 信息设计工作需要在多个层面上完成，设计师既需要创建易于查找且易于理解的文档，又需要考虑如何"通过设备进行交互"（主要是指与人机交互有关的一些问题），此外，还得对"三维空间……尤其是城市空间以及最近发展起来的虚拟空间"的导航方式进行设计 [34]。这种说法与 Lou Rosenfeld 在"Web Architect"专栏的首篇文章中所发出的倡议相呼应，Rosenfeld 认为设计师需要从多个层面考虑网站的架构，既要把页面中的每个元素做好，又要考虑到整个页面乃至整个网站的效果。信息设计工作在不同的情境下有不同的叫法，如果是给杂志做信息设计，那么可以称为"信息图形"设计师，如果是给建筑做信息设计，那么可以称为"寻路"设计师或"路径查找"设计师，如果是以图形设计师的身份来做信息设计，那么就直接称为"设计师"[35]。无论是哪一种信息设计工作，都得从认知科学出发，至于工作者的头衔，则要依具体的工作内容来定，其工作内容可能是给计算机界面做设计，也可能是针对数据的可视化机制或城市空间做设计。这些工作所要处理的问题最终都会成为信息架构学关注的对象。

诞生于 Web 时代之前及之初的许多网络公司与软件公司一开始都把信息架构工作称为信息设计，直到后来，才将二者分开。举个例子，1998 至 2006 年间，Karen McGrane（1972 年生）在营销公司 Razorfish 担任用户体验设计师，引领用户体验的设计工作。她刚入职的时候，头衔就是"信息设计师／写手"。当她成为 group manager 后，头衔变成了"信息架构师"，而且她把 group 的名字也从"信息设计"改成了"信息架构"。McGrane 说："那时，设计师这个词基本上专门用来指图形设计师，在广告代理公司中尤其如此，所以我们应该改用 architect 来称呼自己。"信息设计师的主要职责是设计各种图表，这个词并不能准确地描述 McGrane 所从事的工作，而且，当时 Razorfish 已经开始收购一些主要从事数字可视化业务的公司。McGrane 说："信息架构工作更强调结构问题，而不是视觉问题。我觉得这同时也意味着，信息架构师的职责重在定义某系统或某空间的运作方式与功能，而不是它的外观。"[36]

信息设计师与信息架构师不同，而且它与另外一种设计师也有所区别，那就是视觉设计师。许多视觉设计师都会在工作中使用 Flash，这是一种浏览器插件技术，可以在网页中实现基于矢量的动画效果与丰富的多媒体功能。Flash 文件通常比较小，因此设计师很喜欢在建站时采用这种格式米实现丰富的视觉效果。Megan Sapnar Ankerson 说："Flash 促使我们用新的眼光审视 Web，有了 Flash 之后，网页不再像原来那样只是一段固定而沉闷的文本，我们在设计网页时，也不用再拿纸质印刷品的审美准则来判断网页是否美观了…… Flash 随着 .NET 大潮变得流行，它是网页制作史上的转折点，原来那些衡量网页'品质'的准则（例如网页的外观、风格、声音、行为以及应该如何设计）现在都需要重新检讨。"[37] 有很多活跃的视觉设计群体，例如 Michael Schmidt、Toke Nygaard 与 Per Jørgen Jørgensen 在 1997 年创立的 Kaliber 10000（k10k），它属于最早出现的 Web 设计门户网站，又例如 Joshua Davis（1971 年生）创立的 Dreamless.org 论坛，该论坛于 2000 至 2001 年间运作。本书并不打算讨论这些视觉设计群体，但是大家要注意，在当年那个看似很讲逻辑的信息架构与可用性测试领域，这些群体扮演着重要的角色，有时甚至可以说，它们与那种讲求逻辑的思潮是互相抗衡的。这些群体让我们看到，Web 能够拓宽视觉设计的边界，并形成自己的一套审美标准。

4.3.3　把信息架构变成专门的职业

信息架构师尤其擅长对自己所做的事情进行整理，并使其成为一项专门的职业，他们通过博客与电子邮件列表来帮助和教育他人，同时为大家提供资源。这个群体有他们自己的会议，叫作 IA Summit，并在 2000 年有了专门的邮件列表，叫作 SIGIA-L（Special Interest Group IA-List），此外还在 2002 年有了一份同行评审期刊，叫作 *Boxes and Arrows*。他们创立了非营利组织 Asilomar Institute of Information Architecture（该组织于 2005 年变为 Information Architecture Institute）[38]。我在这里主要谈谈 IA Summit 与 *Boxes and Arrows*。

第一届 IA Summit 召开于 2000 年，这是一次专为信息架构而举办的大会，从此以后，每年都会举办 IA Summit。当时的组织者与赞助者主要代表了两种对信息架构感兴趣的人，一种是研究图书馆学的人，另一种是从事 Web consulting（网络 / 网页 / 网站咨询，统称 Web 咨询）工作的人。大会的主持者 Lou Rosenfeld、Gary Marchioni 与 Victor Rosenberg 都具有图书馆学的背景（Marchioni 与 Rosenberg 分别是北卡罗来纳大学教堂山分校与密歇根大学的图书馆学教授），而赞助这次聚会的 Zefer、Sapient 与 iXL 则是 .NET 界的 Web 咨询公司。有多位 Web 领域的名人与知名的设计师都在这次会议上做了演讲，其中包括 Clement Mok（1958 年生）、Mark Hurst、Alison Head 与 Jeff Veen。其中的很多场演讲其实都是介绍性质的，演讲者根据各自的观点给信息架构下了定义。Rosenfeld 在 2001 年说，他认为那次 IA Summit 有一种"前沿"与"试验"的感觉 [39]，不仅激发了与会者的兴趣，而且还让整个 IA 社群振奋了起来。2001 年 2 月，第二届 IA Summit 召开，那时，SIGIA 邮件列表已经变得相当热门，吸引了超过 1650 名订阅者，许多本地的 IA 小组也开始走向全球。信息架构变成一项专门的职业，网上至少出现了 100 张招聘启事 [40]。总之，当时的信息架构已经成为一个蓬勃发展的领域，而信息架构师们也很愿意推动该领域继续成长。

还有一项重要的事业也给信息架构这个新兴的领域提供了许多思路，这就是 *Boxes and Arrows*，它是一份基于博客的信息架构期刊，由同行进行评审。该期刊的目标是提供评判的视角，让人可以由此出发，探索信息架构领域中的各种实践方式。*Boxes and Arrows* 的发行人 Christina Wodtke 在网站的第一篇帖子中写道："这部期刊想要提供权威的资料，帮助大家完成一项复杂的任务，也就是把架构与设计方面的知识带到数字世界中。"她又说："从事这份工作的人可能顶着各种各样的头衔，例如信息架构师、信息设计师、交互设计师、界面设计师，等等。无论挂着什么样的名号，我们要做的事情以及做事的方法都是较为接近的，我们'这群实践者'之间的共性远远超过各自的区别。"[41] 那一期 *Boxes and Arrows* 讲了 11 个故事，例如对三家网上书店进行对比、讨论设计人员与管理层之间的冲突、评论 Ray Eames（1912—1988）与 Charles Eames 夫妇的知名影片 *Powers of Ten*（《十的次方》），等等。还有一些文章谈到了参与式的设计、可用性测试、政府咨询以及 Yahoo! Mail 的简洁设计等问题。*Boxes and Arrows* 每周都会发布多篇文章，这些文章是由积极参与信息架构工作的人撰写的。

并不是每一个做信息架构的人都喜欢把这种工作称为"架构"。例如 *Experience Design* 的作者 Nathan Shedroff 就属于这种人，他创立了 vivid studios，这是第一代 Web 设计公司。Shedroff 对信息架构师这个头衔不以为然。在 *Boxes and Arrows* 的创刊号中，他批评了那些自封为架构师的人：

这个领域才刚刚诞生两年，就已经急着要把自己同其他领域分开了，而且在这个凸现自我的过程中，并没有拿出什么实在的东西。我去年坚持看完了 Experience Architecture 的一场演说，但是就我所知，其中并没有新的观点、流程或技术，我写的 *Experience Design* 一书已经把那些内容涵盖进来（或者说揭示出来）了。信息架构师这个头衔的唯一作用就是让人知道，公司还提供这样一种职位……你能想象有一种人把自己叫作 Fashion Architect（时尚架构师）并认为自己的工作比 Fashion Designer（时尚设计师）更为高端吗？其实我们就是在这样 [42]。

Shedroff 所反对的并不是信息架构本身，他给 *New Media* 杂志写过专栏，专栏的名字就叫作"The Architect"（架构师）（第 1 章说过，由于使用了 architect 一词（该词也有建筑师的意思），他还收到了建筑机构的警告信）。此外，Shedroff 把 Richard Saul Wurman 视为自己的导师，并曾在他的 Understanding Business 工作室上班。Shedroff 真正要批评的是那种认为信息架构高人一等的门户之见。他认为，单就 IA 来讨论 IA 显得太过局限，不如把眼界放宽一些，从设计入手（例如体验设计、互动设计等）。

信息架构领域的人气在 2004 年达到顶峰，此时，知名媒体 *Wall Street Journal*（《华尔街日报》）访问过 Wodtke 与 Morville。如果用 Google Trends 把上网者对信息架构与用户体验这两个关键词的兴趣绘制成对比图，那么就会发现，前者一开始是领先于后者的，领先幅度在 2004 年 1 月达到最大，此后，两者的受关注程度开始大幅贴近，到了 2008 年，这两条趋势线发生交叉，过了 2009 年，上网者对用户体验的兴趣超过了对信息架构，由于信息架构的受关注程度逐渐降低，因此差距还在增大 [43]。关注程度对比图反映出了信息架构与用户体验在 Web 界此消彼长的情况。

到了 2009 年，许多信息架构师已经不再标榜这个头衔，他们开始把自己称为设计师，此时距离 Shedroff 提出批评的时间点已经有 9 年。从 20 世纪 90 年代末到 21 世纪初，信息架构领域内的许多做法其方向都与设计相反，信息架构师想要在方法与关注点上面与设计师体现出差别。他们特别想把信息架构变成一项单独的职业，而且很喜欢把自己叫作架构师。可是后来，这些人为什么又开始抛弃这个头衔了呢？

信息架构（IA）的衰落与用户体验（UX）的崛起有着策略方面与结构方面的多项原因。首先，体现出了"大 IA 与小 IA"之间的区别。这个问题是从 2003 年开始讨论的，它源自 Peter Morville 在博客上发表的一篇文章。两者之间的区别实际上是以图书馆学为导向的信息分类工作与社会及文化层面的研究及设计决策工作之间的分歧，前者是小 IA，后者是眼界更为宽广的大 IA。这种区别让从事信息架构的人分成了两种，他们要完成的是两种不同的任务。现在回想起来，这其实反映出图书馆学家所追求的信息架构与策略设计师所追求的信息架构并不是同一种架构。Peter Merholz、Garry van Patter 与 Dan Klyn 都指出过这一点 [44]。

其次，在 Web 刚刚兴起的时候，所谓交互，主要是通过浏览器里的链接进行的。那个时候的搜索引擎还不像现在这样好用，因此，为了让 Web 更加实用，必须对信息的结构进行调整。2005 年，Tim O'Reilly（提姆·奥莱理，1954 年生）造了"Web 2.0"这个词，用来描述一套新的 Web 制作方式，这套制作方式能够在页面级别实现交互，从而制作出像 Google Maps 这样流畅的地图网站以及像 Flicker 这样方便的照片分享网站。Jesse James Garrett（杰西·詹姆士·贾瑞特）在 Adaptive Path 这家用户体验工作室上班时，与同事提出了一个说法，叫作 AJAX，用来指代一套迅速发展的浏览器机能，这四个字母的意思是"Asynchronous JavaScript+XML"（异步的 JavaScript 与 XML）[45]。AJAX 让浏览器无须频繁调用服务器端，即可实现许多交互功能，并对网页进行渲染。于是，你就可以在 Google Maps 网站所显示的地图上面点击鼠标并平滑地拖动，或是在 Google 的搜索框中输入一些字符，并迅速地看到搜索引擎所给出的建议。之所以能实现出这样的效果，是因为浏览器有一套 JavaScript 引擎，能够加载一种不可见的 frame，以提升响应速度，而不必频繁地向服务器索要信息并刷新整个页面。

AJAX 以及与之相关的一些技术与 Web 2.0 理念一起，催生了新的设计方法与商业模式。社交媒体随着 Facebook 等平台的出现而极度增长。Facebook 于 2004 年出现在校园里，到了 2007 年，许多大人与小孩都已经在频繁地使用它了。此外还有 Twitter，它虽然对字数限制得比较严格，但是可以从多种计算机与移动设备上面访问。另外还有智能手机。Apple 在 2007 年发布了 iPhone，Google 在 2008 年发布了 Android 操作系统，这些智能手机充满了各式各样的交互功能。

4.3.4　交互设计

交互设计是个包罗万象的术语，它可以指代软件设计、人机交互、信息架构以及信息设计等多种学科中的概念（有人认为，这个词与那些概念可以互换，还有一些人则坚持维护各领域内的专有概念，而不赞成将其泛称为交互设计）。交互设计师与信息领域内的从业者一样，都会频繁参与某些针对用户的研究工作（这些研究工作都涵盖在 2003 年出现的"大信息架构"这一说法中），然而他们要处理的问题却与信息领域所关心的问题不同。交互设计师负责的是拟定人机交互软件所应具备的功能，让用户在各种模式与各种设备上面都能够顺畅地使用这些功能。为此，他们需要指定相关的操作，并就此沟通，还要制作原型，以演示这些 action 的效果。

交互设计从工业设计延伸而来，它要求设计师把 object（物体）、interface（接口）以及两者之间的关系给处理好。这个词由 Bill Moggridge（比尔·莫格里奇，1943—2012）与 Bill Verplank 在 20 世纪 80 年代所造，Moggridge 是一位工业设计师，Verplank 是一位机械工程师。Moggridge 在 1980 年设计了第一台笔记本计算机，叫作 GRiD Compass。当 Moggridge 第一次开始用这台计算机时，吸引他的并不是笔记本计算机这种新的形式，而是其中运行着的软件。他写道："为了让物体看上去优雅一些，我需要花好几个小时来对其做出调整，然而这些工作并没有让我觉得劳累，因为在这段时间里，我完全沉浸在自己与设计软件及笔记本硬件的交互中。我所遇到的困难以及我所获得的成就都发生在这个虚拟的空间中。"[46] 设备本身固然需要进行设计，而交互体验同样应该设计好，它至少与前者一样重要。Moggridge 一开始把这种对交互式界面所做的设计工作以及完成该工作所需的软件称为 Soft-face，后来在同事 Verplank 的建议下，改名为 interaction design（交互设计）[47]。

交互设计开始在欧洲逐渐流行，尤其是在 Gillian Crampton Smith 所领导的皇家艺术学院（Royal College of Art，RCA）中。Smith 于 1990 年创立了 Computer Related Design（与计算机相关的设计）这一研究生课程，该课程从 CAD 技术改编而来，但它采用一种强调设计的新视角来进行讲解。到了 1998 年，Smith 的课程已经获得广泛关注，它的人气要比基于 Web 的信息架构师课程更高。这套课程主要研究三个领域：interactive information worlds（交互式的信息世界）、tangible computing（有形的计算技术）以及 intelligent environments（智能环境），今天的交互设计课程还是会讲到这几个方面[48]。Smith 离开 RCA 之后，在意大利的伊夫雷亚创办了一所学校，叫作 Interaction Design Institute Ivrea。在 2001 至 2006 年间，该校为期两年的研究生课程吸引了二十多个国家的学生过来学习。卡内基 - 梅隆大学（CMU）设计学院在 1994 年开设了交互设计方面的研究生课程，每年都培养出一些学生。（需要说明的是，我本人目前担任 CMU 设计学院的副教授，并在 Interaction Design Institute Ivrea 当过副教授。）

交互设计是从有形的实体物件设计中发展而来的，因此，它很容易与建筑学发生联系。Interaction Design Institute Ivrea 的许多教职工都受过建筑师方面的培训（另外，在意大利，设计方面的学位是由建筑学院授予的，因此，这种情况并不奇怪）。比方说，Stefano Mirti 于 2003 年在 Interaction-Ivrea 讲过名为 Buildings as Interface 的课程，该课程鼓励学生把交互设计运用到城市层面，并引发了多个作为硕士论文研究题目的项目。Malcolm McCullough（1957 年生）是一位建筑学者，也是密歇根大学的教授，他发现，建筑学的某些理念或许可以运用到交互设计中。他写的 *Digital Ground: Architecture, Pervasive Computing, and Environmental Knowing* 一书出版于 2005 年，在这本书里，他说："这些虚拟的交互方式已经成为我们生活与社交的一部分，因此，从这个角度来看，它本身也是一种建筑。原来我们总是担心网络会让建筑消失，实际情形并不是这样，这些得到广泛运用的计算技术恰恰说明了建筑是有必要存在的。" [49]

4.3.5 变来变去的头衔

你可能会问，这种工作的名字为什么总是在变？做这个工作的人为什么总是有各种各样的头衔？其实很多人都有这种疑惑。这个问题必须得到解决，也就是说，做信息架构的人必须改用一种大家都能接受的说法来称呼自己的工作。Jesse James Garrett 在 2009 年召开的第十届 IA Summit 闭幕时，对全体与会者做了演讲，他说："专门作为一种职业的信息架构是不存在的。你可以把它当成兴趣或研究课题，也可以说自己在工作中很擅长做信息架构，但不能把这单独称为一种职业。" [50]Garrett 与其他一些人把自己称为 designer（设计师）或是认为自己做的是设计工作，尽管这种称呼方式未必能让所有人满意，但是体验设计或经验设计这个说法确实能够把许多种设计工作给涵盖进来，而且"可以独立于特定的媒介，或是跨越多种媒介"[51]。这种称呼方式可以获得更为广泛的认同，而且能让从事各种数字设计工作的人都乐于接受，因此，最好是能把信息架构师叫成用户体验设计师。Garrett 说，他已经没有兴趣再去区分原来那些叫法之间的差别了，他现在认为，最好的办法就是打破成见，与同一领域内的其他人沟通，而不是故意把自己与他人分开，以博取注意。Garrett 说："没有信息架构师，也没有交互设计师，有的只是用户体验设计师，那些人做的工作其实就是用户体验设计。" [52]（Garrett 在 2016 年承认，他正在修改当年所做的定位，他目前关注的体验或体验设计工作针对的不仅仅是用户，而是强调要把人放在中心地位）[53]。

这些职位与工作方式的名称还会继续变化。除了刚才说的那些情况之外，还有一些新的叫法。例如 2015 年，Paul DeVay 在 Medium 平台发表了一篇文章，概述了"产品设计师"这一角色，他们并不是指受过工业设计训练的人，而是指擅长视觉设计并且会写前端代码的人，这些人负责设计数字产品，并由产品经理来管理[54]。如果说得宽泛一些，具备这些技能的人除了可以称为产品设计师，其实也可以用早前提到的那些名号来称呼。在这样一个新兴的领域里，很多人都想给自己安个响亮的名号，用来表示自己做的是一项专门的工作。可是无论名字怎样变，其中的趋势都相当明显：起初，这些人不喜欢把自己称为"设计师"，而是喜欢将自己定位成"架构师"，后来，他们又重新拾起"设计师"这个名号。

当今的数字设计工作显然比 20 世纪 90 年代复杂，与早期的 Web 开发者相比，现在的人必须掌握更多的技能。当年，许多 Web 设计师与架构师都通过查看网页源代码来学着制作网页。今天虽然也可以查看代码，但是网站中还有许多东西并不能单从页面代码中观察出来。移动 App 则更加不透明，它像是一座有围墙的花园，而不是一块开放的场地。此外，数字媒体的模式也不是 Web 信息架构所能决定的，而是更多地依赖于地点及我们所产生的个人数据轨迹。要想在当今时代制作网站与 App，并为其编写代码，你必须具备另一套技能，那就是软件工程能力。

这种变化对设计师的来源很有影响。前端的 Web 开发职位现在越来越多地由软件工程师与计算机专业出身的人占据，这些上过计算机专业课程的人要比从设计学校出来的求职者更受青睐（在设计专业出身的人中，女性通常多于男性），于是，在美国的技术公司中，大多数开发者都是男性，而在为数不多的女性中，白人又占了绝大多数（根据 National Center for Women in Computing Technology 提供的信息[55]，2016 年，从事计算机工作的人只有 25% 是女性，在这些女性里，有色人种不到 10%，其中，5% 是亚裔，3% 是非裔，1% 是拉美裔）。为了让数字设计领域发展得更加多元，我们必须注意不同种族、不同性别、不同阶层的人能否获得公平的教育、求职及晋升机会。为此，还有很多问题需要解决。

4.4　结论

信息架构以及与之相关的一些做法是从多个领域的交汇处涌现出来的。从事信息架构工作的人关心的并不是图形设计师所要解决的那些问题，他们更愿意独立形成一个领域，并通过该领域来与图书馆学、人机交互学以及建筑学等学科交流。为此，他们通过比喻提出了一些概念，并创立了一些模型，以便在互联网时代的新兴媒介上面开展工作。图书馆学和信息科学研究的课题与信息架构师关注的问题比较接近，因此，他们提出的一些研究方法正可以用来解决信息架构师所要处理的任务。与之类似，人机交互学家研究的问题也有一些是信息架构师所关心的，例如怎样运用（注重社会与文化的）ethnographic method（民族志方法）来研究问题，以及如何处理计算机系统的结构，等等。

对于本书来说，信息架构师的重要意义更多地体现在：他们能够把这些由信息所形成的"建筑"搬移到（或者说，"翻译"到）极受 Web 影响的数字世界中。在 Web 刚起步的那段时间里，信息架构师通过自己掌握的架构方法，让用户能够较为顺利地使用网络，只不过当时很少有信息架构师明确地意识到了这么做的意义。信息架构师把信息所具备的抽象概念转换成数字产品背后的相应结构，令我们在使用这些产品时，能够获得良好的体验。本章开头提到过 Dan Klyn，他说："信息架构从来都不纠结于某个像素或某行代码。它要处理的是一套庞大的抽象体系，让我们能够从中创造出许多东西来。"[56] 信息架构师所做的这种转换工作对于制作数字产品时所需要的结构知识与分类知识来说是必不可少的。他们忠实地对信息进行整理，正如建筑师忠实地对建筑素材进行规划一样。信息架构师们认为，这种对信息进行组织与整理的过程就是在做架构。

第5章 Cedric Price：响应式的建筑与智能建筑物

英国建筑师 Cedric Price（1934—2003）于 1979 年 1 月在伦敦做了一次演讲，该演讲的题目为："如果技术是答案，那么它是哪个问题的答案？"这个问题既有助于理解 Price 作品，又能帮我们认清这些作品的意义。Price 是一位敢于突破传统的建筑师，他对这次演讲的听众说：建筑的意义不是要把人限制起来，而是要给他们自由，让"每个人都有更多的选择权，以决定自己接下来要做的事"[1]。建筑项目怎样才能让与该建筑交互的人"产生新的想法"呢[2]？建筑与技术结合，除了能让建筑物变得更清晰、更实用之外，还可以产生哪些建筑师与技术专家没有预想到的效果？Price 说："我觉得，建筑的真正定义应该是一种方式，使得时间、地点与时空间隔方面的自然扭曲能够通过这种方式创造出某种有益的、我们早前认为不太可能实现出来的社会环境。"[3]他在演讲结束时总结道："我们应该注意，微处理器与硅片的发明让越来越多的人必须自行决定自己应该做些什么。在这种情况下，我们所能做的事情已经不再强烈地受制于社会环境和经济环境，我们可以尽情去做自己想做的，直到厌烦为止。"[4]

Price 设计的很多项目都没有实际构建出来，然而这些项目体现出了某些技术典范与计算模式。他与前卫的剧场导演 Joan Littlewood 共同提出了 Fun Palace 项目（1963～1967），想要在建筑层面运用控制论技术，令建筑物能够从用户使用它的方式中学习，并做出调整，以回应用户。Price 还构思了五层的多媒体建筑 Oxford Corner House（1965～1966，未兴建），这是一套信息环境，其中的屏幕能够显示新闻与教育方面的内容。另外，还有 Generator 项目（1976～1979，未兴建），它由一套 12 英尺的可移动立方体以及一些能够为吊车所搬移的通道构成，这些部件会根据用户的需求重新组合。每个元素都配有微控制器，并由一组计算机程序管理。如果这些部件没有经常变换位置，那么说明这套设计方式比较无趣，于是，该建筑就会重新进行设计。这都属于概念上比较超前的项目，而且即便放在今天，也显得相当大胆。建筑圈之外的信息架构师以及当代的数字设计师或许并不熟悉 Price 的作品，然而，这些作品确实充满了喜感，而且很能激发想象力。我在思考，Price 算不算是一位暗中给交互设计师与信息架构师提供支持的人呢？

在 Price 参与的项目中，已经建成的项目虽然不如没有实现的那些项目前卫，但仍然值得注意。伦敦动物园的 Snowdon Aviary 是他与 Frank Newby（1926—2001，Price 的朋友，为该项目提供工程支持）及 Lord Snowdon（第一代斯诺登伯爵，1930—2017）在 1961 年一起设计的，它用铝做成一套张拉整体框架，使得其中的大三角形能够合起来形成一整张网。建筑师 Will Alsop（1947—2018）早年曾经在 Price 那里做工，他说："这种结构是给鸟设计的，等到这些鸟在此定居之后，就可以把网撤掉。这张网只是临时覆盖起来的，让鸟有足够的时间学着在这里安家，等到适应了这套环境之后，即便没有网，它们也不会飞走。"[5] 在 Price 所设计的项目中，只有很少项目能够真正得以实现，Snowdon Aviary 就属于其中之一，并且至今还在使用（现在依然有鸟在其中，而且那张大网也没有拆）。

Price 的建筑风格就是这样。他并不执着于建筑物本身，而是更在乎这些建筑所能促成的交互方式，无论是对于住在建筑物中的人或动物（例如上一段提到的鸟），还是对于设计这些建筑物的建筑师，Price 关注的都是与之有关的交互。与 Price 不同，20 世纪 60 年代，有一些建筑师对技术特别着迷。Archigram（建筑电讯）学派的几位建筑师就是如此，他们是 Price 的好友，这些人很重视建筑物的形体，并通过一些项目来构思如何运用技术实现图形与科幻效果，例如 Walking City（像一座城市那样大的平台，有腿，可以从一个地方走到另一个地方）、Plug-In City（一种巨型结构，让人可以把各自的居室安插到这套大框架的不同位置上）以及 Cushicle and Suitaloon（尺寸与人体类似的可移动、可穿戴环境，能够根据个人需求而扩展）。Price 的重心不在这里，他想要推进的是蕴含在建筑物外表之下的一套理念，也就是要设计出具有活力的项目，令这些项目能够运用各种技术培育出各种类型的房屋、地点乃至城市，从而让该项目持续运作下去。

Price 发现，建筑学与技术可以通过多种办法改变休闲与学习的方式。他所设计的建筑物与建筑项目提倡开放而自主地学习。这些建筑能够提供学习框架，这似乎并不令人意外，但其微妙之处在于：它们要向住在其中的人学习，而且要做出改变，以回应这些人的需求。Price 宣称，他的 Generator 项目是世界上第一栋智能建筑。这或许有一定道理，尤其是考虑到该项目展示了人工智能在有形的建筑物中的运作方式。Royston Landau 是 Price 的朋友及合作者，他在 Price 编辑的书中说，技术的意义在于"参与建筑方面的争论，具体的争论方式可以是给建筑提供支持，让人意识到现有建筑的缺点，或是激发人去构思新的建筑"[6]。Price 把技术当成一种激起变革的力量，用以改变人与建筑及城市进行交互的方式，进而改变现状。

5.1 Price 小传

1934 年 9 月 11 日，Cedric John Price 生于英格兰中西部的 Staffordshire Potteries。他的母亲 Doreen Emery 来自上流社会，出身制陶业。他的父亲 Arthur Price 出自威尔士的工人家庭。由于二战影响，Cedric 12 岁之前一直在家中念书，这种经历让他对非正统的教学模式兴趣很浓。他的父亲与叔叔辈都是坚定的左派，这影响了 Cedric 的价值观念[7]。父亲 Arthur 从英国皇家海军陆战队退役之后，在夜校完成了建筑方面的培训，他鼓励 Cedric 学习设计，并在其 8 岁之时给了 Cedric 第一本建筑学书籍：*The Modern House in England*[8]。

Cedric 于 1952 至 1955 年间在剑桥大学圣约翰学院就读，并获得学士学位，又于 1955 至 1957 年间在建筑联盟（Architectural Association，AA，也译为建筑协会）学院继续研究。他接受 Ernö Goldfinger（1902—1987）指导，并在 1956 年协助其导师完成了当代艺术学院的那次著名展览：*This Is Tomorrow*。Cedric 在那段时间认识了 Buckminster Fuller。给 Fuller 写传记的一位作者说："我觉得，其实早就有线索能显示出 Cedric 与其他建筑师不同。例如，他能够看出 Bucky 的某些特质，而别的人则看不到这一点。Cedric 的眼光没有仅仅停留于事物的表象。就我所知，他是唯一一位能够理解 Bucky 正在做什么的建筑师。"[9]Price 于 1960 年成立了自己的公司，并一直运营到 2003 年他去世为止。他给 Council of Industrial Design 及 AA 讲课，并在英国及世界各地多次发表演说。

Price 是公众人物，他同许多有影响的人合作过，其中既有建筑师，又有演员、导演、艺术家与技术专家。Price 是工党的忠实成员，同时也与许多保守党的议员成了密友[10]。Price 的伴侣 Eleanor Bron（1938 年生）也是名人，她是英国的电影演员与戏剧演员，早年曾在 Beatles（披头士乐队）主演的电影 *Help!* 中当过女主角，Beatles 的歌曲 *Eleanor Rigby*，其名称就源自 Eleanor Bron[11]。与 Price 合作过的人包括英国的剧场导演 Joan Littlewood 以及控制论学家 Gordon Pask。Pask 与 Price 一起从事 Fun Palace 等项目，他对控制论的看法影响了 Price 参与的一些交互式项目。（此外，Pask 还与 Nicholas Negroponte 及 MIT Architecture Machine Group 合作过。）

Cedric Price 与本书要讲的另外三位关键人物 Christopher Alexander、Richard

Saul Wurman 及 Nicholas Negroponte 都活跃在同一领域。其中，Alexander 对 Price 所提出的问题解决办法以及用控制模型来整理各项活动的做法尤其感兴趣。Price 在 1966 年 4 月同 Alexander 会面时，把自己对 Potteries Thinkbelt 项目的想法分享给了他 [12]。此外，Wurman 也和 Price 一样，都热衷于采用建筑学知识来探索新的学习方法。根据 Wurman 所说，他们虽然见过面，但是并不"了解"对方 [13]。Price 与 Negroponte 都同 Gordon Pask 合作过，但他们没有见过面 [14]。

　　Price 有一本 Negroponte 所写的 *Being Digital*（《数字化生存》）。该书于 1995 年出版，现在由 Canadian Centre for Architecture 收藏。Price 在书上写了这样一句话："GOOD——but dated."（好——但已经过时了。）如图 5.1 所示。

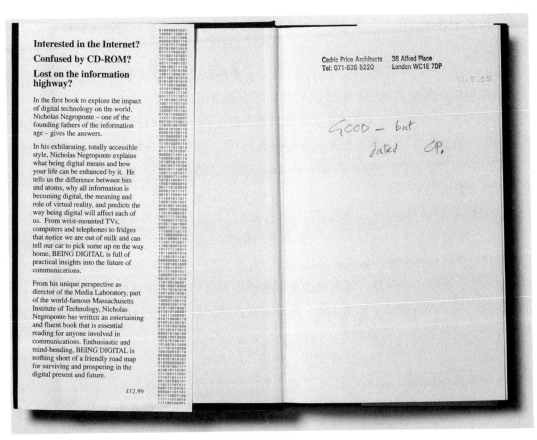

图 5.1　Cedric Price 收藏的 *Being Digital* 一书（作者是 Nicholas Negroponte，出版于 1995 年）。Price 在书上写的那句话反映了他对 Negroponte 这部作品的观点："GOOD—but dated." Image courtesy of Collection Centre Canadien d'Architecture/Canadian Centre for Architecture, Montréal

5.2 反建筑师与反建筑物

要介绍 Cedric Price，似乎总是得从 Fun Palace 项目（1963~1967，未兴建）开始。该项目是他与前卫的剧场导演 Joan Littlewood 合作的，其中还牵涉其他一些人 [15]。这个项目要建立的是一种另类的剧场，是一个没有固定学习计划的休闲与学习中心，也是一栋能够根据访客穿越它的方式运用控制论技术自行调整的建筑物 ——反正它就是这样一种与普通建筑不同的东西。Price 宣称，这是一栋 anti-building⊖，而且他在自己用的稿纸上面，还手写了 CEDRIC PRICE，ANTI-ARCHITECT NO. 1（CEDRIC PRICE，头号反建筑师）字样（此处依据他在 1964 年针对 Fun Palace 所写的一张便签）[16]。如果把那些根据长久以来的建筑传统而创造具体建筑物的人称为建筑师，那么像 Price 这种根本不纠结于具体的楼房，而是重在强调建筑项目的社会功能与角色之人，则可以称为反建筑师。

在 Price 设计的许多项目中，anti-building 都是个极其关键的理念，这是一套框架，可以根据用户的想法重新进行配置，从而尽可能地给用户带来各种乐趣（比方说，Fun Palace 项目可以"从喝水、亲密交流、听声音、看东西、呼喊或是休息等行为中感知人的需求，并做出改变"）。这套框架能够根据各种活动"判断出该地点所应具备的正确形式"（这种形式可以提供"有水的空间、电视与舒适的座椅、热闹的影院、奇妙的玩具，或是搞笑的表演"）[17]。

Fun Palace 项目与 Price 设计的其他一些项目类似，也包含可移动的模块化部件。Price 与工程师 Frank Newby 一起，想要努力地将 Fun Palace 构思得灵活一些。他们设想着让该项目的各个部件集成到一套大约 780 英尺⊖×360 英尺的巨大钢架中，这套钢架中有网格，令楼梯、扶梯以及各种通道都能够来回搬移 [18]。可移动的龙门起重机（也就是铁道或码头附近能够见到的那种）以及装在屋顶附近的一些起重机能把天花板、地板及各个模块放置在合适的地方，其他一些充气结构也能够根据需要各就其位。投影装置可以用来设计各种各样的传媒空间。不过，与 Price 的其他一些项目类似，我们目前还很难准确地描述出 Fun Palace 建成之后的确切样貌。他的朋友 Reyner Banham（1922—1988）是一位建筑评论家，Banham 说："他可能并不知道 Fun Palace 看上去会是什么样子，但这并不重要，因为该项目的重点不在这里。无论何时，你从外面看，都不会发现特别之处，无非就是一些服务塔、起重机与部件而已。真正特别的地方在于

⊖ 直译是反建筑物，可以理解成与常规不同的建筑物。——译者注
⊖ 1 英尺＝0.3048 米。——编辑注

其内部的运作方式，Fun Palace 会通过这些机制，组合出一套能够满足需求的环境来。"[19]

　　Littlewood 与 Price 请来了控制论学者 Gordon Pask。他在 20 世纪 50 年代首次与 Price 相遇，并在 1963 年参加该项目。引入控制论之后，Fun Palace 就有了一套可以随时学习的机制，该建筑可以根据访客的移动情况与需求做出变化及回应。Pask 拿出了名为 "Proposals for a Cybernetic Theatre" 的提议，其中提到了一些 "针对控制系统而设的装置"，它们可以让受众以新的模式与该建筑互动[20]。为此，Pask 召集了 25 个人，组成了 Fun Palace Cybernetics Subcommittee，以研究 Fun Palace 所能采用的各种控制流程。这个委员会提议，采用穿孔卡片来管理资源，以防多位用户对同一套空间的用法彼此之间产生冲突，这样做还可以让 Fun Palace 能够从这些用法中学得经验[21]。Roy Ascott（1934 年生）是该委员会的成员，他甚至想打造一套 Jukebox Information System（自动点唱机式的信息系统），该系统可以接受访客的请求，并根据收集到的各种反馈意见拟定出合适的信息通道。后来，它变成了 Pillar of Information，这是一种百科全书式的 kiosk（亭子），它可以根据进入 Fun Palace 的访客以前所查询的内容，逐步演化出自己的一套模型[22]。

　　对于 Pask 来说，Fun Palace 是个能够在建筑层面上研究控制论的机会，借此可以观察这样一种项目所产生的社会影响。委员会制作了一张图表，演示了 "由未经影响的人构成的输入" 会怎样进入 Fun Palace 中，并参与这个 "实际的网络"。这张图表的结果是 "由受到影响的人构成的输出"[23]。Pask 提出，可以用 Fun Palce 来做控制论研究，以了解空间对情绪的影响，这项研究还想 "确定最有可能让人感到幸福的因素"。Pask 写道："这个项目尤其要解决哲学与理论原则方面的问题，以判断出最有可能产生幸福感的原因，并且要搞清楚，这个自动化的社会中，组织机构在休闲方面应该扮演什么样的角色。"[24] 后面这项研究显示出 Pask 与 Price 的远见。有人觉得这种研究相当危险。例如 2014 年有人披露，Facebook 在给某些用户推送内容时，会操控正面内容与负面内容的数量，以此来研究情绪对其用户的影响[25]。大家听了这则消息后相当愤怒，然而在这个越来越自动的环境中，这样的事情其实一直都在发生。Fun Palace 项目早在几十年前，就从建筑层面上考虑到了这种情况。

　　Price 与 Littlewood 努力了很多年，想要把 Fun Palace 给建造出来。他们考虑了大量的备选地点，并与许多政治人物及市民团体会面，这样做都是为了探索各种可行的方案。到了 1966 年末，这个项目已经确定不会得以实现了，然而它选择的 Mill Meads 这个地方却一直空着，直到 2012 年伦敦奥运会的时候才开始使用。现在这里是伦敦水上运动中心，该建筑由 Zaha Hadid（扎哈·哈迪德，1950—2016）设计，其休闲功能与 Littlewood 及 Price 当年设想的不同 [26]。不过，Price 看到了其他一些受 Fun Palace 启发的建筑，例如巴黎的蓬皮杜中心。这座建筑的设计者 Renzo Piano（伦佐·皮亚诺，1937 年生）与 Richard Rogers（理查德·罗杰斯，1933 年生）从 Fun Palace 的设计方案中吸取了很多内容，包括外在的结构桁架以及内部那些很有特点的扶梯与通道。这座当代艺术博物馆虽然也属于传统意义上的建筑，但它确实向 Price 的前卫风格看齐，只不过这主要体现在审美上面，而非设计理念上面。

Price 其实设计过一座与 Fun Palace 类似的建筑，只不过它的规模比较小，而且没能完全展现出 Price 的想法，这就是伦敦 Kentish Town（肯蒂什阵）的 Inter-Action Centre。这座当地社区中心建造于 1976 年，其外部桁架能够安插一些预先设计好的模块化组件。Price 从来没打算让自己设计的建筑一直使用下去，而是会拟定计划报废方案（他自豪地宣称，自己参与了英国的 National Federation of Demolition Contractors（全国拆除商协会））。有人认为，这座建筑物应该保留下来，以见证历史，但 Price 并不支持这样做。该建筑于 1999 年拆除。这种尽快拆除建筑物的风气可能是由一些现实原因促成的。Price 的某些项目在建成之后出现了问题。例如 Mary Louise Lobsinger 就指出，Inter-Action Centre 建成后，客户对该建筑使用的松散而现成的组件表示不满，相关文档也显示，这栋建筑物受到了多次投诉，而且有人打算提出诉讼 [27]。Price 之所以特别支持建筑物的计划报废机制，可能是由于英国规定，建筑师对建筑物的缺陷负永久责任——甚至在其过世之后，还需要有人来负责 [28]。

玩得很认真

Price 在书写、会话、记录以及设计项目的过程中，很喜欢搞怪，而且总爱用各种各样的比喻。例如他说建筑像吃饭，像做菜，像买东西，又像消化，他还说建筑是网络，是计算机，是大脑，是游戏，也是戏剧。许多人认为，建筑师的工作应该是按部就班的，然而他的朋友 Paul Finch 指出，Price 不是这样，他是一位机敏、细致而又很有条理的建筑师，Price 认为，设计建筑物的过程不应该那么古板 [29]。

Price 确实是在玩建筑，但他玩得很认真。这种认真追求乐趣的心态并不单单体现在其中的某一个项目上面，而是贯穿了他的整个人生。许多人都讲过与此有关的故事。在 *Cedric Price Opera* 这本书的开头，盖着 Hot Stuff Club President 字样的印记。在这个 Hot Stuff Club 中，President（主席）当然是 Price 本人，而其他一些成员则是他的兄弟、密友与伙伴。Price 组织了许多俱乐部，其中，Hot Stuff Club 聚餐时，讨论的是"没人会信"的东西——这是 Barbara Jakobson 说的，她是现代艺术博物馆的董事，与 Price

合作过 Generator 项目。Jacobson 也是俱乐部里两位海外成员之一，她的头衔是 Vole，意思是 vice-president（副主席），聚餐时，总负责把带馅的卷心菜吃掉[30]。

　　Price 这样玩是有目标的，他想要改变众人的观点，想要改变这个领域，想要揭示出其他人所忽视的一些地方。在 1989 年于 Architectural Association 举办的一次演讲中，Price 告诉大家："很少有人能够为了追求乐趣和愉快而进行设计，要想这么做，就必须面对质疑——而且这样确实会招来批评，有人会说，这是在搞一些危险、神秘而奇怪的东西……要想设计出好玩的建筑物，就必须像设计宗教建筑时那样，对时间、空间与物质进行扭曲。"[31]Price 认为，这种变换规则、流程与材料的手法可以充分改变事物，以"产生乐趣"，当然，只要别做得太过分就行。他说："奇迹感是很难专门设计出来的，这种感觉通常只能体会到一次。"[32]

　　有一种视角可以用来欣赏 Price 的建筑理念，就是把它看作无限的游戏。根据 James Carse 的定义，这种游戏并不是为了分出输赢，而是想"让游戏能够一直玩下去"[33]。Carse 写道："对于无限的游戏来说，玩家没办法说清这个游戏是从什么时候开始的，而且他们也不关心这一点，因为这种游戏不受制于时间。它的唯一目标就是不让这个游戏停止，令每个人都能一直玩下去。"[34]如果把建筑学也当成一场游戏，那么可以说，Price 给这个游戏引入了新的规则，他可能会用一些图表来调侃客户，也可能会设计出一些响应式的建筑物，让用户能够改动这些建筑，并且让建筑本身也能够影响用户的行为，甚至会对用户的用法感到厌烦——这些都属于 Price 给这盘游戏带来的新意。这些规则让建筑学不再受制于某一栋建筑物或某一张建筑图纸，而是能够在更为广阔的时空中尽情发挥，以改变它与设计者以及同该建筑物相交互的人之间的关系。

　　Price 做过许多项目，本章介绍的这些项目并不仅仅是为了在建筑层面运用信息与计算技术。Price 还想用它们来评判社会问题以及各种建筑手法，并且通过这些活泼而灵动的项目（比较温和地）颠覆一些固有的观念。此外，这些项目还透露出 Price 关心的一个问题——他认为建筑物应该是可以改变的，而不能一成不变，建筑物应该通过改变来教育其用户，促使这些用户也发生变化。本章当然会简要地提到 Price 设计的一些知名项目，例如 Fun Palace 与 Potteries Thinkbelt，不过此处的重点是两个能够更加明确地体现出网络与信息系统的项目，也就是 Oxford Corner House Feasibility Study（其中的 Oxford Corner House 简称 OCH，这个可行性研究项目于 1965～1966 年间进行，未能实际建造出来）与 Generator（1976～1979，未兴建）。正如 Mark Wigley 所说，这些项目显然表明，Price 要"重新设计建筑师的形象"[35]。为了这个新的目标，Cedric Price 不仅会提出一些看上去比较前卫的项目，而且还致力于打破建筑学的传统观念[36]。

5.3 供教学与交流用的建筑机器

假如 1965 年就有搜索引擎，那么 Price 提出的这种建筑物其实也可以说是搜索引擎。Price 想在伦敦中部打造一套像整栋楼那样大的计算机，把它当成"信息蜂巢"与"教学机器"来用，这个地方有一间曾经很风光的餐厅，该餐厅由 J. Lyons & Co. 经营[37]。Price 的这个设想是在给 Oxford Corner House（简称 OCH，构思于 1965～1966 年间，未兴建）做可行性研究的时候提出来的，该提案旨在构建一套巨大的信息网络，它全天 24 小时开放，并且能够容纳 7000 人（如图 5.2 所示）。根据 Price 为 OCH 所做的规划，这栋建筑物中配有许多台电传打印机，用以接收新闻与图像，此后，会由一些闭路电视摄像机将这些内容显示在楼中的数百个屏幕上面。由液压所控制的楼板可以上下移动，以便根据需要创建出适当的三维信息空间。地下层装有一台强大的 IBM System/360 计算机，由数十位操作员控制，该计算机能够保存资料，并根据每个人的需求，把相关的媒体与信息以拨号上网的形式投递到 information carrel（信息研究室）。这是个很前卫的概念，即便五年之后，也还是没有完全实现出来。该建筑的屋顶是一座能够照亮星空的天文馆，该建筑的地下层有一些模拟器，可以学习开车。Price 说：这栋建筑有"无数种用法，而且始终在变化"[38]。

图 5.2 牛皮纸上的 Oxford Corner House 草图。这些图是在实景照片的上方绘制的。左图是天文馆与上层楼面，中图是天文馆的局部（这可以从底部照片中的建筑物判断出来，因为其中有一些房屋也出现在了左图的照片里），右图是未经修改的原照片。Image courtesy of Collection Centre Canadien d'Architecture/Canadian Centre for Architecture, Montréal

OCH 项目所在地位于伦敦托特纳姆宫路与牛津街的路口，此处的 Lyons Oxford Corner House 餐厅建于 1928 年，以前是 J. Lyons & Co. 所拥有的餐饮综合大楼。这是欧洲一家大型的餐饮与食品公司，1909 年起开办了五家 Corner House 连锁店，这些连锁店都在一楼的店面里，售卖 J. Lyons & Co. 公司的各种产品，并提供各项服务（例如茶、火腿、点心、糖果，还有美发与订票等业务，甚至能在伦敦市的范围内送外卖）。Corner House 的女服务员称为 Nippy，她们动作迅速，反应机敏。这也成了二战后伦敦电影与大众媒体中的一种标志。四层楼的 Oxford Corner House 刚开放时，每层都有餐厅，而且都有乐队现场演奏，它一次能容纳 2200 人，在最兴旺的那些年里，可以做到二十四小时营业。这家 Corner House 在全部的连锁店中还不是最大、最忙的一家 [39]。到了 20 世纪 60 年代，英国人的娱乐品味有了变化，曾经繁荣的 Corner House 失去了光彩 [40]。不过，J. Lyons & Co. 占据这里的 Oxford Corner House 还是获得了很多好处，因为这家店的地段很好，处在伦敦的中心，其潜在顾客每年可达 15 000 名，此外，附近还有一栋由 Richard Seifert（理查德·塞弗特，1910—2001）设计的 32 层摩天大楼，叫作 Centre Point（中间点大楼），这也可以给该餐厅吸引到顾客 [41]。

为什么要请 Cedric Price 来做这个项目呢？因为 Patrick Salmon 听到 Price 提出的 Fun Palace 计划之后，想找他谈一谈，看"能否把这样一种思路运用到 Oxford Corner House 上面"。Patrick 是 J. Lyons & Co. 公司主管 Samuel Salmon（1900—1980）的儿子。他说："我觉得，给大众提供休闲服务是个很有潜力的事情，如果推进这个方案，那么我们或许可以培育出一种新的社交模式，正如世纪之交出现的 Teashop（茶馆）一样。" [42] 对 OCH 所做的可行性研究耗费了两万英镑，该计划从 1965 年 10 月做起，一直到 1966 年 8 月结束，总共持续了十个月。它的重点在于研究并论证概念，而没有进入设计与建造阶段，因此也就没有像 Generator 等项目那样产生出施工图。此外，J. Lyons & Co. 的诸位管理者自己也提出了一些看上去不错的点子，例如把它建成园艺中心、射击场、烹饪培训馆、豪华酒店、迷人的 Playboy 夜店，甚至是带有计算机模拟设备的体育中心，让人能够练习滑翔 [43]。然而 Price 打算按照他自己的想法重新考虑这个问题。他提议，OCH 应该致力于：

建立一种独特的休闲场所，并提供不断变化的环境与设施，让人能够自发地参与各种休闲活动，例如品尝美食、喝饮料、按自己的节奏学习，或翻看世界各地的新闻。

这个地方可以称为众人的神经中枢或城市的大脑，它必须通过设计，让人感到兴奋、喜悦与满足，这是 20 世纪的大都会必须做到的，而不能仅仅把它理解成皮卡迪利圆环那样的闹市区，或汉普斯特德荒野那样的自然景观。[44]

这样一种神经中枢要让这个路口的人气变得比伦敦城中其他繁忙的路口还要高，它要通过传递信息，促使人与人之间多多交流。正如 Price 在 OCH 的可行性研究报告中所说的那样，"整栋建筑就是一台庞大的教学机器" [45]。

5.3.1 教学机器

OCH 计划反映了 Price 对教育的看法，他把教育当成积极的休闲活动，并认为该活动需要由通信技术支持。在完成 OCH 研究的同时，他还试着发明一些新颖的方式，让移动建筑与通信技术可以服务于教育。在这样的视野之下，他把 OCH 当成一种"可以自己控制节奏的公共技能与信息蜂巢"，并将其明确描述成一个"在传统、学识、经济、学术以及其他方面都不受拘束的"学习项目 [46]。

Price 同时进行的另外一个大项目对 OCH 有所影响，该项目是 Potteries Thinkbelt（Price 将其简称为 PTb，于 1964～1966 年间进行，未实现）。那是一座建在铁轨上的大学，由可以重新组合的模块构成。与 Christopher Alexander 会面时，Price 将该计划分享给他听。Thinkbelt 项目打算建设一座有两万名学生的校园，它将以铁轨为基底，用便携而灵活的建筑部件搭建而成。该项目预定的地址位于 North Staffordshire Potteries，这是英格兰的制陶中心，有 250 年的制陶历史，Wedgwood 与 Minton 等公司在这里制作各种瓷器 [47]。（此处距离 Price 成长的地方只有几英里远。）二战后，这个地区变得萧条，而且受到了污染，同时，这里还缺乏高级的技术教育资源。Price 希望 PTb 项目能够从研究与知识两个方面逐步重塑这个地区，从而产生一种"催化效应" [48]。他认为，与学生及热衷于学习的人频繁接触能够"让大家产生这样一种要求，即希望社会环境能够取得更大的进步，这会激发内心深处的创业本能" [49]。

PTb 要把可移动的单元部署在铁轨与运输线路上面，这些道路早前是用来进行瓷器贸易的。教学活动将会在这样的 Thinkbelt faculty area（Thinkbelt 教学区域）中开展，其中有各种模块化的教育结构，例如讨论班、自习室、存放通信设备的单元，等等，还有一些 fold-out inflatable unit（折迭式的可充气单元），用来安排需要电视设备或广阔场地的演讲。这些模块化的住宅单元既可以给学生用，也可以给需要住所的当地民众使用。有些单元叫作 sprawl，适合全家居住，有些单元叫作 crate，是一种由移动吊车来安排的塔状结构，其中可以安插箱体，还有一种密封的居住空间名为 battery（电池），以及一种给一到两人临时居住的空间，叫作 capsule（胶囊）。这些住宅形式其实并不新奇，日本的 Metabolist（新陈代谢派，也称为代谢运动派）以及 Price 的一些朋友（他们属于 Archigram 派，即建筑电讯派）都研究过乃至构建过这样的生活空间，然而把这些东西组合起来放在铁轨上面并将其用于教学，则是 Price 的创见。

遗憾的是，没有多少人对 PTb 项目感兴趣，在 Price 提出他的 Thinkbelt 计划时，社会上还有一种新的教育理念也在萌芽，即 Open University（开放式大学），打算通过广播与电视等手段进行教育。Price 的项目没有吸引到实际的客户，虽然他发表了自己的计划，但是当年对新型教育模式感兴趣的人都去支持 Open University 了 [50]。

Potteries Thinkbelt 之所以重要，是因为它从建筑角度重新构思了教育、信息及通信之间的关系。至于选择铁路轨道为基底，则是为了借用现有的机制，可以说是一种搭便车的做法——十九世纪中期的电报线就是沿着铁路布置的。Stanley Mathews 认为，从某种意义上来说，"Potteries Thinkbelt 在建筑学领域提出了一种新的信息模型，这种景观或者说网络其行为可以根据算法来安排，并且能够顺畅地进行自我调节，正好体现了后工业时代的信息技术所具备的特征。这些移动单元就好比信息量子，而位于分岔路的开关以及各个中转站则像是一套庞大的计算机电路中的逻辑网关" [51]。

5.3.2　一台集中式的信息机器

Potteries Thinkbelt 是一种覆盖整个区域的分布式教育网络，而 OCH 则与之相反，它是把各种活动都集中到一处，以供大家消费这些信息。Price 认为，OCH 应该成为

吸收、消化并反哺信息的中心，它可以根据需要，针对特定的目标、地点与时间来收集或提供信息。

Selection Feed-back（选择反馈技术）

Display Retrieval（显示获取技术）

Distribution Evaluation（分布评估技术）

Storage Comparison（存储对比技术）

……它之所以要利用这些技术，实际上是想从一个全新的层面上让大众感受到城市生活的乐趣，有了这些技术，大家就不用再为各自的目标而来回奔波了。它会在各项活动与参与者之间建立前所未有的新型关系。[52]

Price 打算让 OCH 成为"大众的神经中枢或城市的大脑"，为了推进这个理念，他刚开始规划项目时，就决定把神经系统与肌肉系统延伸到 OCH 所在的建筑之外 [53]。伦敦是交通枢纽，也是一座与世界各地关系密切的城市，该项目打算利用伦敦在这方面的优势，将自己与伦敦的"物理通信网络"集成起来，以尽量提升 OCH 的访问量。如果能做到这一点，那么大家在经过这栋建筑时，就会产生更为丰富的信息，并做出更为频繁的

举动。从该项目的众多图表与地图中可以看出这样一种倾向：OCH 打算通过伦敦的城市结构，把民众吸引到这个通信网络中，让进出 OCH 的通信线路成为它的神经，并让物理通信网络——也就是伦敦的交通运输网——成为它的肌肉[54]。按照 Price 的设想，由于 OCH 借助的基础设施覆盖范围相当大，因此可以吸引许多人过来，他甚至考虑投入大量资金在地下开设一条线路，把 OCH 与伦敦地铁设于托特纳姆宫路的车站给连接起来。

Oxford Corner House 的访客会为屏幕上的各种新闻与信息所包围，这些内容可以从各个方面满足他们的需求。楼层越高，看到的信息就越具体。一楼提供的是大众信息，二楼与三楼提供的是小众信息，最顶层的四楼有单人使用的研究室。前两层楼的新闻显示屏会播放"即时新闻"，这些新闻涉及英国与全世界的重大事件以及与政府有关的各项事务，它们是由 OCH 的编辑团队挑选出来的，每过两个小时到四个小时就更新一遍。第三层与第四层有针对小群体及个人的"信息与影音获取及显示"服务。提供给单人使用的研究室设在第四层，编辑人员在地下层工作，他们要从这一层的计算机与电传打印机中获取内容并加以管理，此外，这一层还设有电视演播室[55]。OCH 可以提供英国各大报纸与电视频道上面的新闻，还可以通过公共电话网提供警务、城市与政务方面的信息，并安排教育活动、会议与展览，而且能提供计算机服务[56]。

定义并描绘这种建筑物的信息源其实与计算机领域的系统分析工作很像，只不过它是在建筑物的层面上执行的。做这样的分析时，Price 等人首先要判断内容来自何处，然后把它们与 OCH 中的一些活动以及这些活动所在的地点联系起来，接着通过一系列图纸来设计网络基础设施，规划人员流动的路径，并安排好界面／接口的位置。OCH 中的一些设计细节（例如走动的路径、屏幕的摆放手法以及模块式的楼板应该移动到什么地方）都需要由信息的形态（包括其类型、频率与数量）以及传输、存储、获取与投放方面的要求来决定。

为了更好地进行上述活动，Price 的团队研究了大众群体与小众群体的通信动向，他们把人与人之间的互动情况绘制成图表（如图 5.3 所示），并将其当成 OCH 计划的输入信息。每一种交流行为都配有一张草图，用以描述人们在进行这样的交流时所采用的通信手法与互动方式，例如他们可能会怎样汇聚、交换或吸收信息？他们会采用什么样的话头来引发一场自由讨论[57]？接下来，Price 团队会根据这些通信动向，在一层一层的薄纸上面绘图，并以此来设计 OCH 的屏幕。一楼应该安装大屏幕，给一般的民众观看，二楼的屏幕应该分布在可能有人走过的地方，让他们经过这些地点时可以随处看到屏幕上的内容。Price 等人还研究了扶手电梯的安排方式，确保大家可以顺畅地在 OCH 的各层之间走动而不会发生拥堵。OCH 的上面几层由可移动的板子来支撑，这些移动板是用液压装置控制的，它们能够上下移动，以便根据访客的规模适当地安排各楼层之间的信息与屏幕。这些平面图与剖面图还演示了 OCH 装配的 Eidophor（大型图像投射器）是怎样把各种位置上面的信息投射出来的，这些设备能够把图像投放到巨型屏幕上面，屏幕的尺寸和电影院放电影用的屏幕相似[58]。

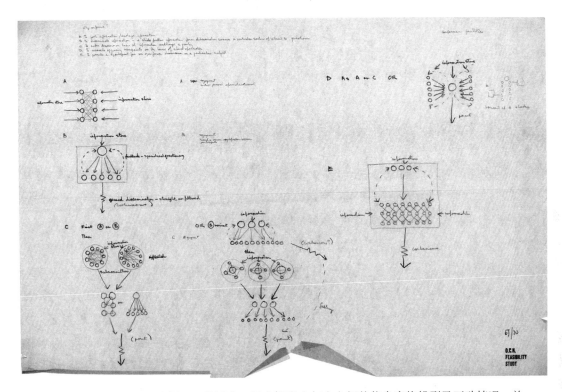

图 5.3　Price 的团队绘制了一些图表，用来探索人与人之间的信息交换模型及互动情况，并以此决定整栋 Oxford Corner House 之内的各块屏幕所处的位置以及每个区域内所应装配的屏幕数量。Image courtesy of Collection Centre Canadien d'Architecture/Canadian Centre for Architecture, Montréal

进入 OCH 的人可以从远处看到大屏幕上的信息，也可以在经过各层楼的时候沿途观察屏幕上的内容，此外，他们还可以根据自己的需要，在研究室中通过小屏幕近距离地阅读。Oxford Corner House 可以提供四百间研究室，让人在这些地方发表言论、进行演说，并接收静态与动态图片[59]。由 Sol Cornberg 设计的这种研究室曾于 1964～1965 年的世博会期间使用，其中配有头戴式耳机、麦克风、扬声器与电话机，用来收听及发表演讲，还有一套拨号盘与键盘，用来接收计算机与视频文件系统中的信息，另外，配有两台打印机，让用户能够把会话中的一些内容给打印出来[60]。这些研究室当然也装有摄像机，以便将计算机上面的信息传播出去，之所以要采用这种手段，是因为那个年代还无法将计算机直接与整栋楼中的各台显示器相连。Price 说，OCH 拥有丰富的多媒体功能，可以培育出一种新的教研与学习方式。他写道："似乎没有必要……在 OCH 的研究室中采用传统的辅助教学手段了，例如教学机、语言实验室，等等，因为 OCH 本身已经提供了许多信息存储机制，让导师、教师、讲师与会议演讲者能够加以利用，从而把声音与图像从电视演播室中传送到任何一间研究室中。"[61]

5.3.3 信息网络

为了传播这些信息，OCH 需要在整栋大楼中排布电话电报线以及闭路电视线，这项工作复杂而艰巨。许多新闻都要靠安装在电传打印机上方的摄像机来完成，这些设备会把电传打印机收到的内容广播给整栋建筑物。OCH 一共有 240 个显示器可以通过这种摄像机接收新闻，这些新闻由编辑团队选取，他们每隔五分钟会换一轮新闻，也可以根据访问者的要求来更换新闻。执行 Price 的设想需要相当大的工作量，单就新闻而言，OCH 需要从 13 个组织的 21 份报纸以及 4 个新闻机构那里接收信息，而且需要为它们分别安排专用的电传打印机（如图 5.4a 所示），这些机器必须每天 24 小时保持运作，以便将收到的文字与图像打印出来，让 OCH 新闻通信部门的主管加以处理[62]。在警务信息、大伦敦（Greater London）与整个英国的政务信息及教育内容等方面，Price 团队也制订了类似的模型。图 5.4b 详细绘制了 OCH 的整套信息传输与显示网，也就是它的神经系统。我们可以从该图中看到文字、静态图片以及动态图片的传播路径，还可以看到 30 部装有摄像机的电传打印机、16 台 IBM 显示终端以及其他一些技术设备。OCH 的通信部门需要由许多人来维持运作，根据 Price 提供的组织结构图，至少得招募 125 名雇员，此外还得安排管理人员与文秘人员。

5.3.4 OCH 的计算机大脑

把 Oxford Corner House 从餐厅变成计算机化的学习中心与信息中心似乎并不像刚刚听到时那样突兀，仔细想想，这或许是个不错的主意。由于要捕获并保存新闻，因此必须有一套比较大的计算机系统，Price 团队想请 IBM 给出计算机方面的建议，用以管理 OCH 的信息存储工作。然而他们在联系 IBM 之前，首先想到了 LEO（Lyons Electronic Office），这是世界上第一台处理商业事务的计算机，最初由 J. Lyons & Co. 研发。LEO 计算机于 1951 年开始运行，用来执行库存及薪酬的计算工作，并管理 J. Lyons & Co. 的面包店。1954 年，LEO 交由独立的公司运作，并给福特汽车及 Ministry of Pensions 等客户提供计算服务。虽然它已经不属于 J. Lyons & Co. 了，但依然是一项令该公司感到自豪的成就[63]。

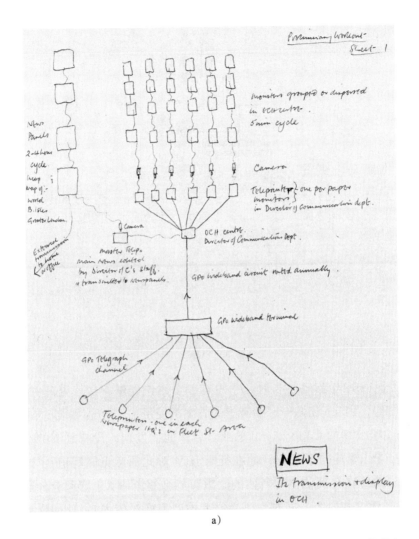

a)

图 5.4　a 与 b Price 团队绘制了详细的网络图，以演示信息怎样从新闻机构传入 OCH。图
5.04a 的底部画了一些电传打印机，它们通过电报的方式把新闻传给 OCH 的通信部门
主管，让这些新闻能够出现在 OCH 自己的电传打印机上面。然后，这些电传打印机所
绑定的摄像机会将新闻传播到整栋楼中的各个显示屏上面（参见该图上半部分的波浪线
与长方形图案），此外，还可以将其显示到更大的屏幕上（参见该图左上方那几个较大
的长方形图案）。图 5.04b 更详细地描绘了庞大的 OCH 信息网，其中有 30 台电传打印
机、16 个 IBM 显示设备以及一些传播线路，它们可以把外部发来的文字及图片传播到
OCH 的各个角落。Image courtesy of Collection Centre Canadien d' Architecture/
Canadian Centre for Architecture, Montréal. The Communications Diagram
Image courtesy of Collection Centre Canadien d' Architecture/Canadian Centre
for Architecture, Montréal

· 143 ·

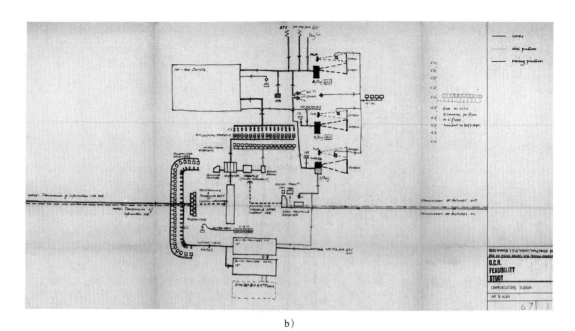

b)

图 5.4 （续）

OCH 项目于 1966 年启动，当时几乎没有哪个系统能够存放、处理并压缩 OCH 所要面对的巨量信息。Price 团队一开始考虑的方案是使用 J. Lyons & Co. 自己的 LEO 计算机，该系统位于公司的 Cadby Hall 总部。后来他们发现，没有足够的空间去实现这个想法。于是，Price 转向了 IBM，他在征求 IBM 对此的意见时写道："这些信息中的某一部分（这一部分在全部信息中所占的比重可能会逐渐增大）必须存储起来，以便将来能够读取并显示这些内容，同时，还必须考虑到怎样对传入 OCH 的众多信息进行控制、编程及保存。这些问题在可行性研究中有着很重要的地位。"[64] IBM 提议使用 IBM System/360 计算机，这种机器将会在 OCH 的地下室里占据很大一部分空间，以容纳它的硬件控制台、驱动器、终端机以及操作该机器的数十名工作人员 [65]。直接购买需要耗资 844 000 英镑，若是按月租用，则要付 17 500 英镑的月租，另加 50 000 英镑的 special engineering facilities（特殊工程设施）费用 [66]。按照今天的情况换算，直接购买的费用相当于 14 770 000 英镑，按月租赁的费用相当于 306 250 英镑。这还没有把人工费算进去。IBM 说，使用这套系统需要有 20 个分析师为其编写程序，另外还需要至少 20 个人来操作它。由于需要保存的信息量相当大，因此得花两年时间做开发，此外还有庞大的实现费用。

除了考虑用 IBM System/360 计算机来保存静态与动态的图片之外，与 Price 合作的 Raymond Spottiswoode（英国 3D 影院的创始人）还提议使用视频文件系统把图片存放在录像带的每一帧中，这在当时是个很前卫的图像存储方式 [67]。Spottiswoode 自己正在发明这样的系统，但当他听说 Ampex 公司也在开发这种系统时，就建议 OCH 改用后者 [68]。单是这个视频文件系统就要耗资 70 000 至 250 000 英镑（相当于今天的 1 250 000 至 4 380 000 英镑），而且这种系统要等到 1969 年才开始商用。

我们不妨先停下来想想他们之间的这次合作。Price 与英国 3D 剧场的创始人 Spottiswoode 合作，想要利用一种新潮的视频文件系统，把信息通过巨大的计算机设备投放到整栋楼中的多个屏幕上面，这些信息是从全国的信息网络中搜集过来的，大家走进这种建筑之后，可以随时看到它们。从这个意义上来说，OCH 其实是一台多媒体机器。

5.3.5　会话机器

Price 对 OCH 所做的研究在某个方面上已经揭示出了网络与信息服务的发展趋势。这项研究既给 Price 提供了 OCH 的设计思路，又让他想到了电子学习系统的发展潜力。有两篇文章对 OCH 项目尤其有帮助，一篇是 Nigel Calder（1931—2014）写的 "Computer Libraries"，该文刊于 New Statesman（《新政治家》），另一篇是 John Laski 写的 "Towards an Information Utility"，该文刊于 New Scientist（《新科学家》）。

"Computer Libraries" 一文介绍了人在与电子系统中的信息进行交互时所面对的一些问题。该文作者 Calder 是 New Scientist 的编辑，也是英国知名的科学作家，他在这篇文章中说，如果想设计出真正的人机共生系统，那么 "我们必须深入考虑自己的思维方式，这不仅涉及电子学，而且还涉及哲学" [69]。如果有这样一种图书馆能够给出精准而完美的搜索结果，那么我们在阅读与浏览资料时，就会觉得很开心。Calder 又说："喜欢看书、喜欢去图书馆的人都知道，翻书时有一种特殊的乐趣，我们很难想象计算机程序怎么才能给人类似的感觉。"[70]Calder 在文中引用了 MIT 对这样一种系统所做的实验。该系统叫作 Project MAC，它允许多位用户从远程终端机上面同时登录这台中心计算机（本书下一章会详细讲述这个项目）。问题在于，用户有没有为这样的技术进步做好准备？Calder 说："整个问题其实都可以归结到最初提到的那一点上面，也就是人与机器的相互理解。" [71]

如果 Price 按照 Calder 说的思路做事，那么他有可能会把 OCH 打造成这样一套体系，让进入其中的人能够浏览并锁定自己想要的信息。他们在 OCH 的各层之间游走时，会不经意地发现一些自己很感兴趣的内容。用户可以坐在研究室里，通过拨号上网，精确地寻找自己想要的信息（根据他为 OCH 收录的资料可知，这种访问信息的方式在另一篇文章中提到过，该文 1966 年刊于 *Times*，讲的是 National Computing Centre 的 "world index of computer information which could be made available for the price of a phone call（全球计算机信息索引，它的费用与电话费一样便宜）" [72]。Price 还着手处理了 Calder 考虑的另一个问题，也就是对信息进行分类并为其编订索引时需要付出的劳力。Price 团队针对该问题的研究工作后来演变成 Information Storage 项目 [73]。

John Laski 的 "Towards an Information Utility" 一文设想了将来会出现这样一种情况，即每个人都能通过网络使用计算机来获取信息：

> 到 1996 年，计算机资源就像目前的各种能源一样，成为每个人都能够使用的东西。它就像电力一样随处可用。国民能否富裕、生活能否幸福取决于社会能否适当地提供这种资源。社会中的每一个人要想生活得好，就必须依靠计算机资源来转化、存储并获取相关的信息，而且要靠它来传播这些信息。如果有一个国家能够率先让民众把计算机资源当成信息工具来使用，那么这个国家就可以控制世界的经济，这就好比英国当年凭借蒸汽机在整个维多利亚时代称霸全球一样 [74]。

Laski 设想有一种 "会话机器"，让用户通过键盘，与一套 "遍布全国各地区的批处理" 机制相交互 [75]，这个想法是他在 1966 年提出的，如果当时有人尽快启动这个计划，那么最早在 20 世纪 70 年代就有可能将其实现出来。Laski 的想法与年轻的 Nicholas Negroponte 在其 *The Architecture Machine* 一书中所提出的设想类似。Laski 认为，针对这样的 Information Utility（信息工具），会有一套用起来很方便而且能够根据个人习惯做出调整的接口："应该有一种与平装书大小相似的东西用来输出信息，这种东西很轻便，读起来很流畅，操作起来也相当容易。我甚至还奢望，它能像放在咖啡桌上的画册一样，华丽而亮眼。"Laski 说，其实英国当初有很多机遇可以构建出这样一套意义深远的信息工具，只可惜当时的制度扼杀了这些机会 [76]。

那么，OCH 有没有可能成为 Laski 所说的这种会话机器呢？考虑到 OCH 当时正打算构建一套以自己为中心的网络，并致力于解决与之有关的社会问题，它确实有可能做到这一点。此时的 OCH 将从各种视角关注并捕获信息，让身处其中的用户可以通过网络与全国各地的其他用户联系。

在给 OCH 做可行性研究的过程中，Price 提出了一种具备交互与响应能力的建筑物，它具有各种媒介所具备的功能，而且可以处理各种信息。每种信息都由不同的路径处理，有的路径负责文本信息，有的路径负责图形信息，有的路径负责静止不变的信息，有的路径负责随时变化的信息，这些路径可能会有一些共同点，然而在某些方面，又可能会有各自的特征。如果用今天的情况来打比方，那么可以说，构思于 1966 年的这套设想其实有点像原始的上网环境，用户可以点击链接或是输入网址来访问某个网页，此时，源自不同时空的信息会聚合起来出现在用户的屏幕上。这种概念有点像 Katherine Hayles（1943 年生）对电子文本的构成方式所做的理解。Hayles 把它理解成一套电子化的流程："实际上，这并不是一件东西，而更像一套流程，其中包含数据文件、调用这些文件的程序以及运行这些程序的硬件，此外还包括光纤、连接机制、切换算法以及其他一些必要的措施，用来将文本从网络中的一台计算机传送到另一台计算机。" [77] 如果说 OCH 是一台计算机，那么，它是怎样的一台计算机呢？根据现有的资料来看，它将是一台中心化、本地化、城市化的信息机器。按照 Friedrich Kittler（1943—2011）所下的定义，OCH 存放、传输并处理信息所用的方式正与计算机所用的方式相当。Kittler 在 *Optical Media* 中写道："所有的技术媒介都能存储、传输或处理信号……而计算机……只不过是把存储、传输与处理信号这三项功能——以全自动的方式——结合了起来。" [78] 从用户在物质层面的感受来看，Price 所设想的 OCH 让人能在这套环境的某个点上面及时查看到各种信息。如果说 OCH 比较特殊，那仅仅是因为它并非现成的东西，而是一套流程，它尚且处在可行性研究阶段，还没有按照常规方式建造成一栋大楼。用 Hayles 的话来说，OCH 的全部任务就是实现这样"一套流程"，以处理绘图、文本、文章、分析、建模及会话等工作 [79]。

Price 在 1966 年 9 月递交了 OCH 的可行性研究报告，然而，1967 年的一则新闻让我们知道了 Oxford Corner House 的结局：

> 位于牛津街与托特纳姆宫路交叉口的知名建筑 Lyons Corner House 即将转手。
> 市值七千万英镑的茶饮与餐饮公司 J. Lyons 将把此地租给 Mecca 公司 99 年。
> Mecca 主要关注舞厅、餐饮与 bingo 游戏业务，它将在 6 月 1 日入驻。该公司正在申请开发许可，以便将 Corner House 改为娱乐及餐饮中心。 [80]

讽刺的是，Mecca 把这个地方改成娱乐中心，恰好与 Price 设想的相反。一年之前，Price 写道："规划内容时，必须保持平衡，不能让人把这当成娱乐'胜地'，而是应该让它成为'创意平台'，以促成各种兴趣活动。" [81] 与 Price 参与的许多项目一样，OCH 项目所提倡的先进理念要等到几十年之后才能为大家所领略。电气工程师 John Pinkerton（1919—1997）是 LEO 设计团队的共同领导者，给他写的讣文中有这样一句话："他是个豁达的人，看到从前专门为 Lyons Corner House 管理库存的 LEO 计算机现在已经变成大家都能用的个人计算机，一定会很开心。"[82]Pinkerton 当时可能没有预料到，他当年设计的计算机距离可以日常使用的计算机其实并不遥远。

5.4　Generator

Cedric Price 的 Generator（1976～1979，未兴建）是一项实验，打算创造一种可以重新配置的响应式建筑，从而形成一套环境，以改变人与人之间的交流方式。Generator 由各种部件组成，其中包括 150 个 12 英寸 ×12 英寸的可移动立方体，还有一些小路、屏风、大路等，它们都可以根据用户的需求由移动吊车来搬移。这个项目本来是给 White Oak Plantation（白橡树种植园）的小众游客准备的，此地位于乔治亚州与佛罗里达州交界处，由 Howard Gilman（1924—1998）设立。Price 打算在这个僻静的地方安排一些可移动的响应式组件，但他担心访客不太熟悉这样的理念，于是提出了 Polariser 与 Factor 这样两种社会角色，让来到这里的人能够更好地交流，并鼓励他们多移动这些部件，以实现自己想要的功能。此外，Price 还与制作人 / 建筑师 John Frazer 及 Julia Frazer 合作，以求发扬这种理念，他们认为，Generator "应该有自己的思想"[83]。

与 Fun Palace 项目相比，Price 在 Generator 项目中对响应能力强调得更为明确，按照 Landau、Price 与 Frazer 等人的说法，这个项目将是世界上第一栋智能建筑[84]。Royston Landau 写道："Generator 项目研究了人工智能这一概念，它想让这套环境本身变得智能起来。"[85]他还说"在对人工智能建筑所做的大规模研究中，Generator 项目属于比较早的一个"，同时，Landau 也意识到，Negroponte 与 MIT Architecture Machine Group 在这个领域内做了许多重要的工作[86]。Landau 甚至认为："如果当初没有人创造人工智能这个概念，那么 Cedric Price 会把它提出来。"[87]除了让 Generator 成为智能建筑，Price 还打算把它建成网络化的站点，让它能够从用户的使用方式中学习，并鼓励用户尝试各种不同的用法。Price 对 Generator 所做的安排与我们常说的智能建筑不同，后者的智能通常是指建筑物能够根据环境、电气或安全方面的数据做出响应或提供操作，而 Generator 的智能则遍布于建筑物的各个地方。

5.4.1　地点、菜单、方块、路径、屏障

White Oak Plantation 是佛罗里达州与乔治亚州交界处一块临水的林地与湿地，这里有许多高大的湿地松，这种松树带有细长的松针。Gilman 家族于 20 世纪 30 年代获得

这里的产权，20 世纪 70 年代，Howard Gilman 想把此处打造成艺术与舞蹈园地，并为他所追求的其他一些慈善事业提供支持。Generator 项目的简介是这样写的：

> 这栋建筑不仅不会破坏周边氛围，而且能让你更为强烈地感受到这里的宁静。它既可以供大众游览，又可以接待专门的来宾；它适合独居冥想，然而……也可以举办多人的活动；它尊重自然环境，也可以容纳人造物品，例如一架大钢琴；它既注重传承，又乐于创新 [88]。

Generator 的目标是让用户自己去调整它的用法，用户可以借助移动吊车搬移这些方块与道路，从而构建出新的排列方式，以便为新的活动提供支持（如图 5.5 所示）。为了对这种能够频繁改变的特性进行建模，Price 设计了一些 "菜单"，每一份菜单都是一套预先安排好的组合方式，各种方块、屏风与道路会按照组合方式出现在 White Oak Plantation 中。菜单这一概念让 Price 不再局限于某一种特定的组合方式，而是可以考虑许多种不同的方式。Generator 的各种用法与各项潜能都是以这些排列方式为基础来得以实现并发挥的。用户可以从许多份菜单中选出一份，并按照这份菜单所提供的方式来安排 Generator 的各个部件。

Price 采用两种办法制定菜单，一种是问卷，另一种是游戏。他让 Gilman 分发一套问卷。这套问卷要求回答者在开始填写之前，首先 "回忆一些你原来想做但一直没做现在却有可能在 GENERATOR 帮助下完成的事情"，填好之后保留一份，看看以后建成的 "GENERATOR 是否真的帮你实现了这些想法" [89]。比方说，在 "Activity Compatibility" 问卷上，用户可以列出一些他想在 Generator 中做的事情，然后考虑其中的任意两件事情能否同时执行，用户可以在 compatible（适合同时做）、neutral（可以同时做，也可以不同时做）与 non-compatible（不适合同时做）这三个选项中选择一个作答（如图 5.6 所示）。这些事情既包括严肃的工作，也包括日常的行为，例如游泳、走路、观察鸟类、睡觉、上厕所、修理收音机，等等 [90]。回答问卷的人还需要指出，为了让 Generator 给自己想做的事情提供支持，它必须在结构与建筑上面满足哪些要求。最后，Price 团队把调查结果汇总成一张大图，并以列表的形式向 Gilman 报告。这份列表把某些较为粗暴的建议给排除掉了。从它所收录的建议来看，Generator 的用户想在这里阅读、听歌、跳舞、游泳，有些用户还想把这里当成车间或工作间来用，甚至要去森林里砍树。

为了将用户提出的各种要求反映到菜单上面，Price 设计了一种三子棋（如图 5.7 所示），让用户有机会自己决定菜单的内容。玩这个游戏的时候，两人轮流下棋，以求把颜色相同的三枚棋子排成直线（这叫作 mill，横线、竖线、斜线都可以），如果一方无法走棋，另一方就获胜。最后，可以用一套与乐高积木类似的小方块来演示这场游戏所形成的菜单。他们用塑料方块与有机玻璃表示 Generator 的各个部件，并按照当前的排列方式将这些东西摆在一块板子上面，摆好之后，放入盒中保存。

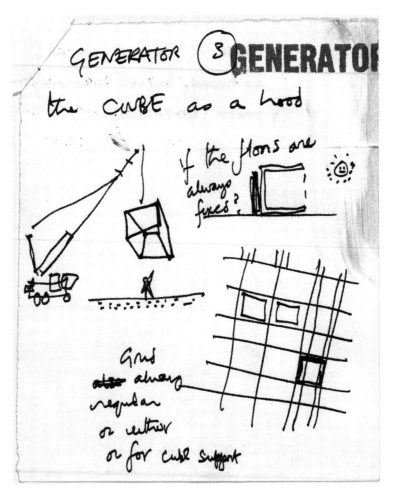

图 5.5　Price 绘制的草图，其中演示了他为 Generator 设计的各种部件，包括移动吊车、网格、地板以及方块（CUBE）。他考虑了这些方块的用法，并将其写了下来，例如 The CUBE as a hood（把方块当成罩子来用）、if the floors are always fixed？（能不能让地板固定不动？）。Image courtesy of Collection Centre Canadien d'Architecture/Canadian Centre for Architecture, Montréal

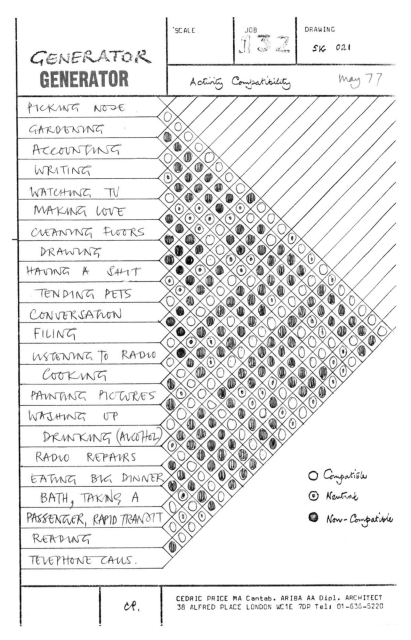

图 5.6　一份填好的 Activity Compatibility 问卷。回答者首先需要想出一些他可以在 Generator 中做的事情，然后把其中任意两件事放在一起比较，看看它们适不适合同时做。Price 团队给 Generator 制定初始的菜单（布局方案）时，将会参考这些问卷来安排各个组件。Image courtesy of Collection Centre Canadien d'Architecture/ Canadian Centre for Architecture, Montréal

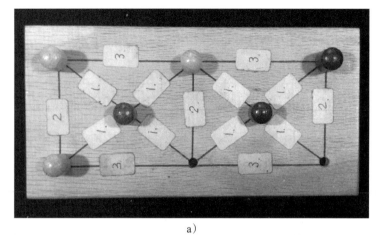

a)

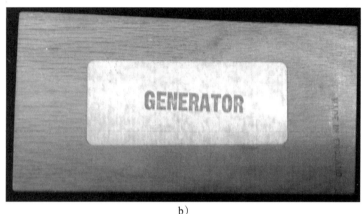

b)

图 5.7 Generator 留给用户自己来设计：用户可以通过三子棋这样的游戏在某种程度上决定 Generator 中各个组件的初始布局。Image courtesy of John Frazer

Price 总喜欢用吃来打比方，在接受 Hans Ulrich Obrist（1968 年生）采访时，他说：

定义建筑的时候，不一定要把用户使用它的方式也给确定下来。比方说，我们设计 Generator 的时候，把部件之间的排列方式全部都用菜单表示，然后，还会把这些菜单给画出来。我早饭喜欢吃培根煎鸡蛋，那就用它来打个比方吧。如果菜单上出现了这道菜，我们就把它画出来，绘画风格并不重要，重要的是顺序，这个顺序指的不是厨师摆盘的顺序，而是用餐者吃它们的顺序。这种顺序体现的不是建造建筑物的人所用的方式，而是使用建筑物的人对该建筑的用法，或者说，该建筑为其用户所提供的功能[91]。

Price 用菜单上面的各道菜品来比拟 Generator 中的各个部件。这种做法提醒他注意：厨师在准备早餐时，无论按什么顺序摆放这些菜品，它们的食用顺序，最终都是由吃饭的人来决定的。Price 认为，建筑也一样，它在很大程度上要依照个人的选择与习惯来决定。

　　Price 给 Generator 绘制了好几百张图，但没有哪一张图能够完整而清晰地呈现出它的全貌。这些图描绘了各种方块、过道以及它们在场地中的位置，如果连起来看，那么其实有点像一格一格的动画，每一格都展示了 Generator 在某个时刻的样貌，只不过相邻两幅画面之间缺少过渡的场景。从图中的元素可以看出，它们可能不是根据同一种视角绘制出来的，有些图表现的可能是用户从场地中的某个方块中向外看时所观察到的情况，另一些图表现的则有可能是用户在场地外面观察整个场地时所看到的样子。此外，Price 团队还画过一些比较搞笑的图，其中有充气的方块、像眼球一样的方块以及各种材质的方块（例如用瓷砖做的方块），另有一些图演示了正在建造的或是已经废弃的方块。

　　由于方块的数量高达 150 个，而且他们绘制了这么多张图来演示方块的用法，因此你可能会认为，这些方块是整个项目中最为重要的元素。但根据 Price 留下的文字，遍布于 Generator 中的大小道路其实与这些方块一样重要，甚至可以说更为重要，因为它们能够让 Generator 显得灵活多变。Price 在"An Essay on Paths"一文中描绘了用户进入 Generator 后的感受："在这么多方块中，只有特定的一些方块是可以通过大路（Price 将其写为 b/ws）走到的，这种情形会促使用户思考：为什么这些道路只连通这样的方块呢？是不是说，这些方块不如其他方块重要，或是比其他方块更加重要？除了连接方块，这些路径有没有别的作用？如果它们不是一套链接系统，那么是用来做什么的呢？"[92]Generator 中的这些路径有点像信息流，只不过其中传输的信息数据包并不是普通的消息，而是进入该地的用户——这种理念要比 Price 十年前给 Oxford Corner House 做可行性研究时所想的更进了一步。Price 说："因此，这些方向明确的道路不仅仅在简单地传递信息，它们还能制造一种模糊感，促使人去改变原有的习惯。比方说，某人沿着某条路来回走了几趟之后，可能会停下来，坐一会儿或站一会儿，然后决定进入某个方块中看一看。所以说，这是一种用途多样的（USABLE）路径。"[93]这些路径并不是强制要求信息只能这样流动，而是会促使人以各种方式去利用它们，使得信息在不同的时间点上能够以不同的方式流动。除了方块与道路，Generator 中还有一类组件是屏风与屏障，这让其中的路径有可能变得更为复杂。在 Generator 中，有斜向贯穿整个场地的道路，其沿途可能会出现这样的组件。Price 并没有说过这些组件应该如何构造，它们或许是用这里的棕榈叶做出来的板状物。这些组件给进入 Generator 的人提供了更多的机会，鼓励他们朝着各个方向探索，试着做各种各样的事情，并按照自己的喜好去改变这里。

Price打算让用户在Generator中行走时，自己去决定应该走哪条路。这种想法又一次挑战了建筑师与用户的传统角色。在其中一份menu（菜单）上面（如图5.8所示），有几条紫色的路径，这些路径的交汇处有红色记号笔标注的两句话，一句是V.G. WALK AROUND TO ALL THE ANGLES，另一句是EXCELLENT. FULL OF EVENT+TAUT ACTION，从中可以看出，某位用户到达这里之后，可能会试着把各个方向全都探索一遍。

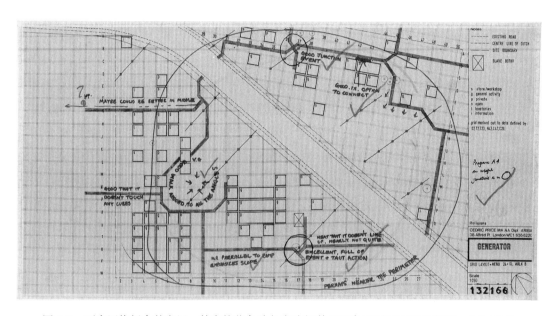

图5.8 画在网格纸上的布局。其中的紫色路径旁边标着用红色记号笔写的两句话：V.G. Walk around to all the angles 与 Excellent. Full of event+taut action。Image courtesy of Collection Centre Canadien d'Architecture/Canadian Centre for Architecture, Montréal

分岔路口给Generator的用户带来了更多的乐趣，让人能够在此处相遇，或许还能在其中某条路上面发现一些意外的惊喜。这些道路就好比等待用户来回答的一些问题。如果说采用菜单表示组件布局是在挑战建筑师的传统工作方式，那么这些路径挑战的则是用户的使用方式，只不过这种挑战比较温和，它促使用户思考，这些路径对Generator有什么意义？除了目前看到的走法之外，还有没有其他作用？

5.4.2 Generator 的社交作用

Generator可以说是一台社交机器，能够培养新型的人际关系。假如Price当时没有与诸位赞助者合作以获得艺术上的支持，那么这个项目可能就不会启动了。这些人包括 Gilman Paper Company 的 CEO Howard Gilman、策展人 Pierre Apraxine 以及收藏家 Barbara Jakobson，等等。他们不仅给项目出资，而且还参与了其中的某些工作[94]。Price 与 Jakobson 见过面，他是一位很有才华的艺术品收藏家与交易商，1976 年 Jackbson 正担任现代艺术博物馆（Museum of Modern Art，MoMA）的理事[95]。上一年，也就是 1975 年，他曾经把 Price 绘制的图样拿到 MoMA 中参加 Architectural Studies and Projects 展览，那次展览由她监督，并由 Emilio Ambasz 策划[96]。Price、Gilman 与 Apraxine 等人在 1976 年于 White Oak Plantation 相聚，根据 Apraxine 的说法，Gliman 当时请 Price "设计一个功能丰富的建筑，以满足这个有点矛盾的计划"。在 Price 对 Generator 的样貌与结构有了比较具体的想法之前，他其实已经和 Jakobson 一起多次讨论过这个计划，他们互相写信、发明信片，并在伦敦与纽约面谈。Jakobson 说，这个任务不太容易完成，因为 Price 提问题的时候，"实在太过追究了。他总是要逼着你思考，例如他会说：'你要的可能不是一栋新的建筑；你可能是想换个人过日子；你可能是想到公园里溜一圈儿。'"[97] 我们自己需要的可能是像 Generator 这样的一个东西。

那么，要怎样使用这个 Generator 呢？从刚开始设计的时候，Price 就拟定了这样两种人，以促使大家探索 Generator 的各种用法。这两种人分别叫作 Polariser 与 Factor（如图 5.9 所示），其工作是鼓励人与人之间多多交流，并管理物流方面的需求。Price 给出了下面几项"奇怪的定义"：

POLARISER（偏光片）——调整振动，令其在方向上一致，并且能够具备特别的含义

FACTOR（要素）——任何一种对结果有影响的操作所具备的某个关键组件

GENERATOR（生成器）——生成者／创始者[98]

Barbara Jakobson 扮演 Polariser，并与 Price 一起推进 Generator 计划。等进入实际运作阶段之后，Polariser 的工作就会变成鼓励用户以新颖的方式来使用 Generator。除非 Generator 已经有足够的动力能促使用户"养成适当的习惯"，否则，就必须由 Polariser 这种人在旁边鼓动。（按照他们的设想，大约需要一年时间才能抛开 Polariser）[99]。Price 委任 Jakobson 担任 Polariser 时，给她分配了下面几项任务：让 Generator 的行动能够朝着某个大的方向进行，同时调整每个人在其中的"振动"情况，他们在不同时间、不同地点会做出许多影响 Generator 走向的行为，你需要让这些行为具备特定的意义。

让 Generator 带给用户的愉快感觉与社会效益能够超越它所在的场地，使得他们在没有来到此地或是离开此地之后，依然对其抱有期望或留有回味。

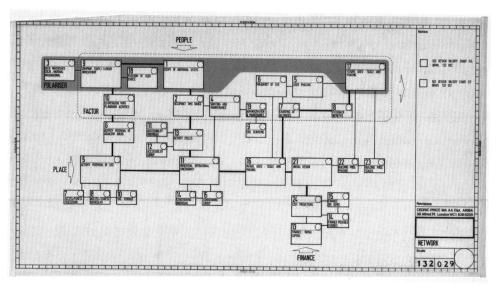

图 5.9 这张 Generator 项目的网络图强调了外界输入给它信息，这些信息与社交、运作、地点以及财务等方面有关。该图是以关键路径图为基础而绘制的。图中的 Polariser 是指由 Barbara Jakobson 所担任的社交组织者，Factor 是指 White Oak Plantation 的运营经理 Wally Prince。Image courtesy of Collection Centre Canadien d'Architecture/Canadian Centre for Architecture, Montréal

寻找世界各地的新奇美食[⊖]，并把这里布置成理想的用餐环境。

*Oxford Dictionary—Polarize—"Modify the vibrations so that the ray exhibits different properties on different sides, opposite sides being alike and those at right angles showing maximum difference, give polarity, give arbitrary direction, special meaning etc., to give unity of direction".[100] ⊜

Polariser 的职责是把社交方面的目标转化成 Generator 的行动，而 Factor 则是推进这些行动的人。这一角色由 Wally Prince 担任，他是 White Oak Plantation 的运营经理。他要协调并管理该地的各项活动以及人事与维护方面的工作。如果人家把自己在该系统中获得的好处反馈给他，那么他需要将其记录下来。此外，还要根据菜单所制定的布局方式来操作移动吊车。

⊖ 可能是指奇妙的创意。——译者注

⊜ 在这段释义中，Modify the vibrations so that the ray exhibits different properties on different sides, opposite sides being alike and those at right angles showing maximum difference 与 give polarity 是两项基本含义，give arbitrary direction、give special meaning 与 give unity of direction 是比喻和引申义。——译者注

这张网络图演示了 Polariser 与 Factor 两种角色在 Generator 的信息流动机制中所处的地位。由该图可见，这两种角色都参与到涉及人（PEOPLE）的任务流程中，而该流程又会给 Generator 中其他一些与之相关的任务流程（例如地点（PLACE）流程与财务（FINANCE）流程）提供信息。Factor 所负责的活动全都位于 PLACE 流程沿线。这张网络图考虑到了走路或坐车过来的人所面临的一些交通问题，然而除此之外，它还包含了一项任务，叫作 Beneficial Operational Uncertainty（运营方面的有益变数），该任务要让 Generator 带有一些不确定的因素，令其有机会发生变化。

5.4.3　有厌烦感的计算机程序

如果建筑物本身会对用户使用它的方式感到厌烦，那么这种建筑会不会促使人改变现有的想法，并尝试其他一些用法呢？当 Price 给 Generator 项目做了两年规划之后，他开始考虑这个问题，为此，他想寻找一种手段，促使访客、建筑师与建筑物之间以全新的方式交互。Price 联系了 John Frazer 与 Julia Frazer，这对夫妻是建筑师，他们为 Generator 的开发计划编写计算机辅助设计（CAD）软件 [101]。Price 在给他们写信的时候，用这样一段话来做结尾："该项目的总目标是创建这样一种建筑，它会促使用户转变思路去尝试各种用法，并能迅速响应用户所做的尝试，从而让人享受到探索的乐趣。" [102] Price 刚开始规划 Generator 项目时，想用一种与 OCH 类似的计算机与研究室机制来实现这一目标。他提到过一种"个人化的计算机设备，让用户能够以游戏的形式在该设备的应用程序中学习。这些游戏任务可以单人完成，也可以组队完成"。然而，Frazer 夫妇建议他改用另一种思路，让人与计算机能够在建筑中以更为先进的方式互动 [103]。他们针对 Generator 项目及其交互机制，提出了一些令人兴奋的建议，这些建议与计算机辅助设计系统所采用的传统模型有所不同。Frazer 夫妇建议给 Generator 的每个组件（包括方块、屏风、通道等）都装上微处理器。传感器通过每一个结构部件中的逻辑电路与 Commodore PET 这台中心计算机相连，这台算机用来运行程序并控制周边设备。Frazers 夫妇在信中对 Price 说："这种系统至少应该具备基本的响应能力——你踹它一脚，它肯定会回你一拳。" [104]

他们为此提出了 4 个 program [⊖]，其中 3 个用来管理 Generator，还有一个叫作 Boredom Program，用来激发用户更有创意地同 Generator 交流。在前 3 个 program 中，1 号与 2 号 program 管理 Generator 的布局规则以及各部件的用法。1 号 program 是终身建筑

　⊖　既可以理解为计算机的程序，又可以理解为一般的计划。此处保留英文原样。——译者注

师，它了解每个部件对整体结构所带来的影响，并提供"数据来绘制这些部件"[105]。2号 program 用来追踪 Generator 各部件的使用情况，它尤其关注那些用的人太多或太少的部件。这些部件合起来可以给 Factor 提供指示，告诉他如何安排各项任务。Factor会据此操作吊车，把方块与其他部件调整到合适的位置上。Generator 的访客可以通过3号 program 与该建筑相交互，这就解决了 Price 最初的那项要求，也就是提供一种促使人改变其思路的方式。Frazer 夫妇写道：这个 program "以交互问答的形式激发用户对 Generator 提出新的要求。它鼓励用户对该建筑的组织方式提出改进或修改建议"。此外，它还会"提醒用户注意，该建筑的组织方式可以不断调整，而且它本来就应该像这样经常变化才对"[106]。3号 program 还会与 Frazer 夫妇设计的"智能建模工具包"相结合，根据用户的决策制作原型，让用户看到这些设计决策所产生的效果。这是一套有形的界面，其中包括一组由电线相连的有机玻璃块，这些方块安排在名为 intelligent beermat（智能的啤酒杯垫）的板子上面，这块板子与计算机及绘图机相连（如图 5.10 所示）。用户可以移动板子上的方块，计算机（如图 5.11 所示）会根据移动后的样子制定新的布局计划，将其展示在显示器中，并把这份"菜单"打印出来[107]。

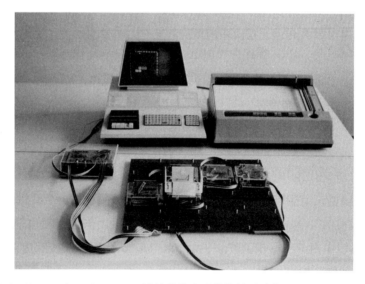

图 5.10　John Frazer 与 Julia Frazer 设计的这套系统其界面融合了物理设备、计算机屏幕以及绘图机。该系统能够对 Generator 的布局进行建模，会根据板子上树脂方块的排列方式，把对应的布局展示到屏幕中。Image courtesy of Collection Centre Canadien d'Architecture/Canadian Centre for Architecture, Montréal

Frazer 夫妇对 Price 说，"整套 Program 中最为强大的"是 4号 program，也就

是 Boredom Program [108]。如果 Generator 的各个部件没有频繁地加以重排，那么它就会对用户当前的用法感到乏味。具备这种厌烦观念的计算机程序会判断 Generator 中的各个部件是否停在某种固定的排列方式上面而一直没有发生变化。假如停留时间超过了某个限值，那么计算机就会自行规划，以改进排列方式 [109]。这些由 Genterator 自行制定的计划可以交给 Factor（该职将由 Wally Prince 担任），让他根据新的平面图去移动 Generator 中的部件。

图 5.11　Generator 所用计算机的详细装配情况。Image courtesy of John Frazer

　　Generator 这种会产生厌烦的理念是在向控制论学家 Gordon Pask 致敬，Pask 在 1953 年设计的 Musicolour 机器也具备类似理念。那是一座融入控制论技术的雕塑，人可以在它旁边演奏乐曲，这台机器会根据演奏情况旋转或移动。演奏者与 Musicolour 之间形成一套反馈回路，如果音乐太过单调，那么 Musicolour 就会感到厌烦，从而不再做出回应 [110]。此时，演奏者需要改变演奏的方式或曲目，以求重新吸引它来听。不过，Generator 的模型在这一点上与之有所区别，Musicolour 的设计师本来就要求演奏者必须经常变换演奏风格，以吸引该机器注意，而 Generator 的设计者却要求用户不要按照他们起初定好的方式去使用，而是自己去寻求变化。这两者都会产生厌烦感，前者是因为用户没有按照他们预想的那样经常变换风格，后者则是因为用户总是按照他们预想的那样使用而不去主动寻求变化。

　　Generator 的智能感最终体现在这个 Boredom Program 上面，因为它能够鼓励用户做出变化。Frazer 夫妇写道："这个计算机程序并不是一款被动的计算机辅助程序，也不是那种仅仅为了辅助该建筑的组织工作而写的程序。反之，它会鼓励用户不断提出新的要求，同时自己也会做出改变，以满足用户的这些要求……从这个意义上讲，该建筑物确实是'智能的'。"[111]

用户会对 Generator 提出要求，然而反过来看，Generator 本身也有它自己的思维，它也会对用户提出要求。该建筑的各个部件都会有它们自己的想法，这些想法并不受制于建筑师或用户的意愿。Frazer 夫妇写道："建筑师在设计 Generator 的时候，想让它能够鼓励用户积极尝试各种用法。在物理层面，它会把整个场地划分成网格，让用户可以采用不同的形式将组件安排到这些网格中。然而，它并不会完全依赖用户去调整这些组件的安排方式，因为它还应该有自己的想法。"[112]Generator 的智能感不是单由计算机或单由用户来提供的，而是需要双方共同促成，这样形成的效果比单由其中某一方所主导的效果更为灵活多变。这也正是 J. C. R. Licklider 在 1960 年的"Man-Computer Symbiosis"一文中所提出的理念，那篇文章很准确地（甚至可以说，最为准确地）预测了人机交互在未来 20 年的发展情况[113]。

Pask 在 1969 年写了一篇有名的文章，叫作"The Architectural Relevance of Cybernetics"，文章认为，计算机将会改变原有的设计典范，因为建筑师与系统之间的关系将会发生变化[114]。他说：设计师在计算机的帮助之下，可以更加得心应手地工作。此时，两者依然呈现"控制者与受控实体"之间的关系。而且，在"设计师与他所设计的系统""系统化的环境与居住在该环境中的生物"或"城市规划与该规划所针对的城市"之间，也呈现着这样的关系[115]。不过，当你把控制论运用到设计工作之后，上述关系所涉及的两方之间就会形成一种有益的抗衡，从而动摇由设计师全权决定的传统体制。Pask 说："要注意的是……设计师的工作量虽然与他的系统相同，但设计师在体系中所处的位置却比后者高。在这种关系下，设计目标总是不会定得那么详细，而'控制者'这一方也不再像这个名称所暗示的那样专断。"[116]

Price 与 Frazer 夫妇最感兴趣的是怎样对这些由人机共生所促成的意外效果加以利用，这些效果令建筑师与访客都感到惊喜，它会动摇建筑师与设计之间以及大众与建筑之间的传统关系。Price 总是想鼓动 Generator 的用户做出改变，这可能反映出他同时还想改变自己，他想改变自己作为建筑师的传统身份，想改变自己与访客、与机器乃至与建筑物之间的关系。

现在回到 Frazer 夫妇与他们的 Program 上。大家可以看出，这个 Program 所提出的智能理念挑战了传统的交互循环。John Frazer 在写给 Price 的信中说："你的想法似乎是，这种 program 必须产生出你预料不到的效果，只有这样，它才管用……我觉得这可以促使我们考虑一个更普遍的问题，也就是计算机辅助的定义。这个问题我也一直在思考，不过现在有一点可以肯定：凡是像模像样的程序，都应该至少拿出一种你预想不到的方案才对。"[117]Generator 自身会努力寻求变化，并且会适应变化，同时，它也要求用户做出变化并适应该变化，这体现了 Generator 的智能之处（另一方面，Frazer 夫妇能够设计出这样智能的 Generator 说明他们也很聪明）。

然而，最为重要的是，这种渴求变化的性格源自它的厌烦感。这显出 Price 与 Frazer 夫妇所提出的智能理念与 Christopher Alexander 的理念之间的区别。Alexander 设计系统的时候，考虑的是这些系统要朝着超稳定的状态发展，其智能在于连贯，而 Price 模型的智能则是通过一套比用户还要聪明（同时也比建筑师聪明）的程序得以体现的。Price 认为，智能的建筑物应该让用户觉得这种建筑并不是用户所想的那个样子。这种智能观念与 Nicholas Negroponte 的看法更为接近，后者也认为，系统既应该挑战用户，又应该与用户相协作，他们合起来产生的效果要比其中一方单独产生的效果强。

Generator 既扩大了建筑学的范围，又拓展了人机交互的形式，这种理念直到今天依然能够促使我们创新。比方说，Madeline Gannon 设计了一款叫作 Mimus 的工业机器人，2017 年，伦敦的设计博物馆举办了题为 "Fear and Love: Reactions to a Complex World" 的展览，这款机器人于展览中亮相。它可以在用户身边挥舞手臂，模仿那些与它交流的人。如果那些人没有积极回应它，Mimus 就会觉得乏味。Gannon 说：有一套算法给每个人的有趣程度排序，Mimus 会模仿该算法认为"最有趣"的那个人，只要那个人接下来一直处在"最有趣"的位置上面，Mimus 就会跟着他做动作。反之，如果那个人变得让 Minus 觉得无聊——例如一直站在那不动——那么它的计时器就开始运作[118]。这种喜欢有趣、讨厌无聊的性格让 Minus 变得与生物一样活泼，Price 等人给 Generator 设计的 program 也是如此，它让这栋建筑变得聪明而富有生机。

5.4.4　"重新定义建筑"

Generator 项目体现了 Price 的生命调节理论，或者说，该项目演示了怎样运用灵活的建筑来适应不断变化的情况。这种调节理论把社交方面的问题也考虑到了。Price 在 *The Square Book* 一书中写道，调节理论依赖于：

我们对现实的认识，也就是要意识到，由无形的服务所形成的网络正变得越来越密集，内容也越来越丰富（想想信用卡与通信卫星），与之相比，其他一些活动则受制于实际地点、硬件及访问方式，这些活动会变得更加具体，或者说"更顾及个人口味"。因此，建筑师与规划师要想在这一方面对社会做出贡献，主要的办法就是有意识地规划并建造一种环境，对其中蕴含的各种能力加以利用[119]。

英国建筑师 Royston Landau 是 Price 的朋友与合作者，他把这种想法称为 philosophy of enabling（激发变化的哲学），并且认为该想法能够表现出 Price 对个人选择与灵活度所抱持的坚定信念，也就是说，Price 很看重"建筑物对居住者或观察者所能造成的影响"[120]。这种影响有可能是负面的，但也有可能起到"解放、增强或支持"等正面作用[121]。

有一份未标注日期的草稿，标题叫作"An History of Wrong Footing—The Immediate Past"（错误立足点的历史——刚才），这似乎是 Price 与 Gilman 初次会面之后写的，其中描述了 Generator 项目应该实现的理念：

（建筑？）对建成环境做出的回应应该是指它对用户在态度、要求、希望以及需求等方面发生的变化所做出的回应，这种回应通常与初始结构所"预先计算好"的灵活程度以及它对各个形式之间的关系所做的规划有关……

如果想更有效地回应个人、群体、机构及社会，让他们在间隔时间、频率及速度方面不为建筑物的传统使用流程（实现——利用——废弃）所约束，那么工程师还必须考虑到物理、政治以及经济等因素。

直到最近，大家才开始推崇这种响应式的建筑（responsive architecture），认为它能够带来可喜的社会效益，然而我们所采用的做法却让 responsive 这个本来很雅致的词变得庸俗了。[122]

Price、Littlewood 与 Pask 等人设计 Fun Palace 的时候，在响应度这一方面可能无法很好地实现他们所预想的某些目标，然而十年后的 Generator 项目则给他们重新实现的机会，此时他们所能利用的技术比当年强了许多。Price 的计划更加远大，他不单是要实现当年的目标，而且还想通过 Generator 项目宣示自己对响应式建筑物的理念。"An History of Wrong Footing"这张草稿附带了一张索引卡，卡片背面列了七条，其中最后一条是 Re-definition of ARCHITECTURE（重新定义建筑）[123]。

与 Price 的其他许多项目类似，Generator 最后也没有兴建。设计工作持续了 3 年之后，项目由于财务问题以及家族公司 Gilman Paper Company 的内部矛盾而陷入停滞[124]。更为重要的（可能也是更容易想到的）原因在于：现实的劳力情况无法支持这个项目继续做下去，因为它所需要的维护人员及工人数量太过庞大。Howard Gilman 清除不掉这一障碍，只得放弃该项目。White Oak Plantation 后来成了 White Oak Dance

Project 的舞蹈中心，该中心由 Mikhail Baryshnikov 与 Mark Morris 在 1990 年设立，并运营至 2004 年。然后，Gilman 把这里变成了传统的休闲中心，以支持他的慈善事业。该中心于 2013 年转手，现在归 White Oak Conservation Foundation 所有，用来保护珍奇的野生动物，同时还是一座更为普通的会议中心。该计划遭到中止并没有影响 Price 与 Gilman 之间的友情，他们一直都是朋友（Gilman 于 1998 年去世），只不过，Price 似乎总是对这个已经取消了的项目念念不忘。从 Price 留下的文档中可以看到，他曾经修改了 Baryshnikov 给 White Oak Dance Project 所做的一则广告，Price 用修正液给舞者添上了翅膀与滑板。

Generator 项目凸现了响应式建筑所应具备的几项重要特征，这种建筑必须通过嵌入式与分布式的电子设备体现出智能，而且要提供活泼的计算机辅助设计工具，它的模型必须能够与这种设计工具所设计出的方案对应起来，此外还得考虑机器智能方面的问题。John Frazer 给 Generator 项目设计了一套 program 之后，始终没有放弃对 program 的兴趣，他把这些 program 当成范例，来演示自己所展望的 evolutionary architecture（演化式的建筑）。Price 没有把项目遭到取消的事情告诉 Frazer 夫妇，他只是说项目暂时停止了。John Frazer 在 1989 年联系过 Price，想重新启动这个项目，而且在 1995 年还提出了一些筹资的思路。Price 于 2003 年去世，此前的一两年，Frazer 又提过这个项目 [125]。假如他们能够把这个系统构建出来，那么相当于提前实现了今天所说的传感器网络，这种网络能够展示出分布式的智能给建筑带来的影响。

1989 年，Price 在 Architectural Association 做过一场演讲，他谈的是 "computers and laziness"（计算机与懒惰）。Price 在演讲中说，人擅长做选择，而计算机则擅长 "不辞辛劳地处理问题"。此外，他还说，计算机能够激发其他一些变化。在提到 Generator 的时候，他是这样讲的：

现在的计算机已经发展到会由于 "练习" 不够丰富而感到 "厌烦" 的地步，于是催生了两个设计领域，它们都是具有挑战性而且比较实用的领域。第一，计算机感到厌烦之后，会自己提出一套适用于给定情境的解决方案，无论你有没有要求它这样做，计算机都会主动尝试。（**John Frazer** 给 **Generator** 在美国的场地设计的 **program** 就属于这样的计算机程序。）第二，计算机会建立起一种目前无法与之比较的语言来。可是，涉及人体动作的 **kinesthetics** 等学问却总是得通过这样的比较来进行科学研究，因此，设计师与建筑师应该构思出一些新的语言，以便与计算机的语言相对比，而不应该只会使用现有的计算机语言去确认那些已经很明显的事实 [126]。

提出一种新的语言来与计算机所建立的语言相对比——这或许是 Generator 项目留给我们的问题。Generator 项目挑战了建筑师、用户、建筑物、地点以及计算机的传统角色。如果能够提出一种可以与之相比的新语言，那么这种比拟会产生什么样的效果？建筑物会如何回应我们？我们能够对它提出什么样的请求？这种智能本质上究竟是什么？Generator 会不会因为不耐烦而直接跑掉？

5.5　结论

Price 把技术与建筑相融合，提醒我们不要再以旧思维来理解建筑物的功能。它们未必只能是定在那里不动的东西。Price 给项目做设计的时候，利用各种技术与交互方式来制造变化，以达到他自己最终要追求的目标，也就是重新定义建筑。

Price 的许多作品理解起来有一个难点，因为它们的设计工作都发生在纸面上，而没有落实为建筑环境中的具体物品。不过，Price 绘制的图表以及他与同事和交流者所讨论的问题却对建筑师很有影响，而且 Price 还向其他一些文化、社会及政治人物展现了他对这个世界的理解。那么，这些项目是不是可以归为虚拟建筑呢？Katherine Hayles "从战略上定义了'虚拟'这个词"，她说："虚拟是一种文化感知，认为物质对象中交织着信息模式。这个定义是从虚拟状态的双重性或两面性入手的，它一方面是物质，另一方面是信息。"[127] 这种感知让我们担心：信息模式会不会盖过了承载这些信息的物质？"这尤其体现在用户有可能根本不知道这些信息涉及哪些物质，于是就会形成一种印象，认为信息的模式决定了存在的方式。从这种印象出发，只要再向前走一小步，就可以得出：信息本身要比信息载体所具备的形式更为灵活、更为重要，也更为基本。当这样的印象融入文化心态之后，我们就进入了虚拟的情境中。"[128]

总之，在 Price 的作品里，技术的最终目标正如 Royston Landau 所写的那样，是"参与到建筑方面的一些争论中，而具体的参与方式则可以是支持建筑物的功能、指出现有建筑的缺点或是带来令人震撼的效果"[129]。Price 把信息当成物质，并采用技术系统与计算范式去渲染及呈现这些信息，这种做法让他能够在信息与物质的边界处尽情发挥。

Vitruvian 提出的建筑三原则是**持久**、**实用**、**美观**，此外，还有另外一套建筑理念，认为建筑应该令人欣喜、令人惊奇、引人尝试[130]。本章开头提到过 Price 所做的那场演讲，当时他说，我们似乎是想把技术当成答案来回答某个问题。目前，技术建筑在我们所居住的环境中已经越来越占据主导地位了，此时似乎应该想想看，这些技术到底是用来回答什么问题的？

第6章　Nicholas Negroponte 及 MIT Architecture Machine Group——与人工智能对接

MIT 的 Architecture Machine Group[⊖]（简称 AMG）通过一些非凡的手段（有时甚至是令人惊心的手段）尝试人工智能给用户带来的体验以及用户与之交互的方式。这个小组由 Nicholas Negroponte 与 Leon Groisser 创立，它是 MIT 媒体实验室的前身。该小组从 1967 年开始运作，1985 年并入媒体实验室。AMG 把建筑同人工智能、计算机科学及电气工程相结合，并与 MIT 的人工智能实验室多次合作，以尝试各种技术及思路，这些想法源自认知心理学、人工智能、计算机科学、艺术、电影及人机交互等多个领域。

AMG 实验室给喜欢玩技术的人提供了理想的环境，让他们研究 AI 与建筑。与此同时，这个小组还会把军事方面的一些应用理念拓展到建筑层面，将它们运用到日常的建筑环境中。这些人认为，坐在计算机终端前面互动只是个蹩脚借口，他们打算开发一些会话式的界面，并建立一些项目，来展示 AI 对周边世界的影响，例如对人际交往方式的影响，对我们查看沉浸式的媒体空间中数字信息时采用的浏览方式所造成的影响，以及对技术的便携程度所带来的影响。他们构思了一套极其逼真的模拟环境，可以用来代替现实。

资助 AMG 的机构（例如 DARPA 与 Office of Naval Research）来自美国国防部（Department of Defense，DoD），因此，该小组的许多项目会根据这些机构的需求做出调整。从小组自身的角度来看，这样做是有战略意义的，因为可以得到充分的资金，并且能够与一些同国防部关系密切的机构合作。在此类项目中，Put That There 项目采用手势及语音来控制舰队，Aspen Movie Map 研究远程监控方案。这些项目给 AMG 提供了研究机会，然而它们所关注的重点在于战场的指挥与控制，AMG 从事的许多项目都是

⊖　字面意思是建筑机器组。译文保留英文原样。——译者注

如此。当 AMG 成为 MIT Media Lab 的核心部分之后，其资金主要来自公司，而且 MIT Media Lab 本身也是由这些机构扶持的，于是，Negroponte 开始想要把战场与娱乐这两个方面给结合起来。

Negroponte 针对人类、计算机与建筑环境之间的交互，提出了一套理论与实践方式，并通过书籍与文章来宣扬 architecture machine 理念。那么，什么是 architecture machine 呢？是对数字环境的展望，还是一种仿真引擎？是一种机器人理论或软件理论，还是一种合作倡议，呼吁架构师、工程师、计算机科学家与人工智能研究者携手进行研究？从 Negroponte 的观点看，architecture machine 能够把以上这些方面全都包括进来。AMG 要为建筑师在技术与计算机方面的教学及研究工作开辟新的道路。AMG 的组员通过尝试、制作、编码与实践来学习并拓展建筑教育及工程教育的范围。

我在这一章主要关注 Negroponte 与 AMG 在人工智能、工程与建筑 / 架构之间所构筑的新型关系。想象一下数字媒体与信息架构在未来三十年的发展情况，我们就可以看出，所有的变化可能都与上述三个领域的交汇有关，从这个意义上说，AI 与机器学习会融入日常生活中的每一个方面。这套交织而成的网络能够带来什么样的效果呢？Nicholas Negroponte 对此做了深入观察，而且他把这个问题理解得相当透彻。他知道这些演示设备与模拟技术在得到大规模运用之后所产生的影响，也明白通过这些重要的实验，可以在越来越智能、反应也越来越迅速的世界中学到哪些东西。

6.1 "献给第一台能够理解手势的机器"

MIT 的 Building 9 中，有个不起眼的角落，这里原来是 Architecture Machine Group 的办公场地。当时，AMG 致力于实验各种界面与工具，以便将建筑、工程与人工智能沟通起来。Negroponte 这样描述他们的任务："按照时间顺序，architecture machine 首先要成为一本书，然后变成一台小型计算机，进而演化为一系列小型计算机，接下来，形成一套小的课程，又促成一套计算机伦理，最后，变成另外一本书，以及对各种论文的统称。"[1]

AMG 的目标实在是太多了，于是有人就问，还有没有什么东西不在 AMG 所追求的范围内？Negroponte 写的第一本书是 *The Architecture Machine*，在这本书的题献中，他把此书"献给第一台能够理解手势的机器"[2]。Negroponte 展望了这种 architecture machine，认为在"遥远的将来"，它将遍布全球，到了那时，我们就会居住在一个到处都是 architecture machine 的环境中，"不是说我们要让机器帮自己做设计，而是说，我们本身就生活在一个到处都有 architecture machine 的环境中" [3]。

Negroponte 想要改变人与计算机之间传统的互动方式，让设计过程能够像对话一样进行，architecture machine 这一说法就是他为了讨论这个问题而提出的 [4]。计算机要想与用户建立更为密切的关系，就必须带有人工智能，对此，Negroponte 写道："无论什么样的设计流程、规则或经验，都必须放在某种情境中去运用，或者说，在运用时必须顾及情境，否则，它们就会失去意义，甚至会起到负面作用。" [5]Negroponte 用他的两本书（1970 年的 *The Architecture Machine* 与 1975 年的 *Soft Architecture Machines*）与一系列文章来阐发自己的理论，并展望人与计算机之间的互联关系以后会如何发展。撰写这些内容时，他吸收了人工智能研究者、控制论学者以及其他一些乐于尝试的人所取得的成果 [6]。

AMG 采用的实验方法是修补与"拼装"，他们的实验工具与技术来自计算机、工程与人工智能等领域 [7]。该小组会把实验成果向出资人与访问者进行演示，现今的 MIT Media Lab 还在沿用这种做法。AMG 做过许多成功或失败的实验，然而无论这些实验做得如何，其重要的地方都在于：他们描述项目成果时，可能会对其前景做出一些引人思考的展望，只是有的时候，他们给出的说法或许不会顾及这种实验所产生的影响。AMG 会采用带有人工智能的系统来做实验，也会在项目中融入一些宏大的想法，然而这些项目在概念验证上面可能做得比较有限，甚至比较粗糙。进入 20 世纪 80 年代后，实验室的规模不断增大，专业水平也不断提升，最终演化为今天的 MIT Media Lab，在这个过程中，他们尝试了沉浸式的媒体室以及各种存储媒介与显示媒介，还试着通过演讲与手势进行互动，并试用了各种影音媒介与回馈方式——这些项目都想把空间界面与信息界面汇聚起来。

AMG 的首要人物是 Nicholas Negroponte，他是该小组的首席研究员，也是发言人与主管。Negroponte 是个有教养、穿着得体并且很会说话的人，他擅长在各种公司及私人企业中从事技术、建筑与教育等工作，同时也是军工领域的精英。等到建立 Media Lab 的时候，他在数字世界中的成就已经给人留下了"英雄"的印象 [8]。1942 年，Negroponte 生于希腊一个富裕的造船业家庭，他在纽约及欧洲长大，后来去 MIT 念书，于 1965 年获得建筑学学士学位，又在 1966 年拿到了建筑学硕士学位。刚上大学的那一年，他听了 Steven Coons 讲的一堂机械绘图课程，那是他第一次见到这位机械工程学教授。Coons 同时也是计算机辅助设计的先驱，Negroponte 在 Coons 的督导下，用计算机完成工作 [9]。他刚拿到硕士学位的 5 天之后，就去机械工程系代 Coons 上课，当时 Coons 请了一年的假 [10]。等 Coons 回来之后，两个人又一起教学。

1968 年，Negroponte 转入建筑系，他在那里以 AMG 联合创始人的身份继续教课并做研究 [11]。

在 20 世纪 60 年代末以前，MIT 的建筑师所做的研究并不像后来的 AMG 实验室那样偏重于技术 [12]。到了 AMG 成立的时候，MIT 已经开始要求各院系按照校长 Howard Johnson（1922—2009）在 1968 年的 "**MIT Report of the President**" 中所说的那样，向 "以科学为基础的学习环境" 看齐，以便 "更有效地创建业界领先的实验室" [13]。Johnson 当时说："我们都知道，有一些很基本的居住问题必须通过庞大的技术系统才能解决，与此同时，我们又深深地感觉到，每一个人都应该参与到问题的解决过程中，并表达出各自的想法，从而对此做出自己的贡献。" [14] 建筑与规划学院开始修改课程安排，并追求新的研究模式，这在某种程度上说，是要远离传统的 Beaux-Arts 模式。年轻的建筑师在重视督导与批评的教学模式下，必须以学徒身份跟着老资格的建筑师学习。建筑与规划学院的主任 Lawrence Anderson（1906—1994）在 1968 年也撰写了一份报告，他警告说，这种旧的教学模式会 "留下一种负面的影响，让我们不敢去追求更为通用的办法" [15]。Anderson 呼吁建筑系应该向其他领域学习，并与他们合作，以关注 "新的问题解决方法所带来的希望，尤其要关注那些由存储与获取系统所支持并运用计算机进行操作的方法给我们带来的机遇" [16]。建筑史家 Felicity Scott 认为，Anderson 提出这样一种倡议，其实表明他同时还想解决联邦政府所谓的 "城市危机"，当时美国有许多城市都产生了这样一种危机感 [17]。为此，MIT 的城市与区域规划系在 1968 年设立了城市系统实验室。那个时期的建筑学正在发生重大变化。Scott 说，建筑学当时已经不再把个人的专业知识当作立足基础了，而是开始遵循 MIT 中的其他一些机构（例如某些技术实验室及社会科学研究部门）所采用的方法，那些方法融入了控制论理念，而且更加系统化。Scott 写道："跨学科的建筑研究与城市研究早在几十年前就已经有人做了，不仅 MIT 如此，其他地方也是这样，可是要等到这一刻，我们才真正体会到，建筑学确实在发生巨大的变化。" [18]

设立 AMG 的时候，Negroponte 与 Groisser 同时还在构建一套跨学科的研究框架，这个计划在他 1966 年写硕士论文时就已经开始构思了。建筑学与技术部门的合作对 Negroponte 产生了影响，在那篇硕士论文中，他把建筑师理解成一种将不同的信息体 "综合" 起来的人 [19]。他说："在某些情况下，这样的工作看上去有点肤浅，因为它只是在调整流程，让接下来的行动更为顺畅。" [20] Negroponte 在做毕业设计时所研究的项目融合了建筑学、工程及感知等方面，该项目用 CAD 系统生成一套城市规划方案，并通过计算机来模拟城市在这套方案之下的变化情况。从论文委员会的导师上面可以看出，这确实是个跨学科的研究——Gyorgy Kepes（1906—2001）、Aaron Fleisher、Wren McMains、Imre Halasz（1925—2003）与 Leon Groisser 来自建筑系，Steven Coons 来自机械工程系 [21]。

　　AMG 开始规划新的场所与建筑研究方式。Negroponte 认为，MIT 的建筑学研究应该像研究其他领域那样采用跨学科的办法。他在硕士论文中写道："我们这个行业……所做的研究太少了。由于没有 General Motors（通用汽车）或 NASA 这样慷慨的机构来赞助，因此，这些研究工作还是应该放在学术界进行，然而问题在于，建筑学院目前采用的办法更接近于职业学院，而不像是从事研究工作所应采取的流程。" [22] 六年之后，Negroponte 提倡的这种建筑研究方式得到了实现。在 1971 年的一份提议中，他写道："建筑系的研究活动每年收到的赞助从 1965 年的 256 美元增长到 1970 年的 198 255 美元。能够这样增长，主要得益于我们近些年来在涉及计算机的领域中所做的努力。" [23] AMG 的项目得到的研究资助在 20 世纪 70 年代持续增加，到了 1980 年，研究预算已经超过 100 万美元 [24]。Negroponte 写道："把研究与教学相结合，让我们能够拿出更有效的成果，并且能够吸引到硬件方面的赞助者。" [25]

教学与研究

　　AMG 实验室的教学与研究工作是互为补充的。这里既是建筑系的学生完成课堂作业的地方，也是本科生与硕士生做研究的场所，这些研究通常是为了给实验室的研究项目提供支持 [26]。Negroponte 在一次访谈中，把这种教学与研究相结合的做法称为"一种思考方式，这种方式本身会教你怎样去思考别的问题" [27]。在建筑工作室里，学生要自己动手编写程序，这种亲手实践的办法与早前那种比较抽象而且偏重符号的教学方法有所不同。Negroponte 认为，建筑系的学生不适合按照计算机课程所采用的传统教学方法来学习编程，因为建筑师要同看得见、摸得着的东西打交道，这些人不太容易采用过于抽象、符号过多的办法去学习，那种办法是计算机课程的旧式教法 [28]。他在 *Soft Architecture Machines* 一书中说："学建筑的人其实更喜欢把握那些可以触碰的事物，他们不仅喜欢亲手尝试，而且还总是想看看这个东西做出来之后是什么感觉、什么样子。他们喜欢亲自去**玩建筑**。" [29]AMG 把课堂与实验室合为一体，以从事教学及研究工作，这让学生能够学到一种思维方式，这种方式有助于他们学习编程并尝试各种输入 / 输出设备，例如平板、光笔、CRT 显示器以及绘图机，等等 [30]。

　　AMG 的许多项目从头到尾都要用各种技术进行演示。这样一种通过制作、构建与尝试来学习的方式正是该小组的核心理念。Negroponte 很推崇 Media Lab 采用的 demo or die（不演示，就停止）的方式。后来成为实验室主管的 Joi Ito（伊藤穰一，1966 年生）将该理念发展为 deploy or die（要么部署，要么停止）[31]。伴随着 demo or die 的理念，Negroponte 在该小组的一份议题书中展望了 AMG 的发展方向，他说，我们要朝着这样一种"方向前进……让自己的工作成为整个科研过程中的'发现'环节"[32]。AMG 还造了 emergence exploration（涌现式的探索）这样一个词。他们在一份提案中是这样解释该词的："这种方法是我们惯用的手段，我们通过创建原型、与原型交互、演示原型、讨论原型、吸引业界参与并做出变化等一系列环节来'搜刮'新的想法。这就是 emergence exploration。"[33]AMG 在进行日常工作与交付项目成果时，都很强调 emergence exploration，因为他们认为，项目不应该单靠文字去陈述，而是必须加以演示才对。1978 年，Negroponte 与 AMG 的首席研究员 Richard Bolt 将这套方法视为空间数据管理系统（Spatial Data Management System，SDMS）的设计工作中一个很重要的方面。他们写道："SDMS 在过去两年的时间中做过无数次展示。通过这些生动的展示，评论者与爱好者们可以亲自操作它的界面，从而体会它在目前这个阶段所实现出的效果。"[34]Stewart Brand 在 1987 年的 *The Media Lab* 一书中做出了这样的评论，他提醒读者注意"用手来比划的演示办法……演示者会用生动的手势把已经得到证明的一些说法推倒，并提出许许多多的反驳，让你跟着他的思路对这些说法产生怀疑。他的手势很灵活，有时可能是单手一挥，同时来一句'你知道吧?'，有时则是双手比出某个对称的形状，用以表示他想说的一件奇妙事物。他可能是在东西还没有做好之前，暂且先用这些手势来给人讲解做好之后的效果，也可能干脆就不去实现那个效果，而是单凭手势来演示"[35]。在 AMG 的发展过程中，讲求实际效果的 demo-or-die 理念与这种单凭手势去比划的演示方法之间始终存在冲突。这种用手势来代替实际效果的办法在某些情况下确实能帮我们理解某种技术或某个界面的样子，但与此同时，它也掩盖了用户将来真正操作这样一种系统时可能会遇到的实际问题。

6.2　architecture machine 理论

Negroponte 在人工智能与人机交互方面的一些想法为 AMG 的各种实验及研究项目提供了理论支持。他的这套 architecture machine 理论借鉴了控制论与人工智能领域的一些观点。Negroponte 在 *The Architecture Machine* 与 *Soft Architecture Machines* 这两本书以及其他一些文章及报告中，都阐述过该理论。他想通过 AMG 的各种项目来展示这套理论在硬件、软件、界面与环境等方面的意义。用最简单的话来说，architecture machine 是 Negroponte 构想的一套智能环境，我们最终全都要生活在这样的环境中，并为这种环境所包围。

architecture machine 可以对各种技术界面或接口加以利用（例如屏幕、平板、触摸屏、摄像头、照相机、多媒体教室，等等），从而让用户更为顺畅地操作它，并且体会到更加真实的效果。这样一种环境能够根据用户所处的情境做出明智而恰当的反应。它可以根据用户的认知模型做出推理，持续地学习用户的用法，并不断地做出调整。

architecture machine 是一种**共生的**（symbiotic）机器。在 20 世纪 60 与 20 世纪 70 年代初，凡是讨论人工智能的文章几乎都得从共生谈起，这个概念是由 J.C. R. Licklider 提出的，他在 1960 年写了一篇有名的文章，叫作"Man-Computer Symbiosis"（人机共生）。Negroponte 当然也是从这一概念出发的，更何况 Licklider 还指导过他[36]。Negroponte 把共生理解成"两个物种（人类与机器）、两个过程（设计与计算）以及两个智能系统（建筑师与建筑机器，或者说，架构师与架构机器）之间的紧密结合"[37]。这种说法意味着两个物种，两个过程或两个智能系统之间有一种既相对、又互补的"结合"关系，他们彼此都是对方的盟友或伙伴。Negroponte 写道："把智能当作一项成果或一件制品，可以使双方平等地结合，而不是一方为主，一方为辅。相互结合的双方都有自我改善的潜力。"[38]

Negroponte 没有把人与机器之间的关系定义成主人和仆人那样的关系，这体现出他与老师 Steven Coons 的区别，Coons 是 MIT 的机械工程与 CAD 教授，后来还与 Negroponte 一起教学。Coons 认为，人应该占据主导地位，而计算机则是人的副手，两者在协作的过程中，需要严格按照各自的职责来做事。他在 1964 年的 Architecture and the Computer 会议上说："人与计算机一起参与创造的过程，并从中学习，人负责发号施令，计算机作为他的仆从，需要正确地执行这些命令。"[39]

Negroponte 提出的 architecture machine 并不是人类用户的仆从，而是人与计算之间的桥梁，它是一台个性化的计算机，可以通过与用户对话来进行学习。从理论上说，这样的机器不仅能够流畅地与人交谈，而且可以与人形成密切的关系。Negroponte 是这样设想的："人与机器之间的对话将会非常密切，乃至有可能成为双方唯一的沟通方式。按照这种方式沟通时，双方必须劝说对方并与之协商，这样才能提出彼此都满意的新观点而这样的观点单凭其中的一方是不可能想到的。"他又说："毫无疑问，在这样一种共生关系下，人类设计师不可能单独决断，而是必须考虑到机器的意见。"[40] 这种机器会调整自身的行为与措辞方式，让人能够更加愉快地同它协作，Negroponte 认为，这样一种结果比单独由人去设计或是单独由机器去设计都要强。

Negroponte 参考了 Warren Brodey 与 Nilo Lindgren 所写的 "Human Enhancement through Evolutionary Technology" 一文，该文描述了刚才提到的对话方式所具备的特征。Negroponte 的某些文字在内容与风格上面仿效了那篇文章[41]。Brodey 与 Lindgren 写道："这样的对话，涉及某人在了解对方所说的某种新观点时如何'跟上'对方的思路，为此，他需要把自己在技能结构与概念结构上的某些旧想法与旧做法给抛弃掉。这样一种过程不仅会发生在人与人之间，而且有可能出现在人与机器之间。"[42] 这种对话能够对感官输入进行分析与回应，在这样做的时候，它会使用"新的人工智能工具对人的演变情况进行综合，并为之建模"。这样一来，双方之间的对话会越来越有意义，Brodey 与 Lindgren 预想，这种对话的效果"要比将双方的动作或想法单纯迭加起来更为有效"，因为"它会促使双方在对话过程中不断提升自己"[43]。

通过对话，architecture machine 可以构建出一种元模型，从这个意义上看，它是一种能够自我组织的学习机器。通过对话来构建元建模的过程与这个过程所产生的结果一样重要。Negroponte 写道："我们提倡的这种对话其交互过程本身与交互所得的结果同样重要。这种对话并不是要对设计过程进行研究或建模……而是代表了一种心态上的变化，它给用户建模，不是为了追求某种结果，而是像 Warren Brodey、Avery Johnson 与 Gordon Pask 等人说的那样，为了让对话变得更好玩儿。"这是 Negroponte 在 *Computer Aids to Participatory Architecture* 中写的，当时他正在申请 1971 年的 NSF（国家科学基金会）基金，以便给实验室成立之初的某些工作提供支持[44]。这种系统的重要之处在于，它不是针对直接建筑来建模。而是针对用户理解建筑的方式来建模。如果把这种方式也视为一种模型，那么它就是对该模型来建模，所以，这样建立出来的模型叫作元模型，也就是模型的模型。

Negroponte 在 *The Architecture Machine* 的某段话中谈到了 architecture machine 会如何学习，在该段最后，他强调了刚才的那个意思。[45] 他说："这种机器的首要功能是向用户学习。然而要注意，与建筑有关的知识本身已经嵌入机器中，因此它**不需要再'学习'这些建筑知识**，它需要做的是构建一套模型，以捕获用户在习惯上的变化情况，例如用户养成了新的习惯，或改变了旧的习惯。与此同时，它还会对用户本身建模，并且会对用户的建模方式进行建模。"[46]Negroponte 设想人与这样一位亲密的伙伴沟通将会很流畅："在这种流畅的沟通方式下，机器用人熟悉的语言和人沟通问题，并采用与当前问题相适应的方式来进行探讨，于是，人与机器之间的合作关系会很稳固，从而让建筑师与机器之间实现真正有效的对话。"[47] AMG 把这样的对话理念运用到了 URBAN2 与 URBAN5 等计算机辅助设计系统上面（虽然没有大获成功），这些系统是 Negroponte 与

Groisser 最早合作的项目（下面会详细讲解）。

　　architecture machine 使用**启发法**来研发人机交互模型。启发法是一套经验法则与试探手段，可以用来试着解决问题。在设计层面，architecture machine 用启发法改善设计，并制定用户模型与交互方式，在编程层面，它用启发法来编写深层的函数、例程、参数与过程 [48]。这些启发法与人工智能技术的其他元素一样重要。算法可以从多个层面的描述信息入手（例如 MIT 的 AI Lab 就是这样做的），这些信息描述了实际物体之间的"特征关系"，计算机会把这些关系表示成由"日常语言"字符串所形成的互联网络 [49]。Negroponte 认为，启发法可以给 architecture machine 提供支持，让它"学会如何学习，更为重要的是，让它变得愿意学习"，这样的话，机器就会"成熟"起来，与人类更为接近 [50]。用启发法来提升解决问题的能力可以让该机器对自身的问题模型予以改进。

　　启发法对 architecture machine 的意义还可以换一种方式来理解，也就是说，它可以让机器产生一种 problem-worrying（对问题本身表示担忧）的情绪。这个词是 MIT建筑系的历史、理论与批评教授 Stanford Anderson（1934—2016）造出来的。这种情绪使得机器不仅要把解决问题的方法寻找出来，而且还会把有待解决的问题本身给尽量搞清楚。Anderson 在 1966 年的演讲中，认为这表示"对问题情境的动态介入"，也就是说，它不仅要自动地解决问题，而且要搞清楚"人的想法" [51]。研究人工智能的学者需要用启发法来确定有待研究的究竟是个什么样的问题，与此类似，建筑项目刚启动的时候，建筑师可能不知道该项目要处理的问题到底有多大。Anderson 说："人在给建筑提要求的时候，又会为自己提出要求的这种建筑所激发，从而产生更多的要求。"这种评估与重新评估会不断地进行下去，它们会呈现在模型中，其后体现在某些形式中（例如体现为某种样貌、某项技术或某套界面），Negroponte 所提倡的设计方式正是要强调这个反复评估的过程。他认为，architecture machine 的设计过程就是一个采用启发法对模型不断建模的过程，这些模型是在彼此学习的过程中形成的，能够反映出人类、机器与环境之间是如何相互适应的。architecture machine 拥有一套接口，它通过这套接口获知要素之间的连接情况。

　　architecture machine 让我们能够更加深刻地理解人机交互接口。接口这个说法最早用在 19 世纪 80 年代，指的是"位于某物质或某空间两个部分之间的面，该面构成这两个部分共同的边界" [52]。后来，这个词指的是"两个系统或组织之间的交互方式或交互场所……交互、联络、对话"以及"用来连接两台科学仪器、科学设备等物品，让二者能够协同运转的（一种）装置" [53]。Negroponte 提出的接口模型用的应该是最后那种意思。对他来说，接口是物体的一套反馈回路，让该物体能够通过反馈回路受到感知，同时它也指用来感知该物体的工具，以及对感知结果所做的展示，通过展示结果，我们或许能够发现一些新的、与原来不同的用法。Negroponte 将这些要素称为事件、展现与表示，这套说法参考了 Nilo Lindgren 的 seamless model of interface（无缝的接口模型），并添加了一系列针对局部行为的反馈回路[54]。反馈回路中的"事件"涉及传感数据，这些数据指的可能是"视觉数据、听觉数据、嗅觉数据、触觉数据、超感觉的数据或是机械指令数据"[55]。"展现"是硬件，能够感知某个数据在"亮度、频率、脑波长、旋转角"等参数上的取值，并把该数据转换为"表示"，从而将"信息描绘成便于有机体处理的形式"[56]。这样转换出来的结果就是一套针对建筑问题的解决方式，该方式涉及多个感官与模式，而且最终会涉及多个媒体。

这样看来，与音频数据、视频数据以及其他一些涉及感官的数据打交道就成了一项与建筑学有关的工作了，这些工作有助于在房屋、建筑物乃至城市层面上创造出交互式的环境。Negroponte 写道："于是，我们自然会想到，architecture machine 这样的机器似乎需要很多复杂的传感器。"他又说，"建筑本身需要考虑人的感官"，而且认为"与建筑相配合的机器"同样需要考虑这一问题[57]。Negroponte 在 *Soft Architecture Machines* 一书中详细阐述了这个观点，他说："计算机显然需要丰富的感知渠道，而且要有许多效应器，以便观察并操作世界的各个'方面'，尤其是我们平常总爱用它来打比方的那些个方面。然而，就目前的情况看，计算机反倒是最缺乏这种感知能力的'智能引擎'，它们很会使用各种简约的电报文体，只有少数设备能够利用计算机图形技术与较为有限的机器视觉技术。"[58] 为此，AMG 越来越关注如何对各种影音技术所涉及的数据进行处理、存储及传输，例如怎样利用光盘这样的存储媒介以及触摸屏、大型光阀显示设备、手持显示设备和声音与语音识别等技术。把这些涉及影音的数据处理好，有助于用户感知并认识他所在的空间。

Negroponte 提出了一个引人争论的观点，他认为，architecture machine 的接口必须要具备与人类接近的感知能力才行。他写道："我们人类的接口就是我们的身体，显然与学习及学习所用的方法密切相关，而人工智能同样应该从这一点入手，把注意力放在 interface 上。"这要求我们在构建机器的时候，必须关注现实，也就是要让机器融入现实世界，要让它具备感知能力，从而像人类用户及设计师那样与周边环境接触。Negroponte 写道：architecture machine "不仅要能与世界对话，而且必须会看、会听、会读，还要能在花园里散步"[59]。这就带出一个问题：这些机器与使用它们的人之间关系到底要多密切才好？Negroponte 是这样写的："机器是不是必须像人一样有躯体，是不是必须做出与人类似的行为，让人觉得这些动作很智能？这听起来有些不可思议，但我认为，确实应该如此。"在 Negroponte 对 architecture machine 所做的描述中，这是很有诗意的一种说法[60]。

最后，architecture machine 还想在环境层面发挥效果，也就是想在建筑乃至城市层面运作，而不仅仅满足于影响机器与用户周边的那一小块地方。Negroponte 写的 *Soft Architecture Machines* 一书告诉我们，他所设想的不仅是一台智能的计算机设备，而且还是一整套智能环境。他在 *The Architecture Machine* 的序言中说："我应该把物理环境当作持续进化的有机体，而不是预先设计好的产品。"[61] 其实，他不仅把物理环境当成持续进化的有机体，而且还把他设计的 architecture machine 也视为这样一种有机体。这种想法源自 Warren Brodey 在 "Soft Architecture: The Design of Intelligent Environments" 一文里提出的观点，Brodey 认为，自动化不等于智能，如果只强调自动化，那么这些"冷冰冰的机器就会蔓延开来，从而全面控制住我们"[62]。Brodey 提倡的是一种"温和的控制，而不是由生硬的机器进行的控制"，这种温和的控制可以给环境提供"有创意的灵活度"[63]。Brodey 还说：问题在于，"现有的环境本质上相当笨拙，而且还越来越复杂，到处都是表盘和开关"，他预感到了指挥与控制技术中的界面开发问题，"我们必须用各种各样的工程技术去设法避免有人误碰开关，否则，就会在瞬间引发灾难"[64]。

6.3 "封闭的世界"与建筑研究的资金

赞助者的文化兴趣对 AMG 安排项目的先后顺序是有所影响的。与 MIT 和其他一些技术机构中的实验室类似，AMG 接受的赞助也主要来自各种教育补助、国家科学基金（National Science Foundation，NSF）、商业公司、国防部（Department of Defense，尤其是 Advanced Research Projects Agency，ARPA，也就是后来的 DARPA）以及 Office of Naval Research（ONR）。国防部的机构倾向于把资金注入智囊团，这种智囊团最早形成于二战期间，历史学者与信息学家 Paul Edwards 在 *The Closed World: Computers and The Politics of Discourse in Cold War America* 一书中，把它称为"封闭的世界"[65]。Edwards 说，这种"封闭的世界"是由少数人组成的小网络，在该网络中，学术界、国防部及商业界可以穿越彼此的边界互相流动。ARPA 的 Information Processing Techniques Office（IPTO）与类似机构会从该网络中招人来当主管。

AMG 的赞助人是与国防经费有关的大人物，他们与 Negroponte 及 AMG 之间的密切关系对这个研究组的人员、资金及发展影响极大。Negroponte 与我交谈时，讲了许多与这些人有关的故事，有的发生在饭桌上，有的发生在电梯里。他觉得，自己与这些人保持良好关系是非常重要的，这不仅能保证 AMG 获得资金，还让他们有机会多认识一些朋友，并且能够受到相关人士的指导。在 AMG 的支持者中，有三个至关重要的人，他们不仅给 AMG 提供了帮助，而且还影响了人工智能、计算机模拟、高清电视与互联网等领域的技术发展与变迁，这就是 J. C. R. Licklider、Martin Denicoff 与 Craig Fields。MIT AI Lab 的 Marvin Minsky 与 Seymour Papert 也一直是 Negroponte 的忠实伙伴与搭档，始终给他以支持（Minsky 与 Papert 都在 2016 年去世）。

J. C. R. Licklider 是本书中经常提到的人，他在各种机构任职，并把与之默契的一些研究者推荐给这些机构。他的工作推进了一系列与分时计算及 ARPANET 有关的项目。Licklider 在 MIT、BBN（Bolt，Beranek & Newman）以及 ARPA/DARPA 的 Information Processing Techniques Office 多次任职[66]。他是 Negroponte 的导师，并给草图识别项目 HUNCH 提供了两到三万美元的启动资金[67]。他介绍给各机构的研究者帮助他实现了自己对分时计算、计算机网络以及人机交互的一些想法。Licklider 的文章（包括那篇著名的 "Man-Computer Symbiosis"）对本书提到的许多人都产生了影响。

Marvin Denicoff 于 1962 至 1983 年间在 Office of Naval Research 的 Information Systems Program 担任主管，他任职期间落实了人工智能方面的研究计划与资金来源。有一种说法认为，他是 "所有资助者中的'元老'，……他赞助了一些极令人兴奋的 AI 研究工作"[68]。在 Information Systems Program 任职的时候，他支持 "一项每年数百万美元的基础研究补助计划，该计划涉及人工智能、机器人、计算机图形、人机交互、计算机架构以及软件等领域"[69]。Denicoff 是文科出身的公职人员，他读硕士的时候研究过文学和语言学，而且始终喜爱剧本及摄影。他在文化方面的兴趣可以通过他资助过的项目反映出来，在这样的倾向下，他对 AMG 的项目是很感兴趣的，退休之后，还加入了 MIT Media Lab，从事电子剧场方面的项目。Marvin Minsky 在 *Society of Mind* 一书中肯定了 Denicoff 在 MIT AI Lab 管理项目合约时所发挥的作用，并且提到，他 "对未来的展望给整个领域带来了很大影响"[70]。

Craig Fields 1974 年加入 DARPA，并在 1990 年成为主管（后来，由于政治纠纷遭到降职）[71]。Licklider 和 Denicoff 比 Negroponte 高一辈，而 Fields 则可以算做同辈，他们之间只差 4 岁。Fields 对 AMG 以及 Media Lab 初期的一些项目（尤其是涉及模拟环境与人体工程学的项目）在资金上起着关键作用。很多人都知道，他特别喜欢资助私人的高科技研究项目。

为了获得研究经费，Negroponte 与同事们会根据国防资金的投资方向来调整 AMG 的工作安排，这种调整对该小组的研究有所影响。起初，他们把工作重点放在有限度、有边界的环境上面，这种环境称为 microworld。其后，在越南战争期间，国防资金的投资重点从基础研究转向了应用研究，于是，AMG 也跟着转向，开始研究指挥与控制方面的应用。最后，Negroponte 与 MIT 的校长 Jerome Wiesner（1915—1994）开始寻求商业公司的赞助，这种向媒体与电子消费品产业寻求帮助的做法也给以后的 MIT Media Lab 带来了援助。AMG 的工作反映出这些融资模式的理念与重心，这对当代的人工智能与建成环境研究工作很重要（而且可以起到借鉴作用），其中尤为重要的是，它能告诉我们怎样给新的数字世界建模并开发原型，以及如何才能按照我们的想法去部署产品。

6.4　microworld 与 blocks world

与 20 世纪 60 年代末及 20 世纪 70 年代初的其他 AI 研究者一样，AMG 的成员也是在 microworld（微世界）中做研究的，microworld 可以限定模型中的变量个数，让研究者专注于计算机视觉或语言对话等特定的问题。由于这些项目通常要用自然语言的命令及辅助设备来操纵大量的 block，因此这种 microworld 也叫作 blocks world（块世界）[72]。在 AI 的研究工作中，microworld 是一种有待研究的区域，这种区域具备明确的边界，用以凸现特定的 AI 问题，同时把其他一些因素给抽象或忽略掉 [73]。虽然这些项目不一定都能做出功能完备的程序与原型，但它们可以视为一种激发思路的实验，这些实验有时还会演示出一些令人紧张的成果。对于 AI 研究者在 microworld 中碰到的问题，AMG 的成员在刚开始做的项目中也同样遇到过，他们发现，老式的人工智能（Good Old-Fashioned Artificial Intelligence，GOFAI）实现不出应有的效果 [74]。

microworld 之所以是一种有用的构件，是因为它让研究者可以抛开现实来进行研究，这种理由听上去似乎有点奇怪，正如 Paul Edwards 在 *The Closed World* 中写的那样，这是一种 "在内部保持一定程度的连贯、但是从外部来看却并不完备的领域" [75]。microworld 可以把程序中的特定变量隔离出来，并对设计问题的某些方面进行抽象，以 "排除无关的因素或者不要让问题变得过于复杂"。这种能力让研究者很感兴趣，Edwards 写道："每一个这样的 microworld 都有独特的本体论与知识论结构，这比它所表示的现实世界更为简单。" [76] 由于 microworld 让研究者能够专注于一个与现实世界不同的环境，因此他们觉得应该把这方面的工作继续推进下去。Marvin Minsky 与 Seymour Papert 写道："许多现象都可以建模成高度发达的模型，因此研究者特别需要这样的模型。每个模型——或者按照我们的说法，每个 microworld——都简要地勾勒出了一种预想的情境，该情境中的事物极为简化，这让人能够做出一些在现实世界中很难成立的假设。" [77]

Minsky 与 Papert 认为，blocks world 虽然有许多限制，但仍然值得继续投入资金来研究。他们说："这些东西相当重要，我们正在花费很大一部分精力来研发一套 microworld，以便利用这些模型来提供建议或进行预测。虽然这些模型与真实的世界有差距，但我们尽量不让这些差异影响到建议或预测的效力。"[78]Minsky 与 Papert 认为，把方法与目标分开不一定是坏事，也就是说，我们可以通过创建、评估并废弃这样的 microworld 来更好地理解问题，从而找出正确的问题解法或启发式算法[79]。"按照我们的判断标准，如果用人工智能技术来处理某些比较单纯的问题（例如谜题、游戏或其他一些状况（其中有些状况可能很有现实意义）），那么这些技术的效果就显得相当好，因为这些问题与现实世界中的其他方面根本就没有联系，或者几乎没有多少联系。"[80]反之，如果要建模的是"空间、时间、人的欲望、经济或设计等问题……那么现在这些 AI 程序的处理能力可能就连小孩子都不如了"[81]。

空间、时间、欲望、设计等问题可能是很难解决的，但 AMG 就是要建立项目来研究这些难题。AMG 采用的办法与 Minsky 和 Papert 一样，也是在承认 microworld 并不完美的前提下，继续发挥它的重要作用，并以此来推进实验工作。Negroponte 在 *The Architecture Machine* 一书的结论中写道："我们一起来构建这种会学习、会探索、会尝试的机器吧，至少可以用它上面的设备来做设计。"[82]AMG 的一些项目从名称上面透露出他们这套设计过程所采用的理念，例如 HUNCH（预知）、SEEK（寻求）、GROPE（摸索）等。正因为这些项目还不完美，所以才要继续实验、继续开发。

AMG 的项目采用 blocks world 来限定设计问题的范围，例如在 URBAN5、SEEK 以及 HUNCH 等项目中就是这样做的。其中，URBAN5 是个对话式的城市设计系统，SEEK 是由一套方块构成的环境，其中居住着沙鼠，同时还有机械手臂会重新安排这些方块，HUNCH 是一套能够重组、解读并在屏幕上渲染手绘草图的系统。AMG 用的 microworld 也具有 Edwards 刚才说的那些特点，它们受到的限制以及对现实世界所做的抽象对项目的本体与认知都有所影响。虽然 AMG 搭建的研究框架是可控的，但如果要把它们运用到更大的层面，例如运用到建成环境中，那么会出现一些棘手的问题。因为人居住在界面与基底之间。因此，我们必须考虑原来局限在 blocks world 中的生物现在会如何？原来生活在机器环境中的用户在现实环境里会怎样？ AMG 的研究者在做抽象的时候保留了哪些因素，又抛掉了哪些因素？ AMG 对问题给出的回答有没有特别值得担心的地方？

6.4.1　URBAN2 与 URBAN5

AMG 最初研究的建筑项目是名为 URBAN2 及 URBAN5 的 CAD 系统[83]。它融合了一套简单的图形化 CAD 程序，该程序运行于 IBM System/360 计算机，用户可通过光笔操纵图形，以表示边长为 10 英寸的方块，并与计算机之间进行问答式的对话[84]。Negroponte 说，这种 block "几乎不会在建筑上受到限制，而且能给研究工作带来许多便利"。他说的 "给研究工作带来许多便利" 指的正是这种 blocks world 所带来的好处[85]。该系统并不打算像一位智能的设计师那样运作，而是要模仿 "城市设计员" 来 "监控设计过程"[86]。如图 6.1 所示。

图 6.1　URBAN5 的用户可以用光笔绘制并选取方形图案，这些图案代表边长为 10 英寸的 block。然后，用户使用左侧特制的小键盘给每个 block 设置属性与特性。*The Architecture Machine*, by Nicholas Negroponte, published by the MIT Press

　　Negroponte 想把人工智能运用到建筑学上面，URBAN5 项目正体现了他的这一想法。该项目打算通过人机对话研发一套针对用户的模型，从而使本系统能够根据情境做出适当的操作，进而体现出智能的一面。该系统的最初版本叫作 URBAN2，它是 Grossier 与 Negroponte 为 1967 年 的 Special Problems in Computer Aided Urban Design（计算机辅助城市设计中的特殊问题）这一课程所设计的课程项目。该课程由 MIT 以及 IBM 位于麻州剑桥的 Scientific Research Center 赞助，在形式上是一种 "由建筑师来指导建筑师" 的计算机工作坊[87]。根据 MIT 的校长在 1968 写的报告，该课程研究的特殊问题以及它采用的研究方法显然 "大受欢迎"，因此成为建筑系的固定课程。

这个系统的下一个版本是URBAN5，它是AMG实验室的第一个研究项目。

URBAN5的用户可以绘制方形图案，以代表blocks world中的Block。这些图案展示在CRT屏幕上面供用户选取。用户可通过一组按钮为其设定"模式"，这组按钮共有32个。选中某个block并设置好模式之后，系统会根据预先编写的程序向用户提出一个问题，该问题是从包含大约五百道题的题库中抽取的。比方说，用户可以绘制两个相邻的方块，从而将它们合起来连接成单一的量，并把该量的模式设为SURFACE，让它能够拥有solid这样的特性[88]。URBAN5会自动给每个方块赋予一些特性，这些特性可能是默认赋予的，也可能是经由某种明确的操作而获得的。如果用户添加了一个会遮挡其他元素的方块，那么系统会更新与自然光及视觉隐私有关的特性更新过程是在后台发生的[89]。URBAN5会用建筑师能够理解的语言提出一些契合于当前情境的问题，以帮助用户选择适当的属性及模式。然后，系统会判断这些属性是否"冲突或不兼容"，如果出现了这样的情况，就发出"刺耳的响声"，以提醒用户。此时，用户可以在对话界面输入命令来修复错误，或是另选一种新的模式[90]。比方说：

建筑师	每一间工作室（studio）都必须能够从户外进入。
URBAN5	抱歉，我听不懂。
建筑师	每一间工作室必须通往户外。
URBAN5	抱歉，我听不懂。
建筑师	单间的居住单元必须能够从户外进入。
URBAN5	这次我懂了。而且我会把你以后说的"工作室"都当成这种单间的居住单元。[91]

通过上述对话，URBAN5就明白了用户说的studio是什么意思，并且会把它添加到与该用户交流时所用的词汇表中。以后，只要这位用户说到studio，或者绘制出这样一种单间的居住单元，那么系统就明白他指的是这种新的物件。Negroponte与Groisser设想，URBAN5以后能够从用户与该系统的交互中解析数据，从而让交互过程更贴近于用户的个人风格，或者至少能够"收集到用户个人的一些习惯，从而在以后的对话中能够根据这些习惯来调整措辞，让设计师觉得更加亲切"[92]。他们认为，过一段时间之后，这样的对话就能表现出一种用户与URBAN5之间特有的风格，该系统在掌握了这套风格之后，可以抛开当初用软件编写的固定格式。

然而，要让URBAN5智能地回应用户，远远不像Groisser、Negroponte与他们的学生想的那样简单。URBAN5的对话风格其实与一种叫作ELIZA的心理治疗程序相似，该程序由Joseph Weizenbaum于1964至1966年间在MIT开发，它仿照心理治疗师初次与来访者谈话时的模式与用户交流 [93]。ELIZA 程序按照规则，识别并分解相关的结构与词组，并将其变成一句话回复给用户，这让人觉得它好像能与用户有效地进行交流。比方说，ELIZA 可以像下面这样与人对话：

[用户]	说真的，我不快乐。
[ELIZA]	你觉得到这里来，能帮你改变这种不快乐吗？
[用户]	我需要一些帮助，所以觉得应该能。
[ELIZA]	如果你得到了一些帮助，那么对你来说，这意味着什么？[94]

　　虽说 ELIZA 表现得很聪明，但 Weizenbaum 从来没有认为它具备真正的智能。Weizenbaum 写道："ELIZA 之所以效果不错，很大程度上是因为它让人感觉到这个程序能理解用户所说的话，而且给出的回答一点儿都不刻板。"但是用久了之后，ELIZA 存储的信息可能越来越多，它或许越来越能准确判断出用户的情绪与想法，到了那时，它就有了 belief structure（信仰结构），而这种结构是可以模拟的，于是，它的想法与行为从认知论的角度来看，就变得可以提前预测了 [95]。当然，这些问题在 1966 年可能还显得比较遥远。Weizenbaum 写道："我们应该注意，从技术编程这方面来看，ELIZA 程序本身只是个翻译处理器。"

　　20 世纪 60 年代末，AMG 的成员在做 URBAN5 项目，而与此同时，Terry Winograd 也在探索类似的问题，他当时正在 MIT AI Laboratory 做博士研究，课题是如何使用自然语言去操纵空间中的事物。Winograd 开发了 SHRDLU 系统，以研究 blocks world 中那些"复杂的语言活动"[96]。（尽管双方研究的问题相似，但 Negroponte 与 Winograd 都说他们当时没有注意到对方正在做的事情）[97]。SHRDLU 系统模拟了一个独臂与独眼的机器人，并在屏幕上演示了它与人类"伙伴"之间"所应发生的"对话。用户可以用日常语言向机器人下达与 blocks world 有关的命令，机器人会对此做出回应，并学习新的说法，以便理解用户在这种情况下想要表达的意思 [98]。比方说，用户与机器人之间可能会发生下面这样的对话：

把那个大的红色方块拿起来。
——好的。
把那个 PYRAMID（棱锥，类似金字塔的立体图形）拿起来。
——我不知道你说的 PYRAMID 是什么意思。
找一个比你现在拿的这个方块更高的方块，然后把它放在箱子上。[99]

Winograd 在论文中承认 SHRDLU 有一些缺点:"首先,它目前只能应对一个经过简化的小领域。其次,它所知道的内容基本上都是提前用程序编好的,用户还不能告诉它或教给它新的知识。最后,用户没办法与它面对面交谈,而是必须把自己想对它说的话输入到计算机中,然后读取计算机所给的输出,这样才能知道它是怎么回答的。"[100]若想完善 SHRDLU 的功能,还需对结构与信息的组织进行研究,这方面仍有许多工作要做。

正如 Winograd 在他的博士论文中所写的那样,人与计算机之间的对话是个很难处理的问题,Negroponte 与 Groisser 当时也不太可能把这个问题处理好。Winograd 在论文的结论部分谨慎地标出了这个问题所涉及的范围,他说:"如何通过编程让计算机能够使用人类的语言,实际上就是如何让计算机拥有智能。思想与语言之间联系得很密切,我们将来对自然语言和计算机做研究的时候,研究的既不是语言规则,也不是所谓的'人工'智能,而是要研究智能的本质究竟是什么。"[101]为了设计出真正的人工智能,设计者或研究者本人首先必须提出自己对智能的一套看法,真正要研究的在于怎样把自己的这套看法通过程序给体现出来。

Negroponte 认为,URBAN5 项目遭遇的失败以及他在设计智能系统时所面临的挑战促使他开始写 *The Architecture Machine* 这本书(如图 6.2 所示)[102]。他承认,URBAN5 背后的想法"太过天真"[103]。Negroponte 与 Groisser 当初觉得,设计这样一种能够观察并理解用户命令的系统似乎相当简单,但他们低估了对该系统进行必要的抽象时所要面临的困难。Negroponte 写道:"URBAN5 想与用户之间进行真正有效的对话,想把自己打造成能够进化的系统,想成为一套聪明的系统——但是,这些目标它都没做到。"[104]Negroponte 感到可惜的地方在于计算机没办法领会文字命令之外的一些因素,例如人与人之间交流时,还可以借助手势或书写来表达自己的意图,而 URBAN5 则无法做到这一点(谈到这个问题时,他引用了 ELIZA 程序的创建者 Weizenbaum 所写的内容)。他写道:"尽管 URBAN5 项目把通过文字进行对话时可能遇到的许多问题都考虑到了,但是跟人与人之间的面谈相比,它所顾及的因素还是太少,因为面谈时还可以借助手势,并通过声调的变化来强调自己的意思。这些辅助手段是'只能通过电报式的简略文字来进行沟通的人或计算机所无法借助的。'而我们在现实中进行这种设计时,怎么可能单单通过电报式的文字来沟通呢?"[105]在其后发表的文章中,Negroponte 与 Groisser 又回到 URBAN5 最初的目标来谈论项目的成败。1970 年那篇题为"URBAN5:A Machine That Discusses Urban Design"(URBAN5:一台能够讨论城市设计的机器)的文章就比较贴近该目标,然而即便是那个标题也依然把话说得有些大,因为 URBAN5

系统的能力相当有限，没办法模拟出我们在现实工作中做城市设计时所采用的对话方式。最后，Negroponte 写道："用户本来应该可以像玩游戏那样与 URBAN5 相互学习，但实际上，URBAN5 并不成熟，用户无法在沟通过程中体会到乐趣，用户只会看到它打印出一大堆乱七八糟的东西。"[106] 他半开玩笑地说，虽然 URBAN5 失败了，没有实现出什么有意义的功能，但至少是一套让人感觉亲切的系统。

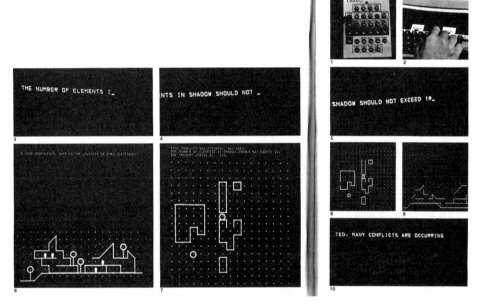

图 6.2　URBAN5 采用问答的方式与人对话，以推进设计过程。屏幕上显示出的那句话（TED，
MANY CONFLICTS ARE OCCURRING（伙计，冲突的地方有好多））似乎表明，
Nicholas Negroponte 与 Leon Groisser 想做的设计已经超出了 URBAN5 的处理能力。
The Architecture Machine, by Nicholas Negroponte, published by the MIT Press

　　URBAN5 与其他的 Blocks World 项目一样，也许遇到了这样的困难：它没办法正确地进行抽象，也无法合理地应对现实世界所受到的一些限制，而且它打算处理的设计问题范围实在太广。Rodney Brooks（1954 年生）是研究机器人技术的教授，于 1997 至 2007 年担任 MIT AI Lab 的主管，他对这些采用 blocks world 方式的项目提出了批评，认为这是想通过"简单而特定的方案来解决……更为一般的问题"[107]。Negroponte 自己也认为，URBAN5 只是"一大堆专用的（而且是比较小的）architecture machine"[108]。一方面，URBAN5 的程序构思得相当宏大，想通过一套与自然语言相兼容的界面来处理各种城市设计问题，但另一方面，该程序实现得又太过狭窄，导致它没办法处理范围如此宽泛的问题。尽管有 IBM 的投资及 MIT 的支持，URBAN5 项目依然与其他一些失败的 blocks world 项目及 microworld 项目一样，又给我们上了一课。

既然 microworld 有这样的缺点，那为什么研究者还要用它们呢？ Terry Winograd 说，之所以采用 blocks world 方法来开发自己的 SHRDLU 系统，是因为这样做在当时很自然，许多 AI 研究者都是把项目放在 blocks world 中研究的。此外，如果项目能够提供一套直观而且支持对话的界面，那么会让更多的人注意——对于他来说，即便只在屏幕上模拟出一个能够接受命令的机器人也相当有吸引力。他说："因为这样做可以让人看到实实在在的东西，要想吸引人，这一点相当关键。"[109] microworld 很容易进行演示，而 Winograd 与 Negroponte 都明白，演示效果比较好的项目更容易获得资助。

6.4.2 SEEK

SEEK 是一座城市，能够根据住民的生活方式进行学习。它由方块构造而成，这些方块可以根据住民的想法重新加以配置[110]。有一只机械手臂会研究居住者的移动情况，并据此搬动这些方块，然后观察他们会做何选择。1970 年，纽约 Jewish Museum（犹太人博物馆举办了题为 *Software* 的展览，这座城市在展览上亮相，它的住民是沙鼠，这些沙鼠居住的这座城市就是 SEEK。该城市采用一套机制来"感知物理环境，对环境施加影响，进而尝试处理该环境内的某个部分所出现的突发事件"[111]。展览目录的封面是一张照片：玻璃笼子里有许多反光的方块迭放在洒有木屑的平面上，近处有两只可爱的沙鼠正对着拍摄者，而拍摄者就是对刚才说的对"突发事件"进行观察的人。照片的上半部分有一只用钢材与有机玻璃做的电子手臂，上面有许多条彩色的电线，还有一些线圈。照片的标题写着"沙鼠在和计算机建造的环境较量"。展览目录中印有一篇跨越两页的介绍，用来描述"计算机环境中的生活"，它以沙鼠的视角描述它们在这个环境中生活的情况（如图 6.3 所示）。接下来的几页演示了这套环境使用的玻璃笼子及方块，笼子大小是 5 英尺 ×8 英尺，方块的边长是 2 英寸。这套环境通过电缆与计算机相连，有三位打领带的男士正在观察这座城市以及居住在其中的沙鼠，同时，悬在城市上方的机械手臂正打算搬动这些方块。⊖

SEEK 的任务是操纵并安排这个由方块构成的 blocks world，以"演示机器在发现真实情况与自己所建的模型不相符时会如何处理"[112]。SEEK 要运行六种程序——Generate（生成）、Degenerate（退化）、Fix It（修复）、Straighten（摆直）、Find（寻

　　⊖　相关图片可参见 http://cyberneticzoo.com/robots-in-art/1969-70-seek-nicholas-negroponte-american/。——译者注

找）及 Error Detect（错误检测），以便将方块随机地排布到这套环境中，并做出对齐与修正。它通过机械手臂及相关的塑料部件迭放并来回搬移方块，令其出现在相应的位置上[113]。这些沙鼠是研究者因为好奇而选中的，他们想通过沙鼠给这套环境引入不安定因素[114]。Negroponte 写道："这样就会产生出一种总是在不断变化的建筑，这种变化能够反映出住在其中的小动物们使用该建筑的方式。"[115] 然而，SEEK 系统其实并不知道这套环境中住着沙鼠。Negroponte 说："SEEK 不知道会有一些小动物跳到方块上面把造好的结构破坏掉，或是把迭起来的方块推倒（如图 6.4 所示）。它只是发现计算机所记住的情况与三维世界中的真实情况很不一样，而它的职责就是要对这种不一致的状况做出处理。"[116] 沙鼠的行为刚好能暴露出 SEEK 为这套环境所建立的模型有何不足。

图 6.3　从住在其中的用户出发来呈现"计算机环境中的生活"，这里的用户是指沙鼠。选自 Architecture Machine Group 的 SEEK 项目，该项目于 1970 年在 Jewish Museum 的 *Software* 展览中展出。Photograph: Shunk-Kender © J. Paul Getty Trust. Getty Re -search Institute, Los Angeles (2014.R.20)

　　SEEK 项目既显示出响应式环境在那个时代的发展潜力，也暴露出当时在构造此类环境时所遇到的问题。一方面，它打算展示"什么叫作响应式的行为，因为这些沙鼠的动作是无法预知的，而 SEEK 的行为则会平复或放大由沙鼠所造成的混乱"[117]。从另一方面来说，SEEK 采用的模型并没有很好地实现这些目标。正如展览目录解说的那样："虽然 SEEK 项目面对的环境很小、很简单，但它依然无法将该环境中的各种实际情况全都考虑到，因为这些机器还没办法对住民（此处是沙鼠）的行为做出判断及回应。目前的机器还没办法很好地处理环境中突然发生的变化。缺乏适应能力是 SEEK 在面对这套小环境时所暴露出来的问题。"[118]

图 6.4　SEEK 系统有一套机器人装置，可以尝试把方块叠起来或是把它们摆放整齐。1970 年，该项目在 Jewish Museum 的 *Software* 展览中亮相时，还有一群沙鼠住在玻璃笼子里，它们会把这些方块弄乱，而 SEEK 则会试着对乱掉的方块加以整理。*The Architecture Machine*, by Nicholas Negroponte, published by the MIT Press

正如 Negroponte 在 *The Architecture Machine* 开头写的那样，如果不顾情境盲目地执行，那么就会产生破坏作用，或者至少可以说，这样做会带来危险："无论什么样的设计流程、规则或经验，都必须放在某种情境中去运用，或者说，在运用时必须顾及情境，否则，它们就会失去意义，甚至会起到负面作用。"[119]SEEK 项目就印证了这一理念，它促使我们意识到，要想构建响应式的环境，就必须实现出某种智能。Negroponte 说："如果计算机是我们的朋友，那么应该能听懂我们话里的意思才对。人的需求一直在变，这些需求与具体的情境有关，而且无法预测，如果计算机要回应这样的需求，那么必须通过人工智能来周全地处理各种复杂的突发状况（处理这些状况时，它必须要能听懂用户所说的话是什么意思，并根据这些意思做出判断）。其实，SEEK 项目也在尝试应对一些基本的意外因素，只不过它的处理方式还比较单纯。"[120]

Software 展览的介绍语中引用了 Ted Nelson 的一句话："Our bodies are hardware, our behavior software（我们的身体是硬件，我们的行为是软件）。"[121]SEEK 项目中的沙鼠最为真实地体现了这种由行为所构成的"软件"：这些沙鼠一方面要相互竞争，另一方面还得提防 SEEK 把它们的生路堵死[122]。更为糟糕的是，*Software* 展览本身也由于

一些因素出现了重大问题，这些因素超出了 SEEK 项目的控制范围。例如：该展览的开销大幅超支；给许多项目提供支持的分时计算机无法运作（之所以无法运作，是"由于软件问题而造成的，这真的是十分讽刺"）；博物馆的管理方对展品目录做了审查；Jewish Museum 近乎破产；Jewish Theological Seminary（犹太教神学院，JTS）救场之后，要求该馆不再举办实验艺术展览。接下来打算在 Smithsonian（史密尼森学会）举办的展览遭到了取消 [123]。

在 *Software* 展览之外，SEEK 项目还用到了 MIT AI Lab 的一些初创项目及合作项目的技术成果，那些项目也是通过 blocks world 来做研究的。在此类技术中，最值得注意的是计算机视觉技术以及对相互冲突的信息源进行解析的技术（这里说的冲突当然已经不是由沙鼠造成的了）[124]。AI Lab 的工作方向是"构建一套实用的现实世界场景分析系统"，Marvin Minsky 与 Seymour Papert 在给 ARPA 汇报时说，他们正在从事"视觉控制之下的自动操纵以及物理世界的问题解决"工作 [125]。Minsky 与 Papert 研究的这种视觉系统还想处理日常生活中的一些混乱局面，例如："对乱摆着笔、电话与一对书的桌面做自动分析，把生产线置于视觉控制之下，让我们无须提前将各个部件准确摆放在预定的位置上，或是用视觉系统来引导移动机器人穿越某块不熟悉的区域。"[126]AMG 继续研究空间认知与智能方面的问题，而且频繁地利用 AI Lab 的各种技术，同时，AI Lab 也给 AMG 的学生提供指导。例如当 SEEK 项目想利用 Minsky-Papert eye 设备时，Papert 就给建筑专业的学生 Anthony Platt 与 Mark Drazen 提供了指导，该设备是一台与计算机相连的摄像头，可以"读取"特定区域内的一叠方块，从而把它们绘制到 CRT 终端 [127]。Negroponte 在 *The Architecture Machine* 中提到了 SEEK 项目对这些技术的使用情况，但没提到沙鼠 [128]。

6.4.3　与 Gordon Pask 合作：第二阶控制论以及对话理论

AMG 与控制论学家 Gordon Pask 有过两次长期合作，一次是 1973 年，双方当时一起参与 HUNCH 项目，这是一种计算机程序，想要识别用户手绘的草图，项目的资金源于 NSF 给 Computer Aids for Participatory Architecture 所发的补助。另一次是 1976 年，双方一起研究图形对话理论，为了推进这项基础研究，他们打算向 NSF 申请 150 万美元的资金。艺术家和建筑师应该很熟悉 Pask 这个人，他一直很热衷于将控制论与建筑学相结合，而且喜欢把控制论的原理运用到艺术与建筑中。Pask 与 Cedric Price 及 Joan Littlewood 在 Fun Palace 项目上密切合作过，而且给 Generator 项目（1976～1979）提供了创意。他多次拜访 AMG，并给 *Soft Architecture Machines* 写了一章读起来比较费解的介绍文字，那一章的标题叫作"Aspects of Machine Intelligence"，Pask 用带有反馈回路的草图给对话理论做了复杂的证明[129]。Pask 在"The Architectural Relevance of Cybernetics"一文中，认为计算机可以改变建筑师与系统之间的关系，进而改变现有的设计范式。本书第 5 章提到过这篇文章，该文也对 Negroponte 与 AMG 的诸位研究者产生了影响[130]。

Pask 研究的是第二阶控制论，从 20 世纪 70 年代中期开始，他又致力于研究"对话理论"，这是一种针对第二阶控制论的高级理论[131]。第一阶控制论是直接针对系统中的反馈情况建模，而第二阶控制论则要把该系统的观察者以及这名观察者给此系统建模的方式也考虑进去。用 Heinz von Foerster（1911—2002）的话说，这是"针对控制论的控制论"[132]。对话理论是一套框架，用来描述人如何运用自然语言、目标语言及元语言来获取知识。Pask 与 AMG 把第二阶的控制论运用到了三个方面。根据一份报告的说法，这三个方面是："一、用它给用户本身、用户的需求以及用户的欲望建模。二、对用户自己给自己建立的模型做出完善。三、演示这两种模型的作用及其物理表现形式。"[133] Pask 与 AMG 还把对话理论运用到了名为 HUNCH 的程序上面，进而将其运用于一个更大的项目，也就是 Graphical Conversation Theory。

6.4.4　HUNCH

由于建筑方面的很多创意刚开始都是在纸巾或纸片上面画出来的，因此，他们打算构建一个名为 HUNCH 的数字绘图系统，以识别用户绘制的草图，并把这些用计算机画的线条转换成数据，然后利用机器的智能对其进行转换与显示。该系统可以凸现对用户手绘的草图进行显示时所遇到的各种困难，也给实验室经常从事的手势研究工作提供范例，帮他们更好地研究这些手势的意义。HUNCH 是 AMG 的首个学生研究项目，它给 James Taggart 在 1970 年写的建筑专业学士论文以及 1973 年写的电气工程专业理学硕士论文提供了素材。该项目起初由 AMG 与 Ford Foundation 资助，后来一直受到 NSF、MIT 的 Project MAC（由 ARPA 支援）以及 Graham Foundation 资助，Graham Foundation 的资金来自它针对 Advanced Study in the Fine Arts 这一课题所投放的经费[134]。

Taggart 与 Negroponte 选择草图来研究，是因为许多建筑思想都是先从草图上面体现出来的。Negroponte 写道："建筑师一个人待在书房或工作室的时候，会在信封背后、电话簿旁边或一大堆黄颜色的描图纸上面绘制草图。"[135] Taggart 在硕士论文中分析了这种草图的功能，他说，这些草图"就像某种物理内存"一样，能够促成与绘图者之间的对话，从而激发出一些单凭文字很难表达出来的想法，或是把绘图者已经想到、但是不知如何用文字陈述的想法给记录下来。绘制草图这一过程所产生的总体效果要大于草图本身的效果与绘制者原有的想法所产生的效果之和，对此，Taggart 说："这样一种会话过程所产生的信息比草图本身所包含的信息以及绘制者在没有开始画草图时所想到的信息都要丰富。"[136]HUNCH 项目背后的理念是利用第二阶控制论，对用户本身以及用户绘图的方式进行建模。然后，HUNCH 会观察"设计师如何与 HUNCH 刚才针对他所创建的模型"相交互，最后，HUNCH 会针对设计师与该模型的交互情况进行建模，这一连串说法听上去有点绕，但这正是 Pask 的控制论中最为核心的理念[137]。在使用这套系统时，用户首先要拿一只手写笔，在 Sylvania 数据板上面绘制，然后，有一系列程序及例程对笔触的压力与速度进行解读，并根据线条之间的交叉与相连等情况做出推断，从而识别出相应的图形，并将其表示成带有适当阴影的三维图案[138]。Negroponte 说："这些程序不仅能识别正方形与立方体这样普通的图形，而且说不定还会把你画的东西当成一栋野兽派风格的大楼。"[139]HUNCH 打算通过用户的动作（也就是所谓的"模型的模型"）来解读这些线条的含义，比方说，如果用户画了某条线之后又折回了，那么可能说明他打算让多线段彼此交叉。此外，HUNCH 还会试着判断用户画的是哪一种建筑草图，例如是平面图、剖面图、斜投影图还是正投影图[140]。Negroponte 与 Groisser 之所以创建这些越来越复杂的模型，是因为他们想让人与计算机之间形成一种搭档与共生的关系，这正是早前的 URBAN5 项目没能做到的地方。

虽说 HUNCH 是针对建筑草图开发的，但 AMG 认为该项目还可以有其他一些用途。Negroponte、Groisser 与 Taggart 写道："我们认为，HUNCH 将会成为通用的前端，该前端让用户能够绘制一些不太正规的图形，并把用户通过这些图形所要表达的想法输入计算机系统。"假如没有这种易于输入的前端，那么用户可能会因为"受制于输入方式"而无法较为便捷地表达自己的想法[141]。Negroponte 进而设想，这套草图识别系统将来可以直接与物理模型对接，就好比让 HUNCH 系统与早前的 SEEK 系统结合起来一样。"从某种程度上来说，这种对接正是演示程序的关键所在，我们通过该程序来演示 HUNCH 目前的成果。它虽然不是草图识别机制的必要组成部分，但却可以实现出这样一种效果：你正在绘制包含住宅单元的草图，而旁边就有一台机器会按照你在草图中表达的意思来建造这些建筑。你如果修改了草图，那么那台机器也会据此修改物理模型。"[142]Cedric Price 在几年后的 Generator 项目中，把上述功能安排到了 John Frazer 为该项目所设计的程序中。

不过，AMG 对 HUNCH 的设想（尤其是 Negroponte 本人对 HUNCH 的设想）与它实际实现出的效果之间是有差距的，这种差距对他们来说并不陌生。HUNCH 系统的实际效果与它的目标相比显得很有限。一方面，它想准确地解读用户绘制的草图，而另一方面，它所建立的模型目前还很难实现出这样的效果，尤其是 HUNCH 无法识别曲线，为此，AMG 干脆把该功能排除在外，并为自己的这项决定寻找了一些理由[143]。Negroponte、Groisser 与 Taggart 写道："很长一段时间以来，我们始终没有考虑曲线，因为它不是建筑中的固有元素，我们不认为计算机图形技术会朝着大规模创建高迪式建筑[⊖]的发展方向（而且实际上，我们还想阻止这种趋势）……因此，虽然我们也想识别曲线，但绝不会考虑'迎合'这种用法。"[144]

他们承认，这个草图识别计划在某些方面失败了，不过，这又一次成了他们推进后续实验的理由。Taggart 的硕士论文中有一部分叫作"LETDOWN"（失望），他在这里坦诚地评述了 HUNCH 项目："我很想对大家宣布，自己已经像早前提到的那样开发出了一套反应迅速、令人兴奋而且能够与人交互的系统。然而现实却是，我们目前开发出的这个 HUNCH 系统还无法实现这些目标。要说令人兴奋，它确实做到了，只是它让人兴奋的地方与我早前预想的有所不同。至于交互功能，它也实现出来了，然而它的交互水平还达不到能够与人有效对话的地步……人与人之间的对话都蕴含着一定的话题，而且会随着交谈过程不断推进，HUNCH 系统虽然也知道与此有关的一些技巧，但它并没有能够通过这些技巧促成有效的对话。"[145]Taggart 或许认为这样的结果令人失望，但 AMG 却从中发现了继续支持该研究的理由。Negroponte 写道："草图识别技术提供了一种研究媒介，让我们可以通过它对模糊思维进行实验。这方面的实验早前只能通过语言学的办法进行。……我们在探索各种设计方案时，定会出现一些奇妙的想法与模糊的感觉，假如没有草图识别技术，就没办法把这些想法与感觉明确地捕捉下来。"[146]HUNCH 项目的成果之所以不够明确、不够完美，就是因为它没有很好地解决语境、建模以及保真等方面的问题，这正好说明该课题还值得进一步研究。

HUNCH 的草图识别输入机制依然是 AMG 关注的重点，这套机制不仅仅是一种输入机制，而且还融合了该小组的用户建模工作，AMG 把建模工作纳入了名叫 idiosyncratic systems（特别系统）的课题中。AMG 用这样的系统来指代个人化的计算范式。此外，它标志着实验室进入了一段较为困难的时期，因为在这段时期，国防部选择投资项目的标准发生了变化，这种变化在 20 世纪 70 年代初就已经显现出来了。同时，该实验室还要与美国其他大学的技术实验室争夺研究资金。

⊖ Antoni Gaudí（安东尼·高迪），1852—1926，西班牙建筑师，擅长用曲线与有机物件来设计建筑物。
　　——译者注

6.5　为了获得资助而调整研究方向

　　AMG 的人工智能研究工作只取得了个别的进展，并且在许多方面遭遇了失败，此时，各大学在选择赞助目标时所依据的标准也发生了变化，这些因素对该小组以及其他一些依赖国防部赞助的实验室产生了很大的影响，并促使 AMG 走上另一条道路。对越南战争的抗议愈发强烈，这迫使 MIT 与其他一些大学开始重新考虑是否应该继续支持与军事有关的研究项目。在此之前，大家一直觉得，把基础研究——也就是没有指定最终目标的研究——视为一种与国防需求相关的研究工作并没有什么不妥，就算这些研究与国防之间还没有表现出明确的关联，大家也依然这样认为 [147]。到了 1969 年，参议院多数党领袖 Mike Mansfield（迈克·曼斯菲尔德，1903—2001）提出了曼斯菲尔德修正案，该修正案于 1970 年通过，这正是越战极为激烈的一年。这个修正案把军方对学术研究工作的资助局限在 “与特定的军事用途或行动有直接及明显关系” 的项目上 [148]。到了 1973 年，这项限制变得更加严格，它要求 DARPA 只能对应用性的或战略性的国防研究工作投资。于是，有人开始转向美国国家科学基金会寻求资金，不过，NSF 的同行评审模式与国防部依靠 closed world 式的关系来决定投资目标的模式有所不同。当时的大学若想拿到国防部的研究资金，必须调整研究提案，以突出该研究与特定的军事应用之间的关系，否则，就得向 NSF 申请经费了。AMG 采用的是后一种做法，它在这方面的引资工作取得了一定的成功。

　　与计算机和人工智能系统的开发有关的国防部投资几乎全是由这个 closed world 促成的。这种投资氛围是刻意制造出来的，目的是拉近投资人与受赞助者之间的关系，让他们觉得更加亲切 [149]。Marvin Minsky 后来告诉 Stewart Brand，ARPA 信任 AI Lab，“因为大家不分彼此。15 年来，那里的工作一直都是由从前在 MIT 待过的人或是类似的人来推进的。这让我们觉得很踏实。” [150]Negroponte 也给出了与之呼应的说法，他在访谈中说：“国防部的投资就是这样，完全是通过个人关系促成的，他（也就是 Office of Naval Research 的 Marvin Denicoff）资助的是我们这些人，而不单单是我们提出的创意。” [151] 国防部支持 AMG 的工作，尤其支持他们开发新型的计算机界面以及人工智能方面的模拟技术。Negroponte 很喜欢这一时期的投资环境，在 1995 年的访谈中，他说：“没有太多忌讳，他们鼓励大家发表成果。互联网、个人计算机、多媒体与人工智能的开发其实都受到了军方赞助。” [152] 总之，这个 closed world 圈子无论是对 AI 领域还是对 AMG 研究组都发挥了很大的作用，它赋予相关人士充分的自主权，让这些人能够自行决定应该把资金投向哪里。Stewart Brand 在 *The Media Lab* 一书中记录了 Negroponte 的话：

"十年间，我们一直靠它（国防部的投资）生存，我希望以后也能这样。"[153]

在涉及 AMG 的叙述中，越南战争本身只占据极少的篇幅。Negroponte 说他对此已经"记不太清了"。1969 至 1970 年，大规模抗议持续增加，Negroponte 说他自己参与了其中的几次[154]。他感到惋惜的地方在于，抗议对 MIT 的研究环境造成了影响。自从 Draper Lab 离开 MIT 之后，所有的研究都变味了[155]。他说："我属于最后一代愿意效仿父母的人。我们这一代仍然认为自己应该像比我们大的那辈人一样做事。"[156] Negroponte 不仅崇尚老一辈的做派，而且还很欣赏他的哥哥 John Negroponte（约翰·Negroponte，1939 年生）。John 是一位教授，也是一位职业外交家，担任过美国驻洪都拉斯、墨西哥及菲律宾的大使，最近又当过驻伊拉克大使。Henry Kissinger（亨利·基辛格）请他去巴黎参加讨论越南停战问题的会谈。后来，John 成为美国常务副国务卿，小布什总统指派他担任首位国家情报局局长[157]。

AI 研究起初遭遇的失败

人工智能领域在分时平台与网络计算的研发工作上面取得了成功，但是却没有能够回答它在 20 世纪 50 至 20 世纪 60 年代提出的那些大问题，当时，AI 研究者声称，人工智能可以用软件对人脑建模[158]。人工智能之外的一些办法（例如专家系统）其实也没能很好地解决这个问题（这种系统按照 Allen Newell 与 Herbert Simon 提出的启发法对领域专家的知识建模，然后运用这些模型来解决问题）[159]。1973 年，有一份来自英国的"Lighthill Report"强烈批评了 AI 领域，认为这个研究领域太过抽象，显得不够实际，而且在自然语言、机器翻译及语言识别等方面的进展也未达到预期[160]。由于这份报告以及"曼斯菲尔德修正案"的影响，AI 研究工作早前依赖的庞大资金池现在已经枯竭，于是，有人转而研究更加具体、更加确定的指挥与控制应用。

AI 之所以受挫，一个关键的因素就在于 AMG 与其他 AI 研究者所提倡的抽象与简约。根据 MIT AI Lab 前主管 Rodney Brooks 的说法，简约是一种很"危险的武器"，也是导致老式 AI 失败的一项原因。他说："在现实世界中，认知（也就是抽象）与推理之间并没有明确的界限。"[161]AI 没能解决认知这个"困难的问题"，也不具备良好的运动技能。把不该抽象的东西给抽象掉会让 AI 失去很多机会，那些机会有可能促成更为合适的解决方案[162]。用 blocks world 做研究时，研究者需要把某些因素隔离出来，并将其他一些因素忽略掉，这种做法其实正反映出 microworld 的一项普遍缺陷，尽管 Marvin Minsky 认为这样的限制很有必要，但赞助方不愿意再给这种研究项目大幅投资。Brooks 还说："后来，这些 blocks world 干脆被人说成是 toy world（玩具世界），因为其中的解决方案本来应该解决更为普遍的问题才对，但实际上，却只能适用于特定的目标。"[163] AI 研究者有句口号叫作"良好的表现对 AI 很关键"，然而问题在于，通过 microworld 所做的抽象虽然很容易掌握，也很容易操控，但这种抽象无法充分地表现出它本来想要表现的东西。

我早前提到过，Minsky 与 Papert 认为，microworld 是"一种预想的情境，该情境中的事物极为简化，这让人能够做出一些在现实世界中很难成立的假设"，但 AMG 所建的 microworld 模型就是要用这些在现实中很难成立的假设去研究现实世界中的问题[164]。Negroponte 不想把他的对话理论与自省式的建模论局限在实验室中，而是想把它们运用到现实的建筑上面，用来解决与建成环境有关的设计问题。Negroponte 与 AMG 的研究者更加关注的是过程本身，而不是该过程的最终产品，早前提到的 Alexander 也是这样，在某种程度上，甚至还可以把 Price 给包括进来。就 AMG 当时的情况来看，这种倾向让它面临越来越大的风险。

6.6　图形对话理论与国家科学基金

AMG 向美国国家科学基金会递交了一项宏大的提案，打算在 5 年的时间中花费 142 万美元来研究图形对话理论。这项提案涉及许多 AI、交互系统、计算机图形以及个性化计算方面的项目[165]。AMG 在提案中把设计过程描述成一种对话过程，并说这种对话是"不同观点之间的对话，这些观点可能全都来自一位设计师，也可能是多位设计师分别提出的"[166]。图形对话扩充了 Negroponte 的 architecture machine 理论与 Gordon Pask 的理论对话理论，也拓展了 AMG 的多媒体研究工作，例如声音、多媒体图像、动态图像、触觉回馈及环境等。AMG 想寻找一家资金充裕的大型资助方来支持这一整套研究计划，从而让自己有充分的资金去开发相关的技术[167]。NSF 拒绝了该提案，这正是 AMG 陷入困境的时刻。

为了制作这份图形对话理论提案，AMG 几乎是全体出动。团队中的九位研究员花了 6 周时间，制作出 600 页的文档，他们给该文档配了浅灰色的漂亮封面（如图 6.5 所示），而且还印上了用计算机图形技术制作出来的图案。（该提案的介绍部分是这样描述这九位研究员的："一位实验心理学家、一位研究图形教育的计算机科学家、一位操作系统专家、一位硬件专家、一位控制论学家、一位表演家、一位建筑师、一位色彩理论家以及一位技术狂。"[168]）他们在这份提案的开头，用许多文字来推介谈话理论，并拿出了几个名字很吸引人的项目，例如 Intelligent Pen（智能笔）、Drawing with Your Eyes（用眼睛绘画）、Seeing Through Your Hands（用手观察）、Painting Photographs（把照片画出来），等等。AMG 还提出了一些硬件原型，这些原型与 AMG 当时的一些研究工作有关，例如触摸式的平面显示技术、色彩图形技术、内存技术以及名为 Scribblephone 的草图绘制系统（早前提到的 HUNCH 项目就利用这种系统通过电话线与用户交流）[169]。这份文档的附录达到 200 页，其中包括 AMG 的论文、报告与书摘，还列出了一些受到商业公司赞助的项目（例如 IBM 赞助的 Media Room），以及一些受到国防部赞助的项目（例如 DARPA 赞助的 Spatial Data Management System 与 Office of Naval Research 赞助的 computer personalization）[170]。AMG 在该小组的通信刊物 *Architecture Machinations* 上面颇为自豪地介绍了这份文档，而且一连持续了好几期。他们在 1976 年 11 月把制作好的提案交给了 NSF。

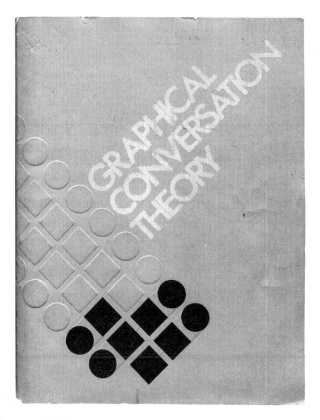

图 6.5　AMG 向 NSF 递交的图形对话理论提案是该小组当时制作的一份重要文档，他们在文档中提出了要把计算机图形、对话理论与其他一些研究项目组合到这个大的计划中。这项提案没有获得赞助。Graphical Conversation Theory proposal courtesy of Christopher Herot. Permission granted by Nicholas Negroponte

然而，NSF 拒绝了这份图形对话理论提案。AMG 有四个地方失算了。第一，该项目的范围比 NSF 愿意投资的项目要大。第二，该提案与人工智能的联系不是很明显。第三，该提案使用的亮丽的设计风格在 NSF 内部并没有受到赏识。第四，NSF 是采用同行评审模式来决定投资目标的，而不是像 AMG 所熟悉的 DARPA 那样通过 closed world 来接受与派发国防研究经费 [171]。Negroponte 通过 *Freedom of Information Act*（《信息自由法》）获知了一些经过匿名处理的评审意见，然后，他在 1977 年 8 月的 *Architecture Machinations* 中写了一篇文章，愤愤不平地回忆了自己在提案遭到拒绝时的心情。他说："那封信是用套话写的，不仅没署名，而且还把（提案的）名字写错了。" [172] 在描述 AMG 遇到的这场灾难时，他说："我们这个领域没办法再和 NSF 沟通了！" AMG 认为 NSF 不够友好，而且也很难捉摸 [173]。这次提案遇到的情况与 AMG 在 1973 年提出 Computer Aids for Participatory Research 计划时有所不同，那份提案刚递交不久就有专家组来访，其中包括 Gordon Pask、Ivan Sutherland、Herbert Simon 与 Alan Kay 等人。和 NSF 打交道也不像通过 closed world 来申请国防研究经费那样顺利 [174]。Negroponte 对 NSF 的这种感觉直到今天都没有消散。他在一次谈话中对我说："问 NSF 要经费就像参加选美比赛，因为他们采用的是这样一种同行评审机制：即便你这次通过了评审，下次再递交提案时，也还是得把评审流程再走一遍，下次的评审者与上次不一定相同。我们与 ONR（the Office of Naval Research）合作可不是这样，我们只要能让对方觉得自己靠谱，他们就会出资，因为对方信任你。所以 DARPA 的经费或者说国防部的研究经费拿起来要容易得多。我讨厌 NSF。" [175]

遭到拒绝迫使 AMG 必须调整自己的引资策略。在 1976 至 1977 年间，AMG 有四分之一到三分之一的经费来自 NSF（如图 6.6 所示），现在，由于 AMG 的研究方向以及他们与出资方之间的关系发生变化，因此，必须重新安排研究项目的优先顺序。当年的年初，AMG 已经开始考虑把投入到 NSF 项目中的研究力量分出一部分转投到 DoD 的项目中。"我们有这样一个重要的判断，认为无论是公营事业，还是私营企业，似乎都开始关注计算机图形了，这种判断依然是我们凭自身感受得出来的。从某种程度上来说，我们似乎正在离开那个承诺太多、开销太大而实际应用又太少的时代，转而进入另一个时代。从目前算起，再过十五年，我们或许可以看到，在基础研究与概念上面，会产生一些超越于 SKETCHPAD 的突破。" [176]

AMG 或许明白，他们的这份提案过于超前。Negroponte 当然意识到了该提案与现实情况之间的矛盾。因此，他与 AMG 的研究者重新整理了思路，他们决定，一方面继续在机构内部创建原型并进行演示，另一方面，要像 MIT AI Lab 等其他研究组那样，为了更好地获得研究经费而调整自己的研究方向。也就是说，他们要多做一些与指挥和控制有关的研究，这是国防部喜欢的课题。

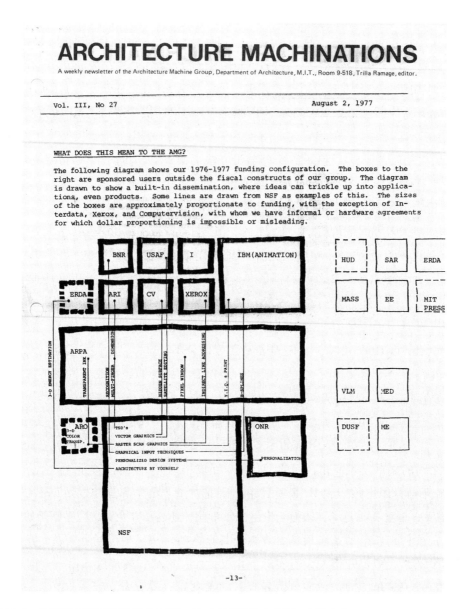

图 6.6　这张图表展示了 AMG 在 1976～1977 年间的资金来源。它发布在 *Architecture Machinations* 上，这份刊物供实验室的员工及伙伴阅览。Nicholas Negroponte，"NSF，" *Architecture Machinations* 3, no. 27 (August 2, 1977): 10. Box 2, Folder 3, Institute Archives and Special Collections, MIT Libraries, Cambridge, Massachusetts

指挥与控制

　　在"曼斯菲尔德修正案"生效之后，国防部的一些机构（例如 DARPA 与 Office of Naval Research）必须调整项目的优先顺序，将应用性的、战术性的军事应用项目排在前面，而不能像原来那样优先考虑基础研究项目。他们尤其要给指挥与控制（command-and-control⊖）项目投资。指挥与控制涉及这样一套军事行动，这些行动需要面对变化因素较多且变化速度较快的 field of operation（作业领域或作战地域），其工作包括"收集与环境有关的数据、针对各种方案进行规划、制定决策并将其传播出去"。这些工作有助于获得更好的战略信息，并做出更好的指挥决策[177]。这种项目可以追溯至 1958 至 1983 年间的半自动地面防空（Semi-Automatic Ground Environment，SAGE）系统，这个贯穿冷战时期的项目与 J. C. R. Licklider 的共生理念联系得很密切，Licklider 想通过 automation 与 integration 把该理念运用到战斗中，其中的 automation（自动化）意思是不要把"对精度要求很高的机器"交给人去操控，而且要用基于机器的预测结果来取代人，其中的 integration（集成）意思是将人纳入由机器所运作的反馈回路中，根据 Paul Edwards 的说法，这意味着把人当成在形式上与机器相同的机制来进行分析[178]。C2 方面的研究很能吸引大学中的计算机研究者，让这些人可以由此更好地研发人机交互技术，而这对国防部很有好处，因为它们想把计算机与计算机界面更好地融入 C2。对于 AMG 来说，这可以确保他们在图形对话理论引资提案遭到 NSF 拒绝之后，能够从国防部获得资助，以推进研究[179]。

　　为了与国防部在投资方向上面的变化相配合，MIT AI Lab 的主管 Patrick Winston（在 1972 至 1997 年担任该职）鼓励研究者根据新的方向来提出研究项目[180]。Winston 在 1989 年说："20 世纪 70 年代中期，你必须从实际应用的角度解释你的项目。只谈学术意义是不够的，你必须把它与船舶维护或是其他一些实际的问题联系起来。我当时在思考，实验室的工作与 DARPA 感兴趣或有可能感兴趣的事情之间有什么交集。有的时候，能不能拿到投资实际上取决于你能不能说出该项目未来会有哪些效用。"[181] 与 AI Lab 类似，AMG 也对提案做出了调整，以求符合国防部的投资口味，从而确保自己能拿到足够的经费。虽然很多研究项目都朝着军事应用这一方向做了调整，但 DARPA 中仍然有一群彼此信任的人，在这个由相关机构与人员所组成的 closed world 中操作自己感兴趣的一些项目。AMG 与 DARPA 的新星 Craig Fields 关系不错，后者当时正在推进

　　⊖　简称 C2，下同。——译者注

电子与商务方面的研究（后来因为这方面的事情遭到贬斥），这种良好的关系延续到了 MIT Media Lab 时代。

AMG 重视对项目进行演示，而且关注项目未来的发展趋势，在 C2 研究计划占主流的时代，这一倾向对该小组能够获得与图形、听觉及空间界面有关的研究经费似乎颇有帮助。历史学者 Stuart Umpleby（1944 年生）指出，AMG 与研究人工智能和机器人的小组类似，都"设想了将来有可能出现在战场上的各种电子与机器人设备。这些听上去很科幻的说法在华盛顿当局那里是受到欢迎的"。国防部从国会获得了更多的资金授权，以赞助这些研究项目，因为国会"觉得战场的自动化程度越高，士兵 / 选民的伤亡就越低"[182]。AMG 对信息时代的展望与模拟显然符合这一方向。他们利用自己与电子厂商、DARPA 及 Office of Naval Research 的关系，获得了越来越多的资金。在这个过程中，AMG 开始构建自己对未来世界的愿景，他们设想，人以后会居住在由 architecture machine 所形成的环境中，这正是 Negroponte 在 *The Architecture Machine* 一书开头提出的看法。

6.7 "supreme usability"

可用性指的是界面是否容易使用以及改善设计界面的方法、工具与流程是否容易执行。Negroponte 与 AMG 的主研究员 Richard Bolt 在制造 supreme usability（至高的可用性）这个说法时，他们想把建筑、界面与模拟技术融合起来，让人能够以新的方式来熟悉计算机。它让人能够用这种新的方式在数字环境中游走，这种环境可能是指屏幕，也可能是指战场或 AMG 自己的 Media Room（媒体室）。supreme usability 意味着一种全新的人机交互境界，按照 Negroponte 与 Bolt 的说法，这种境界"让人能够在机器的陪伴之下，真正实现自我"[183]。这种人机合一的境界能够保证"最为广义的响应兼容性"[184]。就此而言，这套由人 - 计算机 - 信息所构成的环境可以与相关地点融合起来，从而令 AMG 的 Media Room 获得强力支援，让人能够对某些"战术情境"之下的动作加以模拟[185]。这距离实现 Negroponte 的 architecture machine 理论又近了一步。

supreme usability 既是一种规模宏大的人体工程学思想，又是一套建筑思想，它提倡建筑物不仅要给人提供适当的物理空间与信息情境，而且还必须考虑人在军事后勤学、娱乐及建成环境等方面的需求。从 1976 年开始，AMG 的项目就不再使用局外人的眼光给计算环境中的用户建模了，而是把用户也放在计算机中，或者按照 Negroponte 的说法，让"用户也成为界面"[186]。"Mapping by Yourself"项目研究便携式的分层映射设备，让用户能够随时享用全世界的各种技术，另外还有一份名为"Data Space"的提案，用来处理在战场与家庭等各种场合之下与 supreme usability 有关的问题。AMG 后期的这些项目探索了人、界面与建成环境之间的融合，它们想以更为便携的形式来实现 Negroponte 的 architecture machine 理论，并让这些形式填满我们的生活。

6.7.1　Media Room 项目

AMG 中有很多探索数字环境的项目都是以 Media Room（媒体室）为中心展开的。这是一套隔音空间，尺寸是 18 英尺 ×11 英尺 ×11.5 英尺，墙上有一块 6 英尺 ×8 英尺的屏幕正对着用户，其他几面墙都裹着暗色的绒织物，形成一套八声道的声音系统[187]。Media Room 的中央配有知名的 Eames Lounge Chair（Eames 躺椅），这把椅子装有游戏板（支持触摸的游戏手柄），用户可以操作手边的两块小型触摸屏，并把一块边长为 10 英寸的数据板放在膝盖上，用计算机笔来控制它[188]。

这套 Media Room 环境让用户能够住在终端中，而不是从外面去操作它。计算机竟然缺席了，因为它已经从用户的眼里消失，融入到了整个环境中，或者说，这间 Media Room 本身已经成了一台计算机（如图 6.7 所示）。AMG 的主研究员 Richard Bolt 写道：这种 Media Room 是"一种物理设施，它本身就是给用户操作的终端，用户可以直接走进来与这套终端会话，而不像原来那样面对桌面上摆着的 CRT 显示器"[189]。Stewart Brand 在 1987 年所写的文字中，把这种 Media Room 称为"住着人的个人计算机"[190]。

Media Room 的一个目标是让研究项目能够培养出数据景观中的一种"场所感"，为此，他们需要营造出"信息环绕"的效果，把用户包裹在多媒体内容中，让用户利用输入及输出界面与各种类型的多媒体信息相交互。研究者通过创建空间模型来设计适当的浏览方式，让用户可以更好地浏览这些信息[191]。Negroponte 早年对 Media Room 有一些设想，他将自己当初的那些想法称为 fancy。当时，他直接把 Media Room 叫作 the Place（那个地方）或 a computing place（用来做计算的地方）[192]。Negroponte 写道："首先，这必须是个绝对安静的地方，要与机房隔开，它应该没有直接通向机房的门，也就是说，如果你要去机房，那么必须先离开 Media Room，回到走廊，然后转入机房。"[193]

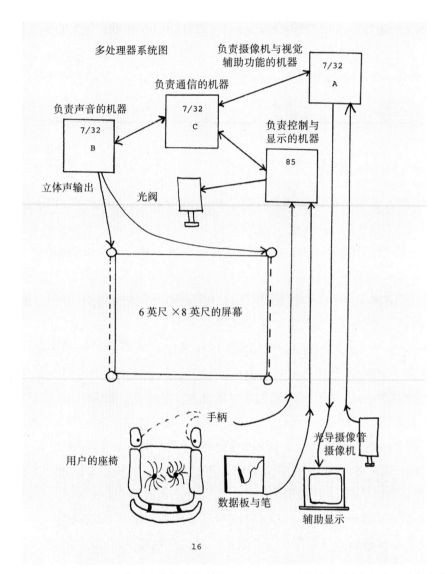

图 6.7 William Donelson 在硕士论文中绘制的 Media Room 原理图。图中标出了座椅与游戏板 (也就是手柄)、摄像机与显示器、数据板与笔以及为整间房子提供计算服务的计算机,这套计算机系统不在用户视线之内。William Donelson, "Spatial Management of Data"(master's thesis, MIT, 1977), 16. Courtesy of MIT Institute Archives and Special Collections, MIT Libraries, Cambridge, Massachusetts

　　这种把信息当成地点的理念用最简单的话说,就是用现实空间中的游走来比拟信息世界中的浏览 [194]。这样一种感知建构能给用户提供视觉与听觉方面的线索,使其可以借助 "现实空间" 的一些特性来更好地感知数位空间 [195]。在现实空间中,我们可以从书架上准确地找到某本书，或是在桌子上的一摞纸中准确地找出某张便签，而这样一种思维过程同样能够运用于信息世界。Negroponte 把这叫作 Simonides effect（西莫尼德斯效应），西莫尼德斯（公元前 556—公元前 468）是希腊诗人，拥有超强的记忆能力，他的记忆术叫作 memory palace（记忆宫殿法）。西莫尼德斯每次打算写诗或发表演说时，首先会走进神殿，把构思出来的每一部分演说词都想象成神殿中的某个位置或该位置上的某件物体，例如这一段演说对应于这根柱子，那一段演说对应于那座花园，还有一段演说与那边的祭坛相对应。到了真正发表演讲的时候，他就会回想自己当初走入神殿时的情形，并通过神殿中的物体帮助自己记起当时构思的内容。西莫尼德斯在自己脑中游览神殿，就好比使用数字产品的人在数字世界中浏览多媒体信息。AMG 在一份提案书中，把它与"我们通过表面现象所感知到的深层图景或在听立体声录音时所想象到的虚拟听觉空间"给联系了起来，不过，这其实也可以说成是一种"心理建构，比方说，爱读 Conan Doyle（柯南·道尔，1859—1930）作品的人肯定对侦探夏洛克·福尔摩斯住的贝克街 221 号 B 相当熟悉，能够像描述自己家一样讲述那里的陈设"[196]。这种理念有时确实可以帮助记忆，让用户把抽象的思想与具体的物件联系起来，以便处理听觉及言语信息[197]。地理学家段义孚（Yi-Fu Tuan，1930 年生）认为，place（地点）与 space（空间）不同，它有自己的 aura（气氛）及 identity（身份）[198]。当你熟悉了某个空间之后，该空间对你来说就成了一个地点[199]。根据段义孚的说法，这样的地点是一种"有条理的有意义的世界"[200]。地点给人一种亲切、舒适的感觉，不会让人觉得冰冷、僵化。

　　如果按照这种思路给 Media Room 中的项目设计空间浏览方式，那么用户应该能感觉到，自己所看到的信息与数据是亲切、整齐、友好而且易于辨识的。Negroponte 与 AMG 的研究者认为，这样的"工作地点"与信息场所会让人觉得很舒服，而且容易激发创意，这要好过那种冷冰冰的"工作站"[201]。Negroponte 写道："我们设想的'地点'或氛围……或许应该理解成一种与计算机相兼容、相协调的地点，也可以说成是一种精神状态。然而，要想让人进入这样的精神状态，必须有客观关联物才行，AMG 的工作方向就是要把这种关联物给实现出来。"[202] 如果我们采用诗人 T. S. Eliot（艾略特，1888—1965）的定义，把客观关联物视为能够引发情感的事件，那么 AMG 所设想的精神状态就是用户在面对迷人的信息时所产生的一种美妙感觉。按照段义孚的空间与地点概念，Media Room 的空间与界面就属于那种能够对有意义的信息进行整理的地方。

　　AMG 的研究者很注重 Media Room 中央的那把椅子。他们一开始设想的是在这里摆一个相当科幻的牙科手术椅，后来才决定采用 Eames 躺椅（如图 6.8 所示）。他们给这把椅子配备了游戏板（也就是带有触摸板的手柄），让用户能够借此进行浏览。这把椅子旨在营造一种安静、平和的气氛，以提升这间多媒体室的使用效果。Bolt 写道："它反映出我们对人机交互的本质所持的观点与立场，我们打算把这间多媒体室布置成一种能够体现该观点的地方。"[203] 这种态度还延续到了 Media Room 带给用户的其他一些感观效果上面。Bolt 又说："为什么要配备一种能够即时看到操纵效果的触摸板呢？因为用户可能不喜欢无法捉摸的数据，与之类似，我们之所以采用这样一种风格来布置这把椅子，也是为了打破成见，让大家看到，用户不一定非得在严肃而乏味的环境中使用系统。"[204] 换句话说，这样的椅子让用户能够在人机交互的过程中占据积极的地位，而不像原来那样只能紧贴在终端面前。认知科学家 Alan Blackwell 在 2006 年写了这样一段话来描述这种理念以及与之类似的其他一些技术，他说："设计者想让使用这些系统的人产生一种感觉，认为自己正在像英雄人物那样，探索、尝试并利用这些新的技术，而不是那种坐在'办公室里的专业职员'。"[205] AMG 对 Media Room 的安排与他们想要通过该系统而演示的理念或许并不矛盾。

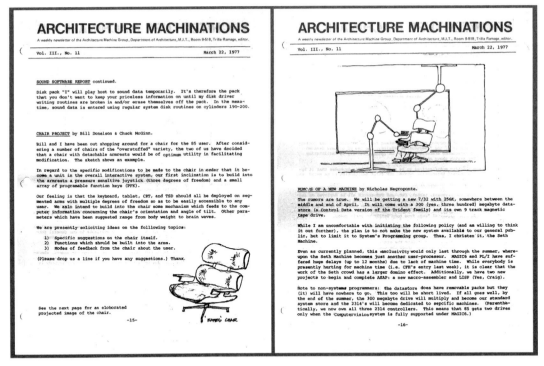

图 6.8　左侧的那一页印有标志性的 Eames 躺椅，右侧的那一页在讲这把椅子怎样与各种装置连接。这两页内容选自通信刊物 *Architecture Machinations* 中的 "Chair Project" 一文。Bill Donelson and Chuck McGinn, "Chair Project," *Architecture Machinations* 3, no. 11 (March 22, 1977): 15. Box 2, Folder 2. Courtesy of Institute Archives and Special Collections, MIT Libraries, Cambridge, Massachusetts

6.7.2　Aspen Movie Map 项目

Aspen Movie Map 为用户模拟了一套超现实的环境，让用户用每小时 160 英里的速度在这座虚拟的城镇中开车游览 [206]。位于 Media Room 中的这套 Aspen 系统会把图像投放到多媒体室中央那块超大的屏幕上，同时把俯视的卫星图呈现在用户左手边的触摸显示屏中，并把街道图呈现在用户右手边的显示设备上面，这样一种模式称为 helicoptering（后续版本把两块屏幕上面的内容合起来放在同一套触摸屏界面中）。看了 Aspen Movie Map 系统所模拟出来的图景之后，用户或许真的想去 Aspen（科罗拉多州的阿斯彭）来一次边拍边玩的旅行，然而与此同时，我们还应该注意，它是一套研究军事仿真的平台 [207]，该项目是在一次成功的救援行动之后设立的。1976 年的行动中，以色列军方在乌干达的恩德培（Entebbe）把由于飞机遭劫持而受困的人质给解救了出来。事前，为了把准备工作做得更充分一些，救援者在内盖夫沙漠模拟了一套与行动环境相似的场地，并进行了演习。到了真正执行救援时，绝大多数乘客与以色列士兵都活了下来。摩萨德（Mossad）与以色列军方是在沙漠中构建了一套与实际机场相仿的物理模型，而 AMG 则是在 Aspen Movie Map 系统中构建了一套与实际的 Aspen 城相仿的数字图景 [208]。

Negroponte 所推崇的 Movie Map 系统制造出了"一幅新的'城市图景'，这是一种新的城市制图方式" [209]，他在说这番话时，提到了 Kevin Lynch 的 *The Image of the City* 一书。Lynch 在书里写道："环境要求我们注重其中的区别与联系，观察者要有很强的适应能力，要能够根据自己的目标来选取及整理他所看到的事物，并把特定的含义赋予这些事物。" [210]Aspen Movie Map 是一种数字工具，它参与到了反馈回路中，让用户能够在操控这套数字环境时体会到相关事物的含义。根据段义孚的定义，只有亲切而有条理的空间才能让人感受到它的特定意义，进而让人把它当成一个特定的地方或地点，由此看来，Aspen Movie Map 恰恰就是这样一套模拟机制，让用户能够体会到相关空间的含义。用户坐在舒适的椅子中，按照自己喜欢的速度，通过这套虚拟机制来游览远方的空间，并通过地图与电影来构建城市的影像，或者说，构建模拟城市的影像。

为了给 Aspen Movie Map 准备影像，Andy Lippman、Michael Naimark、Peter Clay、Bob Mohl 与 Walter Bender 等研究人员把一台摄影机装在吉普车上，用它拍摄 Aspen 的街景与地标，然后把拍好的胶片转换成视频。AMG 把这些图像与地图保存到影碟上面，这种影碟是他们从 MCA Discovision（1980 年更名为 LaserDisc）公司拿到的，MCA Discovision 针对这种影碟做了 25 个原型播放器，AMG 拿到了其中的一个，这要比该影碟公开发售早了一年时间 [211]。AMG 把影音数据保存到这种影碟中，碟片的每一面能存放 54 000 帧影音内容。由于每张影碟都能保存如此多的信息，因此 AMG 能够通过这样的介质更加迅速、更加灵活地传输信息。当用户"驾驶"的时候，会有小型机负责提供相关的图像、地图与动画效果。如图 6.9 所示。

图 6.9　Media Room 中的 Aspen Movie Map。用户可以坐在椅子里，通过地图或辅助屏幕上面其他一些可供导览的图像来游览 Aspen 的街道。Courtesy of Architecture Machine Group and Nicholas Negroponte

数字环境中的真实感或者现实感取决于用户对自己经历过的效果所产生的感受。于是，要想让数字环境更加逼真，我们就必须让用户在该环境中产生更加真实的感受。AMG 的研究员 Scott Fisher 在硕士论文中认为，要想打造逼真的环境，单靠逼真的图形是不够的，他说："所谓'理想'的图片，不单是说这种图片让人能够观察出它所表现的物体，也不单是说它能够让人相信自己所看到的物体是真实的，只在这种层面上实现相似是不够的。更为重要的地方其实在于人面对图像时所产生的展开过程，展示媒介越能模拟出现实世界中的变化，人就越觉得它所展示的东西较为逼真。"[212] 无须参考外界的模拟手段所创建出来的图景可能会达到鲍德里亚式的 hyperreal[⊖]境界，其实 Ivan Sutherland 在 1965 年就已经提出了名为 ultimate display"（终极显示）的 hyperreal 界面，他说会有"这样一间屋子，其中的物体是否存在可以由计算机来控制。如果计算机决定在屋子里显示一把座椅，那你就能舒服地坐上去。如果它决定用手铐把你铐起来，那你就无法挣脱，如果它朝你发射子弹，那你恐怕就没命了。适当的编程技术可以令

⊖　原文为 Baudrillardian hyperreal，其中的 Baudrillard 是指法国学者 Jean Baudrillard（让·鲍德里亚，1929—2007）。hyperreal 的意思是人分不清这究竟是现实，还是对现实所做的模拟。中文称为超现实、超真实、过分真实。——译者注

ultimate display 创造出 *Alice's Adventures in Wonderland*（《爱丽丝梦游仙境》）中的那种仙境，让人能够像 Alice 那样走入其中"[213]。

　　参与 Aspen Movie Map 项目的研究员 Bob Mohl 在论文中写道："我们可以创建出一种新的空间表现形式，让该形式能够取代亲身体验……因为如果你在进入某个不熟悉的空间之前，先通过这样的表现形式模拟一下自己进入该空间之后的情况，那么你就可以用更有意义、更加自然而且更为准确的方式来获得与该空间有关的知识。"[214] 这种方法把制图、界面与模拟融合到了一起，使它们彼此之间无法分割，可以说，它是把多种感知模式融合了起来。Mohl 同时指出了 Movie Map 项目的局限与长处，他说："该项目所营造出的感受当然无法与你亲自去游览时的感受完全相同，但它可以给你提供一些帮助，让你更好地模拟出自己以后游览那个地方时将要体会到的感受，这些帮助手段在现实世界中是无法实现的。"[215]

　　然而关键之处在于，AMG 就是要实现那样的目标，而且认为总有一天会实现。Negroponte 在 1995 年的 *Being Digital* 一书中提到了类似的项目，那个项目让用户能够"像坐在直升机里那样"观察一座由信息所组成的城市。他在 *Being Digital* 中说：DARPA 的项目总监 Craig Fields 在 Cybernetics Technology Office "委托我们拍摄一部计算机动画电影，该影片针对的是名叫 Dar El Marar 的虚拟城镇[216]。这部动画电影要从直升机驾驶舱的角度拍摄，直升机在 Dar El Marar 上方飞行，有时低空观察某条街道，有时从高处综览全镇，有时又会接近某幢建筑物，以观察其中的情况"[217]。（Fields 也资助了接下来要讲的 SDMS 项目。）这种将数据界面与城市形式相结合的理念基于这样一条假设，它认为"我们必须像松鼠保存坚果那样，把涉及特定建筑物的数据保存起来，这样才能构建出信息之城"[218]。上述项目对 Dar El Marar 这个名称很有阿拉伯气息的虚拟市镇采用时而近观时而综览的手法进行拍摄，再一次以城市的形式强调了监控、信息管理与空间记忆之间的融合。

6.7.3　空间数据管理系统

　　空间数据库管理系统（Spatial Data Management System，SDMS）是一套图形用户界面，让人能够在各个层次的信息之间游走，这相当于一种早期的桌面环境，只不过它是投放在墙上的。该界面把信息显示在 400 万像素的平面上，并用该平面来填充用户前方那块 6 英尺 ×8 英尺的屏幕，这块信息平面中还包含一些小的视窗，用来显示图形、文本或移动的图像，以供用户"查找"并"追寻"[219]。同时，需要用四台小型机来协调该系统的导览功能，控制该系统与用户之间的交互工作，并从影碟中取出相关内容以呈现给用户。其中一台小型机负责管理"像素窗口",该窗口能够实时地缩放图像,而其他各台小型机则会对声音进行同步,并对影碟播放器进行管理[220]。用户右手边的触摸屏上面显示着Dataland的鸟瞰图,这一整套SDMS界面让用户能够决定自己在数据景观中的位置[221]。

　　Dataland是一套与地点有关而且有深度感的操作环境,这种深度感体现在它的每一块区域都可以放大,从而让用户看到更为具体的信息[222]。从"远处"看比较模糊的物体如果从近处看,就会变得清晰。SDMS营造的这套数字景观让用户可以通过其中的图像、地图及图标与该系统相交互(如图6.10所示),AMG的首席研究员Richard Bolt说,这套系统能够把"动物、人乃至针对新英格兰(New England)地区的某一部分所拍摄的小幅陆地卫星照片"以小图的形式展示出来[223]。如果你所放大的是一个带有电视机图案的图片,那么系统就开始播放电视节目,如果你所放大的是一张照片,那么系统会呈现出一系列照片供你浏览。Bolt继续写道:"这些图案可能是书籍的封面、电视机、商业信函或是便携式电子计算器,当然也有可能是其他一些类似徽标的东西。总之,这些所谓的glyph与商标差不了多少",用现在的话来说,它们其实就是操作系统桌面或智能手机上的图标[224]。根据他们对未来的遐想,有一天,用户如果点击了带有书籍封面的glyph,那么系统就会通过"基于计算机的网络来访问book of the month之类的服务"(这种"每月一书"的形式今天大家都非常熟悉了),从而下载用户所"追寻"的文本。由此看来,用户不仅可以通过这些图标订购商业服务,而且能够像我们现在访问电商网站那样执行各种各样的交互操作[225]。

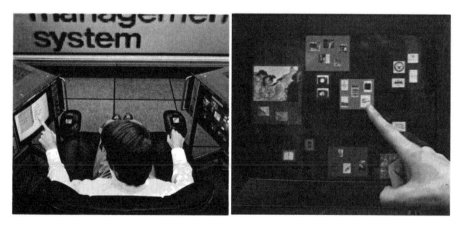

图6.10　使用空间数据管理系统的时候,用户可以点击触摸屏中的某个glyph(也就是图标)来放大该图标所表示的信息,以便详细观察。这些信息中的主要物件(例如某张地图)会展示在用户正前方的大屏幕上。Richard A. Bolt, Spatial Data-Management (Cambridge, MA: MIT, 1979), courtesy of MIT

资方之所以赞助 SDMS，是希望该项目能够帮助管理某些战术性的军事任务，例如（像 Put That There 项目那样）对舰队进行管理 [226]。涉及 SDMS 的文字（尤其是 Bolt 写的那些）并没有避谈该系统的监控能力，例如它们提到，该系统可以深入观察地图上的某块区域。SDMS 有可能实现出这样一种功能，让用户放大地图来详细查看其中的某个街角或某个热闹的地方 [227]。这种功能可以帮助我们调查并熟悉陌生的地域。

其他一些操作能够把某一类物体与另一类物体相融合，从而浮现出某种信息，例如该系统可以先呈现出一张带有电视机的图像，并让用户看到电视机上面的频道旋钮与天线，然后开始在电视屏幕上面播放某个实况节目。按照 *Spatial Data-Management* 一书的说法，如果用户继续放大电视屏幕上的图像，那么会在屏幕右侧看到一些戴着头巾、拿着冲锋枪的人。在这些影像旁边，还播放着电视剧 *Columbo*（《神探可伦坡》），在剧中，*Columbo* 正向带枪的卫兵出示他的证件 [228]。在 20 世纪 70 年代末，选 *Columbo* 这样的电视剧来播放似乎并不意外，然而，如果这个 DARPA 项目在播放该剧的同时，旁边还展示了持枪者，那么似乎意味着这种导航信息系统有着特定的用途，它并不是用来看电视剧的，而是用来侦察敌情的。

SDMS 的这套操作理念我们现在已经相当熟悉了，因为当前占主流地位的人机交互环境——桌面环境——在某种程度上延续了 SDMS 的 Dataland 环境所采用的一些理念 [229]。Alan Key 的便携式计算机 Dynabook 以及 Xerox Star 早在 1972 年就开始采用图形用户界面与桌面环境了。超文本的发明者 Ted Nelson 在 1975 年的宣言书 *Computer Lib/Dream Machines* 中，描述了一套多媒体效果很丰富的显示界面："计算机可以判断出事件的各种走向，可以控制外部的各种设备，可以处理外界的各种状况，并在其他各项因素之间协调，这有可能让媒体进入新的时代。就目前来看，外界物体的机械属性决定着该物体的意义以及我们使用它的方式，但以后可就不是这样了。" [230] 按照 *Computer Lib/Dream Machines* 的设想，用户将来可以通过点击触摸屏，扮演一位穿着 Levi's（李维斯）牛仔裤抽着雪茄的超人，在世界各地飞来飞去。

Dataland 的关键困难在于它想表示的是多层次的信息，而它又要把多层次的信息压缩成一个平面，从而显示到屏幕中。这个问题别的信息设计师与信息架构师也遇到过（参见第 3 章与第 4 章）。SDMS 把影碟里的内容安排成分层的结构，这种树状的分层结构含有多个节点，每个节点下面还可以有子节点。SDMS 用图像来表示节点，这些图像可以视为一种"端口"，用户通过这种端口可以查看到该图像名下的一系列下级图像。[231] 然而问题在于，当用户在某个分支上面浏览时，他无法切换到与该分支具有同一个上级节点的其他分支，而且也不清楚自己处在整棵树中的哪一级，因而无法方便地返回适当的上级节点。正如 William Donelson 所说："这很容易让人想起波士顿公园中由牛走出来的那些路。只要给它们一块地方，它们就会在其中行走。但如果要把这块地方从平地变成梯田式的多层结构，那就必须在两个层次之间构筑桥梁，而且必须是双向的桥梁，因为你不知道牛是要从低往高走，还是要从高往低走。"[232] 这种想把立体信息压缩成平面的做法正是 Edward Tufte（1942 年生）在 1990 年的 *Envisioning Information* 中所批评的做法。他在该书的"Escaping Flatland"这一章里写道：这种做法让"图像阅读者与图像制作者之间的所有通信都必须放在二维的平面中进行。要想领会信息，首先必须完成一项任务，就是逃离平面的世界，因为我们感兴趣的、我们想要理解的每一种世界（无论是物理世界、生物世界、奇幻世界还是现实世界）在本质上都必然是——而且幸好是——多变量的⊖，它们都不是平面世界"[233]。SDMS 的困境在于，"逻辑空间"与现实空间不一样，因此很难开发出一套同时顾及这两种空间的信息浏览方式。如果只是随意把照片摆在平面上，那么这些照片所形成的依然是一套杂乱的平面结构。

6.7.4　Put That There 项目

AMG 继续推进 Media Room 与 SDMS 平台的研究工作，把它延伸到了手势与感官领域。研究员 Chris Schmandt 与 Eric Hulteen 以 Put That There（直译：把那个东西放在那里）为名构建了一套系统，试着理解用户的语音及手势。由于该系统可以懂得某种程度的抽象话语，因此他们给系统起了 Put That There 这个名字。用户这次坐的还是 Eames 躺椅，他可以发出口头命令，让系统创建相关的形状，并指挥该系统把这些形状放在适当的位置上，例如用户可以说 Put That There 或 Move that over there（把那个东西移到那里）。该系统配有两块"有空间感知能力的方块"，一个绑在用户的手腕上，另一个放在座椅附近，这两个方块彼此配合，以领会用户的手势，让系统能够把用户所发出的命令放在适当的语境中加以处理。Put That There 项目的第一版在 1980 年与 1983 年做了演示，Schmandt 以加勒比地区的地图为例，展示了用户如何同该系统的计算机对话：

Schmandt	注意。创建一艘红色的运油船。
系统	在哪里？
Schmandt	（指着多米尼加共和国以北，说：）在那里。放一艘蓝色的游船——
系统	在哪里？
Schmandt	巴哈马以东。制作一艘黄颜色的帆船。
系统	在哪里？

⊖　可以理解为多层的或多维的。——译者注

Schmandt	在那个地方的北边。创建一艘绿色的货船。
系统	在哪里?
Schmandt	在帆船的东边……
Schmandt	(指着黄颜色的帆船,然后又指向屏幕的右界,说:)Put that there。[234]

在 Schmandt 演示该项目的过程中,Hulteen 也参与了进来,他们一起给系统打手势、发命令,让大家看到,这个系统能够理解 that(那个)与 there(那里)等抽象的说法,并且可以把这些说法与用户在发命令时所指的具体地点联系起来。该系统的实际运用当然还是体现在军事方面(如图 6.11 所示)。1983 年,MIT 的学生报 *The Tech* 发了一篇社论,指出 AMG 的项目并不是要"创建那种有人情味的图像",而且提到,有"一个计划,目标就是'把这艘鲜红的战舰放在那里'[235]"。该系统还有一个演示版本叫作 Put That There—Hack,在那个版本中,系统用一些搞怪的言辞与效果捉弄用户,最终让用户从椅子上站了起来,走过去把纸做的屏幕给撕碎[236]。

图 6.11 Put that There 系统的用户通过手势与语言命令该系统移动屏幕上的船只等物体。这张
图截取自 AMG 在 1983 年录制的视频。Permission granted by Nicholas Negroponte

SDMS 与 Put That There 都属于 Mark Poster(1941—2012)所说的系统,它们代表"西方想通过技术手段来复刻现实的趋势,那些技术让参与者能在现实基础上创造出另一层现实⊖来给人操纵"[237]。AMG 设计这些信息展现机制是为了实现自动化的指挥与

⊖ 前面那种现实叫作 first-order reality,也就是第一阶的现实、一次现实,或者说现实本身,而据此虚拟或复刻出来的现实称为 second-order reality,也就是第二阶的现实、二次现实。——译者注

控制，并展示出一套兼具分隔与连接功能的空间。所谓分隔，是说它可以对身处 Media Room 中的用户进行有选择地隔离，所谓连接，则是说它可以让用户通过该系统的信息展现机制与各种信息发生联系。按照 Poster 的观点，这样的系统与后来的虚拟现实或虚拟实境系统一样，是"对现实的一种替代，用来帮助我们更好地控制现实"[238]。身处 Media Room 中的用户会因为这些输入与输出设备而更为强烈地感受到现实中所蕴含的变数[239]。Aspen Movie Map 项目的总监 Andy Lippman 在谈论该项目时说："它的目标是创造出极其逼真的效果，让以前没去过那个地方的人可以像坐在家里那样，坐在由该项目所提供的操作环境中，身临其境地去那个地方游览一番，等他们以后真的去那里时，就会有一种从前已经来过的感觉。"[240] 用户坐在 Eames 躺椅中游览 Aspen 的时候，或是对 Put That There 系统发号施令的时候，他只能通过 Media Room 中的屏幕来观察相应的内容，由这些屏幕所构成的接口是整个 Media Room 环境中唯一的输出管道。

6.8　Mapping by Yourself

Mapping by Yourself 是个与 SDMS（Spatial Data Manage-ment System）同时推进的项目，AMG 将其定调为一套"高度互动的多媒体手法，用以探索地理环境模型"[241]。Media Room 是要给用户创建一套访问信息的环境，而 Mapping by Yourself 要研究的则是怎样让地图与信息更加便携，它想给用户提供水平更高的沉浸式体验。此项目的提案书写道："我们从 Bell（电话的广告）获得启发，意识到自己所提议的这个项目与广告所宣传的那个'呼之欲出的绝佳'产品类似，是一个极有必要设立的项目。"[242] Mapping by Yourself 项目为期三年，耗资近 100 万美元，旨在尝试声音同步、数字分层以及触觉反馈等技术[243]。从今天的角度来看，该项目所说的 Hand-Held Mapping Window（掌上地图窗）有点像 iPad 平板计算机。AMG 在该项目中与 Westinghouse 合作，开发一种边长为 6 英寸的薄膜晶体管视窗设备（他们预计在 1980 年把边长拓展为 12 英寸），用户可通过该设备观察地图，并与之交互[244]。

Mapping by Yourself 在 AMG 的项目中是比较特殊的一个，因为它研究的是移动与便携方面的问题。项目提案书中说："这种计算机会变得更小、更轻、更易于携带，耗电量也更低。它的尺寸应该比一盒香烟大，但是要比公文包小，有了这种计算机之后，就不用绘制纸质的地图了。"[245] 从指挥与控制的角度来看，该项目的军事意义更多地体现在集成而不是自动化上面。它要提供便携的格式，让军事人员能够随时随地读取地图，

并进行操作 [246]。开发这样一种既能装入公文包又能带上战场的设备对 AMG 来说是个全新的挑战（这种设备也可以放在桌子上使用，这样的话，就不需要像图 6.12a 那样摆一台 IBM Selectric 打字机了）。Mapping by Yourself 项目促使我们思考许多问题，例如设备、界面、内容与导航机制的运作方式等，这些问题有助于我们搞清楚研究者究竟要设计并构建什么样的东西，而且它们也正是目前的数字产品设计师所要面对的。AMG 当时可能已经意识到，自己正在让人机交互领域发生根本的变革。AMG 写道："这些机器本身就是界面。无论这种界面的质地是坚硬还是柔软，它都是用户与数据库之间的中介。用户可以通过图像或声音等手段（当然也可以同时使用这两种手段）与这些界面相交互，而这些界面本身也颇为主动，有时会反抗乃至打断用户的操作。我们这么做所依据的基本理念是认为该系统应成为交互能力很强的系统，要在与人交互的过程中给出自己的观点与信息。" [247]Mapping by Yourself 要让信息、用户与涉及空间的操作变得更加方便、更加快捷、更加细致。

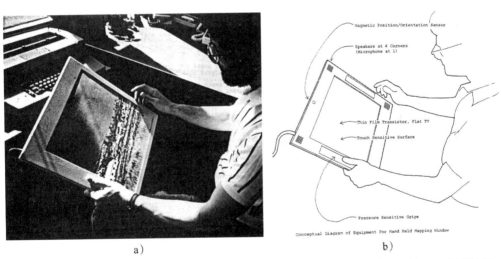

图 6.12　a 与 b 是 Mapping by Yourself 项目的手持视窗设备，它有点像今天的 iPad 平板计算机。该设备用来在工作场地中浏览地图。Architecture Machine Group，"Mapping by Yourself"（Cambridge, MA: MIT）. Courtesy of Nicholas Negroponte。Guy Weinzapfel 研究了该设备所能采用的几种风格，并分别为 Scandinavian、Folded Sheet、Military Chic 与 Star Wars 等型号绘制了草图，这些研究发表在 *Architecture Machinations* 通信刊物上面。（Negroponte 在第 7 页宣布，*Architecture Machinations* 周刊将要数字化——请注意，这可是在 1977 年提出的。）Guy Weinzapfel，"MBY Hand-Held Display Designs," *Architecture Machinations* 4, no. 13 (June 5, 1978): 6‑7. IASC-AMG Box 2, Folder 6. Courtesy of Institute Archives and Special Collections, MIT Libraries, Cambridge, Massachusetts

ARCHITECTURE MACHINATIONS
A weekly newsletter of the Architecture Machine Group, Department of Architecture, M.I.T., Room 9-518, Nobody, editor.

MBY HAND-HELD DISPLAY DESIGNS by Guy Weinzapfel

The thin film transistor (TFT) TV will arrive from Westinghouse sometime in early August. Given this impending delivery and the long lead time required to fabricate equipment to house it, I have recently begun to design possible configurations for the panel. The ultimate configuration will include at least the following equipment:

1) a 12" x 12" TFT display panel (from Westinghouse)
2) a transparent touch sensitive surface to overlay it (from Elographics)
3) a 3-D locating system (from Polhemus Navigation)
4) pressure sensing gauges for each of the hand holds
5) a gyroscopic force-feedback system
6) four thin speakers

Four stylistic studies have been generated so far.

The SCANDINAVIAN Model:
This is the simplest of the four. The hand grips (and related pressure sensing gauges) are identified by inlaid leather, a la the SX-70. The four speakers are located in the four corners behind simple perforation patterns.

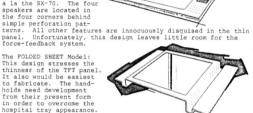

All other features are innocuously disguised in the thin panel. Unfortunately, this design leaves little room for the force-feedback system.

The FOLDED SHEET Model:
This design stresses the thinness of the TFT panel. It also would be easiest to fabricate. The hand-holds need development from their present form in order to overcome the hospital tray appearance.

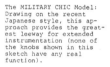

The MILITARY CHIC Model:
Drawing on the recent Japanese style, this approach provides the greatest leeway for extended instrumentation (none of the knobs shown in this sketch have any real function).

MBY HAND-HELD DISPLAY DESIGNS (continued)

The STAR WARS Model:
This at first startling configuration offers the advantage of spreading the speakers, making the panel truly three dimensional and providing space for the feedback gyros at the greatest possible moment arm.

One concept (at least) remains to be drawn. This would be an ITALIANATE model noted by more anthropomorphically shaped hand grips (perhaps like bow grips) and more contoured display bezel and speaker enclosures.

In the next week, simple form mockups will be constructed to evaluate size and shape effects and to test what kind of weight limitations are to be used.

Your comments and/or thoughts on these concepts would be much appreciated.

MACHINATIONS GOES ON-LINE by Nicholas Negroponte

Naomi Johnson has graduated. This concludes her editing of Machinations, as well. Over the summer, we plan to come out every two weeks or whenever there is sufficient material. Additionally, we will go on-line, in part to make the editing easier and in part to make it possible for people to append their own news without the intermediary of a typist. Note that its being on-line will allow for it to serve as "news" without being printed. As such, we can expect less frequent printings. Molly O'Donnell will be the editor through the summer.

NSF PROPOSAL by Nicholas Negroponte

The following pages are taken from a small NSF Proposal submitted jointly with the VLW to NSF's Office of Information Science and Technology. (Note that it was on-line.)

c)

图 6.12 （续）

Mapping by Yourself 还提前呈现出另一个目前比较流行的概念，就是增强现实（也称为扩增实境），它想通过一块便携式的屏幕将相关信息叠加在现实情境之上，以深入描述或观察此处本来就有的一些东西。谈到 Mapping by Yourself 的实现方式时，AMG 写道："该项目的提案书在封面（如图 6.13 所示）与对开页上面都印有这样的照片，意思是说，我们打算提供一种轻型的手持式地图'视窗'，把与待建模的环境有关的一些图像给显示出来。在用户从一个地点移动到另一个地点的过程中，这种图像会在视窗所显示的其他信息上方'跳动'，并随着用户的移动而改变。"[248] 根据题为" Advanced Concurrent Interfaces for High-Performance Multi-Media Distributed C3 Systems"（针对高性能多媒体分布式 C3 系统的先进并发界面）的报告，MIT Media Lab 在 1992 年所做的工作实际上把 Mapping by Yourself 项目当年所设想的设备与视窗机制给实现了出来 [249]。

图 6.13　从封面上看，Mapping by Yourself 项目的提案书很有虚拟现实的味道，手中拿着的
　　　　那张明信片让人觉得它想把信息叠加在现实世界之上。Architecture Machine Group,
　　　　"Mapping by Yourself"(Cambridge, MA: MIT). Courtesy of Nicholas Negroponte

Data Space 项目

在 AMG 研究的指挥与控制项目中，处于顶峰位置的是 Data Space，该项目对本章提到的其他一些项目进行集成，从而将仿真、指挥与控制以及家庭娱乐领域中的高科技电子技术有机地融合起来，以实现至高的可用性[250]。此项目是于 1978 至 1981 年间对 SDMS（Spatial Data Management System）项目所做的深入研发，每年耗资 40 万美元[251]。项目提案书的第一句话就让人看出它所关注的问题，例如 F-14 战斗机的监视与控制系统、医疗生命维持系统所采用的复杂机制以及如何面对大约 5000 万美国家庭都有彩色电视机这一状况等[252]。Negroponte 与 Bolt 写道："我们提议开发的这套人机界面有个吊诡的地方——它的概念相当广泛，要考虑飞机驾驶舱等各种复杂环境，而它的操作又相当简单，想要像电视机那样。不过，这两个方面的目标是一致的，都要实现出至高的可用性。"[253]

Data Space 包含很多高级的研究工作，这些研究涉及眼、手及语音之间的协调。它要追踪用户的眼神，让用户只需看一下 Media Room 中央大屏幕上的某件东西，就可以在信息空间中游走，并在详细程度不同的层级之间切换[254]。与语音识别结合起来，可以让用户更加流畅地对系统发出命令。手杖或方块等三维感知设备可以给系统提供与空间朝向有关的信息，于是，用户只需要在这个三维空间中做出指点、挥手或绘图等动作，就可以给系统下达指令。AMG 还打算继续研究触摸显示技术，这其实一直都是该小组的研究课题。他们在这个项目中，打算把这样的显示屏扩展到整个墙面。最后，他们还打算通过可穿戴技术来专门追踪人体的位置，这种技术要求用户穿上一身稍显奇怪的 lab jacket，从而让自己变成一个点，并与其他类型的数据（也就是那些方块）同时处在这套三维空间中。用户可以"指挥他所面对的目标"，也可以"在这个数据世界中'攀爬'，就好比在数据的海洋中畅游一样"，此外，还可以通过"各种手势"表达自己的意思[255]。其中某些项目到了 20 世纪 80 年代末与 20 世纪 90 年代初，最终为 MIT Media Lab 所实现。

要想实现出可行的仿真技术，AMG 还必须与 DARPA 维持良好的关系，这样才有机会把这些系统运用到实际的操作场地中。Negroponte 与 Bolt 写道，他们将要"与DARPA 密切沟通并合作，以便依赖这样一种关系去规划并实现合理的仿真技术与仿真场景……此外，为了确保效果逼真，我们还要征求 DARPA 的建议，根据仿真工作的性质，对相关情境予以限定……"[256] 他们说，"SDMS 要在'战术条件'下""现场演练这种数据库管理任务，于是，这就要求我们必须进行系统化的研究"。AMG 畅想的这种逼真特效与他们为了衡量性能而提出的各项指标结合起来，有助于实现出合理的战场模拟系统。然而，这让人想起本书早前提到的 microworld 方法，那套方法为了更好地给各种因素建模，对情境做出了许多限制。面对这样的担忧，我们必须考虑：这种有限度的仿真技术，真实程度究竟如何？此外，如果这种仿真技术，打算替代现实世界中的某些物体，那么应该没有明确的边界才对。如果 DARPA 对 AMG 研发的仿真技术加以运用，那么运用的范围有多广？回到至高的可用性这一理念，我们可以看出，该理念想要大规模地运用人体工程学，让用户可以通过信息来提高生活品质，与此同时，它还为各种绚丽的多媒体环境奠定了理论基础。

把军事方面的成熟技术与无处不在的消费类电子产品相结合，可以让各种场合中的用户都能够顺畅地浏览信息，无论是卧室里的人还是战场上的人都是如此。Negroponte与 Bolt 用比较文艺的笔调写了这样几句话："我们觉得，要想实现这个目标，必须让人与系统紧密地接触，必须提供许多套后备机制，必须把沉浸式的模式与交互媒体结合起来。用户不用再像原来那样坐在黑白显示器前面敲键盘，而是可以在自己营造的环境中（例如在带有 Toscanini 风格与 Star Wars 主题的环境中）舒适地浏览信息。"[257]"我们还认为，许多军事方面的应用程序也可以做得相当容易操控。比方说对于船只，用户只需要考虑大小、范围、船员、火力等因素就够了。"[258] 在这种极其容易使用的环境中，用户可以顺畅地访问"计算设备、图形……设备、即时通信设备以及实况电视设备"[259]。

如果这种至高的可用性意味着我们需要打造"这样一套环境",让人、界面、内容及场地通过立体的界面合而为一,那么 Negroponte 在他早年的项目中所追求的那种共生关系实际上就可以落实为人、计算机与空间之间的战术关系,按照这样的关系,环境本身也位于反馈回路中,而且会为界面所环绕。建筑史家 John Harwood 写道:界面是"'人'与'机器'之间的连接,使系统可以成为一个整体"。用 Harwood 所说的这种关系审视 AMG 后来研发的那些界面,我们可以看出,那些界面让系统能够将两种不同的景观(也就是物理景观与信息景观)同时涵盖进来,并让它们彼此融合[260]。AMG 的项目所要设计的界面显然不是仅仅为了提供华丽的表面效果。interface 这个词在 *Oxford English Dictionary*(《牛津英语字典》)中有个义项,指的是让两种设备能够协同运作的手段[261]。按照这个说法,interface 不单是静态的边界,它本身还有自己的一套运作机制与职能⊖。Harwood 写道:"界面是掩藏着复杂机制的简单表面。它虽然看上去是个整体,但其实包含许多复杂的部分;它虽然看上去是二维的,但其实很有深度,至少得用三个维度才能实现出来;它虽然看上去是铁板一块,但其中其实有精心设计过的管道,用来合理地处理人与机器之间的交互。"[262]supreme usability 的意思就是让复杂的信息 - 媒体环境在表面上变得非常简单,同时又可以把背后那套精妙的感知系统与各种强大的功能给遮盖起来。

这样的界面只能通过仿真来实现,也就是要构建一张由界面交织而成的网络,让用户通过这个网络来浏览空间,然而,这个网络是没有边界的,无论显示屏是挂在墙上还是拿在手里,用户都可以通过它浏览地图或数据。AMG 与 Media Lab 的研究员 Andy Lippman 根据 interaction(交互 / 互动)的定义做出了 5 条推论,其中一条说的是"让人觉得数据库是无限的"[263]。用户必须能够感觉到,自己并不是只有少数几个选项可供选择,而是可以通过浏览去发现许许多多的用法与选项。

如果界面必须做成这样,那么仿真工作还有没有界限了? 对此,Benjamin Bratton 写道:"今天,信息也成为一种建筑,这种建筑给社会交往中的各种动向划定范围。虽然城市依然具备这样的功能,而且依然能给人一定的安全感,但是,它的某些传统职能已经开始为其他一些网络媒体所取代。"[264]当用户坐在 Eames 躺椅中观察地图,或是以直升机的视角俯视数据的时候,他所浏览的信息实际上就是一种建筑。对于设计者来说,要想更有效地通过信息进行构建,就应该把这些信息设法展示在传统的建筑物与城市中,

---

⊖　前者多称作界面,后者多称作接口。——译者注

从而对建筑物所要组织的人及环境施加影响。Bratton 写道："界面不仅用来表示那些可以执行的动作，而且还提供一套机制，让用户的想法可以先通过界面表达出来，然后在网络中乃至更为广泛的世界中得以实现。界面更像是一种工具式的、中介式的表现手段，而不是图表形式的表现手段。"[265]AMG 的这些大型项目通过制图、模拟与环绕式的情境，试着把虚拟化技术运用到实验目标上面，这种思路与 Patrick Crogan 的理念相合。Crogan 说："在当今这个时代，仿真将成为让生活方式得以虚拟化的关键技术（这种虚拟化也会产生许多问题）。"[266] 这样看来，使用这些界面的人与人所在的界面一样，也变成了一种符号[267]。

在 *Soft Architecture Machines* 于 1975 年出现的时候，Stewart Brand 说，Negroponte 与 AMG 已经"超越了建筑"[268]。我并不这样认为。按照我的观点，本章所提到的这些项目只能导出相反的结论，也就是说，AMG 并没有超越建筑，而是对建筑重新做了定义，把它视为一套可操作的界面及数字环境。Negroponte 在 *Soft Architecture Machines* 中写道："讽刺的是，计算机科学通常会与精英式的（而且很有可能是压制式的）管理体制相联系，从而让每个人都产生一种感觉，这种感觉与他们在原生态建筑（也就是未经建筑师设计的建筑）中所产生的感觉相当接近，这种所谓的原生态建筑是在利用信息技术对其中的用户进行管控。"[269]AMG 的项目所要实现的效果很接近 Negroponte 在他的第一本书 *The Architecture Machine* 中所介绍的 architecture machine 理念。他写道："我觉得物理环境应该是不断演化的有机体，而不是人为设计出来的定型产物。我尤其认为，这种有机体的演化需要在某种机器的帮助之下进行。Warren McCulloch……把这种机器称为 ethical robot（伦理道德机器人），而我认为，在建筑学的语境之下，应该把它们叫作 architecture machine。"[270]AMG 在打造这种环绕式的、便携式的指挥与控制界面时，正是想将物理环境视为一套不断演化的机制，让用户通过它所打造的界面与该机制相交互。McCulloch 在 20 世纪 50 年代设想的 ethical robot 会利用环境中的某些元素实现自我繁殖，更为重要的是，它们会具备学习与适应能力，而且会做出社交行为，也就是会寻求与其他机器人交往。这些 ethical robot——或者按照 Negroponte 的说法，architecture machine——不会对自己的活动范围设限，而是会遍布全球，让人总是"居住在这个环境中"[271]。

6.9 媒体

AMG 一开始构建的是 microworld，需要从外部操作，以促使内部发生变化，后来，转而设计指挥与控制环境，这种环境是在其内部模拟外围世界可能发生的情况。这些范式后来都获得了广泛关注，之所以这样，是因为它们都能够统摄在 media（媒体）这个名号之下。以 media 为契机，AMG 结束了上一节段的工作，并走入了新的时代——1985年，该小组并入 MIT Media Lab。Media Lab 是 MIT 建筑与规划学院中的单独实体，MIT 中——无论是过去还是现在——能够给自身的学位授予课程计划提供支持的独立机构只有这么一个 [272]。

　　为什么要打出 media 这个旗号呢？Negroponte 认为，当时的情况很适合提出这样一个说法，因为 media 这个概念那段时间还没有开始流行，MIT 中并没有其他人想要借这个题目来发挥。media 总是让人想到消费类的电子产品，"它当时的' rep'⊖并不好……我们正要借此给它正名"——这是 Negroponte 在 1982 年的备忘录里所说的话 [273]。他们提出 Media 这个理念，主要是想把家庭、学习与带有创造力的界面联系起来，而不是要强调办公自动化，因为后者已经有很多技术项目在研究了 [274]。Negroponte 写道："据我所知，MIT 中还没有谁强调过家庭这一因素，说到这里，我还想补充：全美国的大学中，据我所知，也没有谁在认真地研究消费类电子产品。" [275]1985 年创立 Media Lab 的时候，Negroponte 专门把 media 这个词放在名称里，以强调该实验室重视媒体研究的姿态。他说："20 世纪 70 年代末，MIT 正在研发媒体技术，但是 media 这个词当时总被人误解成一种没有个人色彩的大众传播渠道，而且误以为是一种单向的渠道，更为糟糕的是，当时的人普遍认为这种渠道很不智能。我们今天设立 Media Laboratory，就是要打破这些偏见。" [276]

　　media 这个说法揭示了广播电影、印刷出版与计算机这三个行业之间的密切交流。Negroponte 把演示这种交叠情况所用的 Venn 图叫作 teething rings（帮助小孩长牙的牙齿咬环） [277]。他说，到 2000 年，这些 ring 就会演变成手镯，一个压一个地衔接起来 [278]。Media Lab 提出的这种 media 可以囊括各种汇聚方式，也就是能够像 AMC 早前构造的那些空间、环境与场景一样，将娱乐、教育、发行与计算结合起来。

　　Negroponte 对 media 一词的用法让人想到 Ithiel de Sola Pool 所说的汇聚，他是 MIT 政治学教授与政治系主任（本书第 3 章简要地提到过这位学者） [279]。如果计算设备的兼容能力变得比较强，那么就会形成一套工艺环境，让内容、媒体、交付及管制机制能够彼此协调起来，convergence 指的就是这种协调的状态。de Sola Pool 在 1983 年的 *Technologies of Freedom* 一书中写道：

　　⊖　reputation 的缩写，声誉、名声。——译者注

这样一种"模式融合"的过程会淡化媒体之间的界限，甚至可以让点对点的传播方式（例如邮寄、电话、电报）与大众传播方式（例如出版、广播、电视）之间变得不再有明显区别。同一种物理手段——例如电线、电缆或电波——可以承载多种服务，而不像原来那样，必须采用不同的物理手段去分别承载每一种服务。反过来说，同一种服务也可以通过多种手段来提供（例如可以通过广播、书籍、电话等手段），而不像原来那样，只能通过一种媒介提供。因此，传播媒介与该媒介的用途之间那种一一对应的关系已经开始消解[280]。

Convergence 并不是目标，它是一种过程，de Sola Pool 认为，这种过程通过"带有变化的动态张力"而运作[281]。按照他在 *Technologies of Freedom* 一书中的看法，这种动态张力会改变传媒、电信运营商、管理机构与消费者之间的关系，这种变化今天依然以不同的形式得以展现[282]。他写道：这种由"交叉所有权来驱动的"关系能够反映出一个现象，也就是说，基础设施、媒体与内容之间已经不再具备固定的对应关系了，内容发布、政府监管与产品交付等工作之间的"界限逐渐模糊"[283]。

Media Lab 项目

经过七年筹款，Negroponte 与 MIT 荣誉校长 Jerome Wiesner 终于拿到了 4000 万美元的资金以及将近 400 万美元的运营经费，得以设立 Media Lab。这些钱主要来自美国与日本的大公司。他们给 Media Lab 提供经费，以推动 pre-competitive research（进入商业竞争阶段之前所做的研究）工作，并有权使用实验室的工作成果（pre-competitive research 在大学的 basic research（基础研究）与公司实验室所做的 competitive research（为商业竞争而作的研究）之间搭起了一座桥梁）。Negroponte 与 Wiesner 拜访了 100 多家公司，最终从 40 家公司拿到了赞助金，这些公司涵盖汽车、广播、电影、报纸与信息、玩具、媒体技术、摄影与计算机等多个领域[284]。在 AMG 早期的赞助金中，由日本的技术与电信公司所提供的资金占 18%[285]。除了这些赞助方的资金之外，他们还收到 DARPA 提供的资金（占 10%）以及 NSF 提供的少许资金，这些钱构成了设立 Media Lab 所需的基本资金。第二年，他们有 600 万的运营经费可以动用，这个数字逐年增长，到 1990 年已达 1000 万元[286]。

1985 年 Media Lab 刚成立时，名下有 11 个研究实验室，其中 4 个（Electronic Publishing、Movies of the Future、Speech 与 Human - Machine Interface）来自早前的 AMG。受到 DARPA 资助的 3 个实验室是 Speech、Spatial Imaging 与 Human - Machine Interface[287]。AMG 最感兴趣的课题是空间、语音、手势、眼球追踪、影碟、

媒体存储以及"作为地点的界面",这些课题也是各实验室(尤其是 Bolt、Schmandt 与 Lippman 所参与的那些研究小组)在 Media Lab 初创阶段的工作重心。除了来自 AMG 的研究者之外,其他一些研究小组的领头人也与 Negroponte 及 AMG 有着密切的联系,例如 Muriel Cooper 以及早前提到的 Minsky 及 Papert。AMG 早前研发了 Media Room 环境,并且提出应该把信息当作可浏览的空间来看待,这些理念为 MIT Media Lab 继承,并融入后者所提倡的融合媒体概念中[288]。

贝聿铭(I. M. Pei,1917—2019)设计了一栋耗资 4500 万元的建筑物,叫作 Wiesner Building,它是 Media Lab 的第一座办公楼。这栋建筑 1978 年开始规划,那时正是 AMG 势头迅猛之时。该建筑于 1982 年施工,并在 1984 年 12 月竣工,作为给 Jerome Wiesner 及 Laya Wiesner 夫妇的献礼。这是贝聿铭为 MIT 设计的第四栋楼,他说,"在我给 MIT 做的楼中,这是最小的一座,然而也是最有挑战性、最有意思的一座",不过,"我并不想把它(也就是设计这座建筑物的过程)重复太多次"[289]。这栋楼是长条形的,占地 114 000 平方英尺,外表有铝制的建材,此外还有大厅、剧院、视频制作空间、计算机工作室以及"灵活的顶层空间"(面积 44 500 平方英尺)[290]。在贝聿铭设计的建筑物中,它并不是最为知名的作品,虽然贝聿铭说该建筑"有趣",但他并不愿意将其视为一种 statement(宣示),而是更愿意把它当成一个"space-making object"(能够形成空间的物件)[291]。

Negroponte 对 Wiesner Building 的看法与贝聿铭有几分相似,他也认为这栋建筑应该是一种媒介,是一种能让人产生空间感的物体。1980 年,他写了一份题为"The Building as a Medium"的备忘录,以研究怎样在这栋 Arts and Media Technology Building 中"加入电子化的呈现手段"[292]。他在这里所关注的问题与 AMG 后期的研究课题相似,都是要研究怎样把信息当成一种地点以及如何打造信息化的环境,他要把这种设计理念融入建筑物中。按照 Negroponte 自己的说法,这种研究将会更加"纯粹地思索计算与通信技术的发展趋势,以明确该趋势将对建筑物产生什么样的影响,从而让我们更好地应对这种变化"。

这样一种方法或许产生不了最为大胆的建筑,但它强调了一个理念,就是建筑物的界面应该逼真。Negroponte 说:"我们对于未来会有种种奇思妙想,无论你是否把这些想法分享给别人,它们都会对建筑产生重要影响。"他又说:"然而首先要注意,建筑物本身必须有创新之处,否则我们很难想象这样的建筑可以发挥出 Media Technology 的优势,从而让人更好地利用它来进行研究与教学。"[293]Negroponte 在描述这些观点时,还是延续了他惯用的夸张笔调,例如他说 Experimental Media Theater 就好比"建筑物的脉搏"，可以上演 "Aristophanes（阿里斯托芬，约公元前448—公元前380）的 *Peace*（《和平》），舞台可能有骑着 rocketted dung-beatle（原文如此）的戏剧人物和用嘴吐炸弹的妖怪"[294]，这种措辞让人想起 Data Space 项目提案书里的类似说法，例如 Toscaniniesque surround（Toscanini 风格的环境，等等）。"同样重要的可能是它给受众创造出的一种信息环境，……该环境让人在精神上极度兴奋"[295]。

除了 Negroponte 这些多彩的想法之外，这种信息空间还可以给住在建筑物里的人提供帮助，并拿出一些资源给他们去分享。这个计划还想 "在建筑物中嵌入数量众多的计算设备，从而形成一套机电系统，让用户能够同建筑物里的许多物体对话，例如可以冲着墙说一句话，并得到回复。会有机器人给用户送咖啡，房间的门也会适时地打开或关上"[296]。建筑物内部的这种安排反映出大家对计算机的运用场所已经有了与从前不同的看法——借助中心式的计算机存储设备，我们可以把终端机安排在建筑物里的许多个地方[297]。（当然，建筑物本身就有一座中心式的 Terminal Garden，学生一天二十四小时都可以聚在那里。）Negroponte 提倡 "把终端安放在舒适的环境中，安放在各种各样的角落中，这样就能让整栋建筑物中形成多个私密的小空间，这些小空间就像图书馆中的单间研习室那样，令人能够愉快地在其中工作与休闲，此外，我们还可以通过成熟的网络手段，让建筑物中的许多元素能够面对面地与人交流，从而为他们提供各种各样的服务"[298]。这样的建筑本身就体现了早前说的那种 teething rings 式 Venn 图所要表达的 convergence 理念。

Negroponte 写道："所谓机房，可能并没有太多的计算机，它有的只是海量的信息与众多的磁盘驱动器，用来存放与电讯服务或图册有关的全部数据。"[299] 这种建筑物的神经纤维可能是 "上百英里的双绞线、同轴电缆及光纤。当然，这些线材不一定要提前布好，我们只是要求建筑物里必须留下宽裕而方便的布线空间，与普通的建筑物相比，这种建筑要能够更加灵活、更加广泛地布置线材"[300]。他还说："未来 25 年，数据、语音及图片之间的界限将会消失，因为（如果 FCC（联邦通信委员会）不去刻意干扰，那么）我们无须再像原来那样，为每一类信息都安排专用的链路或网络。"[301] 与 Cedric Price 为 Oxford Corner House 及 Fun Palace 所做的设想类似，Wiesner Building 也会通过电子显示设备给大众提供信息。建筑师贝聿铭提出一种 sign board（信号板），想把 50 到 100 台电视监视器放在一起，形成最大可达 12 英尺 × 16 英尺的 array（阵列 / 方阵）。其中每台电视都可以单独调到某个频道，或单独播放某个节目，也可以作为一个像素或一个点，与其他电视机一起拼成一幅大图，还可以固定到视频里的某个画面（或者说某一帧）上面，从而让这些设备能够连起来表示一套动画效果（Negroponte 指出，这样做的前提是电视机不会突然关闭或发生故障，在展示信息的过程中，有时确实会出现这种问题）[302]。Negroponte 还从小处着眼，设想出一种 information fountain（信息泉），也就是一种可以利用语音识别技术来提供建筑及办公信息的 kiosk（小店），不过他也指出，这种做法在隐私方面可能出现问题 [303]。

Negroponte 总是对未来做出各种设想，然而他同时也表示，不能把建筑物的数字机能定得太死。"我们应该注意，不要过于刻板地按照今天所设想的发展趋势来限制建筑物以后的用法，那会让建筑物在十年之后变得相当平庸（而且要想在这十年之间做出调整，将会遇到许多困难）。有人期望这种建筑能够像科幻场景中说的那样完全了解用户的想法，例如能够用计算机控制一种神奇的鞋子，让人沿着带有魔幻灯光的通道前行。" [304] 对此，他说："其实我想的没有那么大，我觉得应该关注建筑物本身给实验与研究工作所能创造出的机会，这些机会可以帮助我们更好地研究充满各种计算机技术的物理环境。" [305] 从规模上来说，Wiesner Building 所要打造的界面与信息环境比 Media Room 或 AMG 的任何一个实现项目都大。它不仅要为教学与研究服务，而且要探索建筑物的各种新功能与新的显示机制，此外，它还让 Media Lab 能够继续保持 AMG 时代就有的 demo or die（不演示，就停止）的文化 [306]。

按照 Negroponte、AMG 乃至 Media Lab 所下的定义，Media 是各种方法、界面、空间与技术相融合、相汇聚的产物。在融合与汇聚的过程中，早前差异较为明显的那些行业（例如广播、出版与计算机等）现在开始表现出越来越多的共同特征。Timothy Lenoir 及 Henry Lowood 所指出的军事 - 娱乐复合体就代表了这种趋势，他们与 Jordan Crandall、Patrick Crogan 以及其他一些人都强调了电子游戏业对军事模拟技术的贡献，电子游戏早前是从军事模拟中诞生的，后来又把自己的发展成果回馈给了军事领域 [307]。Eyal Weizman 指出，在"平民化"的过程中，许多技术会从军用变为民用，让我们在日常生活中也能享受到这些强大的技术 [308]。De Sola Pool 写道，这些技术在融合的过程中，"将会逐渐归一，因为这样有利于普及，可以给人带来许多便利" [309]。如果真是这样，那么 media 的归一究竟是归于何处呢？

6.10 结论

Negroponte 与 AMG 是在人工智能与物理环境界面的交叉点工作。他们想把交互理念扩展到人体以及人所在的空间中。AMG 采用的方法其要义在于拓展建筑、人工智能、工程与艺术的边界。他们认为，AI 不应该成为工程师与计算机科学家的专利，而是应该让建筑师、电影制作人与艺术家也能够使用才对。这些人相互合作，可以产生出丰富而高效的成果，因为 AI 毕竟是要由人来建模并加以展示的，这样制作出的产品就可以给 AI 与计算机科学研究提供更为丰富的反馈信息。AMG 探索了个人计算机、图形用户界面以及手持设备的各种发展方向，并给 Atari Research Lab 与 Media Lab 其后要探索的虚拟现实技术奠定了基础，此外，它还给电子游戏与军事战地等领域构建了仿真的情境。AMG 的资金来源影响了它的工作方向，当该小组发现自己无法从 NSF 获得有效投资之后，就转而去争取国防部的赞助，Negroponte 做出这样的转向并不意外，因为他更喜欢国防部的投资模式，该模式依赖由长期的合作关系所形成的封闭网络（MIT AI Lab 也喜欢这种模式）。

AMG 所从事的实验及项目研究了人工智能理论在人体、房屋、城市等层面的运作情况。这些工作也让该小组的研究者明白，怎样分解系统才能更好地理解它，从而将其更有效地运用到不同的层面或交互方式中。他们所采用的方法与认知心理学家 Ulric Neisser（1928—2012）描述的方法是互相呼应的，后者用下面这段话来描述人脑与计算机的相通之处，并认为我们可以通过研究计算机的运行原理来探寻人脑的运作机制：

首先，让我们考虑人与计算机之间有哪些大家都很熟悉的共性。这样比拟在许多方面都不太恰当，但对于此处要讲的问题来说已经足够了。心理学家试着理解人类的认知方式，正如人类试着理解计算机的程序执行方式……此时，人类并不关注计算机是用磁芯来保存信息，还是用薄膜来保存信息，他关注的是怎样去理解这些硬件所表示的程序，而并非该程序保存在什么样的"硬件"中 [310]。

研究计算机执行程序的方式可以更加清楚地了解计算机的运作原理，正如研究人脑处理信息的方式可以更加清楚地了解人脑的认知原理一样。Neisser 说："尽管程序只是一系列符号，但却可以实实在在地控制这台有形的计算机，让它去执行各种物理操作。要想写出正确的程序，必须确保程序中没有自相矛盾的地方。" [311] 同理，设计师与工程师要想构建出智能的环境，也必须确保这一点。AMG 的研究者继续推进这套理念，他们不仅仅重视与利用有关的问题，而且还致力于构建响应式的空间。从 AMG 的研究成果中，我们可以想象到这些场景拓展到全球之后的效果。Negroponte 与 AMG 要比别人更了解这些研究在未来的意义。他们做出来的实验品有时似乎显得很笨拙、很平庸，但这些项目与研究工作其实是相当重要的。从 AMG 所提出的问题以及他们对这些问题所做的构思中，我们可以得到许多启发。

　　Le Corbusier 将房屋刻画成"给人居住的机器",而 Negroponte 则进一步指出,这种机器应该是 architecture machine,它要能回应用户,并把用户包裹在这套环境中。Negroponte 在谈论 architecture machine 的设计时说:"智能的响应式物理环境所要实现的各种奇妙效果总是容易被一个因素给牵制住,这个因素就是:产品生产技术与科学界对这些产品的理解之间总是存在差距。我强烈认为,这些理念一定要科学地加以利用,只有这样,才能把机器智能运用到正确的地方,从而令生活充满乐趣,而不是处处受到这些技术的压制。"[312] architecture machine 给人带来的究竟是压抑还是兴奋,要看我们在利用它的时候采取的是什么样的态度。

第 7 章　建造智能的世界

在 2015 年瑞士的达沃斯（Davos）世界经济论坛上，有一场专题讨论叫作"The Future of the Digital Economy"（数字经济的未来），世界上许多巨型科技企业的管理者参与了讨论，他们描绘了数字技术的光明前景。微软的 CEO Satya Nadella（萨蒂亚·纳德拉）、沃达丰的 CEO Vittorio Colao、Facebook 的 COO Sheryl Sandberg（雪莉·桑德伯格）以及 Google 的 CEO Eric Schmidt（埃里克·施密特，现在是 Google 母公司 Alphabet 的执行总裁）交换了他们对未来的看法，大家都认为，只要带宽足够，一切难题——无论是消除贫困，还是建设民主——几乎都能得到解决。

然而最值得关注的还是 Eric Schmidt 回答听众时所说的话，他当时预测了互联网的发展趋势。Schmidt 说："我可以简单地告诉你，互联网将来会消失。"他接着说：

将来会有无数的 IP 地址……无数的设备、传感器，还有许多可穿戴、可交互的东西，这些东西你甚至不会专门去注意，因为它们一直都在那里。比方说你走进了一间屋子，一间充满动态元素的屋子。此时，如果你同意，那么屋子里的各种东西都会与你互动，于是，你会进入一个很有个性、交互感很强而且特别好玩儿的世界，在这个世界里，你感觉不到互联网的存在 [1]。

这个想法当然并不新奇，因为 Mark Weiser 在 1991 年就提出了 ubiquitous computing（普适计算）。Weiser 说："它们会与日常生活交织起来，直到完全融为一体。"[2] Schmidt 所描述的正是这样一个世界：一个每天都离不开传感器与智能设备的世界。这些传感器与设备也将成为一种建筑。然而，他的话中还有个很重要的地方，就是指出了这些设备必须首先获得用户许可，然后才能与人交流。Schmidt——或者更宽泛地说——所在的 Google 公司及其母公司 Alphabet 究竟会不会认真对待权限问题呢？用户怎样进行授权？怎样撤回授权？如果这种依靠授权的运作方式出了问题，那该怎么解决？

我在本书开头提到了 architecting 这个词，这是专门构造出来的一个怪词，用来指代设计师与程序员对复杂系统的设计工作。他们把 architect 当成动词用[⊖]，而这种用法在传统的建筑师口中很少出现。当设计师与程序员说自己正在做架构（architect）的时候，他们实际上是指自己正在构建并细化某种结构。他们把这样做出来的东西也称为架构（architecture），只不过此时的架构强调的是人在这些系统中所处的地位。本书讲的是受过传统训练的建筑师怎样采用与传统不太一样的方法来设计复杂的系统。从这个意义上说，无论他们是否使用 architect 这个词，都可以认为是在做架构。这实际上是说，他们在探索设计方案背后或其中所掩藏的各种机理，并努力扩展该方案的应用范围。架构工作让他们能够用适当的方法对计算、生成以及智能所造成的影响进行建模。

我在本书中回顾了控制论与人工智能等技术范式的发展历程，并讲述了诸位建筑师怎样把这些范式运用到建筑物与建成环境中。现在，人工智能已经成为生活的一部分，智能算法对各种数字产品都会产生影响，例如会影响我们看到的搜索结果、招聘广告、电影推荐信息以及与交友有关的建议等。设计这些智能系统的人关注的重点并不在于对象、建筑物或东西等名词本身，而是这些对象、建筑物或东西能够做出什么样的动作。他们的工作是在给机器学习算法做架构，也就是要让程序按照一定的步骤来完成某项任务。在做架构的时候，他们会给出一系列初始条件，然后让程序自己去给自己编程。请注意，我在这里使用的措辞是设计与架构，因为这可以更准确地描述出机器学习专家所做的工作。他们是在构建一种能够自我进化、自我学习的统计模型，他们是在研发生成框架，因此，他们是在做架构。这些"建筑师"与设计师的工作是要让算法融入建成环境，那么，在这样的环境中，他们自身又过着怎样的生活呢？

从本书前面的内容中大家可以看到，数字产品与实体建筑之间已经越来越密不可分了。Rob Kitchin 与 Martin Dodge 把这种情况叫作 code/space（代码 – 空间），意思是说，我们居住的空间实际上是一个充满各种软件代码的空间，这样的空间离不开控制该空间的代码 [3]。Kitchin 与 Dodge 写道：机场与超市都属于 code/space，因为一旦相关程序出现故障，这些空间就无法正常运作了，此时的机场候机室里乱成一团，而超市则蜕变为一间仓库，直到收银系统恢复为止 [4]。不过，code/space 的规模要比某间屋子或某栋楼大得多。达美航空与英国航空分别在 2016 年与 2017 年遭遇了大面积的计算机故障，导致上千次航班延误，这正好说明，飞机飞行的区域是一种 code/space，因为这种区域离了软件就无法运作。我在匹兹堡住的地方也是一种 code/space，那里距离 Uber

---

⊖　中文里经常称作"给……做架构"。——译者注

的 Advanced Technology Group 自动驾驶汽车部门的总部）有一英里。我每天都会遇到自动驾驶的汽车，而且每次都发现，车里其实是有司机的，只不过，司机的手从来都没握在方向盘上。这种车辆有故障保护机制，该机制会在汽车出现故障时把控制权交给人类，不过这套机制还是得依靠代码才能生效。

这些新式的建筑师要制作的是模型，那么，AMG 与 AI Lab 的研究者制作的 microworld 模型能给大家带来什么启发？怎样把它们运用到更宏大的层面上？如果将这种模型从界面或电影推荐系统扩展到车辆上面，那么有可能出现什么问题？如果把它推广到建筑物乃至城市层面呢？从机器学习的角度看，我们有必要知道代码产生的效果，而且我们所处的空间也必须与这些代码共同打造，因此，还需要了解这些代码给空间带来的影响与变化。我们要思考代码与空间能否协调运作。这个问题可以从自动驾驶的汽车入手来思考：比方说，如何避免乘客因为车辆出现故障而丧生。2016 年，以自动驾驶模式运作的 Tesla Model S（特斯拉 S 型）就造成过这样的悲剧[5]。此外还要考虑，会不会出现车辆必须在乘客丧生与路人死亡之间做出"选择"的情况[6]？决策者、技术专家与风险投资人总是喜欢反复炒作人工智能、智慧城市与物联网等概念，而我们面对这些言辞时，应该要考虑此种技术会对我们生活的这个世界造成哪些巨大的影响。

其实我们要考虑的问题并不只有上面这些。Antoine Picon（1957 年生）是一位杰出的编年史家，他研究了工程、建筑与智慧城市在 longue durée（长时段）中的发展情况，并指出：除了目前这些乐观者所畅想的技术乌托邦与悲观者所担心的技术灾难之外，还有一个问题也很重要，就是我们应该明白，人类已经提前描绘出了自己在后理性时代的 cyborg[⊙]世界中所要过的智能生活。从这个意义上说，我们"将可以从全新的角度把整座城市当成一套智能环境，这套环境建立在多种实体的交互与组合之上，这些实体包括人类、非人以及半人，他们通过感知与协商来形成这样的组合"[7]。或者说，我们是不是已经进入并开始渐渐习惯这样的智能环境了？Donna Haraway（唐娜·哈拉维，1944 年生）在"A Cyborg Manifesto"中写道："cyborg 是一种有机的控制论系统，是机器与有机物所形成的混合体，是一种存在于现实社会中的虚拟生物。"[8] cyborg 是混合体，然而混合体不一定都是中立的，而且我们还要注意，这些混合体所使用的算法也不中立。机器学习算法要根据语料库来学习，而且还要反复地学习，可是语料库所收集到的数据并不中立，它们还是会把创立者的偏见与创立过程中产生的偏差给带进去。那么这些算法究竟会怎样强化性别歧视或种族歧视呢[9]？ Eli Pariser(1980 年生)用 filter bubble(过

　　⊖　音译赛博格，是指机械与生物的结合体。——译者注

滤气泡）效应为例来提醒我们注意这个问题，这是指搜索引擎会根据用户的喜好◯与它对这些偏好的理解来给用户提供信息，这些信息通常并不包含用户喜好之外的内容。这样做不仅会让用户错过许多丰富的政治见解，而且还会让他的眼界变窄，例如失掉许多工作机会 [10]。这些隐含着歧视与种族成见的算法会引发什么样的问题？整个系统中是不是已经置入了这些有问题的算法？我们要如何解决这些问题？如果这些有问题的技术机制蔓延到了城市层面，那么会带来何种后果？

无论是受过传统训练的建筑师，还是正在设计复杂系统的架构师，都亟须树立这样一种观念，也就是要把人工智能当作设计材料来看待 [11]。设计师和建筑师所要构建的是具有一定规模的结构，用户要与这些结构相交互，要走入这些结构，乃至居住于其中。那么，这样的结构应该用什么样的工具去制作？制作的时候，又应该使用什么样的建材？除此之外，设计师与建筑师还有没有其他问题需要了解？本书所介绍的几个案例发生在过去的五十年间，它们曾经提出一些方式以求解决上述问题，然而我们要考虑的是怎样让这些方式顺应目前的发展趋势。现在，已经出现了针对艺术家与音乐家的新方式，而且设计师与建筑师也开始学习机器学习技术了 [12]。2017 年 3 月，我与 Elizabeth Churchill 及 Mike Kuniavsky 共同组织了一场为期三天的会议，题目是 "The User Experience of Machine Learning"（机器学习的用户体验），它是 AAAI Spring Symposium Series 的一部分◯ [13]。从那次讨论所得到的几项重要结论中可以看出，设计师与关注用户体验的人其实可以通过各种方式对 AI 产生影响，这些影响尤其涉及两个方面的问题，一方面是要完善自动化、代理与控制机制，另一方面则是要消除偏见、培养信任并善用权力。设计师应该努力让这些交互机制变得更加透明，而且要让这些交互式系统的行为更加合乎道德伦理。

建筑师与设计师还可以从本书的范例中给未来的发展方式寻找思路。例如可以借鉴 Christopher Alexander 的做法来推敲数据，从中探寻分析与表示数据的方式，或研发相应的模式及系统，也可以像 Richard Saul Wurman 那样，探索一套更加好用的城市浏览机制，还可以跟 Cedric Price 学习，同人工智能专家合作，设计全新的建筑形式与空间形式，或仿照 Nicholas Negroponte 及 MIT 的 Architecture Machine Group，与工程师一起运用机器学习技术拓宽设计师与建筑师的工作范围，以开辟新的研究模式。

◯　profile，也就是用户画像（User Persona）。——译者注

◯　AAAI 是指 Association for the Advancement of Artificial Intelligence（人工智能发展协会），原名 American Association for Artificial Intelligence（美国人工智能协会）。——译者注

  Malcolm McCullough 在 2004 年写道："数字网络已经不再与建筑物相分离了。"现在，我们需要补充这种说法，因为除了数字网络，目前的建筑环境越来越离不开人工智能。"我们最好是能够在设计的过程中将这些问题考虑进去，并且要把这些技术运用在好的地方（这必须提前予以重视，否则很难自然达成）。我们要用这些技术实现出有价值的功能。"[14] 建筑界所关注的事物及做法在不断变换，这让我们有更多的机会与更大的义务去了解数字世界的过去，并运用新的工具和技术开创数字世界的未来。

注　解

第 1 章

1　Board of Architectural Examiners 的 Chantal Suarez 给 Nathan Shedroff 的信，1999 年 6 月 10 日。

2　Robin Boyd, "Antiarchitecture," *Architectural Forum* 129 (1968): 85.

3　Christopher Alexander, "The Origins of Pattern Theory: The Future of the Theory, and the Generation of a Living World," *IEEE Software* 16, no. 5 (October 1999): 80, doi:10.1109/52.795104.

4　同上，81。

5　Richard Saul Wurman, "An American City: The Architecture of Information," convention brochure (Washington, DC: AIA, 1976), 1, 4.

6　我在 2016 年 8 月 5 日与 M. Christine Boyer 的私人通信。

7　"architecture, n." OED Online. December 2016. Oxford University Press. http://www.oed.com/view/Entry/10408rskey=cArsyD&result=1&isAdvanced=false.

　　本节的部分内容早前发表在 Harvard Graduate School of Design 的 *New Geographies* 及 ACM 的 *interactions* 上面。参见 Molly Wright Steenson, "Architecture Machines and the Internet of Things; or, The Costs of Convergence," *New Geographies* 7 (2015); and Molly Wright Steenson, "Microworld and Mesoscale," *interactions* (July– August 2015), 58-60。

8　Étienne Louis Boullée, "Architecture, Essai sur l'Art," in *Boullée and Visionary Architecture: Including Boullée's Architecture, Essay on Art* (London; New York: Academy Editions; Harmony Books, 1976), 119. 正文引用的说法的英文版本是由我翻译的。接下来，他又说："因此我们认为，建造的艺术与之相比，只能算是一种次要的艺术。这种艺术更多的是指怎样把建筑物的各个部分做得更科学、更合理。"原文是："Il faut concevoir pour effectuer. . . . C'est cette production de l'esprit, c'est cette création, qui constitue l'architecture, que nous pouvons en conséquence, définir l'art de produire et de porter à la perfection tout édifice quelconque. L'art de bâtir n'est donc qu'un art secondaire, qu'il nous paroît convenable de nommer la parti scientifique de l'architecture."

9　Robin Evans, *Translations from Drawing to Building and Other Essays* (London: Architectural Association, 1997), 154.

10　同上。

11　Beatriz Colomina, " On Architecture, Production and Reproduction, " in *Architectureproduction*, ed. Beatriz Colomina, series Revisions: Papers on Architectural Theory and Criticism (New York: Princeton Architectural Press, 1988), 7.

12　同上。

13　*OED Online,* s.v. " architecture," accessed July 2017, http://www.oed.com/view/Entry/10408?r skey=cArsyD &result=1&isAdvanced=false.

14　Werner Buchholz, ed., " Architectural Philosophy, " in *Planning a Computer System* (New York: McGraw-Hill, 1962), 5.

15　Brooks 后来提出"人月神话"（the mythical man month）这个说法，意思是一个女人从怀胎到生孩子要经过 9 个月时间，但你不能指望 9 个女人合起来，只用一个月时间就把孩子给生出来[⊖]。到了 20 世纪 80 年代，他的研究范围扩展到了以架构为目标的虚拟现实。Brooks 早在那个时代可能就已经把功能与空间之间的架构迁移理解得特别透彻了，其深刻程度或许超乎我们的想象。

16　Boston Architectural Center, *Architecture and the Computer* (Boston: Boston Architectural Center, 1964), 33.

17　根据 MIT 的 Fernando Corbat 所提供的说法。参见 Jennifer Hage-ndorf, " M.I.T. Laboratory for Computer Science," CRN, November 10, 1999。

18　Royston Landau, *New Directions in British Architecture* (New York: G. Braziller, 1968), 115。

19　同上，107。Landau 在 1974 至 1993 年之间，担任 Architectural Association 的研究生导师。整个 20 世纪 60 年代，他都在 MIT 及 Rhode Island School of Design（罗德岛设计学院）教课。1969 到 1974 年，他在 University of Pennsylvania（宾夕法尼亚大学）任教。Landau 运用启发式的方法来解决建筑问题，并于 1964 年撰写了题为" Toward a Structure for Architectural Ideas"的论文。这篇文章是他在 MIT 完成的。他还在同一年组织了 Architectural Association 的 Decision-Making Symposium，并参加了 Boston Architectural Center 的 Architecture and the Computer 会议，同时在这个重要的会议上面发言。Landau 有时与 Price 合作，并针对后者在 1984 年发表的 *Square Book* 一书撰写了一篇文章。Landau 的生平可参见 Francis Duffy, " Royston Landau: Power behind an International Architecture School " (obituary), *The Guardian,* November 20, 2001, http://www. guardian.co.uk/news/2001/nov/20/guardianobituaries.highereducation。

20　Landau, *New Directions in British Architecture*, 115.

21　同上，100。

22　同上，43 及 14。

23　Douglas Engelbart, " Augmented　Human Intellect Study" (Air Force Office of Scientific Research, 1962), http://sloan. stanford.edu/mousesite/EngelbartPapers/B5_F18_ConceptFrameworkPt1.html.

24　同上。

25　同上。

26　同上。

　⊖　也可以理解成：盲目地给项目中添人手未必能加快其进度。——译者注

27　同上。

28　Landau, *New Directions in British Architecture*, 12.

29　同上。

30　Boston Architectural Center, *Architecture and the Computer* (Boston: Boston Architectural Center, 1964), 8.

31　同上，67。

32　同上，45。其实到了 1974 年，已经有计算机可以绘制图形并产生平面图与剖面图了。虽然建筑师真正开始普遍地用计算机来观察设计方案还是好些年以后的事，但早在 1967 年，就有建筑师通过制作动画来观察设计方案的运作情况了。

33　同上。

34　同上。

35　Steven A. Coons, " Computer- Aided Design, " *Design Quarterly 66/67* (1966): 8。Sketchpad 是在 MIT Lincoln Laboratory（林肯实验室）的 TX-2 计算机上面开发的，该实验室比分时计算项目 Project MAC 设立得早。它成立于 1951 年，由 F. Wheeler Loomis（1889—1976）主管，旨在研究包括防空控制在内的实用军事技术。该实验室与 MIT 的其他一些实验室有所合作，例如 Jay Forrester（1918—2016）领衔的 Digital Computer Laboratory。参见 Karl Wildes and Nilo Lindgren, *A Century of Electrical Engineering and Computer Science at MIT, 1882–1982* (Cambridge, MA: MIT Press, 1985), 295。

36　Boston Architectural Center, *Architecture and the Computer*, 26.

37　同上，48。

38　Coons 详细描述了最初的 Sketchpad 程序所具备的功能：

　　" Sketchpad 是纯粹的图形工具与几何工具。用户可以拿光笔在屏幕上绘制直线、圆与其他图形。Sketchpad 能够根据用户的要求进行抽象，然而这种抽象必须是几何抽象，例如用户可以要求 Sketchpad '把两条线段摆放得与计算机相平行'。这条命令所提出的要求显然属于几何意义上的抽象，因此，Sketchpad 这样的计算机程序是能够处理的。反之，如果设计师提出的要求超出了这一范围，那么早期的 Sketchpad 就无法处理了。比方说，设计师不能要求 '这条线必须是这样一种结构：它由某种材质构成，带有一定的厚度，其剖面具备某些特征，并遵循某些物理定律'。

　　" Sketchpad 提供了开关，用户可以通过这些开关给计算机下命令，例如可以对某些物件之间的关系做出限定。CRT 显示器下方有 4 个旋钮，可以针对屏幕上的图形执行 4 种操作。这 4 种操作是旋转、水平移动、垂直移动以及调整大小。屏幕所表示的图形信息可以精确到千万分之一，这相当于它可以在长达 800 英尺（约 24 384 厘米）的图形中，把每一个长度仅为千分之一英寸（约 0.002 54 厘米）的部分给准确地呈现出来。于是，设计师就可以先把建筑物中某个较小的区域放大，仔细进行修改，然后再把它推远，使其变小，以观察修改之后的整体效果。Sketchpad 还可以通过开关发出指令，让一条线段的某个端点与另一条线段的某一端点接合。计算机接到指令后，会通过数学手段准确地把这两个端点接起来，从而让两者连为一体。"

　　——引自 Steven A. Coons, " Computer- Aided Design, " 8。

39　Boston Architectural Center, *Architecture and the Computer*, 45.

40　我感谢 Daniel Cardoso Llach 对 Steven Coons 的研究工作所做的评论。他写的 *Builders of the Vision* 一书有一项中心话题，就是讨论人类如何与计算机交互，并用计算机来增强自己的技能。

41　Daniel Cardoso Llach, *Builders of the Vision: Software and the Imagination of Design* (London: Routledge, 2015), 67.

42　Boston Architectural Center, *Architecture and the Computer*, 26.

43　William Fetter, "Computer Graphics," *Design Quarterly 66/67* (1966): 15.

44　同上。

45　Boston Architectural Center, *Architecture and the Computer*, 33.

46　Fetter, "Computer Graphics," 15.

47　同上，19～20。

48　同上。

49　工程绘图是对测量数据与工程数据进行必要的投影（例如正投影、斜投影、斜等轴测投影（等距投影）、斜二轴测投影（斜二测投影）、斜三轴测投影（斜三测投影、三角投影）、中心点透视），并通过形状、运动与颜色来绘制清晰的图样。操作分析可以用来对山地航线以及飞行器能否为雷达站所见等情况进行建模，并在图纸上面手工添加及删除部分图样，令其变得更加清晰。用座舱显示系统所进行的实验可以打造由电影与计算机图形混合而成的原型，这样做的成本要远远低于构建一套演示系统。波音公司会以秒为间隔来生成计算机图形，并把这些单张的图形当作帧拼接成动画，从而模拟出飞行器降落到航空母舰时的情形，这种模拟方式可以把飞行器的降落角度以及在降落过程中所发生的俯仰与滚转考虑在内。同上，17-22。

50　William A. Fetter, *Computer Graphics in Communication* (New York: McGraw-Hill, 1965), 104.

51　同上。

52　George Pólya, *How to Solve It*: A New Aspect of Mathematical Method (Princeton, NJ: Princeton University Press, 1945), 113。Allen Newell 也在 Stanford 向 Pólya 学习过。Marvin Minsky、Herbert Simon 与 Allen Newell 都提到了 Pólya 对启发法及 AI 的重要贡献。此外参见 Marc H. J. Romanycia and Francis Jeffry Pelletier, "What Is a Heuristic?" *Computational Intelligence* 1 (1985): 48。

53　Geof Bowker, "How to Be Universal: Some Cybernetic Strategies, 1943–70," *Social Studies of Science* 23 (1993): 113.

54　W. Ross Ashby, *Design for a Brain*: The Origin of Adaptive Behavior (New York: Wiley, 1960), 16.

55　Gordon Pask, "The Architectural Relevance of Cybernetics," *Architectural Design* 39, no. 7 (1969): 496.

56　J. C. R. Licklider, "Man-Computer Symbiosis," *IRE Transactions on Human Factors in Electronics* HFE-1(1960): 4。

57　Paul N. Edwards, *The Closed World: Computers and the Politics of Discourse in Cold War America* (Cambridge, MA: MIT Press, 1996), 266.

58　参加这次会议的其他一些人觉得应该把这项工作称为 automanta studies（自动机研究）。实际上，Shannon 与 McCarthy 正好编了一卷同名的书（Princeton University Press, 1956），该书收入 Annals of Mathematics Studies 中。书里包含这两位编者所写的一些文章，此外还有 John von

Neumann、W. Ross Ashby 与 Marvin Minsky 等人的作品。

59　Pamela McCorduck, *Machines Who Think: A Personal Inquiry into the History and Prospects of Artificial Intelligence*, 2nd ed. (Natick, MA: AK Peters, 2004), 113.

60　同上。

61　Marvin Minsky, "Steps toward Artificial Intelligence," *Proceedings of the I.R.E.* 49, no. 1 (1961): 8.

62　Minsky 当时指出，尽管启发法有时并不见效，但如果有可能成功的话，还是应该试着用它来解决各类问题。出处同上。

63　同上，36。

64　同上。

65　同上。

第 2 章

1　Christopher Alexander, "The Origins of Pattern Theory: The Future of the Theory, and the Generation of a Living World," *IEEE Software* 16, no. 5 (October 1999): 72, doi:10.1109/52.795104.

2　同上。

3　同上，80。

4　同上。

5　同上，81。

6　同上，80。

7　直到 2003 年，这本书的年销量依然过万。参见 Emily Eakin, "Architecture's Irascible Reformer," *New York Times*, July 12, 2003, http://www.nytimes.com/2003/07/12/books/architecture-s-irascible-reformer.html.

8　George Miller and Jerome Bruner, "Application for Grant, Harvard Center for Cognitive Studies: General Description," April 8, 1960, 1, Box 1, Papers of Jerome Bruner, National Science Foundation, 1959–1961 (HUG 4242.9), Harvard University Archives. In Alise Upitis, "Nature Normative: The Design Methods Movement, 1944–1967" (PhD diss., MIT, 2008), 72.

9　Christopher Alexander, "A Much Asked Question about Computers and Design," in *Architecture and the Computer* (Boston: Boston Architectural Center, 1964), 52.

10　同上。

11　同上，54。

12　同上。

13　早在 20 世纪 40 年代，就有工程师对计算技术（后来是对计算机）在设计中的角色感兴趣了。参见 Daniel Cardoso Llach, *Builders of the Vision: Software and the Imagination of Design* (London: Routledge, 2015)。

14　Christopher Alexander, *Notes on the Synthesis of Form* (Cambridge, MA: Harvard University Press, 1971), iv.

15　Plato, *Phaedrus*, 265d, quoted in Alexander, *Notes on the Synthesis of Form*, iv.

16　同上，116。与那种凭借 self-conscious（自我感觉）来设计的方式相反，还有一种方式强调 unselfconscious（不要凭借自我感觉），而是建立一套模型，以一一对应的关系把情境与其形式关联起来。在面对建筑物的设计问题时，这种不凭自我感觉来工作的（或者说，纯真的）设计师只是将其当成"现实世界"中的一项问题来对待，并为此设计相应的形式。按照 Alexander 的说法，这种纯真的设计理念不会提出某个宏大的设计观或建筑观，它只是本能地按照应有的方式去构造建筑物。Alexander 写道："由于劳动划分得不是那么细，而且也很少出现太过专门的职业，因此，并没有专业的建筑师这一说，每个人的房子都由他自己去盖。"Alexander 很推崇这种"纯真的"设计。当然在很多方面都是可以讨论的。参见 Alexander, *Notes on the Synthesis of Form*, 38。

17　同上，18～19。

18　同上，134。

19　D'Arcy Went worth Thompson, *On Growth and Form* (Cambridge: Cambridge University Press, 1917), 16.

20　Alexander, *Notes on the Synthesis of Form*, 18.

21　同上，26。

22　同上，23。

23　同上，18。

24　W. Ross Ashby 在 *Design for a Brain* 一书中，其实也像 Alexander 这样对所要研究的范围做了限定。他觉得，任何一种"真实的'机器'都包含'无数个变量'"，"系统可以定义成从真实的'机器'所具备的变量中任意选取的某一套变量"。W. Ross Ashby, *Design for a Brain: The Origin of Adaptive Behavior* (New York: Wiley, 1960), 16。

25　Kurt Koffka 承认，这种匹配模型是有局限的。Alexander 后来在规划自己的模型时，就遇到了这样的限制。Koffka 写道："由于'匹配程度'……至少需要在两件事物之间得以体现，因此，要求有待解决的这个问题必须能够以特定的方式来组织，使得我们可以通过多个事物之间的匹配程度来予以解决，为此，我们还必须保证自己确实能够找到这样一种事物，让它与待解决的问题所包含的事物之间相互匹配。由于这些物件不一定始终在场，因此，为了判断其是否匹配，我们还必须对其变化情况施加一些限制，而且，必须以特定的方式对其进行安排。此外，问题本身的形式也会影响到我们究竟能不能这样来安排其中的各项事物。也就是说，有待解决的问题能不能把其中需要处理的矛盾显现到某个事物上面，从而让我们通过寻找与该事物相匹配的东西来予以处理。"Kurt Koffka, *Principles of Gestalt Psychology*, International Library of Psychology, Philosophy and Scientific Method (New York: Harcourt, Brace, 1935), 642。

26　同上，638。

27　同上。

28　Ashby, *Design for a Brain*, 58. Emphasis Ashby's.

29　Alexander, *Notes on the Synthesis of Form*, 39.

30　同上，3。

31　同上，4。

32　同上，116。

33　Christopher Alexander and Marvin L. Manheim, *The Design of Highway Interchanges: An Example of a General Method for Analyzing Engineering Design Problems* (Cambridge: Department of Civil Engineering, Massachusetts Institute of Technology, 1962), 25.

34　Alexander and Manheim, *The Design of Highway Interchanges*, 25.

35　在 *Notes on the Synthesis of Form* 一书中，Alexander 用 M 表示节点，用 L 表示链接。如果两个元素之间的各条链接是彼此冲突的，那么就给这些链接标上负号，若是并行不悖的，则标上正号。如果某条关系显得比较重要，还可以赋予权重。参见 Alexander, Notes on the Synthesis of Form, 80。Alexander 所绘制的树图会把需求分成子集，他尤为关注的是怎样沿着自然形成的划分点来对这些链接进行划分。"集合 M 的每个子集都自成一体，并独立于其他的子集，从而可以分别予以解决。"参见 Alexander and Manheim, *The Design of Highway Interchanges*, 83。

36　同上，85。加以强调的部分是原书本来就有的。

37　Alexander, *Notes on the Synthesis of Form*, 79.

38　Christopher Alexander, V. M. King, and Sara Ishikawa, "390 Requirements for the Rapid Transit Station" (Berkeley, CA: Center for Environmental Structure, 1964), 2.

39　Allan Temko, "Obituary—Donn Emmons," *San Francisco Chronicle*, September 3, 1997, https://www.sfgate.com/news/article/OBITUARY-Donn-Emmons-2829136.php.

40　"Washington Commuter, If He's Lucky, May Profit from Bay Area Blunders," *Washington Post*, August 7, 1966.

41　Alexander 是这样定义树与半格的："对于一群集合来说，如果其中任意两个集合要么是整体与部分的关系，要么毫无共同元素，那么这群集合就形成树，而且只有满足了这样的条件，这群集合才能形成树。""对于一群集合来说，如果相互有所重叠的两个集合所具备的共同元素本身必定也是这群集合中的一员，那么这群集合就形成半格，而且只有满足了这样的条件，这群集合才能形成半格。"Alexander 当时给半格这个词加了连字符，把它写成 semi-lattice，然而目前通行的写法是不加连字符的，因此，我在本书中将其写作 semilattice。Christopher Alexander, "A City Is Not a Tree, Part 1," *Architectural Forum* 122, no. 4 (1965): 59。

42　同上，58。

43　同上。

44　同上。

45　同上，58～59。

46　同上，58。

47　Christopher Alexander, "A City Is Not a Tree, Part 2," *Architectural Forum* 122, no. 5 (1965): 60.

48　同上。

49　Karl Popper, *The Open Society and Its Enemies* (London: Routledge, 2012), 166.

50　同上，167。

51　同上，166。

52　Alexander, "A City Is Not a Tree, Part 1," 62.

53 同上，60。

54 Alexander, "A City Is Not a Tree, Part 2," 61.

55 Harary 与 Rockey 写道："Alexander 的这篇文章从题目上来看，显然谈的是图论中的话题，然而他在论述的时候，借助的却是集合论。另外，他这套数学化的城市理论只是从几个特殊而且受限的例子中推导出来的……Alexander 是从集合的角度去定义树的，他避开了图论，因而也就无法借助其中某些优势来探讨他的结构模型。Alexander 从集合论的角度所表述的树状结构以及稍后谈到的半格状结构从逻辑上来看，确实与用图论所表述的结构等效，但这种方式不够自然，也不够直观，因为这两种结构本来是应该用图论加以表述的。此外，从实际应用的角度来看，这样做还导致一个严重的问题，就是不能套用图论中的定理。"参见 Frank Harary and J. Rockey, "A City Is Not a Semilattice Either," *Environment and Planning A* 8 (1976): 377。

56 同上，379。

57 同上，383。

58 虽然英国的人类学家早在 20 世纪 50 与 60 年代就已经通过分析社交网络来研究城市关系了，但他们并没有在研究工作中强调形式、建筑或设计问题，因此，Alexander 的这项研究很有开创意义，因为他首次将社交网络运用到了建筑学上面。

59 Manuel Lima 的 *The Book of Trees: Visualizing Branches of Knowledge* 一书回顾了树形图 800 年间的历史。参见 Manuel Lima, *The Book of Trees*: *Visualizing Branches of Knowledge* (Princeton, NJ: Princeton Architectural Press, 2014)。

60 参见 Andrew Otwell, "Structure and Situated Software," March 30, 2004, https://web.archive.org/web/20050213061449/http://www.heyotwell.com/heyblog/archives/000305.html; Dan Hill, "Trees, Lattices, Suburbs, and Software," April 6, 2004, http://www.cityofsound.com/blog/2004/04/trees_lattices_.html; 与 Tom Carden, "Architects, Social Networks and Hypertext," September 28, 2004, http://www.tom-carden.co.uk/2004/09/28/architects-social-networks-and-hypertext。

61 Stanley Wasserman and Katherine Faust, *Social Network Analysis: Methods and Applications*, Structural Analysis in the Social Sciences (Cambridge: Cambridge University Press, 1994), 4.

62 "Emotions Mapped by New Geography: Charts Seek to Portray the Psychological Currents of Human Relationships," *New York Times*, April 3, 1933.

63 同上。

64 Christopher Alexander, *The City as a Mechanism for Sustaining Human Contact* (Berkeley: Center for Planning and Development Research, University of California, 1966), 12.

65 同上，11。强调部分是原文所加。（Alexander 总是喜欢使用斜体，在本书所引用的文字中，除非另有说明，否则，其中的斜体都是 Alexander 的原文本来就有的。）

66 同上，12。

67 同上，34～35。

68 Wasserman and Faust, *Social Network Analysis*, 13.

69 "无论是用模型来理解个人在结构化的关系中所采取的行动，还是用它直接对结构进行研究，分析师都必须关注单元之间的链接，并从这些链接所形成的网络结构入手。由于要分析的是交互行为中的规律或模式，因此，分析者自然会求助于这种结构。"同上。

70　同上。

71　Christopher Alexander and Barry Poyner, *The Atoms of Environmental Structure* (Berkeley, CA: Center for Planning and Development Research, University of California Institute of Urban & Regional Development, 1966), 9.

72　同上，11。我此处引用的"*Atoms*"一文指的是由 Alexander 与 Poyner 撰写并由 Center for Planning and Development Research 于 1966 年 7 月所发行的工作论文。这篇文章经过多次修订，其中某些版本还使用了不同的范例，这些版本以各种形式在各种渠道上面发表过。

73　同上，1。

74　*Design Methods in Architecture*, Architectural Association Paper Number 4 (London: Lund Humphries, 1969), 7, 9. In Upitis, "Nature Normative," 178.

75　Alexander, *Notes on the Synthesis of Form*, "Preface," 2.

76　sociogram（人际关系图）可以相当直观地描绘关系，但是这种图绘制起来很"随意"。Wasserman 与 Faust 写道："不同的研究者面对同一套数据可能会画出许多种（样子）不同的人际关系图来，因为画图的本来就不是同一个人。"参见 Wasserman and Faust, *Social Network Analysis*, 78。为了应对这个问题，有人提出了 sociomatrix（社会关系矩阵），它用矩阵来表述分析社交网络时所用的数据，这在整个 20 世纪 40 年代都相当流行，到了 20 世纪 50 与 60 年代，研究者开始用计算机来计算这些数据，这让该结构变得比原来更为重要，虽然 sociogram 更为直观，但 sociomatrix 一直比它受人重视。

77　Christopher Alexander and Marvin L. Manheim, *The Use of Diagrams in Highway Route Location*: *An Experiment* (Cambridge: School of Engineering, Massachusetts Institute of Technology, 1962), 89.

78　Alexander, *Notes on the Synthesis of Form*, 137～139。1957 年，*Journal of the American Institute of Planners* 上面登出了一篇涉及城市形态学与印度的文章，这有可能给 Alexander 提供了思路，让他把印度村落当作范例来进行研究。Pradyumna Prasad Karan 在这篇文章中研究了印度城市中的街道与建筑物，并根据它们在地图上面的形式来描述其所体现的模式。Alexander 没有引用该文，像这样没有加以引用的文章或作品其实还有几例。参见 Pradyumna Prasad Karan, "The Pattern of Indian Towns: A Study in Urban Morphology," *Journal of the American Institute of Planners* 23 (1957): 70–75。

79　Alexander, *Notes on the Synthesis of Form*, 95.

80　同上。

81　Alexander, *Notes on the Synthesis of Form*, "Preface。"在这篇序言中，Alexander 完全反对 Design Methods 运动以及该运动对他的处理手法所做的解读。

82　尽管这三部书之间有所谓第一卷、第二卷、第三卷之说⊖，但它们其实并不是按照这个顺序出版的。标为第一卷的 *The Timeless Way of Building* 出版得反而最晚，它是 1979 年才出版的。标为第二卷与第三卷的 *A Pattern Language* 及 *The Oregon Experiment* 分别出版于 1977 及 1975 年。

⊖　它们都属于 *Center for Environmental Structure Series* 书系。——译者注

83　Christopher Alexander, Sara Ishikawa, and Murray Silverstein, *A Pattern Language: Towns, Buildings, Construction* (New York: Oxford University Press, 1977), title page.

84　Christopher Alexander, Sara Ishikawa, and Murray Silverstein, *Pattern Manual (Draft)* (Berkeley: Center for Environmental Structure, University of California, 1967), 1.

85　同上，5。

86　Frank Duffy 与 John Torrey 发表了"A Progress Report on the Pattern Language"一文，该文收录在 1968 年剑桥的 Design Methods Group First International Conference 所形成的 *Emerging Methods in Environmental Design and Planning* 会议论文集中。Duffy 与 Torrey 在加州大学伯克利分校念研究生时，都参与了模式语言的早期概念构建工作，其中，Torrey 还是 CES 的成员。这篇文章赞成模式应该分成不同的类别来研究，但对 CES 在模式上面的沟通与控制工作提出了批评。"它并没有解决如何把模式告知用户及评论者这一问题。目前，所有的努力都没有做到位，不是太过空泛，就是太过狭隘。"Francis Duffy and John Torrey, "A Progress Report on the Pattern Language" (paper, Emerging Methods in Environmental Design and Planning Conference, Cambridge, MA, June 1968), 268。

87　Antoine Picon, "From 'Poetry of Art' to Method: The Theory of Jean-Nicolas-Louis Durand," in *Jean-Nicolas-Louis Durand: Précis of the Lectures on Architecture: With Graphic Portion of the Lectures on Architecture* (Los Angeles: Getty Publications, 2000), 45.

88　Alexander, Ishikawa, and Silverstein, *A Pattern Language*, x.

89　Christopher Alexander, *The Timeless Way of Building* (New York: Oxford University Press, 1979), 202.

90　同上，181。

91　同上，265。

92　同上，263。

93　Alexander, Ishikawa, and Silverstein, *A Pattern Language*, xix.

94　同上，747。

95　同上。

96　同上，xxix。

97　同上，xiv。

98　同上，747。

99　同上，750。

100　同上，750~751。

101　Alexander, *The Timeless Way of Building*, 208.

102　同上，192。

103　同上，xi。

104　同上，204。

105　同上，192。

106　Christopher Alexander, "Systems Generating Systems," *Architectural Design* 38 (1968): 606.

107　Samuel Levin 写过一篇注解，更为深刻地阐释了诗句中的压缩手法所具备的意义，这对于理解模式中的压缩手法是很有帮助的。参见 Samuel Levin, "The Analysis of Compression in Poetry," *Foundations of Language 7* (1971)。

108　Alexander, *The Timeless Way of Building*, 373.

109　Alexander, Ishikawa, and Silverstein, *A Pattern Language,* xlii–xliii.

110　同上，xliv。

111　同上，xviii。

112　同上，313～315。

113　尽管没有举具体的实验为例，但 Alexander 依然写道："我们已经能够通过实验来说明，符合这三条的模式越多，用户所形成的印象就越连贯……相反，违背这三条的模式越多，用户所形成的印象就越破碎……这就是模式语言能够帮助我们自然地形成连贯印象的原因。"同上，380。

114　同上，373。

115　同上，xii。

116　Cornelia Vismann, *Files: Law and Media Technology*, Meridian (Stanford, CA: Stanford University Press, 2008), 7.

117　Alexander, Ishikawa, and Silverstein, *A Pattern Language*, xviii.

118　Paul Baran, *On Distributed Communications Networks: I. Introduction to Distributed Communications Networks* (Santa Monica, CA: The RAND Corporation, 1964), 16.

119　Alexander, *The Timeless Way of Building*, 380.

120　同上，341。

121　同上，182。

122　Alexander, "Systems Generating Systems," 606.

123　Alexander, *The Timeless Way of Building*, 186.

124　Stephen Grabow, Christopher Alexander: *The Search for a New Paradigm in Architecture* (Boston: Oriel Press, 1983), 46.

125　Alexander, *The Timeless Way of Building*, 186.

126　同上，xi。

127　同上，182。

128　同上，xiii。

129　同上。

130　同上，xiv。

131　同上，192。

132　Grabow, *Christopher Alexander*, 9.

133　同上。

134　同上，47～48。

135　同上，48。

136 同上，49。

137 Alexander, *The Timeless Way of Building*, 240.

138 同上，199。

139 Grabow, *Christopher Alexander*, 50.

140 Christopher Alexander, *The Nature of Order: An Essay on the Art of Building and the Nature of the Universe* (Berkeley, CA: Center for Environmental Structure, 2002), 45.

141 Portola Institute, *The Last Whole Earth Catalog; Access to Tools* (Menlo Park, CA: Portola Institute, 1971), 15.

142 Alan Cooper, 通过 Skype 接受 Molly Wright Steenson 采访时所说的话 , April 23, 2015。

143 Edward Yourdon, " Historical Footnote on Design Patterns " (comment), April 20, 2009, http://codetojoy.blogspot.com/2009/04/historical-footnote-on-design-patterns.html?showComment=1240261080000#c5317107911198912272.

144 Alan Cooper, Skype interview by Molly Wright Steenson, April 23, 2015.

145 Kent Beck, Skype interview by Molly Wright Steenson, April 10, 2015. 也可参见 Grabow, *Christopher Alexander*, 127。

146 Beck, Skype interview by Molly Wright Steenson.

147 Kent Beck's Facebook page, " Patterns Enhance Craft Sidebar: My Personal Crisis, " February 6, 2015, https://www.facebook.com/notes/kent-beck/patterns-enhance-craft-sidebar-my-personal-crisis/908356345863897.

148 同上。

149 Beck 说，他与 Cunningham 是最早开始用模式 " 实际做事 " 的人。Kent Beck, Skype interview by Molly Wright Steenson, April 10, 2015。参见 Reid Smith, " Panel on Design Methodology, " OOPSLA'87 Addendum to the Proceedings, October 1987; and Kent Beck and Ward Cunningham, " Using Pattern Languages for Object-Oriented Programs, " 1987,http://c2.com/doc/oopsla87.html。

150 Stefan Ram, email communication with Alan Kay, July 23, 2003, http://www.purl.org/stefan_ram/pub/doc_kay_oop_en.

151 Richard P. Gabriel, *Patterns of Software: Tales from the Software Community* (New York: Oxford University Press, 1996), 4.

152 Christopher Alexander, " Foreword, " in *Patterns of Software: Tales from the Software Community*, by Richard P. Gabriel (New York: Oxford University Press, 1996), v–xi.

153 Jim Coplien 总结过一系列的 idiom（习惯用法），这种概念相当于早期的模式，它们用在 AT&T 的 C++ 语言编程工作中，Marc Sewell 将其带到 IBM，瑞士的程序员 Erich Gamma 把面向对象的模式运用到了博士论文中。

154 Erich Gamma et al., *Design Patterns: Elements of Reusable Object-Oriented Software* (New York: Addison-Wesley, 1994), 12–13.

155 Erich Gamma et al., " Design Patterns: Abstraction and Reuse of Object-Oriented Design, " in

ECOOP' 93—Object-Oriented Programming, ed. Oscar M. Nierstrasz, Lecture Notes in Computer Science 707 (Heidelberg: Springer Berlin Heidelberg, 1993), 417.

156　Christopher Alexander, "Foreword," in Gabriel, *Patterns of Software*, viii.

157　同上，ix。

158　同上，viii。

159　Alexander, "The Origins of Pattern Theory," 74.

160　同上，77。

161　同上，79～80。

162　同上，81。

163　同上，82。

164　Alexander, "Foreword," in Gabriel, *Patterns of Software*, vi–vii.

165　Grabow, *Christopher Alexander*, 128.

166　Gabriel, *Patterns of Software*, 59.

167　Drew Binstock, "Interview with Alan Kay," Dr. Dobb's, July 10, 2012, 4, http://www.drdobbs.com/architecture-and-design/interview-with-alan-kay/240003442。感谢 Annette Vee 指出该观点。

168　同上。

169　Alexander, "Foreword," in Gabriel,*Patterns of Software,* vii.

170　同上，viii。

171　Beck, Skype interview by Molly Wright Steenson.

172　Alexander, Ishikawa, Silverstein, *A Pattern Language*, 963.

173　Beck, Skype interview by Molly Wright Steenson.

174　同上。

175　Kent Beck,*Extreme Programming Explained: Embrace Change* (Reading, MA: Addison-Wesley, 2000), 2.

176　同上，154。

177　同上。

178　"Manifesto for Agile Software Development," http://agilemanifesto.org/.

179　"Ward Cunningham, Inventor of the Wiki," YouTube video, 17:12, posted by the Wikimedia Foundation, May 23, 2014, https://www.youtube.com/watch?v=XqxwwuUdsp4.

180　同上。

181　同上。

182　Interview with Ward Cunningham by Jim Fleming, *To the Best of Our Knowledge*, http://www.ttbook.org/book/transcript/transcript-ward-cunningham-wiki-way。[一]

183　Ward Cunningham and Michael W. Mehaffy, "Wiki as Pattern Language," in *Proceedings of the 20th Conference on Pattern Languages of Programs*, PLoP ' 13 (The Hillside Group, 2013), 6–7.

　　[一]　现在的网址是 http://archive.ttbook.org/book/transcript/transcript-ward-cunning-ham-wiki-way。——译者注

184 Sean Michael Kerner, "Ward Cunningham, Wiki Creator," December 8, 2006, http://www.internetnews.com/dev-news/article.php/3648131.

185 "Wikipedia: Statistics," Wikipedia, https://en.wikipedia.org/wiki/Wikipedia: Statistics.[⊖]

186 Barry M. Katz, *Make It New: A History of Silicon Valley Design* (Cambridge, MA: MIT Press, 2015), 158。Katz 写的这本硅谷设计史是一份很好的参考资料。

187 再多说几句吧，其实我和这几位比较熟。Gillian Crampton Smith 是意大利伊夫雷亚 Interaction Design Institute Ivrea 的负责人，Philip Tabor 是那里的访问教授。我在 2003 至 2004 年间在该学院任职。此前的 1999 至 2001 年间，我与 John Rheinfrank 及 Shelley Evenson 在 Scient 当过同事。

188 Terry Winograd, *Bringing Design to Software* (New York: ACM Press, 1996), xv.

189 Mitch Kapor, "A Software Design Manifesto," in Winograd, *Bringing Design to Software* (New York: ACM Press, 1996), 3.

190 同上。

191 同上，6。

192 同上，5。

193 同上，4。

194 这一节讨论了建筑学与软件空间中的居民这一概念之间的关系，这些文字早前出现在我给 Design Research Conference 2016（举办于英国的 Brighton 大学）提交的论文中。参见 Molly Wright Steenson, "The Idea of Architecture, The User As Inhabitant: Design through a Christopher Alexander Lens," *Proceedings of DRS 2016, Design Research Society 50th Anniversary Conference*, Brighton, UK, June 27–30, 2016, http://www.drs2016.org/127/。

195 Alexander, *The Timeless Way of Building*, ix.

196 Winograd, *Bringing Design to Software*, xvii.

197 John Rheinfrank and Shelley Evenson, "Design Languages," in Winograd, *Bringing Design to Software*, 65.

198 同上。

199 Terry Winograd and Philip Tabor, "Profile 1. Software Design and Architecture," in Winograd, *Bringing Design to Software*, 10.

200 同上，11。

201 Kenny Cuppers, *Use Matters: An Alternative History of Architecture* (London: Routledge, 2013), 1.

202 同上。

203 Alan F. Blackwell and Sally Fincher, "PUX: Patterns of User Experience," *Interactions 17*, no. 2 (March 2010): 31, doi:10.1145/1699775.1699782.

204 Stewart Brand, *How Buildings Learn: What Happens after They're Built* (New York: Viking, 1994), 2.

205 同上，187。

⊖ 中文版维基百科的统计信息，参见 https://zh.wikipedia.org/wiki/Wikipedia: %E7%BB%9F%E8%AE%A1。——译者注

206　Sean Keller, "Systems Aesthetics: Architectural Theory at the University of Cambridge, 1960–75" (PhD diss., Harvard University, 2005), 97.

207　Peter Eisenman, *Eisenman Inside Out: Selected Writings,* 1963-1988 (New Haven, CT: Yale University Press, 2004), ix.

208　Keller, "Systems Aesthetics," 89.

209　Peter Eisenman, "The Formal Basis of Modern Architecture" (Zurich: L. Müller, 2006), 6.

210　"Discord over Harmony in Architecture: The Eisenman/Alexander Debate," *Harvard Graduate School of Design News 2* (1983): 16.

211　Moshe Safdie, 对 Christopher Alexander 与 Peter Eisenman 在 1982 年的那场辩论所做的介绍这篇文章没有发表。感谢 Dan Klyn 分享 Safdie 的这篇介绍。

212　"Discord over Harmony in Architecture," 16.

213　同上。

214　Molly Wright Steenson's Facebook Page, January 8, 2015, https://www.facebook.com/maximolly/posts/10100721200649914.

215　Molly Wright Steenson's Facebook Page, July 23, 2016, https://www.facebook.com/maximolly/posts/ 10101251669101884.

216　Sam Greenspan, "Half a House," *99% Invisible*, October 11, 2016, http:// 99percentinvisible.org/episode/half-a-house.

217　同上。

218　Anna Winston, "Architects 'Are Never Taught the Right Thing' Says 2016 Pritzker Laureate Alejandro Aravena," *Dezeen*, January 13, 2016, http://www.dezeen.com/2016/01/13/alejandro-aravena-interview-pritzker-prize-laureate-2016-social-incremental-housing-chilean-architect。感谢 Daniel Cardoso Llach 与 Sam Greenspan 给我提供与 Aravena 及 Elemental 有关的信息。

219　Personal communication between Sam Greenspan and Molly Wright Steenson, November 7, 2016.

220　同上。

221　Assemble Studio, "Info," http://assemblestudio.co.uk/?page_id=48.

222　Betty Wood, "Turner Prize-Winners Assemble List Their Yardhouse Studio for £150 000," *The Spaces*, December 14, 2016, http://thespaces.com/2016/12/14/assemble-yardhouse/.

223　Charlotte Higgins, "Turner Prize Winners Assemble: 'Art? We're More Interested in Plumbing,'" *The Guardian*, December 8, 2015, https://www.theguardian.com/artanddesign/2015/dec/08/assemble-turner-prize-architects-are-we-artists.

224　Christopher Hawthorne, "Assemble Might Have a Turner Prize, but the London Collective Continues to Defy Categorization," *Los Angeles Times*, April 28, 2016, http://www.latimes.com/entertainment/arts/la-ca-cm-assemble-architecture-20160501-column.html.

225　Marc Rettig comment on Molly Wright Steenson's Facebook Page, January 8, 2015, https://www.facebook.com/maximolly/posts/10100721200649914.

226　耶鲁大学建筑学院的学生必须修这样 4 门课程，分别是 Visualization I 至 Visualization IV。这些课讲的就是这个话题。哥伦比亚大学的 Graduate School of Architecture, Preservation and Planning 不再讲授 representation 课程，而是讲解 19 世纪以来的 visualization 历史。"Yale School of Architecture M.Arch. I," http://architecture.yale.edu/school/academic-programs/march-I。[○]

227　Alexander, "The Origins of Pattern Theory," 80.

228　Pew Research Center, "News Attracts Most Online Users," December 16, 1996, http://www.people-press.org/1996/12/16/online-use.

第 3 章

1　"2016 AIA National Convention Keynote Speakers Finalized," AIA, February 18, 2016, https://www.aia.org/press-releases/4326-2016-aia-national-convention-keynote-speakers.

2　Rem Koolhaas, "The New World: 30 Spaces for the 21st Century," *Wired*, June 2003, http://www.wired.com/2003/06/newworld.

3　Diana Budds, "Rem Koolhaas: 'Architecture Has a Serious Problem Today,'" *Fast Company Co.Design*, http://www.fastcodesign.com/3060135/innovation-by-design/rem-koolhaas-architecture-has-a-serious-problem-today.

4　Richard Saul Wurman, "An American City: The Architecture of Information," convention brochure (Washington, DC: AIA, 1976), 1, 4–5.

5　同上，4。

6　同上。

7　Richard Saul Wurman, *33: Understanding Change and the Change in Understanding*, 1st ed. (Norcross, GA: Greenway Communications, 2009), 20.

8　同上，21。

9　同上，20～21, 26。

10　同上，26。

11　同上，强调的部分是 Wurman 原文本来就有的。

12　同上，59。

13　同上。强调的部分是 Wurman 原文本来就有的。

14　Richard Saul Wurman and Joel Katz, "Beyond Graphics: The Architecture of Information," *AIA Journal* 64, no. 10 (1975): 45.

15　同上。

16　"An Interview with the Commissioner of Curiosity and Imagination of the City That Could Be," *AIA Journal* 65, no. 4 (1976): 63.

17　Richard Saul Wurman, *Information Architects*, ed. Peter Bradford (Zurich: Graphis Press, 1996), 16.

18　Gary Wolf, "The Wurmanizer," *Wired*, February 1, 2000, http://www.wired.com/2000/02/wurman/.

19　Richard Saul Wurman, *Information Anxiety*, 1st ed. (New York: Doubleday, 1989), 27.

○　现在的网址是 https://www.architecture.yale.edu/academics/programs/1-m-arch-i。——译者注

20　My, " Lifeboat #5: Richard Saul Wurman," *Journal of Information Architecture* 3, no. 2 (Fall 2011): 9, http://journalofia. org/volume3/issue2/02-my/。Originally published as My, *What Do We Use for Lifeboats When the Ship Goes Down?* (New York: Harper & Row, 1976). Dan Klyn 向 Richard Saul Wurman 确认写那篇采访文章的 My 是 Morton Yanow。Dan Klyn, personal communication with Molly Wright Steenson, July 20, 2016。

21　Richard Saul Wurman, Skype interview with Molly Wright Steenson, November 3, 2014.

22　Dan Klyn, " Make Things Be Good: Five Essential Lessons from the Life and Work of Richard Saul Wurman, UX Week 2013," http://2014.uxweek.com/videos/ux-week-2013-dan-klyn-make-things-be-good-five-essential-lessons-from-the-life-and-work-of-richard-saul-wurman.

23　Wurman, *Information Architects*, 15.

24　同上，18。

25　Maria Giudice 是 Access Press 的设计师，也是 Understanding Business 的艺术总监，Understanding Business 是 Richard Saul Wurman 的工作室。1997 年之前，她是 YO 的合伙人，后来成立了 Hot Studio，该工作室于 2003 年出售给 Facebook。Maria Giudice, LinkedIn, https://www.linkedin.com/in/mariagiudice。

26　Wurman, *Information Architects*, 81.

27　Richard Saul Wurman, *Cities—Comparisons of Form and Scale: Models of 50 Significant Towns and Cities to the Scale of 1:43,200 or 1"=3,600'* (Philadelphia: Joshua Press, 1974), 60。引文的强调部分是 Wurman 原书本来就有的。

28　Richard Saul Wurman 要求学生按照一定的步骤来完成作业，Dan Klyn 描述了这个过程，参见" A Comparison in Pursuit of ' The Masterworks of Information Architecture,'" *ASIS&T Journal*, June/July 2016, https://www.asist.org/publications/bulletin/junejuly-2016/a-comparison-in-pursuit-of-the-masterworks-of-information-architecture。

29　Wurman, *Cities—Comparisons of Form and Scale*, 60.

30　同上，62。

31　Richard Saul Wurman and Scott W. Killinger, " Visual Information Systems," *Architecture Canada* 44, no. 3 (March 1967): 37.

32　Joseph R. Passonneau and Richard Saul Wurman, *Urban Atlas: 20 American Cities, a Communication Study Notating Selected Urban Data at a Scale of 1:48,000.* (St. Louis, MO: Western Print and Lithographing, 1966), 2.

33　同上。

34　同上。强调部分是 Wurman 原书所加。

35　同上，1。强调部分是 Wurman 原书所加。

36　Louis I. Kahn et al., *The Notebooks and Drawings of Louis I. Kahn* (Philadelphia: Falcon Press, 1962), 2.

37　同上。

38　Richard Saul Wurman, "Making the City Observable," *Design Quarterly*, no. 80 (1971): 91.

39　同上，6。

40　同上，76。

41　同上。

42　"Urban Observatory Turns Spotlight on Understanding at 2013 Esri International User Conference," Esri, July 9, 2013, http://www.esri.com/esri-news/releases/13-3qtr/urban-observatory-spotlight-2013-esri-international-user-conference; and "Urban Observatory," http://www.urban.observatory.org/.

43　"Getting Your City Involved," Urban Observatory, http://www.urbanobservatory.org/pdfs/G65568_Urban-Observatory-How_to_get_involved_Flier_9-14-2.pdf.

44　Wurman, "Making the City Observable," 90.

45　Nadia Amoroso, *The Exposed City: Mapping the Urban Invisibles* (London: Routledge, 2010), 66 cf. 44.

46　Wurman, *Information Anxiety*, 47.

47　Richard Saul Wurman, *Hats* (Cambridge, MA: MIT Press for the Walker Art Center, Minneapolis, 1989), 14, 16.

48　Ithiel de Sola Pool, *Technologies of Freedom* (Cambridge, MA: Belknap Press of Harvard University Press, 1983), 231.

49　同上，2。比方说，电子版的文章能否与印刷出版的文章一样受美国宪法第一修正案保护？ de Sola Pool 指出，这个问题在 1980 年依然处于争论中，美国联邦通信委员会（FCC）的主席最近认为情况并非如此，参议院提出一项议案，将第一修正案的保护范围明确扩展到电子媒体，他们认为，如果不这样做，那么这些媒体就无法受到该修正案保护。

50　Wurman, "Making the City Observable," 88.

51　Wurman 说，尽管 Italo Calvino（伊塔罗·卡尔维诺，1923-1985）的那本书也叫 *Invisible Cities*（《看不见的城市》），但这只是巧合。Wurman 说，"这个名字其实是我先想出来的！" 参见 Richard Saul Wurman, Skype interview with Molly Wright Steenson, November 3, 2014. Perry Berkeley and Richard Saul Wurman, "The Invisible City," *Architectural Forum* 136, no. 5 (May 1972): 41。

52　*The Invisible City*, International Design Conference in Aspen, Colorado (IDCA: 1971). International Design Conference at Aspen records, IDCA_0002_0018_001, University of Illinois at Chicago Library, Special Collections.

53　同上，64。

54　"Program, IDCA1972, The Invisible City," undated, International Design Conference in Aspen, 1950–1988, Box 22, Reyner Banham Papers, 910009, Box 22, Folder 3, p. 3, Getty Special Collections, Los Angeles, CA.

55　Wurman 在海报中用到了 processes 这个说法（参见图 3.7），在 Berkeley and Wurman, "The Invisible City," 42 提到了 performance。

56　同上，41。

57　同上，42。

58　Wurman, *Information Anxiety*, 34。强调部分是 Wurman 原书所加。

59　同上，27。

60　同上，38。

61　Richard Saul Wurman, *Information Anxiety 2* (Indianapolis: Que, 2001), 1.

62　同上，10～11。

63　Dan Klyn, personal communication with Molly Wright Steenson, July 16, 2016.

64　Mickey Schulhof and TED Blog Video, "Sony Demos the CD at TED," YouTube video, 2:21, October 1, 2012, https://www. youtube.com/watch?v=WABAlJHPdnw.

65　Wolf, "The Wurmanizer."

66　"Our Organization," TED.com, http://www.ted.com/about/our-organization.

67　"TED Translators," TED.com, https://www.ted.com/about/programs-initiatives/ted-translators.

68　"TED Fellows Program," TED.com, http://www.ted.com/about/programs-initiatives/ted-fellows-program.

69　Cassidy R. Sugimoto et al., "Scientists Popularizing Science: Characteristics and Impact of TED Talk Presenters," *PLOS One* 8, no. 4 (April 30, 2013): e62403, doi:10.1371/journal.pone.0062403.

70　Benjamin Bratton, "We Need to Talk about TED," *The Guardian*, December 30, 2013, https://www. theguardian.com/commentisfree/2013/dec/30/we-need-to-talk-about-ted.

71　Wolf, "The Wurmanizer."

72　Koolhaas 的 OMA（Office of Metropolitan Architecture，大都会建筑事务所）美国区主管 Joshua Prince-Ramus 于 2006 年做过 TED 演讲，当时他向观众介绍了 Seattle Public Library（西雅图公立图书馆）。

73　Neri Oxman, "Design at the Intersection of Technology and Biology," TED.com, March 2015, https://www.ted.com/talks/neri_oxman_design_at_the_intersection_of_technology_and_biology.

74　Diana Budds, "Rem Koolhaas: 'Architecture Has a Serious Problem Today,'" *Fast Company Co.Design*, May 22, 2016, http://www.fastcodesign.com/3060135/innovation-by-design/rem-koolhaas-architecture-has-a-serious-problem-today.

75　Robin Evans, *Translations from Drawing to Building and Other Essays* (London: Architectural Association, 1997), 154.

76　Budds, "Rem Koolhaas."

77　Wurman, *Cities—Comparisons of Form and Scale*, 80.

第 4 章

1　Dan Klyn, "Explaining Information Architecture," *The Understanding Group*, July 20, 2016, http://understandinggroup.com/information-architecture/explaining-information- (architecture/.

2　Alex Wright, Skype interview by Molly Wright Steenson, May 24, 2016.

3　Douglas K. Smith and Robert C. Alexander, *Fumbling the Future: How Xerox Invented, Then Ignored, the First Personal Computer* (New York: W. Morrow, 1998), 50; C. Peter McColough, "Searching for an Architecture of Information," presented at the New York Society of Security Analysts, New York,

March 3, 1970。我首次注意到 McColough 使用 architecture of information（信息架构）这个说法是 在 Louis Murray Weitzman, "The Architecture of Information: Interpretation and Presentation of Information in Dynamic Environments" (PhD diss., MIT, 1995), 12。

4 Smith and Alexander, *Fumbling the Future*, 50.

5 同上。

6 John Harwood, *The Interface: IBM and the Transformation of Corporate Design*, 1945—1976 (Minneapolis: University of Minnesota Press, 2011), 5.

7 同上，4。

8 Scott Kelly, "Curator of Corporate Character . . . Eliot Noyes and Associates," *Industrial Design* 13 (June 1966): 43. 强调部分是 Harwood 原文所加；Harwood, *The Interface*, 5。

9 Harwood, *The Interface*, 61.

10 *User-friendliness* 最早是在 1972 年提出来的，进入日常语言（例如用来形容一份很好读懂的报纸）是 在 20 世纪 80 年代初。"user-friendly, adj." OED Online. December 2016. Oxford University Press. http://www.oed.com/view/Entry/276172.

11 人机交互这一话题当时引起很多人注意。参加 CHI'90 会议的人有 2300 位，比上一年多了百分之三十九。Jakob Nielsen, "CHI '90 Trip Report," June 1, 1990, https://www.nngroup.com/articles/trip-report-chi-90/。

12 Jonathan Grudin, "The Computer Reaches Out: The Historical Continuity of Interface Design," in *Proceedings of the SIGCHI Conference on Human Factors in Computing Systems*, CHI '90 (New York: ACM), 261–268, esp. 263.

13 同上，264。

14 同上，263。

15 同上，267。

16 Mark Weiser, "The Computer for the 21st Century," *Scientific American* 265 (1991): 94.

17 同上，94~98。

18 Mitch Kapor letter, quoted in Terry Winograd, "What Can We Teach about Human-Computer Interaction? (Plenary Address)," in *Proceedings of the SIGCHI Conference on Human Factors in Computing Systems*, CHI '90 (New York: ACM, 1990), 445.

19 同上。

20 Winograd, "What Can We Teach about Human-Computer Interaction?" 449.

21 Andrew Cohill, "Information Architecture and the Design Process," in *Taking Software Design Seriously: Practical Techniques for Human–Computer Interaction Design*, ed. John Karat (Boston: Academic Press, 1991), 99.

22 同上。

23 同上，101。

24 Megan Sapnar Ankerson, "How Coolness Defined the World Wide Web of the 1990s," *Atlantic*, July 15, 2014, http://www.theatlantic.com/technology/archive/2014/07/how-coolness-defined-the-world-

wide-web-of-the-1990s/374443/.

25　Christina Wodtke, "Towards a New Information Architecture," February 15, 2014, https://medium. com/goodux-badux/towards-a-new-information-architecture-f38b5c c904c0.

26　同上。

27　Louis Rosenfeld, "Design—Structure and Effectiveness," *Web Review* (Archive.org), November 27, 1996, https://web.archive.org/web/19961127163741/http://webreview.com/95/08/17/design/arch/ aug17/index.html.

28　同上。

29　Louis Rosenfeld and Peter Morville, *Information Architecture for the World Wide Web*, 1st ed. (Sebastopol, CA: O'Reilly, 1998), xiv. 此外，Dan Klyn 指出了 Joe Janes 在其中的作用。Janes 目前是华盛顿大学（University of Washington）的教授。参见 Dan Klyn, personal communication with Molly Wright Steenson, July 20, 2016。另参见 Michael Beasley, "Interview with Lou Rosenfeld, Part One," http://michael-beasley.net/interview-with-lou-rosenfeld-part-one。

30　Rosenfeld and Morville, *Information Architecture*, 8.

31　同上，1。

32　同上，1～2。

33　Robert E. Horn, "Information Design: The Emergence of a New Profession," in *Information Design*, ed. Robert Jacobson (Cambridge, MA: MIT Press, 1999), 16.

34　同上，15～16。

35　同上，17。

36　Karen McGrane, email with Molly Wright Steenson, May 19, 2016.

37　Megan Sapnar Ankerson, "Writing Web Histories with an Eye on the Analog Past," *New Media & Society* 14, no. 3 (May 1, 2012): 393, doi:10.1177/1461444811414834.

38　Asilomar Institute for Information Architecture 在描述其目标时，使用了一些建筑学里的字眼，他们说，本组织致力于"推进对共享的信息环境所做的设计"，为此，他们采取的方法是给"研究、教育、倡议以及社区服务"等工作提供支持，并"在相关的学科与组织之间搭桥"。Asilomar Institute for Information Architecture Annual Report, 2002–2003," http://www.iainstitute.org/sites/ default/files/annual-reports/iai_annual_report_2003.pdf。

39　"ASIS&T Summit: Practicing Information Architecture," February 3, 2001, http://www.asis.org/ Conferences/SUMMITFINAL/welcom&warmup_files/v3_document.htm.

40　同上。

41　Christina Wodtke, "Welcome to Boxes and Arrows," March 11, 2002, http://boxesandarrows.com/ welcome-to-boxes-and-arrows.

42　Nathan Shedroff, "The Making of a Discipline: The Making of a Title," March 11, 2002, http:// boxesandarrows.com/the-making-of-a-discipline-the-making-of-a-title.

43　Google Trends, information architecture and user experience, https://trends.google.com/trends/ explore?date=all&q=information%20architecture,user%20experience.

44 GK van Patter, "IA's Unidentical Twins: An Information Architecture Transformation Story," *NextD Journal*, April 4, 2007, https://issuu.com/nextd/docs/unidentical_twins; and Dan Klyn, personal communication with Molly Wright Steenson, July 20, 2016.

45 Jesse James Garrett, "Ajax: A New Approach to Web Applications," Adaptive Path, February 18, 2005, http://adaptivepath.org/ideas/ajax-new-approach-web-applications/; and Jesse James Garrett, personal communication with Molly Wright Steenson, May 25, 2016.

46 Bill Moggridge, *Designing Interactions* (Cambridge, MA: MIT Press, 2007), 13.

47 同上。

48 "Interaction Design, Gillian Crampton Smith, Royal College of Art, London," Seminar on People, Computers, and Design, Stanford University Program in Human–Computer Interaction, September 26, 1998, http://hci.stanford.edu/courses/cs547/abstracts/98-99/980925-crampton-smith.html.

49 Malcolm McCullough, *Digital Ground: Architecture, Pervasive Computing, and Environmental Knowing* (Cambridge, MA: MIT Press, 2004), xiv.

50 Jesse James Garrett, "IA Summit 09—Plenary," *Boxes and Arrows*, April 5, 2009, http://boxesandarrows.com/ia-summit-09-plenary/.

51 同上。

52 同上。

53 Jesse James Garrett, "The Seven Sisters," May 11, 2016, https://medium.com/@jjg/the-seven-sisters-9c2a7c49c0d0.

54 Paul DeVay, "What Is Digital Product Design?" June 2, 2015, https://medium.com/@nodesource/what-is-digital-product-design-93caad4e4035#.tisof9snr.

55 National Center for Women in Computing Technology, https://www.ncwit.org.

56 Patrick Quattlebaum, "A Conversation with Dan Klyn: Richard Saul Wurman & IA for UXers," Adaptive Path, http://adaptivepath.org/ideas/a-conversation-with-dan-klyn-richard-saul-wurman-and-ia-for-uxers/.

第 5 章

1 Cedric Price, *Technology Is the Answer, but What Was the Question?* (London: Pidgeon Audio Visual, 1979).

2 同上。

3 同上。

4 同上。

5 Will Alsop, "Flight of Fancy," *The Guardian*, June 17, 2005, https://www.theguardian.com/artanddesign/2005/jun/18/architecture.

6 Royston Landau, "A Philosophy of Enabling," in *The Square Book*, ed. Cedric Price (London: Architectural Association, 1984), 11.

7 这段小传引用的细节基本上来自 Stanley Mathews 的书。参见 Stanley Mathews, *From Agit-Prop to*

Free Space: The Architecture of Cedric Price (London: Black Dog, 2007)。19。Mathews 第一个撰写了与 Cedric Price 有关的论文，在写论文时，他不仅对档案资料做了研究，而且还采访了 Price 以及与之相熟的人（Price 在 2003 年去世）。Mathews 的论文与书是我研究 Price 的重要资料，尤其是 2005 年刚开始研究 Price 的时候。

8　同上。

9　James Meller, interview with Stanley Mathews, January 28, 1999, in Matthews, *From Agit-Prop to Free Space*, 34.

10　The Cedric Price Memory Bank project，该项目的网址是 http://cedricprice.com，其中展示了与 Price 有关的各种人物、地点及想法。

11　Alisha Jackson, "The Beatles' 'Eleanor Rigby' Was Almost Called 'Daisy Hawkins,'" *WZLX CBS Local*, April 28, 2015, http://wzlx.cbslocal.com/2015/04/28/the-beatles-eleanor-rigby-was-almost-called-daisy-hawkins/.

12　Cedric Price and Christopher Alexander, meeting notes, April 28, 1966. Fun Palace document folio DR1995:0188:526, Cedric Price Archive, cited in Stanley Mathews, "An Architecture for the New Britain: The Social Vision of Cedric Price's Fun Palace and Potteries Thinkbelt" (PhD diss., Columbia University, 2003), 343.

13　Richard Saul Wurman, personal communication with Molly Wright Steenson, November 25, 2016.

14　Nicholas Negroponte, personal communication with Molly Wright Steenson, September 30, 2013.

15　Stanley Mathews 写道："后来，由于参与这个项目的人实在是太多了，因此你根本无法分清它到底是由谁设计的。这些参与者为该项目所做的贡献与这个项目本身一样，是浑然一体的。"Mathews, *From Agit-Prop to Free Space*, 76。

16　Mark Wigley and Howard Shubert, "Il Fun Palace di Cedric Price=Cedric Price's Fun Palace," *Domus*, no. 866 (2004): 19; and Stanley Mathews, "Cedric Price as Anti-Architect," in *Architecture and Authorship*, ed. Tim Anstey, Katja Grillner, and Rolf Gullstrèom-Hughes (London: Black Dog, 2007), 142.

17　Wiglcy and Shubert, "Il Fun Palace di Cedric Price," 19.

18　Mathews, *From Agit-Prop to Free Space*, 78.

19　Reyner Banham, "People's Palaces," *New Statesman*, August 7, 1964, in Cedric Price, *The Square Book* (London: Architectural Association, 1984), 59.

20　Gordon Pask, "Proposals for a Cybernetic Theatre," in Mathews, *From Agit-Prop to Free Space*, appendix B, 274.

21　同上。

22　同上。

23　Gordon Pask Diagram of the cybernetic control system of Fun Palace, from a document related to a meeting of the Cybernetics Subcommittee, January 27, 1965, Cedric Price Archive, Montréal. In Mathews, "An Architecture for the New Britain," 120.

24　Fun Palace Cybernetics Report, 1964, Cedric Price Archives. Cited in Mathews, *From Agit-Prop to*

Free Space, 119.

25 Vindu Goel, "Facebook Tinkers with Users' Emotions in News Feed Experiment, Stirring Outcry," *New York Times*, June 29, 2014, http://www.nytimes.com/2014/06/30/technology/facebook-tinkers-with-users-emotions-in-news-feed-experiment-stirring-outcry.html.

26 Mathews, "An Architecture for the New Britain," 169.

27 Mary Louise Lobsigner, "Programming Program: Cedric Price's Inter-Action Center," *werk, bauen+wohnen* 94, no. 12 (2007): 38–45.

28 我是从 2010 年 7 月与 Howard Shubert 的闲谈中得知的。英国的建筑师必须针对他们的工作投 professional indemnity insurance 及 run-off insurance 保险。"Professional Indemnity Insurance," Architects Registration Board, accessed October 7, 2012, http://www.arb.org.uk/architect-information/professional-indemnity-insurance/.

29 Paul Finch, "Breakfast with Cedric," *Volume* (42), January 13, 2015, http://volumeproject.org/breakfast-with-cedric/.

30 Barbara Jakobson, interview with Molly Wright Steenson, New York, November 29, 2006.

31 Cedric Price, "Cedric Price Talks at the AA," *AA Files* 19 (1990): 32.

32 同上。

33 James P. Carse, *Finite and Infinite Games* (New York: Free Press, 1986), 3.

34 同上，6～7。

35 Wigley and Shubert, "Il Fun Palace di Cedric Price," 22.

36 同上。

37 OCH 的可行性报告代表了多位建筑师与媒体专家的研究成果，这些人是由 Price 组织起来的。其中，Keith Harrison 主持该事务，他在 Peter Eley 的协助下绘制了大量的网络图，用以描绘信息与收发信息的接口所具备的结构。Raymond Spottiswoode 是英国的制作人与导演，他发明了一种三维电影技术，并在英国持有该技术的专利，在这项研究中负责开发屏幕与图形方面的服务技术。Sol Cornberg 是一位很早就在电视节目演播室工作过的设计师与发明家，他负责设计 carrel。他认为电子大脑会取代大学，让人们可以通过这种机制从家中、汽车上或是办公室里获取信息，并发明了许多观测装置（其中包括保龄球观测仪）。参见 Geoffrey Hellman, "Educational Alcove," *New Yorker*, September 7, 1963, 29; and Sol Cornberg, "Creativity and Instructional Technology," Architectural Design 38, no. 5 (1968), 214–217。

38 "Extent of Ex-Site Static Communication Possible," undated, Box 3, OCH Feasibility Study Folio, DR1995:0224:324:003, Cedric Price Archives, Montréal: Canadian Centre for Architecture (hereafter, CPA).

39 "An Electronic History of J. Lyons & Co. and Some of Its 700 Subsidiaries," http://www.kzwp.com/lyons/index.htm.

40 "Where Have All the Nippies Gone?," undated article clipping, Box 1, OCH Feasibility Study Folio, DR1995:0224:324:001, CPA.

41 在 1961 年写的一份备忘录里，J. Lyons & Co. 已经提到 OCH 的访问量有所减少，但是这个地区的打工者却在增加，这比 Price 的计划还早了 5 年。备忘录说："这个地段以后肯定会繁荣起来，如果我们打算从中受益，那么必须首先搞清楚已经住在这里的人具有怎样的饮食习惯，我们需要提供比竞争对手更好或更便宜的餐饮服务。""Memo: Developments in the Oxford Corner House Area," July 14, 1961, Box 1, OCH Feasibility Study Folio, DR1995:0224:324:001, CPA。

　　Price 在 OCH 可行性研究的资料库里还收录了一篇由 Reyner Banham 所写的文章，那篇文章讨论的是 Centre Point 大楼。参见 Reyner Banham, "An Added Modern Pleasantness," *New Society*, April 28, 1966, 19–20, Box 1, OCH Feasibility Study Folio, DR1995:0224:324:001, CPA. 另参见 Stephen Bayley, "At Last, Things Are Looking Up at the End of Oxford Street," *The Guardian*, September 30, 2006, http://www.guardian.co.uk/artanddesign/2006/oct/01/architecture。

42　Patrick Salmon 发给 Geoffrey Salmon 的备忘录 (cc: Anthony and Michael Salmon, "Regarding 'Fun Palace' or 'A Trap for Leisure,'" September 20, 1965, Box 2, OCH Feasibility Study Folio, DR1995:0224:324:002, CPA。

43　J. Lyons 公司在激发创想的时候，提出了许多种面向大众的生意，例如园艺、射击、美国流行的一些活动、厨艺、豪华酒店、Playboy 夜店，等等，还有一种更具想象力的方案是把它建成带有计算机模拟设备的体育中心，让人体验滑翔的感觉。"Brainstorming re: OCH"memo to Patrick Salmon from Mr. Riem, August 25, 1965, Box 1, OCH Feasibility Study Folio, DR1995:0224:324:001, CPA。

44　"Memo, OCH Feasibility Study," September 23, 1965, Box 1, OCH Feasibility Study Folio, DR1995:0224:324:001.

45　"OCH Feasibility Study Report, 'Carrels,'" Section 6, Box 3, OCH Feasibility Study Folio, DR1995:0224:324:003, CPA.

46　Cedric Price, "Self-Pace Public Skill and Information Hive," *Architectural Design* 38, no. 5 (1968): 237.

47　Mathews, *From Agit-Prop to Free Space*, 203.

48　Cedric Price, "Potteries Thinkbelt," *New Society*, no. 192 (June 1966): 15.

49　同上，17。

50　Mathews, *From Agit-Prop to Free Space*, 231.

51　同上，238。

52　Cedric Price, OCH handwritten notes, "Internal Communication & Exchange potential—Static Communications," undated, Box 2, OCH Feasibility Study Folio, DR1995:0224:324:002, CPA.

53　"Memo, OCH Feasibility Study," September 23, 1965, Box 1, OCH Feasibility Study Folio, DR1995:0224:324:001, CPA.

54　同上。Price 等人刚研究这个项目时，就已经开始考虑应该如何利用伦敦城已有的基础设施，因为这些交通线路正好经过 OCH 所在的地点。比方说，在做 User Watershed 研究的时候，他们分析了进入伦敦市中心的各种方式：有人是走路过来的，有人是开私家车过来的，还有一些人则是搭乘大众交通工具过来的。他们研究这些，是为了搞清楚"潜在用户的意图、喜好以及他们有多少空余时间可以支配"。在研究过程中，他们给伦敦所有的自治市及周边区域都绘制了地图，并进行了统计，其中包括为了工作及休闲而经过伦敦时所依循的路线，这些数据从当年一直估算到了 1981 年。参见 Cedric Price, notes on User Watershed, undated, Box 2, OCH Feasibility Study Folio, DR1995:0224:324:002, CPA。从 1966 年 7 月起，Price 注意到，有一篇名叫"London'81: Booming! Bulging!"的文章强调了 OCH 项目可能会关注的一些问题，在文中谈论通勤的段落旁，他写下了 day-time importance（白天的重要性）这几个字。Price 又在空白处添了这样一句话：Check cross river access routes（注意跨河的路）。文章里有一些段落提到坐公交车的人变少了，而开私家车的人变多了，那些段落尤其关注 London Central 公交公司所开设的穿越城镇的线路，并认为开私家车去购物与参加社交活动的人会是现在的两倍。Price 给这些段落添加了下划线，并打了问号。参见 Judy Hillman, "London' 81: Booming! Bulging!," *Evening Standard*, July 12, 1965, 12, Box 1, OCH Feasibility Study Folio, DR1995:0224:324:001, CPA。

55　"Preliminary Draft of Distribution of Services (Crib Sheet)," May 6, 1966, Box 1, OCH Feasibility Study Folio, DR1995:0224:324:001, CPA.

56　Originally outlined in a memo between Keith Harrison for Price and Sol Cornberg, December 8, 1965, Box 1, OCH Feasibility Study Folio, DR1995:0224:324:001, CPA.

57　用彩色铅笔绘制的图样，未标注日期，drawings folio, OCH Feasibility Study Folio, 67/32, DR1995: 0224:324:041–056, CPA。

58　OCH 既可以接收静态的图像，也可以接收动态的图像，例如电视节目或电影等。比方说，新闻机构可以通过连有电话线的传真机把这些图像发过去，OCH 通信部门的员工会"对收到的所有图片进行控制，并从中挑选一些，把它们放在与 Eidophor 相连的光导摄像管摄像机下面，从而让这些图片能够投放到大屏幕上给公众观看"。OCH 总共有三块巨型屏幕，它们就像电影院播放电影所用的屏幕一样大。每块屏幕耗资 20 000 英镑，三块就是 60 000 英镑，另外还要花 16 000 英镑装配三个投影仪。"OCH Feasibility Study Report," Sections 3–5, Box 3, OCH Feasibility Study Folio, DR1995:0224:324:003, CPA。

59　Keith Harrison, Memo: "Office: ref IBM meeting," June 21, 1966, Box 2, OCH Feasibility Study Folio, DR1995:0224: 324:002, CPA.

60　Cornberg, "Creativity and Instructional Technology," 214.

61　"OCH Feasibility Study Report, ' Carrels, ' " Section 6, Box 3, OCH Feasibility Study Folio, DR1995:0224:324:003, CPA.

62　Keith Harrison and Cedric Price, Memo to Sol Cornberg, December 8, 1965, Box 1, OCH Feasibility Study Folio, DR1995:0224:324:001; and "Communications Report," Section 2, undated, Box 3, OCH Feasibility Study Folio, DR1995:0224:324:001, CPA.

63　LEO 的故事要从 1947 年讲起，当时，J. Lyons 公司派了两位管理人员去美国考察 ENIAC（埃尼阿克），也就是世界上第一台通用计算机，其后，公司决定向英国剑桥大学的 EDSAC 计算机投资两万英镑。这个项目取得了成功，于是，公司开始以此为基础制作 LEO 计算机。LEO 项目由 John Pinkerton 及 David Caminer 领导，其团队有 21 个人。当时的伊丽莎白公主在 1951 年看到过 LEO 早期的计算情况，LEO 在 1953 年交由独立的公司运作，并给 Ford Motor 与 Ministry of

Pensions 等客户提供计算服务，那家公司在 1963 年与收购了 Lyons 公司的 English Electric Ltd. 合并，后来，又成为 International Computers and Tabulators 的一部分。 *Times* (London), January 22, 1998; and S. H. Lavington, *Early British Computers*: *The Story of Vintage Computers and the People Who Built Them* (Bedford, MA: Digital Press, 1980), 72。

64　Letter from Price to K. T. Woodward, IBM, May 6, 1966, Box 1, OCH Feasibility Studio Folio, DR1995:0224:324:001, CPA.

65　该系统由一个处理器、一个磁盘存储单元、一套备份机制、两台打印机以及 16 个展示信息所用的 4 英寸 ×9 英寸阴极射线管（Cathode Ray Tube，CRT）显示器构成。

66　OCH Feasibility Study Report, " Communications," Section 3, Box 3, OCH Feasibility Study Folio, DR1995:0224:324:003, CPA.

67　他还说，一卷胶片长度为 14 英寸的录像带可以保存 350 000 张图像，并且能够同时为 50 至 100 个人提供服务。在给 OCH 做可行性研究时，此类产品在世界上仅有一种，然而 Spottiswoode 似乎认为这并不是个大问题，因为其他人也在研发相似的产品（例如 Ampex 公司就在 1969 年公布了这样的一款产品）。OCH Feasibility Study Report, " Communications," Section 3, Box 3, OCH Feasibility Study Folio, DR1995:0224:324:003, CPA。

68　Raymond Spottiswoode, letter to Cedric Price, July 21, 1966, Box 1, OCH Feasibility Study Folio, DR1995:0224:324:001, CPA. Finalized in " Storing and Retrieving Still Pictures," OCH Feasibility Study Report, " Communications," Section 3, Box 3, OCH Feasibility Study Folio, DR1995:0224:324:003, CPA.

69　Nigel Calder, "Computer Libraries," *New Statesman* 72 (1966). In OCH Feasibility Study Folio, Text Box 2, DR1995:0224:343:002, CPA。此处的 "共生"（Symbiosis）可能是指 J. C. R. Licklider 在 " Man-Computer Symbiosis" 一文中所谈到的那个意思，参见 *IRE Transactions on Human Factors in Electronics* HFE-1 (1960): 4–11。

70　Nigel Calder, " Computer Libraries," *New Statesman,* October 7, 1966. In OCH Feasibility Study Folio, Text Box 2, DR1995:0224:343:002, CPA.

71　Nigel Calder, "Computer Libraries," *New Statesman* 72 (1996).

72　" World File for Computers," *Times* (London), August 26, 1966. In OCH Feasibility Study Folio, Text Box 2, DR1995:0224:343:002, CPA。National Computing Centre 的第一台计算机应该是一台 LEO，也就是 LEO KDF 9。因为 LEO 公司已经让 English Electric 收购了，后来又并入 Marconi，因此，那台计算机应该是一台 English Electric Leo Marconi KDF 9。

73　Price 团队在 1967 至 1968 年间启动了 Information Storage 项目，以便为公司研发电子信息解决方案。这个项目由该团队自己出资，想要研究本团队的信息分类工作应该借助什么样的存储机制与计算机来完成，此外，它还考虑到，能不能把这种信息系统提供给更为广泛的客户使用。该项目值得关注的地方在于它能够反映出 Price 怎样把自己手边的工作放在更大的环境中考虑。这个项目几乎想把世界上的每一种信息都分别划归到某个类别中。Dick Bowdler 是 Price 请来的兼职员工，他本人还运营着自己的通信技术咨询公司。Bowdler 借鉴 Oxford Corner House 与 British Midlands Institute Headquarters 的信息解决方案，为 Information Storage 项目提出了建议。Price

团队一开始打算让这种电子信息系统执行这样几项任务："获取信息""求解方程""分析关键路径"，如果有可能的话，还会"做计算机辅助设计"。后来，Price 决定只关注第一项功能，也就是获取信息，因为如果要用一台机器把三项功能全都实现出来，那么需要极高的费用。Price 团队设想的这套系统要花费 20 000 至 50 000 英镑打造，而且要安排一个计算机方面的机构予以管理，网络连接方面的开销是每分钟 6 英镑。参见 Memo from Dick Bowdler, January 30, 1968, Box 1, Information Storage, DR1995:0232:001, CPA; and Box 1, Information Storage, DR1995:0232:001, CPA。

74　John G. Laski, "Towards an Information Utility," *New Scientist*, September 29, 1966:726. In OCH Feasibility Study Folio, Text Box 2, DR1995:0224:343:002, CPA.

75　同上，727。

76　同上，726。

77　N. Katherine Hayles, *My Mother Was a Computer: Digital Subjects and Literary Texts* (Chicago: University of Chicago Press, 2005), 93.

78　Friedrich A. Kittler, *Optical Media: Berlin Lectures* 1999 (Cambridge, UK: Polity, 2010), 26.

79　Hayles, *My Mother Was a Computer*, 93.

80　"Mecca Takeover Corner House," *Evening Standard,* January 12, 1967, Box 1, OCH Feasibility Study Folio, DR1995:0224:324:001, CPA.

81　"From the design brief, letter to Raymond Spottiswoode," June 16, 1966, Box 1, OCH Feasibility Study Folio, DR1995:0224:324:001, CPA.

82　"Obituary of J. M. M. Pinkerton," *Times* (London), January 22, 1998.

83　John Frazer, Letter to Cedric Price, January 11, 1979. Generator document folio DR1995:0280:65 5/5, CPA.

84　John Frazer 对这一点极感兴趣，而 Price 在他所写的注解中则有所反复。John Frazer, letter to Cedric Price, January 11, 1979. Generator document folio DR1995:0280:65, 5/5, CPA。

85　Royston Landau, "An Architecture of Enabling—The Work of Cedric Price," *AA Files* 8 (Spring 1985): 7.

86　同上，亦参见前引资料第 4 页。

87　同上。

88　Paola Antonelli, "Interview with Pierre Apraxine," in *The Changing of the Avant-Garde: Visionary Architectural Drawings from the Howard Gilman Collection*, ed. Terence Riley (New York: Museum of Modern Art, 2002), 150.

89　Price, "Activity Charting Directions," November 28, 1977, Generator document folio, DR1995:0280:108–133, CPA.

90　Price, "Activities Chart," undated, Generator document folio, DR1995:0280:415–436, CPA.

91　Cedric Price et al., *Re-CP* (Basel: Birkh?user, 2003), 58.

92　Essays on Paths, volume 1. Generator document folio DR1995:0280:459–480, CPA.

93　同上。

94 Gilman 提供的艺术赞助可能是他最伟大的遗产，其中包括很受世人重视的 Howard Gilman Photography Collection，这些藏品目前在大都会艺术博物馆以及位于现代艺术博物馆的 Howard Gilman Visionary Architectural Drawing Collection。这两套藏品的展览工作都由 Pierre Apraxine 管理。Gilman 还给投奔西方的舞蹈家 Rudolf Nureyev（鲁道夫·纽瑞耶夫，1938—1993）与 Mikhail Baryshnikov（1948 年生）提供支持。White Oak Plantation 所在的地方后来成为 White Oak Dance Project 的场地，这个 Project 是 Baryshnikov 与 Mark Morris（马克·莫里斯，1956 年生）在 1990 年设立的。

95 Barbara Jakobson, interview with Molly Wright Steenson, New York, November 29, 2006。Art Net 是由建筑电讯派的建筑师 Peter Cook（1936 年生）所管理的艺术馆。

96 "Architectural Studies and Projects," Museum of Modern Art press release, March 13, 1975。Jakobson 于 1970 年在 MoMA 担任 Junior Council 的主管。1975 年，她构思了一种展览，想让建筑师把自己绘制的图纸拿来展出并售卖。那次展览展出了多位建筑师的作品，其中包括 John Hejduk（1929—2000）、Peter Eisenman、Ettore Sottsass（1917—2007）、Superstudio 公司的诸位建筑师、Raimund Abraham（1933—2010）以及 Price。展览期间卖掉了许多作品，其售价位于 200 至 2000 美元之间，在那个日子过得比较紧的年代，这些钱可以说是建筑师的一笔外快。

97 Barbara Jakobson, interview with Molly Wright Steenson.

98 Cedric Price, "Further Respectably Zany Definitions," Memo to Gilman Paper Company, September 5, 1977. Generator document folio DR1995:0280:65, 1/5, CPA.

99 Barbara Jakobson, "Polariser Notes from February 1978," to Cedric Price, February 24, 1978. Generator document folio DR1995:0280:65, 1/5, CPA.

100 Cedric Price, "Polariser* Potential (Draft)," to Barbara Jakobson, August 4, 1977. Generator document folio DR1995:0280:65, 1/5, CPA.

101 John Frazer 于 1963 至 1969 年间在 AA 学习，后来，他又于 1989 年回到 AA 指导 Diploma Unit 11 项目，这是一种与计算机相关的建筑模块，Julia Frazer 那时是计算机部门的主管，目前仍担任该职。20 世纪 70 年代末至 80 年代初，Frazer 夫妇在阿尔斯特科技学院的艺术与设计中心任职，Julia 是助教，John 是设计研究部门的主管。

102 Cedric Price, "Letter to John Frazer," December 20, 1978, Box 4, Generator document folio, DR1995:0280:65, 4/5, CPA.

103 Price, "Notes for File," July 8, 1977, Box 1, Generator document folio, DR1995:0280:65, 1/5, CPA.

104 John Frazer, "Letter to Cedric Price," January 11, 1979, Box 5, Generator document folio, DR1995:0280:65 5/5, CPA.

105 Cedric Price, "Description of Computer Programs," undated, Box 1, Generator document folio, DR1995:0280:65, 1/5, CPA.

106 同上。

107 同上。

108 同上。

109 同上。

110 Gordon Pask, "A Comment, a Case History and a Plan," in *Cybernetics, Art, and Ideas*, ed. Jasia Reichardt (Greenwich, CT: New York Graphic Society, 1971), 77.

111 同上。

112 Price, "Description of Computer Programs," undated, Box 1, Generator document folio, DR1995:0280:65, 1/5, CPA.

113 Nigel Calder 在他写的"Computer Libraries"一文中提到了这个理念，而 Price 又从该文中找到了 OCH 项目的设计灵感（第 6 章还会讲到，Nicholas Negroponte 也得益于该文）。

114 Pask 在 1969 年的"The Architectural Relevance of Cybernetics"一文中吸收了 Fun Palace 项目运用控制论所做的规划（而且参考了 Potteries Thinkbelt 项目）。Price 设计 Generator 以及 Frazer 夫妇为 Generator 设计计算机程序的时候，都参考了那篇文章的一些理念。Pask 与 Price 后来在 20 世纪 90 年代中期的 Magnet 项目中又合作过一次。此外，他还与 Negroponte 及 Architecture Machine Group 密切合作。Gordon Pask, "The Architectural Relevance of Cybernetics," *Architectural Design* 39, no. 7 (1969).

115 同上，496。

116 同上。

117 John Frazer, Letter to Cedric Price, January 11, 1979. Generator document folio DR1995:0280:65 5/5, CPA。强调部分是 Frazer 原文所加。

118 DJ Pangburn, "Industrial Robot Reprogrammed to Get Bored and Curious Like a Living Thing," *Creators Project*, January 5, 2017, http://thecreatorsproject.vice.com/blog/industrial-robot-reprogrammed-to-get-bored.

119 Cedric Price, *The Square Book* (London: Architectural Association, 1984), 19.

120 Royston Landau, "An Architecture of Enabling," 7。强调部分是 Landau 原文所加。

121 同上，3。

122 Cedric Price, "An History of Wrong Footing—The Immediate Past," undated. Generator document folio DR1995:0280:65, 1/5, CPA.

123 同上。

124 从 Price 与 Gilman 的私人通信中可以大致看出这些情况。See Boxes 4 and 5, Generator document folio, DR1995:0280:65, 4/5–5/5, CPA。

125 Price 与 Frazer 夫妇在 1989 年的信件中交流了一些想法，其中，John Frazer 提出了一些创新的建议，以求给新的 Generator 项目筹集资金。See Autographics letters between Price and Frazer, Generator document folio DR1995:0280:65, 5/5, CPA。

126 Price, "Cedric Price Talks at the AA," 33.

127 N. Katherine Hayles, *How We Became Posthuman* (Chicago: University of Chicago Press, 1999), 13–14.

128 同上，19。

129 Royston Landau, "A Philosophy of Enabling," 11.

130 Vitruvius Pollio, *Vitruvius: Ten Books on Architecture*, 1st pbk. ed. (Cambridge: Cambridge

University Press, 2001), 17.

第 6 章

1　Nicholas Negroponte, "The Architecture Machine," *Computer Aided Design* 7 (1975): 190.

2　Nicholas Negroponte, *The Architecture Machine* (Cambridge, MA: MIT Press, 1970), dedication and "Preface to a Preface."

3　Nicholas Negroponte, *Soft Architecture Machines* (Cambridge, MA: MIT Press, 1975), 5.

4　Negroponte, *The Architecture Machine*, "Preface。"他写道："我应该考虑这样一种在某类机器协助之下所发生的演化。Warren McCulloch……把这种机器叫作 ethical robot（伦理道德机器人），而在建筑学的语境中，我应该将其称为 architecture machine（建筑机器）。"

5　同上，1。

6　尤其是 J. C. R. Licklider、Warren McCulloch（控制论学家、神经生理学家）与 Warren Brodey（物理学家、控制论学家），他们对 Negroponte 的影响相当明显。Negroponte 借鉴了 McCulloch 的写作风格，而 *Soft Architecture Machines* 这本书的书名则参考了 Brodey 在 1967 年写的一篇文章所用的标题。参见"Soft Architecture: The Design of Intelligent Environments," *Landscape* 17 (1967): 8–12。

7　Nicholas Negroponte, interview by Molly Wright Steenson, Princeton, NJ, December 4, 2010.

8　Fred Turner, *From Counterculture to Cyberculture: Stewart Brand, the Whole Earth Network, and the Rise of Digital Utopianism* (Chicago: University of Chicago Press, 2006), 180.

9　Nicholas Negroponte, interview by Molly Wright Steenson, Princeton, NJ, December 4, 2010.

10　Nicholas Negroponte, interview by Molly Wright Steenson, Cambridge, MA, June 28, 2010.

11　Negroponte 目前依然是媒体艺术与科学教授（休假中），同时还是 MIT Media Lab 的创始人与名誉主席。

12　Urban Systems Lab（USL）也是在 1968 年成立的。Felicity Scott 的 *Outlaw Territories: Environments of Insecurity/Architectures of Counterinsurgency* 一书，尤其是第 7 章"Discourse, Seek, Interact"详细讲述了该实验室的成立情况以及本章所谈到的其他一些项目。Scott 追寻了 USL 的策略及资金来源。比方说，她在谈到 Ford Foundation 对 USL 的赞助时，就提醒读者注意，要想理解 USL 为何受到资助，就必须搞清楚哪些类型的技术研究与科学研究能够运用到城市中，此外当然还得知道这些研究的对象及目标。"Felicity Scott, *Outlaw Territories: Environments of Insecurity/Architectures of Counterinsurgency* (New York: Zone Books, 2016), 346。

13　"MIT Report to the President" (Cambridge, MA: MIT, 1968), 3.

14　同上，2。

15　同上，32。

16　同上，31～32。Anderson 似乎是借鉴了 Christopher Alexander5 年之前在 MIT 使用计算机的方式。

17　Scott, *Outlaw Territories*, 339.

18　同上。

19　Nicholas Negroponte, " The Computer Simulation of Perception during Motion in the Urban Environment" (master's thesis, MIT, 1966), 150.

20　同上, " Preface."

21　Negroponte 在论文中写了很多话来讲述设计过程, 并预言电信与 "即时通信" 将会产生的影响 (同上, 18)。针对计算机辅助设计 (CAD) 的发展, 他写道: "现在是 1970 年。计算机辅助设计系统提供了变换视角的功能, 让每一位建筑师都可以使用。此外, 它还存储了 Graphic Standards、Sweets Catalog 与 Building Codes 方面的信息给人查询。在能够考虑的工具中, CAD 是最好的。我们能用这种系统做些什么呢?" 他展望了 Kludge 以后在设计方面的应用情况, 这是 Project MAC 的一种电视设备, 带有手工控制功能及电传打印机。尽管这种设备真正用来做设计是很多年以后的事情, 但他在 1970 年所做的判断可以说是正确的 (同上, 151)。

22　同上, 2。(到了 Negroponte 于 1985 年设立 MIT Media Lab 的时候, 通用汽车成了该实验室的一家赞助商。)

23　Architecture Machine Group, *Computer Aids to Participatory Architecture* (Cambridge, MA: MIT Press, 1971), 71。这个数字不包括 Department of City Planning 所做的工作, 前文提到的 Urban Systems Laboratory 就属于这个 Department。

24　MIT, " MIT Report to the President" (Cambridge, MA: MIT, 1980), 132。这里没有提到这些研究项目所获得的资金总数, 此外, 该系的其他一些研究并没有计入这个数字中。例如 1978~1981 年提议的 Dataspace 项目另外获得了为期三年的 40 万美元预算。参见 Nicholas Negroponte and Richard A. Bolt, *Data Space Proposal to the Cybernetics Technology Office, Defense Advanced Research Projects Agency* (Cambridge, MA: MIT, 1978), 1。

25　Architecture Machine Group, *Computer Aids*, 66.

26　AMG 中有各种各样的学生来参与工作, 它通过 UROP (Undergraduate Research Opportunities Program, 本科生研究机会计划) 招募了许多本科生, 这些学生与教员及研究生一起合作来推进实验室的项目。1971 年, 每学期招募 8 位学生, 以后逐年增加至每学期 15 人, 到了 1975 年, AMG 总共吸引了大约 100 名这样的爱好者。尽管研究生要比本科生更有经验, 但是 Negroponte 发现, 通过 UROP 招进来的本科生更愿意全力投入实验室的工作, 乃至每周可以工作 84 个小时。这些学生通过 UROP 提供的机会, 可以继续待在 AMG 做研究。有许多这样的本科生后来还会接着念研究生, 然后成为实验室的全职员工, 并于 1985 年转入新成立的 MIT Media Lab (其中有些人直到今天还在这里上班)。Negroponte 自己写的文章中没有提到具体的数字与人员构成情况。参见 Negroponte, " The Architecture Machine," 190; Nicholas Negroponte, interview by Molly Wright Steenson, Princeton, NJ, December 4, 2010。

27　Nicholas Negroponte, interview with Molly Wright Steenson, June 28, 2010.

28　Negroponte, *Soft Architecture Machines*, 191.

29　同上。强调部分是 Negroponte 的原文所加。

30　同上, Negroponte 把绘图桌上的制图工作与编写能够制图的程序视为两种不同的任务。对于前者来说, 学生可以选取某个视点, 并绘制出与该视点相对应的透视图, 以此来表明他对这个概念的理解程度, 这实际上相当于在特定的情境下展示出几个范例。而编写计算机程序则不是这样, 它要求学生必须把整套概念先理解清楚，然后用代码建模，并通过调试去除其中的错误，这样才能让自己写出的程序能够根据任何一个视点生成与之相应的透视图。

31　Nancy Duvergne Smith, "'Deploy or Die'—Media Lab Director's New Motto," *Slice of MIT*, July 29, 2014, https://slice.mit.edu/2014/07/29/deploy-or-die-media-lab-directors-new-motto/.

32　Negroponte and Bolt, *Data Space Proposal*, 7。强调部分是 Negroponte 的原文所加。

33　同上。

34　同上，37。

35　Stewart Brand, *The Media Lab: Inventing the Future at MIT* (New York: Viking, 1987), 15.

36　See J. C. R. Licklider, "Man-Computer Symbiosis," *IRE Transactions on Human Factors in Electronics HFE-1*(1960).

37　Architecture Machine Group, *Computer Aids*, "Preface."

38　同上。

39　Boston Architectural Center, *Architecture and the Computer* (Boston: Boston Architectural Center, 1964), 65。Daniel Cardoso Llach 写了一本书，叫作 *Builders of the Vision*(London: Routledge, 2015)，该书很好地讲述了 Steven Coons 与他的设计哲学。

40　Negroponte, *The Architecture Machine*, 13.

41　Brodey 与 Lindgren 写了下面这段话，Negroponte 后来模仿过这种写作风格。他们写道："假设你可以拥有，或是将来能够拥有这样一台机器，它会像一位网球老师那样，根据你的动作而给出回应。这台机器会记录你的行为，试着教你一种新的控制技巧或概念，并在你做出错误动作的时候给出提示。此外，这机器还会判断你所做的动作与你要学习的正确动作之间有多大的偏差，从而'了解'你目前的掌握程度，它会试着'引导'你的想法，让你去探索未知的领域，你会像学习新的网球动作时那样做出一些事后看来可笑而愚蠢的设想。而且，我们假设，这种机器还能意识到人类教练无法感知的一些因素……如果它能够用一种聪明的方式来使用这些'与感受有关的'输入，那么有可能比网球老师更能体察我们的需求与问题。换句话说，我们所预想的这种机器是一种'天才教师'，它能够像洞察力极强的智者那样，看清楚我们为什么不愿意学习新的行为模式，从而为我们排除障碍……原来那些杂乱的、无序的、令人分心的因素现在会变得更有规律、更有意义，它能够从杂讯中提取有用的信息，并把已经过时的模式抛弃掉。这种能帮我们感觉到自身智慧的'人'是真正的聪明人。"参见 Warren Brodey and Nilo A. Lindgren, "Human Enhancement: Beyond the Machine Age," *IEEE Spectrum* 5 (1968): 94。

42　同上，92。

43　同上。

44　Charles Eastman 在卡内基－梅隆大学用计算机程序做空间规划。Lionel March 领导 Centre for Land Use and Built Form Studies（LUBFS）。William Porter 是 MIT 的城市规划教授，研发了计算机辅助城市设计系统 DISCOURSE。（M. Christine Boyer 参与了发起 DISCOURSE 项目的研讨会，他是我的博士导师。）Avery Johnson 在 MIT 研究控制论与神经生理学。参见 Felicity Scott, *Outlaw Territories*, for a thorough treatment of DISCOURSE; Architecture Machine Group, *Computer Aids*, 20–21。

45 此处需要将第一阶的控制论与第二阶的控制论区分开。Negroponte 是要让他设想的机器对人类用户的建模过程进行观察，并根据观察到的情况来建立自己的模型，因此，他所感兴趣的是后面那种控制论。他的想法比 Humberto Maturana（1928 年生）及 Francisco Varela（1946—2001）的 autopoiesis（自生系统论）更早，但都是基于同一套理念而提出的。Maturana 与 Varela 说："autopoietic machine 是按照网络结构来组织的机器（该机器是一个整体），此网络由各部件的生产过程（转化与销毁）构成：(i) 这些部件通过彼此的交互与转化而持续再生，以维持这张由生产它们的过程（或者说，由它们之间的关系）所形成的网络；(ii) 这些部件使得它们所构成的 autopoietic machine 在空间中能够成为具体而统一的机器，该机器的各个部件合起来确定了拓扑域，使得这样的网络结构得以实现。"

46 Architecture Machine Group, Computer Aids, 7。强调部分是原文所加。

47 同上，15。

48 同上，49～50。

49 Marvin Minsky and Seymour Papert, *Artificial Intelligence Progress Report* (Cambridge, MA: MIT Artificial Intelligence Lab, 1972), 7。Minsky 与 Papert 提到了 Patrick Winston 的博士论文所做的研究，那项研究把现实世界中的结构化物件与语义解释网络贯通了起来。参见 Patrick Winston, "Learning Structural Descriptions from Examples" (PhD diss., MIT, 1970)。

50 Negroponte, *Soft Architecture Machines*, 35。虽然 Negroponte 对这两种方法加以区分，但它们并不冲突。

51 Stanford Anderson, "Problem-Solving and Problem-Worrying" (lecture, Architectural Association, London, March 1966 and at the ACSA, Cranbrook, Bloomfield Hills, MI, June 5, 1966), 2.

52 "interface, n." OED Online, September 2013, Oxford University Press, accessed November 16, 2013, http://www.oed.com/view/Entry/97747.

53 同上。Branden Hookway 的 *Interface* 一书给出了他自己的 interface 理论那套理论也是从此处提到的这种意义出发的。

54 Negroponte, *The Architecture Machine*, 101.

55 同上。

56 同上。Lindgren 的 assemblage 理念来自 MIT 的 Thomas Sheridan 与 William Ferrell，他们写道："考虑这样一种人机系统，它由任意一批人与机器汇聚而成，这些人与机器之间能够有效地交流，以完成一项明确的任务，其自变量及因变量可由系统指定。"由这样一批人与机器汇聚而成的 assemblage 在控制论上面可以视为一套反馈回路，该回路中的人与机器可以彼此互动，从而给系统内的另一方造成影响，也可以合起来产生影响。参见 Sheridan and Ferrell, unpublished manuscript, in Nilo A. Lindgren, "Human Factors in Engineering, Part I: Man in the Man-Made Environment," *IEEE Spectrum 3* (1966): 136。

57 Negroponte, *The Architecture Machine*, 111.

58 Negroponte, *Soft Architecture Machines*, 48.

59 Negroponte, *The Architecture Machine*, 27.

60 Negroponte, *Soft Architecture Machines*, 49.

61　Negroponte, *The Architecture Machine*, "Preface."

62　Warren Brodey, "Soft Architecture," 8.

63　同上。

64　同上，11。

65　Edwards, *The Closed World*, 47.

66　Licklider 在 BBN 上班的时候，公司关注的是声学工程（与雷达技术有关），1957 年，他劝说公司对计算机投资。Licklider 于 1962 至 1964 年间在 ARPA 任职，他是 Information Processing Techniques Office 的首任主管，1968 至 1970 年间，他在 MIT 担任分时计算项目 Project MAC 的主管，1971 至 1974 年间以及 1976 至 1985 年间，他担任教授。在这两段工作的间隙，也就是 1974 至 1975 年，他又回到 IPTO 当了一次主管。

67　"我很兴奋地向他展示研究成果。我跟他说，我特别想把你赞助的这个项目展示给你看。而他说，他赞助的不单是你做的某一个项目，而是你这个人……这是一段很有意义很有意义的经历……他们现在已经不这样搞了。不过，DARPA 一开始也是这么提供赞助的。"（这是 Negroponte 在讲 DARPA 给项目提供赞助时的常见方式。）Nicholas Negroponte, interview with Molly Wright Steenson, December 4, 2010。

68　Nils Nilsson, *The SRI Artificial Intelligence Center: A Brief History* (Menlo Park, CA: SRI International, 1984), 17.

69　National Research Council (US). Committee on Innovations in Computing and Communications: Lessons from History, *Funding a Revolution: Government Support for Computing Research* (Washington, DC: National Academy Press, 1999), 270.

70　Marvin Minsky 读硕士时的研究受到过 ONR 赞助，而且 Denicoff 的继任者给 Minsky 的 *Society of Mind* 研究工作提供了支持。Marvin Lee Minsky, *The Society of Mind* (New York: Simon and Schuster, 1986), 324。

71　Fields 在 MIT 读过研究生，后来在洛克菲勒大学读完博士，并于 1974 年加入 DARPA，成为项目经理，其时正是 Lickerlider 回到该机构的时候。在 16 年的时间里，Fields 逐步升职，并于 1989 年当上了 DARPA 的主管。很多人都说，他特别喜欢支持硅谷及 Research Triangle 地区的民营公司，为它们在半导体与高清电视等方面的高科技研究提供帮助，而 George Bush（乔治・布什）政府的某些人是反对这样做的。1990 年，他从 DARPA 主管的位置上面撤了下来，稍后去了私营企业。参见 John Markoff, "Pentagon's Technology Chief Is Out," *New York Times*, April 21, 1990, http://www.nytimes.com/1990/04/21/business/pentagon-s-technology-chief-is-out.html。《纽约时报》1990 年有一篇文章提到，虽然五角大楼把这次调动说成是例行的调职，但实际上，这与 Fields 的某些做法有关，他曾尝试把国防经费投入电子行业，而这与军备并没有直接的关联，尤其是他把三千万美元投给了 HDTV（高清电视），在他调职的时候，政府将其中的两千万重新分配给了其他的项目。那篇文章说，因为 Fields 感兴趣的是这些项目，因此"导致当局解雇了他，但这些项目对美国电子业的生存至关重要，就算不考虑 HDTV，电子业也与美国的军事实力很有关系。有人估计，到了 2000 年，陆军的新武器中有一半的成本要花在电子技术上面"。那篇文章的作者认为，这些研发项目不仅有商业意义，而且对军事也有帮助，他写道："正如国会最近说的那样，当局似乎把研究经费'只投到与军事应用相关的地方'。"参见 Tom Wicker," In the Nation: The High-Tech Future," *New York Times*, May 24, 1990, http://www.nytimes.com/1990/05/24/opinion/in-the-nation-the-high-tech-future.html。

72 Blocks worlds 这个说法最早出现在 Lawrence G. Roberts 于 1963 年写的论文 " Machine Perception of Three-Dimensional Solids"中。那篇文章提出了一套方法，让计算机可以解析由三维图形所构成的照片，并将其显示成二维照片，或是反过来进行操作。那套方法不是要考虑单个的 block，而是要研究怎样处理多个 block 之间彼此交错的现象，并正确地进行绘制，同时从多个角度对其进行展示。Roberts 当时在 MIT 的 Lincoln Lab 工作，他的作品提到了 Ivan Sutherland 的 Sketchpad 2 与 Timothy Johnson 的 Sketchpad 3。Lawrence G. Roberts," Machine Perception of Three-Dimensional Solids"(PhD diss., MIT, 1963)。

73 同上，294。

74 GOFAI 这个词是随着 John Haugeland 的作品流传开的。参见 John Haugeland, *Artificial Intelligence: The Very Idea* (Cambridge, MA: MIT Press, 1985)。

75 Edwards, *The Closed World*, 171.

76 同上。Edwards 此处引用了 Robert Schank 的 *The Cognitive Computer*、Joseph Weizenbaum 的 *Computer Power and Human Reason* 及 Hubert Dreyfus 的 *What Computers Can't Do*。

77 Marvin Minsky and Seymour Papert, *Proposal to ARPA for Research on Artificial Intelligence at MIT, 1970–1971* (Cambridge, MA: MIT Artificial Intelligence Lab, 1970), 34.

78 同上。

79 同上。

80 同上，5。

81 同上。

82 Negroponte, *The Architecture Machine*, 121.

83 我此处对 URBAN2 及 URBAN5 的分析是根据 Negroponte 与 AMG 所写的相关内容而做出的，我对他们开发的其他一些程序以及那些程序的效果所做的描述及解读也是如此。

84 URBAN2 与 URBAN5 用的是运行于 IBM System/360 计算机之上的 IBM 2250 显示系统，两者都使用 FORTRAN IV 编写（这是第一个支持 Boolean 表达式的 FORTRAN 版本），并且都采用 GPAK 这个基于 FORTRAN 的图形包来为用户生成、绘制并操纵计算机图像。

85 Negroponte, *The Architecture Machine*, 71.

86 同上。

87 Nicholas Negroponte and Leon Groisser, *URBAN2* (Cambridge, MA: IBM Scientific Center, 1967)。我此后只在谈论 Negroponte 与 Groisser 所教的这门课程时才会提到 URBAN2，其他地方说的都是 URBAN5。

88 Negroponte, *The Architecture Machine*, 75.

89 同上。

90 同上，80。

91 同上，91。

92　同上。该系统可能会考虑的因素包括"中断的频率、做事的先后顺序、在每种模式上面所花的时间以及后续操作与当前操作的关联程度"。Negroponte, *The Architecture Machine*, 89。

93　ELIZA 运行在 MIT Project MAC 的 IBM 7094 计算机上面，Alexander 也用过这种计算机。Weizenbaum 编写这个程序时用的是 SLIP 语言，这是他自制的列表式编程语言。

94　Joseph Weizenbaum, "ELIZA—a Computer Program for the Study of Natural Language Communication between Man and Machine," *Communications of the ACM 9*, no.1 (1966): 37.

95　同上，43。

96　Terry Winograd, "Procedures as a Representation for Data in a Computer Program for Understanding Natural Language" (PhD diss., MIT, 1971), 260.

97　得自我对 Negroponte 与 Winograd 的采访。Nicholas Negroponte, interview by Molly Wright Steenson, Princeton, NJ, December 4, 2010; and Terry Winograd, interview by Molly Wright Steenson, Stanford, CA, July 7, 2011。

98　源文件里有一份 Readme 文件，Winograd 在文件中写道（原文用的全是大写的英文字母）："SHRDLU 是一套供计算机理解英语的系统，该系统可在一般的英语对话中回答问题、执行命令，并接受信息。它根据语义信息及语境来理解谈话的意思，并消除句中的歧义。它会结合 heuristic understander（启发式的理解器）对每个句子做完整的句法分析，这种 understander 通过与这句话有关的各种信息以及谈话中的其他内容乃至一般的常识来判断该句的含义。SHRDLU 所依据的理念是，我们必须先'搞懂'人与计算机正在讨论的是什么话题，然后才能合理地对语言进行处理。程序具备详细的知识模型，以便操作一个简单的机器人，它仅有一只手与一只眼。用户可以命令它操纵演示用的物件，也可以把周边情况告诉它，并提供一些信息，让它更好地做出判断。程序能够知道这些供演示用的物件所具备的属性，而且还有自己一套简单的思维模型。它可以记住相关的规划与行动，与人讨论这些内容，并加以实施。它能够进入一种与人交谈的模式，对包含某种行动的英文句子以及用户对某些问题所给出的答复进行回应。如果它的启发式算法不能根据语境及物理知识搞清楚某句话的意思，那么会请求用户澄清该句的含义。"参见 SHRDLU Source Code, Eric Lu, penlu, https://github.com/penlu/cmfwyp/tree/master/shrdlu/code。

99　Winograd, "Procedures as a Representation for Data," 35–60。Winograd 用许多页的篇幅以及一些图表演示了用户与 SHRDLU 之间一次效果很好的对话。

100　同上，345。

101　同上，350。

102　Negroponte, *The Architecture Machine,* 95.

103　同上，71。

104　同上，93。

105　同上，99。Negroponte 此处引用的是 Joseph Weizenbaum, "Contextual Understanding by Computers," *Communications for the Association of Computing Machinery* 10, no. 8 (1967): 36–45。

106　Negroponte, *The Architecture Machine*, 89.

107　Rodney Brooks, "Achieving Artificial Intelligence through Building Robots" (Cambridge, MA: MIT Artificial Intelligence Laboratory, 1986), 2.

108　Negroponte, *The Architecture Machine*, 27.

109　Arthur L. Norberg, "An Interview with Terry Allen Winograd" (Charles Babbage Institute, Center for the History of Information Processing, University of Minnesota, 1991), 14, http://conservancy. umn.edu/bitstream/11299/107717/1/oh237taw.pdf.

110　对该城市的某些方面所做的描述参见 Molly Wright Steenson, "Urban Software: The Long View," in *HABITAR: Bending the Urban Frame*, ed. Fabien Giradin (Gijón, Spain: Laboral, Centro de Arte y Creación Industrial, 2010)。

111　Architecture Machine Group, "SEEK, 1969–70," in *Software: Information Technology: Its New Meaning for Art*, ed. Jack Burnham (New York: Jewish Museum, 1970), 23.

112　Nicholas Negroponte, "The Return of the Sunday Painter, or the Computer in the Visual Arts" (manuscript, 1976), 9. Nicholas Negroponte Personal Papers, Cambridge, MA.

113　Architecture Machine Group, *Computer Aids*, 138.

114　Negroponte, *Soft Architecture Machines*, 47.

115　同上。

116　Architecture Machine Group, "SEEK, 1969–70," 23.

117　同上。

118　同上。

119　Negroponte, *The Architecture Machine*, 1.

120　Architecture Machine Group, "SEEK, 1969–70," 23.

121　Jack Burnham, "Notes on Art and Information Processing," in *Software: Information Technology: Its New Meaning for Art*, ed. Jack Burnham (New York: Jewish Museum, 1970), 11.

122　Paul Pangaro, telephone interview with Molly Wright Steenson, November 27, 2006. See also Edward Shanken, "The House That Jack Built: Jack Burnham's Concept of 'Software' as a Metaphor for Art," *Leonardo Electronic Almanac* 6 (1998), http://www.artexetra.com/House.html.

123　同上。

124　此时，实验室的短期目标是研究视觉感知、自动操纵以及应用数学，而长期目标则是化简、统一并扩充启发式编程技术。参见 Marvin Minsky 与 Seymour Papert 向 ARPA 报告 1970 至 1971 年的工作时所写的内容。Minsky and Papert, *Proposal to ARPA*。AMG 针对实验室的短期与长期目标调整了自己的安排，以便更好地参与到实验项目中。Negroponte 在 *The Architecture Machine* 中写道："这种设备是由建筑专业的学生自制的感应器 / 效应器，它带有多个附件（例如磁铁、光电池等），感应器在计算机的控制之下，可以调整附件在三维空间中的位置。这套机制应该能够把方块迭放起来，能够携带电视摄像机，能够观察色彩，并且可以给学生充当辅助设备，让他们对传感器和效应器与物理环境之间的交互情况，进行实验。"参见 Negroponte, *The Architecture Machine*, 105。在 SEEK 工作的学生有 Randy Rettberg、Mike Titlebaum、Steven Gregory、Steven Peters 与 Ernest Vincent。参见 Architecture Machine Group, "SEEK, 1969–70," 23。

125　Minsky and Papert, *Proposal to ARPA*, 1–2.

126　同上，13。

127　Negroponte, *The Architecture Machine*, 107.

128　同上，104。

129　Gordon Pask, "Aspects of Machine Intelligence," in *Soft Architecture Machines*, ed. Nicholas Negroponte (Cambridge, MA: MIT Press, 1975), 7–8.

130　Paul Pangaro 是 AMG 的研究员，他在从事这些合作项目时遇到了 Gordon Pask。他后来一直是 Pask 的朋友，并且留下了许多涉及 Pask 的档案资料。

131　对话理论影响了 Negroponte 对 idiosyncratic computing 的看法，此外，AMG 的研究员 Christopher Herot 已经与 Pask 合作，研究如何将该理论运用到图形工作上面。

132　Heinz von Foerster, "Cybernetics of Cybernetics," in *Communication and Control*, ed. Klaus Krippendorff (New York: Gordon and Breach, 1979), 8.

133　Architecture Machine Group, *Computer Aids*, 1."这种机器当然要对用户新养成的习惯或原有习惯的变化情况进行建模，然而与此同时，它也会对用户本身建模，并且要对用户给该模型所建的模型建模。"（同上，7。）这是一种早期的交互系统，这种系统要让用户很容易就能操控才行，为此，它"不仅要成为'能干的'建筑师，而且更加重要的是，它必须成为用户的知心伙伴，同时还得是一名能够迅速画出漂亮图案的高超建模者"（同上，1）。

134　Nicholas Negroponte, Leon Groisser, and James Taggart, "HUNCH: An Experiment in Sketch Recognition" (1971), 1. Reprint, Nicholas Negroponte Personal Papers, Cambridge, MA.

135　Nicholas Negroponte, "Sketching: A Computational Paradigm for Personalized Searching," *Journal of Architectural Education* 29 (1975): 26. Reprint, Nicholas Negroponte Personal Papers, Cambridge, MA。Negroponte 在 *Soft Architecture Machines* 一书中写道，HUNCH 会"如实记录那些弯弯曲曲的线条与拐角，以便运用更为高级的手段来推测这些画法的含义……HUNCH 的目标是让用户能够像面对真人时那样，自由地绘制一些较为模糊或是不太精确的图案，无论这些图案绘制得是否严整，HUNCH 都应该能够理解用户想要表达的意思。这与 SKETCHPAD 项目的理念不同，那个项目是运用画笔来画出一些比较规则的图案，而 HUNCH 则是要把每一个不太规则的地方都记录下来，并把这些细节放到磁带与 storage tube 中，从而形成一套庞大的历史资料。HUNCH 固然会关注草图本身，但它更为关注的是用户绘制草图的过程，前者是静态的，是名词，后者是动态的，是动词。HUNCH 有点像一个正在默默看你绘图的人，它会观察你如何延伸这些线条。除非你开口问它，或是有某种更为高级的应用程序发现你绘制的草图中有矛盾的地方，否则，它不会主动和你说话"。Negroponte, *Soft Architecture Machines*, 65。

136　James Taggart, "Reading a Sketch by HUNCH" (bachelor's thesis, MIT, 1973), 8.

137　同上，14-15。第一阶控制论与第二阶控制论的区别体现在观察者的角色上面。第一阶控制论认为，系统本身是孤立的，不会由于观测或交互而受到影响。这样一种模型不考虑位于其控制范围之外的因素。而第二阶控制论则认为任何系统都有可能在观测的过程中发生变化。因此，它研究的是人如何为系统建模，而不是只关注系统自身的运作与学习方式。由于人本身也是控制论模型，因此他们的观测就成了第二阶的控制论。于是，这就形成了一种"关于控制论的控制论"，对 AMG 与 HUNCH 来说，这是"关于模型的模型"。

138 作者写道："在观察草图结构的过程中，它会将大量的数据化简成一系列的点以及点之间的关系。它会根据目前所知的一些与线条形态有关的信息，极为精确地执行化简操作。"水平线与垂直线在建筑图纸上面有固定的结构意义，而相互平行或相互垂直的线条其含义则需要依照具体的情况来判断。Negroponte, Groisser, and Taggart, "HUNCH," 9。

139 Negroponte, *Soft Architecture Machines*, 65.

140 比方说，水平线与垂直线在建筑图纸上面有固定的结构意义，而相互平行或相互垂直的线条其含义则需要依照具体的情况来判断。Negroponte, Groisser, and Taggart, "HUNCH," 9。

141 同上，2。

142 同上，56。

143 Taggart 在论文中写道："面对这样的困难，我们一开始就决定把曲线当作无效的输入，以回避该问题。这样做在某种程度上是能够讲通的，因为我们可以假设，在该项目所处的建筑情境中，曲线用得不是特别多。因此，虽然无视曲线方面的问题会让 HUNCH 的功能受到限制，但去掉了该目标之后，我们似乎可以更为顺利地推进此项目，而不至于过早地卡在这里。"Taggart, "Reading a Sketch by HUNCH," 45。

144 Nicholas Negroponte, Leon Groisser, and James Taggart, "HUNCH," 8。Negroponte 在 *Soft Architecture Machines* 一书中更为强烈地反对多用曲线的建筑设计方式。他写道："CAD 领域有一种误解，认为计算机图形技术可以让建筑师从平行尺等工具中解脱出来，使他们能够随意绘制出一些球状或腺状的图案。我们并不赞成这种看法。我们还是认为，目前广泛使用的正投影图与平面图要比通过丁字尺绘制的其他一些图纸更能深刻地反映出生理、心理以及文化方面的一些因素。这种态度在某种程度上也促使 AMG 从一开始就特意决定忽略曲线，我们觉得，与图形有关的绝大多数想法都能通过直线与其他一些平面几何图形表达出来。"Nicholas Negroponte, "Recent Advances in Sketch Recognition," *Proceedings of the June 4–8, 1973, National Computer Conference and Exposition* (New York: ACM, 1973): 666–667。有许多当代建筑师都采用有机的曲线形式来做设计，例如 Eero Saarinen 与 Friedrich Kiesler 等人。就连 Negroponte 的同事 Sean Wellesley-Miller 也用过蓬松的软结构，他还给 *Soft Architecture Machines* 写过题为 "Intelligent Environments" 的那一章。尽管如此，Negroponte 依然反对这样的建筑作品。不过，他的态度有所软化，因为这个系统其实可以把计算曲线所用的 B-splining（B 样条）方法集成进来。这并不意外，因为 Negroponte 的导师 Steven Coons 对计算机辅助设计的最大贡献就在于曲线与面的计算，以他命名的 Coons patch 至今还在使用。HUNCH 不能绘制曲线，但是 Alan Kay 在 1975 年设计出了能够绘制曲线的 Dynabook。Alan Kay, "Personal Computing," in *Meeting on 20 Years of Computer Science* (Pisa, Italy: Istituto di Elaborazione della Informazione, 1975), 15。

145 Taggart, "Reading a Sketch by HUNCH," 14.

146 Negroponte, "Sketching," 4.

147 曼斯菲尔德参议员在参议院听证会中，向 Defense Research and Engineering 主管 John S. Foster 询问了与这些研究项目有关的问题。"从他的回答中显然可以看出，五角大楼当时认为，各种科学与技术都应该与军事研究有所关联。虽然许多民间机构也对这些领域的基础研究工作进行了资助，但国防部认为这与该机构的资助方向并不冲突，而且它认为自己赞助的所有研究项目都与国防需求有着某种联系。在这些研究项目中，有许多项目的成果都是无法预测的，或者不太可能与现有的军事学科有所联系，尽管如此，国防部坚持认为，自己仍然要给目前正在开展的各类研究提供资助。" James L. Penick, *The Politics of American Science, 1939 to the Present*, rev. ed. (Cambridge, MA: MIT Press, 1972), 343。这段话引用于 Arthur Norberg, Judy O'Neill, and Kerry Freedman, *Transforming Computer Technology: Information Processing for the Pentagon*, 1962–1986 (Baltimore: Johns Hopkins University Press, 1996), 36。

148 曼斯菲尔德修正案的文本引用自 Herbert Laitinen, "Reverberations from the Mansfield Amendment," *Analytical Chemistry* 42, no. 7 (1970): 689.

149 "他说，MIT 的 AI 研究者决定把 IPTO 的重点放在某种特定的 AI 研究上面，而且通过一本讨论感知技术的书来表明自己的态度。该书由 Marvin Minsky 与 Seymour Papert 撰写，并于 1969 年出版。它旨在论证神经网络绝对无法给人类的思维建模，只有计算机程序才能做到这一点，因此，MIT 必须着重研究 AI。" Norberg, O'Neill, and Freedman, *Transforming Computer Technology*, 35.

150 Stewart Brand, *The Media Lab*, 162.

151 Nicholas Negroponte, interview with Molly Wright Steenson, June 28, 2010.

152 Thomas A. Bass, "Being Nicholas," *Wired* 3, no. 11 (1995), http://www.wired.com/wired/archive/3.11/nicholas_pr.html.

153 Brand, *The Media Lab*, 163.

154 Nicholas Negroponte, interview by Molly Wright Steenson, Princeton, NJ, December 4, 2010.

155 MIT 与比较大的几次抗议都有关系。1969 年，抗议者的人数大幅增加，而且抗议程度也越来越激烈，1970 年，Students for a Democratic Society（SDS）占领了 MIT 校长 Howard Johnson 的办公室，校园里发生了骚乱。之所以引发这么大的抗议，是因为校园里有几个由政府资助的实验室正在做军事方面的机密研究，其中，两个主要的实验室是 MIT Instrumentation Laboratory 与 Lincoln Laboratory。前者成立于 1932 年，在 1970 年改名为 Draper Laboratory，后者 1951 年成立，是从 MIT 的 Radiation Laboratory 分立出来的。Draper 实验室最为知名的工作是制造洲际导弹制导系统并参与阿波罗登月计划。Lincoln 实验室开发了二战后的 Semi-Automatic Ground Environment（SAGE，半自动地面防空）系统，该实验室当时最为知名的成就是研发了防空系统中的电子技术和预警雷达，并在早期的数字计算技术领域取得了进展。MIT 校长 Howard Johnson 召集了专家组向他们征求意见，以决定学校是否应该让出或转变这些特殊的实验室。最后，Johnson 与 Pounds Panel 决定把 Draper Lab 交给一家私人管理的机构，而将 Lincoln 实验室留在 MIT。Johnson 考虑的是 Lincoln 实验室与 Draper 实验室能不能够或者愿不愿意转变工作方向。Lincoln 实验室能够做出这种调整，因此得以留在 MIT。与之相反，Draper 不愿意这样做，而且也不能够这样做，因此，它必须在 MIT 之外继续开展其工作。其实，这种安排还有人事方面的原因，Lincoln 实验室的管理者是由 MIT 指派的，而 Draper 则不然，因此管理起来更加困难。

156 Bass, "Being Nicholas."

157 Wil Haygood, "Ambassador with Big Portfolio: John Negroponte Goes to Baghdad with a Record

of Competence, and Controversy," *Washington Post*, June 21, 2004.

158 许多资料都给出了这样的说法。其中，Jonathan Grudin 在他写的文章中简要地描述了这些变化，那篇文章谈到了 AI 与人机交互（HCI）领域的关系。参见 Jonathan Grudin, " Turing Maturing: The Separation of Artificial Intelligence and Human-Computer Interaction," interactions 13, no. 6 (2006): 56。此外，John Johnston 的书中说道，Herbert Simon 与 Allen Newell 推进了这种 reduction。John Johnston, *The Allure of Machinic Life. Cybernetics, Artificial Life, and the New AI* (Cambridge, MA: MIT Press, 2008), 61。

159 虽然这些专家系统也是从现实世界出发的，但它们依然假定知识可以轻易地分类并加以自动化——这当然也是占据主导地位的 closed world 模式所采用的假设。Edwards, *The Closed World*, 295。

160 " Lighthill Report Overview," http://www.chilton-computing.org.uk/inf/literature/reports/lighthill_report/overview.htm.

161 Brooks, "Achieving Artificial Intelligence through Building Robots," 2–3.

162 同上，2。

163 同上。

164 Minsky and Papert, *Proposal to ARPA*, 34.

165 Graphical Conversation Theory 提案拓展了 HUNCH 项目的研究范围，把它与计算机图形学、计算机辅助设计、用户建模以及其他一些研究领域（例如 Guy Weinzapfel 与 Negroponte 的 Architecture-by-Yourself 系统，该系统的灵感得自 Yona Friedman，而且 Friedman 也参与了此系统）结合起来。Theodora Vardouli 在她的 MIT 硕士论文中，大篇幅地论述了 participatory architecture（参与式的架构）与 Architecture-by-Yourself 理念。Theodora Vardouli, " Design-for-Empowerment-for-Design：Computational Structures for Design Democratization" (master's thesis, MIT, 2012)。

166 Christopher F. Herot, " Graphical Conversation Theory Proposal (Appendix)," in *Self-Disclosing Trainers: Proposal to the Army Research Office* (Cambridge, MA: MIT Architecture Machine Group, 1977), i.

167 同上，17。

168 Architecture Machine Group, "Graphical Conversation Theory" (Cambridge, MA: MIT, 1976), 1.

169 Nicholas Negroponte, " NSF," *Architecture Machinations* 3, no. 27 (August 2, 1977): 10, Box 2, Folder 3, Institute Archives and Special Collections, MIT Libraries, Cambridge, MA (hereafter IASC-AMG).

170 这项提案考虑到了 NSF 的部门调整情况。Graphical Conversation Theory 提案把 AI 与计算机图形汇聚到了一起，因为 AMG 想用一份提案同时打动 NSF 中的两个部门。早前，AMG 只受 Computer Applications in Research 这一个部门资助，该部门给计算机图形方面的多个 AMG 项目提供支持，这些项目涉及触摸显示、矢量与光栅图形格式、图形输入技术、个人化的系统（也就是 idiosyncratic 系统）以及 Architecture-by-Yourself 设计系统。Nicholas Negroponte, "NSF," 14, Box 2, Folder 3, IASC-AMG。

NSF 调整结构之后，AMG 的研究工作就分属两个部门了，一个是 Computer Graphics（该部门属于 Computer Systems），另一个是 Intelligent Systems，它们分别由不同的人来领导。前者的主管是 John Lehman，后者的主管是 Sally Sedlow。Nicholas Negroponte, "Washington, 9/29/1976," *Architecture Machinations* 2, no. 40 (October 1, 1976): 21, Box 1, Folder 5, IASC-AMG; and Negroponte, "NSF," 10, Box 2, Folder 3, IASC-AMG。

171　首先，Graphical Conversation Theory 的范围远远超出了 NSF 愿意投资的项目。NSF 给项目投资只愿意持续两年多一点，而 AMG 的这个提案要求投资持续五年的时间。此外，投资额是 141 万美元，这在 NSF 的 Computer Systems 那一年所能投放的资金中已经超过半数。Negroponte 写道："我很有理由相信，如果除去我们所要求的这一部分经费，那么 Computer Systems 在全国范围内所能动用的 NSF 资金总共只会剩下大约 40 万美元，这对他们来说会相当紧张。我这种猜测是从 Computer Systems 的主管 John Lehmann 所说的话中推断出来的，他说自己收到的投资请求共计 800 万美元，面对这些请求，他们实际投放的资金是 200 万美元。除了 AMG，还有很多人也在寻求他们资助。"Negroponte, "NSF," 10, Box 2, Folder 3, IASC-AMG。第二，NSF 并不清楚 AMG 提议的这个项目与人工智能之间是否有充分的联系，而 Negroponte 则认为，提案本身已经把这种联系说得很清楚了。然而 Gordon Pask 在这一时期的理论对 NSF 来说可能还比较深奥，尽管 Pask 是一位知名的控制论学家，但他对主流的 AI 实际上是持保留态度的。Paul Pangaro, "Dandy of Cybernetics; Obituary: Gordon Pask," *The Guardian*, April 16, 1996, 16。第三，这份提案书使用了一些让 AMG 感觉很得意的图形效果，而这恰恰象征着 AMG 与 NSF 在风格上的冲突。"我们的文档的图形质量很高，但 NSF 一看到这样的文档，立刻就认为我们是只想走关系的人，而且认为我们这个项目的开销肯定很大（也就是把我们的项目当成'资金管理不善的项目'）。更令人遗憾的是，NSF 的这种态度与业界对计算机交互的共识是冲突的，因为许多人都认为，高超的图形（对计算机交互）很关键。"虽然有一份评审意见对提案给出了正面评价，但另外四份全都是负面评价。Negroponte 写道，那些人"至少可以说是相当夸张的。其中很多说法不够专业、过于情绪化、没有经过深思熟虑，还有一些根本就是错的"。他还说有一个人"特别糟糕，让整个同行评审的过程毫无信誉"。Negroponte 还认为，NSF 的文档系统肯定把提案书的精美封面与摘要给拿掉了。Negroponte, "NSF," 12, Box 2, Folder 3, IASC-AMG。第四，AMG 的风格与 NSF 的结构以及 NSF 所采用的同行评审流程是冲突的。NSF 的同行评审模式与 DARPA 那种通过 closed world 来投放资金的模式有许多不同。还有一点也很困扰 AMG，那就是他们早前与 NSF 建立的关系对这次提案似乎并没有起到作用。这与 Negroponte 同 DARPA 及 ONR 打交道时的情形有所不同，对于后两者来说，只要与主管建立了长久的个人关系，就可以拿到源源不断的经费。此外，NSF 要求提案必须针对该组织本身，而不是像 AMG 写的那样针对 NSF 中 Computer Systems 与 Intelligent Systems 这两个特定的小组。AMG 没有意识到，他们本来可以给出一份评审者名单，让 NSF 自己去向评审者征询意见。Negroponte, "NSF," 12, Box 2, Folder 3, IASC-AMG。最后可能还有第五个原因：有一位评审委员透露，提案之所以遭到拒绝，是因为他们觉得 AMG 过于自大。这个说法源自 AMG 当时的研究员 Michael Naimark。Molly Wright Steenson, personal conversation with Michael Naimark, San Francisco, November 18, 2015。

172　Paul Pangaro 当时是 AMG 的助理研究员，他是 Pask 的门生，后来保留了许多涉及 Pask 的档案。Pangaro 说：" Negroponte 把 Pask 的个人化理念概括成 idiosyncratic computers 这个词，这是个相当恰当的术语。Negroponte 多次想把 Pask 的理论融入 AMG 的理念中。实验室与 Pask 合作，一起给美国的 NSF 撰写研究提案。该提案叫作 graphical CT（也就是 Graphical Conversation Theory），它想把实验室对计算机图形的关注与 Pask 的理论框架结合起来。我们交出的这份提案在图形设计上可能是最好的（同时也因为图形绚丽而受到批评）。评审者对此看法不一，有人认为它很有远见，而且能对用户界面设计的发展起到重要作用，有人则认为它混乱、模糊，看不出能有什么成果。这两种意见或许都没错，但总之，NSF 不想冒这个险，因此没有给 AMG 投资。" Paul Pangaro, " Thoughtsticker 1986: A Personal History of Conversation Theory in Software, and Its Progenitor Gordon Pask," *Kybernetes* 30, no. 5/6 (2001): 793。

173　Negroponte, " NSF," 12, Box 2, Folder 3, IASC-AMG.

174　Architecture Machine Group, " Graphical Conversation Theory," 293.

175　Nicholas Negroponte, interview with Molly Wright Steenson, June 28, 2010.

176　Nicholas Negroponte, " About This Issue," *Architecture Machinations* 2, no. 15 (April 11, 1976): 2, Box 1, Folder 3, IASC-AMG。强调部分是原文所加。

177　Norberg, O'Neill, and Freedman, *Transforming Computer Technology*, 9.

178　Edwards, *The Closed World*, 271.

179　Norberg, O'Neill, and Freedman, *Transforming Computer Technology*, 13.

180　尤其鼓励他们参考 DARPA Information Processing Techniques Office 的相关指南。同上，37。

181　同上，37～38。

182　Stuart Umpleby, " Heinz Von Foerster and the Mansfield Amendment," *Cybernetics and Human Knowing* 10, no. 3/4 (2003): 188.

183　Negroponte and Bolt, *Data Space Proposal*, 11.

184　response compatibility 是 Mac 提案所采用的说法，这个术语的全称应该是 stimulus-response-compatibility（刺激 – 响应兼容性），指的是某人所感知到的效果能否与他们本来打算做的动作相对应。参见 " Stimulus Response Compatibility"，http://www.usabilityfirst.com/glossary/stimulus-response-compatibility。

185　Negroponte and Bolt, *Data Space Proposal*, 12.

186　Stewart Brand 把这种房间称为 " 住着人的个人计算机"。他在文中将这套空间称为 Put That There 室（Put That There 项目会在本章稍后讨论），但这显然是在说 Media Room。Brand, *The Media Lab*, 152. Nicholas Negroponte, " Books without Pages" (1979), 8. Nicholas Negroponte Personal Papers, Cambridge, MA。

187　William C. Donelson, " Spatial Management of Information," *ACM SIGGRAPH Computer Graphics* 12 (1978): 205.

188　同上。

189　Richard A. Bolt, " Put-That-There: Voice and Gesture at the Graphics Interface," *ACM SIGGRAPH Computer Graphics* 14 (1980): 263.

190　Brand 谈的是 MIT Media Lab 早年的情况，他把这种空间称为 Put That There 室（我在本章接下来的内容中会讨论 Put That There 项目），但很显然，他是在说 Media Room。Brand, *The Media Lab*, 152。

191　Richard A. Bolt, *Spatial Data-Management* (Cambridge, MA: MIT, 1979), 9. The work was sponsored by Defense Advanced Research Projects Agency, Office of Cybernetics Technology, Command Systems Cybernetics Program, Contract number: MDA903–77- C-0037 Contract period: 1 October 1976 through 30 September 1978 and ONR N00014–75-c-0460 & DARPA 903–77–0037 & MDA903–78-C-0039. Nicholas Negroponte, *Media Room* (Cambridge, MA: MIT), 6.

192　Nicholas Negroponte, "PLACE," *Architecture Machinations* 2, no. 35 (August 29, 1976): 2, Box 1, Folder 3, IASC-AMG.

193　同上。

194　"信息管理系统的一项独特性质在于它会对用户的空间感加以利用，以帮助他们整理并获取数据。" Bolt, *Spatial Data-Management*, 9。

195　Architecture Machine Group, "Augmentation of Human Resources in Command and Control through Multiple Man-Machine Interaction: Proposal to ARPA" (Cambridge, MA: MIT Architecture Machine Group), 36.

196　同上。

197　同上，31、36。

198　Yi-Fu Tuan, *Space and Place*: The Perspective of Experience (Minneapolis: University of Minnesota Press, 2001), 5.

199　同上，6。

200　同上，179。

201　Christopher F. Herot and Guy Weinzapfel, "One-Point Touch Input of Vector Information for Computer Displays," *ACM SIGGRAPH Computer Graphics* 12, no. 3 (1977): 210.

202　Architecture Machine Group, "Augmentation of Human Resources," 5.

203　Bolt, *Spatial Data-Management*, 12.

204　同上。

205　Alan F. Blackwell, "The Reification of Metaphor as a Design Tool," *ACM Transactions on Computer-Human Interaction* 13, no. 4 (2006): 509.

206　Marek Zalewsk 所写的硕士论文在提到 AMG 的这个项目时，给出的速度是每小时 160 英里。Marek Zalewski, "Mini-Documentaries" (master's thesis, MIT, 1979), 4。

207　尽管该项目已经与军事应用有所联系，但由于研究经费虚高，因而得到了由威斯康辛州民主党参议员 William Proxmire（1915—2005）所设立的 Golden Fleece Award（金羊毛奖）。Brand, *The Media Lab*, 141。

208　Andrew Lippman to Michael Naimark, personal email, October 29, 2004, in Michael Naimark, "Aspen the Verb: Musings on Heritage and Virtuality," *Presence* 15, no. 3, http://www.naimark.net/writing/aspen.html。Brand 在书中也提到了这件事，但是把救援行动的年份写错了。参见

Brand, *The Media Lab*, 141。

　　恩德培救援行动与 MIT 之间还有一层较为直接的联系：以色列国防军的军官 Yonatan Netanyahu（约纳坦·内塔尼亚胡，1946—1976）在行动中阵亡，他的弟弟本雅明·内塔尼亚胡（1949 年生）于 1972 至 1976 年，曾以 Ben Nitay 为名在 MIT 上学，并获得建筑专业的学士学位以及斯隆管理学院的硕士学位。AMG 的联合创始人 Leon Groisser 告诉 MIT 的学生报 *The Tech* 说，内塔尼亚胡刚来 MIT 的时候，他就认识了这位行动能力极强的学生。虽然内塔尼亚胡没有与 AMG 共事，但他在读斯隆管理学院时所写的硕士论文却与 AMG 及 Media Lab 的研究领域有所重合，那篇论文的题目是"Computerization in the Newspaper Industry"报业的计算机化）。Charles H. Ball,"Professor Recalls Netanyahu's Intense Studies in Three Fields,"*The Tech*, June 5, 1996, http://news.mit.edu/1996/netanyahu-0605。

209　Negroponte 在 *Architecture Machinations* 的一篇文章中，提到过本科生 Peter Clay 对这种影碟播放器的原型所做的研究。Negroponte,"MCA Video Disk,"*Architecture Machinations* 3, no. 41 (November 2, 1977): 3, Box 1, Folder 4, IASC-AMG。

210　Kevin Lynch, *The Image of the City* (Cambridge, MA: MIT Press, 1960), 6.

211　AMG 给该系统制造过两张碟片，其中一张含有两万幅与美国的建筑有关的演示文档，此外还有一些动画与照片，另一张则是其他一些街景与波士顿的地标。Bolt, *Spatial Data-Management*, 57。

212　Scott Fisher,"Viewpoint Dependent Imaging: An Interactive Stereoscopic Display"(master's thesis, MIT, 1982), 6.

213　Ivan Sutherland,"The Ultimate Display,"in *Multimedia: From Wagner to Virtual Reality*, ed. Randall Packer and Ken Jordan (New York: W. W. Norton & Co., 2001), 256.

214　Robert Mohl,"Cognitive Space in the Interactive Movie Map: An Investigation of Spatial Learning in Virtual Environments"(PhD diss., MIT, 1982), 2.

215　同上。

216　Fields 给 Augmentation of Human Resources in Command and Control through Multiple Man-Machine Interaction 项目提供了资金。

217　Nicholas Negroponte, *Being Digital* (New York: Alfred A. Knopf, 1995), 108–109.

218　同上，109。

219　Bolt, *Spatial Data-Management*, 28。这种四百万像素的显示屏按照当今的标准来看，其显示效果相当于一台低分辨率的数码相机所拍摄的照片。

220　其中一台 7/32 Interdata 小型机控制着 SDMS 的程序与文件管理工作以及该系统和其他小型机之间的交互工作。有一台 Control Data 300MB 驱动器用来保存信息，而数据库则分布在其他各台小型机上面。AMG 制造了两张影碟，一张用来存放与旅行、建筑、艺术及快照有关的信息，另一张含有六万幅 MIT 的图像，用来实现虚拟游览。Donelson,"Spatial Management of Information,"206。

221　Bolt, *Spatial Data-Management*.

222　Donelson,"Spatial Management of Information,"205.

223　Bolt, *Spatial Data-Management*, 14.

224　同上。

225　同上，29。

226　该项目某些方面的工作由 AMG 校友 Christopher Herot 在 CCA（Computer Corporation of America）公司继续推进。CCA 位于马萨诸塞州剑桥的 Technology Square。该公司成立于 1965 年，其业务是研发数据库系统。参见 Christopher F. Herot et al., "A Prototype Spatial Data Management System," *ACM SIGGRAPH Computer Graphics* 14 (1980): 63–70. The work was supported under DARPA contract no. MDA-903–78-C-0122。CCA 公司的这个版本让用户能够从空中观察整个舰队，也就是可以通过鸟瞰图观察到所有船只的情况，并对特定区域进行放大，以详细了解该区域的细节。这套界面可以通过桌面系统来使用，而不像早前那样只能在 Media Room 里使用。同上。

227　SDMS 的这本小册子（小"电子书"）可以展示出波士顿地区四千平方英里内的情况，用户可以逐级放大，来查看分辨率更高的地图，直至波士顿的某条街道。放大到这一层级之后，用户可以查看两百张与名胜及街景有关的幻灯片。这种操作理念在 Aspen Movie Map 项目中得到了进一步研究。Bolt, *Spatial Data-Management*, 42。Bolt 写道，用户还可以进一步操纵视频，通过基于时间且带有语义单元（也就是秒与分）的表盘及滑块来调整视频的播放速度。同上，36。

228　同上，35。

229　尽管 AMG 宣称桌面式的计算机操作环境是自己首先提出来的，但实际上，有许多机构都在相近的时间点上拿出了类似的方案，这或许表明，这套技术理念当时已经在研究人员之间流传开了。Alan Blackwell 在介绍人机交互环境的作用时说："当前这种桌面环境的某些方面究竟是由谁'发明'的或许还有所争论，但无论如何，我们都清楚地知道，桌面环境中的各种主要元素是通过诸位研究人员对成功创意所做的综合与积累而发展出来的。"Blackwell, "The Reification of Metaphor as a Design Tool," 497。

230　Ted M. Nelson, *Computer Lib/Dream Machines* (Chicago: Theodor H. Nelson, 1974), 48.

231　Donelson, "Spatial Management of Information," 208。更困难的地方在于，这套信息模型应该是个环面，也就是类似面包圈那样的形状，其中排列着各种图像，这些图像要能够以立体的方式浏览，也就是说，应该实现出一种走马灯式的浏览效果。同上，207。

232　同上。

233　Edward Tufte, *Envisioning Information* (Cheshire, CT: Graphics Press, 1990), 12。强调部分是原文所加。

234　Chris Schmandt, *Put That There* (Cambridge, MA: MIT, 1979), http://www.youtube.com/watch?v=0Pr2KIPQOKE.

235　Matt Bunn, "Photography Program Cut," *The Tech* (Cambridge, MA), February 25, 1983.

236　Chris Schmandt, *Put That There—Hack* (Cambridge, MA: MIT, 1980), https://www.youtube.com/watch?v=-bFBr11Vq2s.

237　Mark Poster, "Theorizing Virtual Reality: Baudrillard and Derrida," in *The Information Subject*, ed. Mark Poster and Stanley Aronowitz (London: Routledge, 2001), 117.

238　同上，118。

239　同上。

240　Andy Lippman to Michael Naimark, personal email, October 29, 2004, in Naimark, "Aspen the Verb。" Michael Naimark 是 Aspen Movie Map 项目的关键人物，其后 20 年间，他一直推进各种形式的 Movie Map 项目。我于 2012 年 2 月 19 日有幸在旧金山遇到 Naimark 并与他交谈，感谢他给我分享了这么多与 AMG 有关的事情。

241　Architecture Machine Group, "Mapping by Yourself" (Cambridge, MA: MIT), 11.

242　Architecture Machine Group, "Mapping by Yourself," 8.

243　其中含有四个地图界面项目。Sound Maps 项目用来将声音与用户的行动相同步。Fuzzy Maps 项目用来研究与不确定因素有关的显示机制，为此，它要求系统具备某种程度的智能。Transparent Maps 项目打算以另一种方式来使用 Fuzzy Maps 项目的成果，让人能够看透某物背后或下方隐藏的内容，例如某条街下方的地铁（同上，35）。从触觉方面来说，用户在浏览地图的各个部分时，可以通过指尖感受到当前区域的地形高低。从听觉方面来说，Sound Maps 会根据地图的朝向发出警告或响声，当用户详细观察某条地铁线路的时候，它甚至可以把地铁站中的嘈杂声也播放出来。从认知角度来说，这种 map（地图）可以根据用户在地图上所选择的线、点以及区域来判断其中有哪些"模糊之处"及不确定的因素，从而把已知的与未知的情况呈现给用户。此外，这几种感知模式还可以混用，比方说，当用户以三维模式查看地图时，显示设备既可以展示图像，又可以做出触觉反馈（同上，5、17）。此时，系统还可以运用动态视差制图法，让用户在不同的位置上看到不同的地图。项目的提案书举例说："如果有人报告某种特别的车辆——比如一款新型的法拉利——出现在了某个特定的位置（比如 X 街与 Y 街的路口），那么系统会评估该报告的可信程度。在这样一条报告中，地点信息可能是准确的，但基于某种原因，报告方或许不太熟悉汽车，因此，该车辆的具体类型还不能确定。"（同上，13。）根据提案书的设想，研发进入收尾阶段时，可以实现出这样的效果："用户先通过视窗以常规形式观察地图，然后移动该视窗，让它进入 full 3D（全三维）模式，以俯视整个环境，甚至还可以把屏幕竖起来以观察剖面图，从而了解地上与地下各层的情况。"（同上，17。）

244　同上，5。

245　同上，9。

246　提案书说："在军事方面，项目不仅可以帮助海军处理繁重的文档任务，而且还可以让许多用户都能够操纵它，无论这些人的水平、教育程度与气质（idiosyncrasy）如何。" idiosyncrasy 是 Negroponte 针对个性化计算所造的词。同上，60。

247　同上，10。

248　同上，13。

249　这个项目由 Negroponte 与 Bolt 督导。它是个针对美国空军装备司令部的 Rome Laboratory 所设的项目，受到 DARPA 支持。

250　250. Negroponte and Bolt, *Data Space Proposal*, 3.

251　同上，3。

252　同上。

253　同上。强调部分是原文所加。

254　同上，25～26。

255　同上，36。

256　同上，12。

257　同上。

258　同上，17。

259　同上，18。

260　John Harwood, *The Interface: IBM and the Transformation of Corporate Design*, 1945–1976 (Minneapolis: University of Minnesota Press, 2011), 10.

261　"interface, n." OED Online. December 2016. Oxford University Press, accessed January 8, 2017, http://www.oed.com/view/Entry/97747。

262　Harwood, *The Interface*, 10.

263　Andy Lippman 说，（AMG 成立之后，）许多年来，大家一直接受这样一个定义，就是说，大家都认为，交互是一种"由双方同时参与的活动，这种活动是相互的，而且双方的目标通常也是一致的，尽管有时并不如此"。Lippman 由该定义得出 5 条推论，认为这样的交互行为必须能够中断，能够在出现问题时合理地得到处理（优雅降级），能够有一定的预见能力 / 能够当场进行，而且能够给人留下一种印象，"让人觉得数据库是无限的"。Brand, *The Media Lab*, 46–48。

264　Benjamin Bratton, "Logistics of Habitable Circulation," in *Speed and Politics*, ed. Paul Virilio (Los Angeles: Semiotext(e), 2006), 16–17。强调部分是原文所加。

265　同上，17。

266　Patrick Crogan, *Gameplay Mode: War, Simulation and Technoculture* (Minneapolis: University of Minnesota Press, 2011), xv.

267　Bratton, "Logistics of Habitable Circulation," 17.

268　Brand, *The Media Lab*, 152.

269　Negroponte, *Soft Architecture Machines*, "Preface."

270　Negroponte, *The Architecture Machine*, "Preface to a Preface."

271　Negroponte, *Soft Architecture Machines*, 5.

272　Media Arts and Sciences（媒体艺术与科学）课程目前仍然放在 School of Architecture and Planning（建筑与规划学院）中。

273　Nicholas Negroponte to Julian Beinart, John de Monchaux, and Jerome B. Wiesner, February 24, 1982, "Art and Media Technology Blueprint," 2. Nicholas Negroponte Personal Papers, Cambridge, MA.

274　同上，6。

275　同上。

276　Nicholas Negroponte, *Dedication Booklet One, Draft* (MIT Media Lab), 2.

277　这个说法是 Visual Language Workshop 的联合创始人 Muriel Cooper 造出来的。Brand, *The Media Lab*, 10。

278　后面的这个版本基于一种更为复杂的理念，该理念早前是 Negroponte 在 1977 年的论文中提出的，当时他把这几个圆环标注为 Mechanical（机械的）、Video/Audio（视频 / 音频）及 Digital（数字的），并在它们的交叉之处标注了运动、机器人、creativity amplifiers"（创造力放大器）及 non-trivial games（有一定规模的游戏）等字样。Nicholas Negroponte, "The Computer in the Home: Scenario for 1985。"

279　Ithiel de Sola Pool 是 MIT 政治系的创建者与主管。他于 1984 年去世，也就是 *Technologies of Freedom* 发表之后的下一年。Negroponte 在自己的文章里提过他，但我不确定两人是否有其他合作。

280　Ithiel de Sola Pool, *Technologies of Freedom* (Cambridge, MA: Belknap Press of Harvard University Press, 1983), 23.

281　同上，58。

282　同上。

283　同上，24。De Sola Pool 尤其注意政治、商业以及美国宪法第一修正案列出的权利所带来的各种影响，而这并非 Media Lab 的关注重点（不过，有一些以高科技为中心的媒体研究组织（例如 1990 年成立的 Electronic Frontier Foundation（电子前线基金会））在关注此类问题）。

284　Negroponte, "Art and Media Technology Blueprint," 15.

285　1987 年左右，Media Lab 的赞助方主要有以下几类：汽车公司（例如 GM（通用汽车）），广播网络（ABC、NBC、CBS、PBS、HBO），电影制片厂（Warner Bros（华纳兄弟）、20th Century Fox（20 世纪福克斯）、Paramount（派拉蒙）），新闻与信息公司（*The Washington Post*（华盛顿邮报）、*The Boston Globe*（波士顿环球报）、*Asahi Shimbun*（朝日新闻）、*Time*（时代周刊）、Dow Jones（道琼斯）、Fukutake（福武）），玩具厂商（LEGO（乐高）以及日本最大的玩具制造商 Bandai（万代）），媒体技术公司（RCA、3M、Tektronix、Ampex），计算机技术公司（BBN、IBM、Apple、HP、Digital），摄影 / 胶卷公司（Polaroid（宝丽来）、Kodak（柯达）），以及日本的技术与电信公司（NHK、NEC、Sony（索尼）、Hitachi（日立）、NTT、Sanyo（三洋）、Fujitsu（富士通）、Mitsubishi（三菱）、Matsushita（松下）））。

286　Brand, *The Media Lab*, 12。1000 万美元这个数字来自 Gina Kolata, "M.I.T. Deal with Japan Stirs Fear on Competition," *New York Times*, December 19, 1990, http://www.nytimes.com/1990/12/19/us/mit-deal-with-japan-stirs-fear-on-competition.html。

287　Media Lab 在小组、资源与研究特长方面做了许多讨论，最后于 1985 年定出了下面这份小组名单，该名单来自 Brand 的 *The Media Lab* 一书。他指出，研究小组的情况在不断变化，因此，这份名单无法反映出以后的状况。由于 Brand 的这份名单比其他资料更加充实，因此我将其总结到这里。各小组的名称、赞助方、资金数量及主管都来自 Brand 的名单，总结文字是我自己写的。

　　❑ Electronic Publishing（电子出版）：电子化与个人化的图书、报纸及电视。资金 100 万美元，大多数来自 IBM。由 Walter Bender（AMG）领导。（同上，12）。

　　❑ Speech（语音）：语音识别与其他一些可以给智能电话设备带来启发的技术。资金 50 万美元，来自 DARPA 及 Nippon Telephone & Telegraph（NTT）。由 Chris Schmandt（AMG）领导（同上，50～56）。共事者包括 PBS、ABC、NBC、CBS（初期参与）、HBO、RCA、3M、

Tektronix、Ampex 及 Harris（同上，12）。

- ❑ Advanced Television Research Program（高级电视研究计划）：制定 HDTV 标准。资金 100 万美元，来自大型的电视网络与有线网络公司以及通信技术公司。由 William Schreiber 领导（同上，72～74）。

- ❑ Movies of the Future（未来电影）：将电影压缩到碟片上面（语义数据压缩）。资金 100 万美元，来自 Warner Bros、Columbia 与 Paramount。由 Andy Lippman（AMG）领导（同上，79～81）。

- ❑ The Visible Language Workshop（可视语言工作坊）：计算机、图形设计、交互式媒体。资金 25 万美元，来自 Polaroid、IBM 及 Hell。由 Muriel Cooper 及 Ron MacNeil 共同创建（MIT 出版社的标志是 MacNeil 设计的)(同上，12）。

- ❑ Spatial Imaging（空间成像）：全息摄影。资金 50 万美元，来自 DARPA 与 GM。由 Stephen Benton 领导（他在 Polaroid 公司的 Edwin Land（1909—1991）那里工作过)(同上）。

- ❑ Computers and Entertainment（计算机和娱乐）：娱乐与人工智能的结合。资金 30 万美元，其中包括 Apple 所资助的 Vivarium。由 Alan Kay 及 Marvin Minsky 领导（同上，12）。Brand 所写的书中有一章专门研究 Vivarium，按时间顺序讲述了 Alan Kay 的 Dynabook 以及 Xerox PARC 的工作，并展望了 Atari 的发展情况（它吸收了 SDMS 项目在某些方面的研究成果)(同上，95～101）。

- ❑ Animation and Computer Graphics(动画与计算机图形)：实时的计算机动画。资金 30 万美元，来自 NHK 与 Bandai。由 David Zeltzer 领导（同上，110～111）。

- ❑ Computer Music（计算机音乐）：电子音乐及人工智能，还有 Experimental Music Facility。资金 15 万美元，来自 System Development Foundation。由 Barry Vercoe 及 Tod Machover 领导（同上，107～109）。

- ❑ The School of the Future（未来学校，也叫作 Hennigan School）：小学课程中的标志，LEGO Mindstorms（乐高 Mindstorms 机器人）及计算机。资金 100 万美元，来自 IBM、LEGO、Apple、MacArthur Foundation、NSF。由 Seymour Papert 领导（同上，120～125）。

- ❑ Human–Machine Interface（人机界面）：继续关注 Media Room 与 Put That There 项目所研究的课题。资金 20 万美元，来自 DARPA、NSF、Hughes。由 Richard Bolt（AMG）领导（同上，143）。

288 Bolt 的 *The Human Interface* 一书在"Where in the World Is Information？""The Uses of Space"及"The Terminal as Milieu"等章中讲述了 Mac 的多个指挥与控制项目（其中一大批项目都是由 Schmandt、Lippman 与 Christopher Herot 领导的）（这些章节所给出的一些看法已经在本书早前提到的相关报告与论文中讨论过了）。根据 Brand 的说法，Negroponte 其实也写过一本同名的书，但只发行了日文版。奇怪的是，那书的英文原版似乎毁掉了。Brand, *The Media Lab*, 168。

289 Steve Huntley and Michiel Bos, "Pei Explains Architecture of Wiesner Building," *The Tech* (Cambridge, MA), October 4, 1985, http://tech.mit.edu/V105/PDF/V105-N39.pdf.

290 Pei Cobb Freed & Partners。有三位艺术家对 Wiesner Building 有所贡献。Richard Fleischner

设计了该建筑与周边建筑之间的场地，Scott Burton 雕饰了建筑物内外的座椅，Kenneth Noland 在从大厅延伸到楼外的墙面上绘制了名为 Here-There 的作品。https://web.archive.org/web/20150323153510/http://www.pcf-p.com/a/p/7829/s.html。

291 Huntley and Bos, "Pei Explains Architecture of Wiesner Building。" Negroponte 对贝聿铭的设计决策与建筑过程在某些方面似乎不太满意。他给 Julian Beinart、John de Monchaux 及 Jerome Wiesner 写过题为 "Art and Media Technology Blueprint" 的文字，其中说："我对这栋楼现在的样子感到困惑，这在某种程度上可能是因为我们——或许这只是我个人的想法——并不清楚当前的状况与计划，然而我们都很清楚的是，建筑场地越来越大了。"他觉得，他们应该要"开始担心建筑方面的某些问题了，在这些大的问题没有合理解决之前，还谈不上其他一些细节问题。好比说，就目前的进展来看，我们很多人都觉得这栋楼不好看，尤其是楼外人行道上方的那个拱门，在没有剧场的地方，这样设计意义不大。" Negroponte, "Art and Technology Blueprint," 12。

292 Nicholas Negroponte to Cathy Halbreich, Debbie Hoover, Ricky Leacock, William Porter, Harry Portnoy, and Jerome Wiesner, September 4, 1980, "Memorandum: The Building as Medium," title page, Nicholas Negroponte Personal Papers, Cambridge, MA.

293 Negroponte, "Memorandum," 1.

294 同上，1～2。

295 同上，2。

296 同上，2。

297 Brand, *The Media Lab*, image plate 3.

298 Negroponte, "Memorandum," 7.

299 同上，6。

300 同上，2。

301 同上。

302 同上，9。

303 同上，5、11。

304 同上，8。

305 同上。

306 Adaptive interaction、personalization（个人化）、information surround（信息环绕）、embodied interaction 以及 movie media and formats（电影的媒介与格式）依然是实验室的研究重心。Schmandt 与 Lippman 目前分别负责 Speech Recognition 与 Viral Spaces 研究小组。此外，媒体、信息、界面与建成环境之间的集成仍旧是各研究组关注的问题，这可以从 Changing Places（正在变化的地点）、Fluid Interfaces（流动的界面）、Mediated Matter（中介物）、Object-Based Media（基于对象的媒体）、Responsive Environments（响应式的环境）、Tangible Media（可触碰的媒体）、Affective Computing（情感计算）与 Information Ecology（信息生态学）这些小组名称中体现出来。

307 参见 Timothy Lenoir and Henry Lowood, "Theaters of War: The Military-Entertainment Complex,"

in *Collection, Laboratory, Theater: Scenes of Knowledge in the 17th Century*, ed. Helmar Schramm, Ludger Schwarte, and Jan Lazardzig (Berlin: Walter de Gruyter, 2005); Crogan, Gameplay Mode; and Jordan Crandall, "Operational Media," *CTHEORY*, no. a148 (2005), http://www.ctheory.net/articles.aspx?id=441。

308　Eyal Weizman, *Hollow Land: Israel's Architecture of Occupation* (London: Verso, 2007), 57.

309　De Sola Pool, *Technologies of Freedom*, 58.

310　Ulric Neisser, *Cognitive Psychology*, The Century Psychology Series (New York: Appleton-Century-Crofts, 1967).

311　同上，8。

312　Negroponte, *Soft Architecture Machines*, 5.

第 7 章

1　World Economic Forum, *Davos 2015—The Future of the Digital Economy*, https://www.youtube.com/watch?v=PjW_GSv_Qm0.

2　Mark Weiser, "The Computer for the 21st Century," *Scientific American* 265 (1991): 94.

3　Rob Kitchin and Martin Dodge, *Code/Space: Software and Everyday Life* (MIT Press, 2011), 16.

4　同上，17。

5　在一篇博客文章中，Tesla 强调，即便进入了 Autopilot 模式，司机也还是得参与驾驶才行。"司机在启用 Autopilot 时，会看到确认对话框，其中列出了一些事项。有一条是说，Autopilot 只'是一种辅助特性，它仍然要求你必须一直握住方向盘'，而且要求你在使用该模式时，'必须对车辆进行控制，并为此负责'。此外，每次进入 Autopilot 模式的时候，车辆都会提醒驾驶员，要'始终用手握住方向盘。并且要随时准备进行人工干预'。系统会频繁检查用户的手有没有握住方向盘，如果没有检测到这种情形，那么就会通过图形与声音给出警告。然后，会让车辆逐渐减速，直到它检测出用户已经握好方向盘为止。"然而，这真的是用户想要的 Autopilot 模式吗？ The Tesla Team, "A Tragic Loss," Tesla.com, June 30, 2016, https://www.tesla.com/blog/tragic-loss。

6　感谢 Kaylee White 给我提供见解，以指出自动驾驶系统与人类在价值观上可能出现的矛盾。

7　Antoine Picon, *Smart Cities: A Spatialised Intelligence—AD Primer* (John Wiley & Sons, 2015), 12.

8　Donna Jeanne Haraway, "A Cyborg Manifesto," in *Simians, Cyborgs, and Women: The Reinvention of Nature* (New York: Routledge, 1991), 149.

9　最近有一项研究检视了名为 word2vec 的词汇数据集，它是从 Google News 用来训练神经网络的文本中演化出来的。这些神经网络会探寻相关的规律，以了解某个词经常与其他哪几个词相邻。然而根据 MIT Technology Review 的说法，当微软研究院与波士顿大学的研究者看到这些规律时，他们惊呼，这简直是"赤裸裸的性别歧视"。"他们给出了足够的证据来支持这个论断……比方说，如果你提出的是 Paris: France:: Tokyo: x 这样的问题[⊖]，那么它会告诉你，x 是 Japan（日本）。然而，如果你问的是 father: doctor: mother: x（父亲是医生，母亲是＿＿＿），则它会说 x

---

　⊖　可以理解为：巴黎与法国的关系，正如东京与 ＿＿＿ 的关系。——译者注

是 nurse（护士）。同理，查询 man: computer programmer:: woman: x（男人：计算机程序员；女人：____）的结果是 x=homemaker（家庭主妇）。"研究者建议对语料库进行数学上的逆向映射，并通过 Mechanical Turk 众包系统与十个人合作，让他们判断这些词汇搭配方式存不存在偏见。如果超过半数的回答者都认为有偏见，那么就对这种搭配方式做出标注。Emerging Technology from the arXiv, "How Vector Space Mathematics Reveals the Hidden Sexism in Language," July 27, 2016, https://www.technologyreview.com/s/602025/how-vector-space-mathematics-reveals-the-hidden-sexism-in-language/。

10 Eli Pariser, *The Filter Bubble: What the Internet Is Hiding from You* (New York: Penguin, 2012).

11 Graham Dove, Jodi Forlizzi, Kim Halskov, and John Zimmerman, "UX Design Innovation: Challenges for Working with Machine Learning as a Design Material," in *Proceedings of the SIGCHI Conference on Human Factors in Computing Systems*, CHI'17 (New York: ACM, 2017).

12 Gene Kogan 写道："我对深度学习比较乐观，认为它很快就可以用于实际教学，而且很有可能是在 2016 年结束之前"参见"*Machine* Learning for Artists," *Medium*, January 3, 2016, https://medium.com/@genekogan/machine-learning-for-artists-e93d20fdb097#.yof9dfwzl。Kogan 在"Machine Learning for Interaction Design"（针对交互设计的机器学习）研讨班授课，参见 http://ciid.dk/education/summer-school/ciid-summer-school-2017-nyc/workshops/machine-learning-for-interaction-design/。Goldsmiths 学院的讲师 Rebecca Fiebrink 讲授"Machine Learning for Musicians and Artists"（针对音乐家和艺术家的机器学习）课程。参见：https://www.kadenze.com/courses/machine-learning-for-musicians-and-artists/info。

13 Elizabeth Churchill, Mike Kuniavsky, and Molly Wright Steenson, "Designing the User Experience of Machine Learning Systems," https://mikek-parc.github.io/AAAI-UX-ML/.

14 Malcolm McCullough, *Digital Ground: Architecture, Pervasive Computing, and Environmental Knowing* (Cambridge, MA: MIT Press, 2004), xii.

精选书目

这本书还受益于几个档案的使用：加拿大塞德里克普莱斯基金会蒙特利尔建筑中心、麻省理工学院在马萨诸塞州剑桥的特别馆藏、盖蒂研究所特别藏品，以及尼古拉斯·尼葛洛庞帝的私人文件。

Alexander, Christopher. *The City as a Mechanism for Sustaining Human Contact*. Berkeley: Center for Planning and Development Research, University of California, 1966.

Alexander, Christopher. "A City Is Not a Tree, Part 1." *Architectural Forum* 122, no. 4 (1965): 58–62.

Alexander, Christopher. "A City Is Not a Tree, Part 2." *Architectural Forum* 122, no. 5 (1965): 58–61.

Alexander, Christopher. *HIDECS 3: Four Computer Programs for the Hierarchical Decomposition of Systems Which Have an Associated Linear Graph*. Cambridge, MA: MIT Press, 1963.

Alexander, Christopher. *Notes on the Synthesis of Form*. Cambridge, MA: Harvard University Press, 1971.

Alexander, Christopher. "The Origins of Pattern Theory: The Future of the Theory, and the Generation of a Living World." *IEEE Software* 16, no. 5 (October 1999): 71–82.

Alexander, Christopher. "Systems Generating Systems." *Architectural Design* 38 (1968): 605–610.

Alexander, Christopher, and Peter Eisenman. "Discord over Harmony in Architecture: The Eisenman/Alexander Debate." *Harvard GSD News* 2 (1983): 12–17.

Alexander, Christopher, Sara Ishikawa, and Murray Silverstein. *A Pattern Language: Towns, Buildings, Construction*. New York: Oxford University Press, 1977.

Alexander, Christopher, Sara Ishikawa, and Murray Silverstein. *Pattern Manual (Draft)*. Berkeley: Center for Environmental Structure, University of California, 1967.

Alexander, Christopher, V. M. King, and Sara Ishikawa. *390 Requirements for the Rapid Transit Station*. Berkeley: Center for Environmental Structure, University of California, 1964.

Alexander, Christopher, and Marvin L. Manheim. *The Design of Highway Interchanges: An Example of a General Method for Analysing Engineering Design Problems*. Cambridge: Department of Civil Engineering, Massachusetts Institute of Technology, 1962.

Alexander, Christopher, and Marvin L. Manheim. *The Use of Diagrams in Highway Route Loca-*

tion: An Experiment. Cambridge: School of Engineering, Massachusetts Institute of Technology, 1962.

Alexander, Christopher, and Barry Poyner. "Atoms of Environmental Form." Paper presented at the Emerging Methods in Environmental Design and Planning; Proceedings of the Design Methods Group First International Conference, Cambridge, MA, June 1968; Cambridge, MA, 1970.

Alexander, Christopher, and Barry Poyner. *The Atoms of Environmental Structure.* Berkeley: Center for Planning and Development Research, University of California Institute of Urban and Regional Development, 1966.

Anable, Aubrey. "The Architecture Machine Group's Aspen Movie Map: Mediating the Urban Crisis in the 1970s." *Television & New Media* 13, no. 6 (2012): 498–519.

Anderson, Stanford. "Problem-Solving and Problem-Worrying." Lecture at the Architectural Association, London, March 1966; and at the ACSA, Cranbrook, Bloomfield Hills, MI, June 5, 1966.

"An Interview with the Commissioner of Curiosity and Imagination of the City That Could Be." *AIA Journal* 65, no. 4 (1976): 62–63.

Ankerson, Megan Sapnar. "How Coolness Defined the World Wide Web of the 1990s." *Atlantic*, July 15, 2014. http://www.theatlantic.com/technology/archive/2014/07/how-coolness-defined-the-world-wide-web-of-the-1990s/374443/.

Ankerson, M. S. "Writing Web Histories with an Eye on the Analog Past." *New Media & Society* 14, no. 3 (May 1, 2012): 384–400.

Antonelli, Paola. Interview with Pierre Apraxine. In *The Changing of the Avant-Garde: Visionary Architectural Drawings from the Howard Gilman Collection*, edited by Terence Riley, 147–154. New York: Museum of Modern Art, 2002.

Architecture Machine Group. *Augmentation of Human Resources in Command and Control through Multiple Man-Machine Interaction: Proposal to ARPA.* Cambridge, MA: MIT Architecture Machine Group, 1976.

Architecture Machine Group. *Computer Aids to Participatory Architecture.* Cambridge, MA: MIT Press, 1971.

Architecture Machine Group. *Mapping by Yourself.* Cambridge, MA: MIT Press, 1977.

Architecture Machine Group. "Seek, 1969–70." In *Software: Information Technology: Its New Meaning for Art*, edited by Jack Burnham, 20–23. New York: Jewish Museum, 1970.

Ashby, W. Ross. *Design for a Brain: The Origin of Adaptive Behavior.* New York: Wiley, 1960.

Baran, Paul. *On Distributed Communications Networks: I. Introduction to Distributed Communications Networks.* Santa Monica, CA: The RAND Corporation, 1964.

Bass, Thomas. "Being Nicholas." *Wired*, November 1995. https://www.wired.com/1995/11/nicholas/.

Baudrillard, Jean. *Selected Writings.* Translated by M. Poster. Stanford, CA: Stanford University

Press, 2001.

Beck, Kent, and Ward Cunningham. "Using Pattern Languages for Object-Oriented Programs," 1987. http://c2.com/doc/oopsla87.html.

Berkeley, Perry, and Richard Saul Wurman. "The Invisible City." *Architectural Forum* 136, no. 5 (May 1972): 41–42.

Binstock, Drew. "Interview with Alan Kay." *Dr. Dobb's*, July 10, 2012. http://www.drdobbs.com/ architecture-and-design/interview-with-alan-kay/240003442.

Blackwell, Alan F. "The Reification of Metaphor as a Design Tool." *ACM Transactions on Computer-Human Interaction* 13, no. 4 (2006): 490–530.

Blackwell, Alan F., and Sally Fincher. "PUX: Patterns of User Experience." *Interaction* 17, no. 2 (March 2010): 27–31. doi:10.1145/1699775.1699782.

Bolt, Richard A. "Put-That-There: Voice and Gesture at the Graphics Interface." *ACM SIGGRAPH Computer Graphics* 14 (1980): 262–270.

Bolt, Richard A. *Spatial Data-Management*. Cambridge, MA: MIT Press, 1979.

Boston Architectural Center. *Architecture and the Computer*. Boston: Boston Architectural Center, 1964.

Boullée, Etienne Louis. "Architecture, Essai sur l'Art." In *Boullée and Visionary Architecture: Including Boullée's Architecture, Essay on Art*, edited by Helen Rosenau, 119–143. London; New York: Academy Editions; Harmony Books, 1976.

Bowker, Geof. "How to Be Universal: Some Cybernetic Strategies, 1943–70." *Social Studies of Science* 23 (1993): 107–127.

Boyd, Robin. "Antiarchitecture." *Architectural Forum* 129, no. 4 (1968): 84–85.

Brand, Stewart. *The Media Lab: Inventing the Future at MIT*. New York: Viking, 1987.

Bratton, Benjamin. "Logistics of Habitable Circulation." In *Speed and Politics*, edited by Paul Virilio, 7–24. Los Angeles: Semiotext(c), 2006.

Broadbent, Geoffrey, and Anthony Ward. *Design Methods in Architecture. Architectural Association Paper*. New York: G. Wittenborn, 1969.

Brodey, Warren. "Soft Architecture: The Design of Intelligent Environments." *Landscape* 17 (1967): 8–12.

Brodey, Warren, and Nilo A. Lindgren. "Human Enhancement: Beyond the Machine Age." *IEEE Spectrum* 5 (1968): 79–97.

Brooks, Rodney. *Achieving Artificial Intelligence through Building Robots*. Cambridge, MA: MIT Artificial Intelligence Laboratory, 1986.

Buchholz, Werner, ed. "Architectural Philosophy." In *Planning a Computer System*, 5–15. New York: McGraw-Hill, 1962.

Budds, Diana. "Rem Koolhaas: 'Architecture Has a Serious Problem Today.'" *Fast Company Co.Design*, May 22, 2016. http://www.fastcodesign.com/3060135/innovation-by-design/rem-koolhaas-architecture-has-a-serious-problem-today.

Burnham, Jack. "Notes on Art and Information Processing." In *Software: Information Technology: Its New Meaning for Art*, edited by Jack Burnham, 10–14. New York: Jewish Museum, 1970.

Carse, James P. *Finite and Infinite Games*. New York: Free Press, 1986.

Chermayeff, Serge, and Christopher Alexander. *Community and Privacy: Toward a New Architecture of Humanism*. Garden City, NY: Doubleday, 1963.

Cohill, Andrew. "Information Architecture and the Design Process." In *Taking Software Design Seriously: Practical Techniques for Human-Computer Interaction Design*, edited by John Karat, 95–114. Boston: Academic Press, 1991.

Colomina, Beatriz. "On Architecture, Production and Reproduction." In *Architectureproduction: Revisions 2*. Papers on Architectural Theory and Criticism, 6–23. New York: Princeton Architectural Press, 1988.

Coole, Diana H., and Samantha Frost. *New Materialisms: Ontology, Agency, and Politics*. Durham, NC: Duke University Press, 2010.

Cornberg, Sol. "Creativity and Instructional Technology." *Architectural Design* 38, no. 5 (1968): 214–217.

Crandall, Jordan. "Operational Media." *CTHEORY* a148 (January 6, 2005). http://www.ctheory.net/articles.aspx?id=441.

Crary, Jonathan. *Techniques of the Observer: On Vision and Modernity in the Nineteenth Century*. October Books. Cambridge, MA: MIT Press, 1992.

Crogan, Patrick. *Gameplay Mode: War, Simulation and Technoculture*. Minneapolis: University of Minnesota Press, 2011.

Cunningham, Ward, and Michael W. Mehaffy. "Wiki as Pattern Language." In *Proceedings of the 20th Conference on Pattern Languages of Programs*, 32:1–32:14. PLoP '13. USA: The Hillside Group, 2013.

de Sola Pool, Ithiel. *Technologies of Freedom*. Cambridge, MA: Belknap Press of Harvard University Press, 1983.

Donelson, William C. "Spatial Management of Information." *ACM SIGGRAPH Computer Graphics* 12 (1978): 203–209.

Duffy, Francis, and John Torrey. "A Progress Report on the Pattern Language." Paper presented at the Emerging Methods in Environmental Design and Planning; proceedings of the Design Methods Group first international conference, Cambridge, MA, June 1968.

Edwards, Paul N. *The Closed World: Computers and the Politics of Discourse in Cold War America*. Cambridge, MA: MIT Press, 1996.

Evans, Robin. *Translations from Drawing to Building and Other Essays*. London: Architectural Association, 1997.

Fisher, Scott. "Viewpoint Dependent Imaging: An Interactive Stereoscopic Display." Master's thesis, MIT, 1982.

Furtado, Gonçalo. "Envisioning an Evolving Architecture: The Encounters of Gordon Pask, Cedric Price and John Frazer." PhD diss., University College London, 2008.

Galloway, Alexander R. *Protocol: How Control Exists after Decentralization*. Cambridge, MA: MIT Press, 2004.

Galloway, Alexander R., and Eugene Thacker. *The Exploit: A Theory of Networks*. Minneapolis: University of Minnesota Press, 2007.

Garrett, Jesse James. "Ajax: A New Approach to Web Applications—Adaptive Path," February 18, 2005. http://adaptivepath.org/ideas/ajax-new-approach-web-applications/.

Garrett, Jesse James. "IA Summit 09—Plenary." *Boxes and Arrows*, April 5, 2009. http://boxesandarrows.com/ia-summit-09-plenary/.

Grabow, Stephen. *Christopher Alexander: The Search for a New Paradigm in Architecture. Stocksfield, Northumberland.* Boston: Oriel Press, 1983.

Grudin, Jonathan. "Turing Maturing: The Separation of Artificial Intelligence and Human-Computer Interaction." *interactions* 13, no. 6 (September–October 2006): 54–57.

Harary, Frank, and J. Rockey. "A City Is Not a Semilattice Either." *Environment & Planning A* 8, no. 4 (1976): 375–384.

Haraway, Donna Jeanne. "A Cyborg Manifesto." In *Simians, Cyborgs, and Women: The Reinvention of Nature*, 149–181. New York: Routledge, 1991.

Harwood, John. *The Interface: IBM and the Transformation of Corporate Design, 1945–1976*. Minneapolis: University of Minnesota Press, 2011.

Haugeland, John. *Artificial Intelligence: The Very Idea*. Cambridge, MA: MIT Press, 1985.

Hayles, N. Katherine. *How We Became Posthuman: Virtual Bodies in Cybernetics, Literature, and Informatics*. Chicago: University of Chicago Press, 1999.

Hayles, N. Katherine. *My Mother Was a Computer: Digital Subjects and Literary Texts*. Chicago: University of Chicago Press, 2005.

Herot, Christopher F. "Graphical Conversation Theory Proposal (Appendix)." In *Self-Disclosing Trainers: Proposal to the Army Research Office*, n.p. Cambridge, MA: MIT Architecture Machine Group, 1977.

Herot, Christopher F., Richard Carling, Mark Friedell, and David Kramlich. "A Prototype Spatial Data Management System." *ACM SIGGRAPH Computer Graphics* 14 (1980): 63–70.

Herot, Christopher F., and Guy Weinzapfel. "One-Point Touch Input of Vector Information for Computer Displays." *ACM SIGGRAPH Computer Graphics* 12, no. 3 (1977): 201–216.

Horn, Robert E. "Information Design: The Emergence of a New Profession." In *Information Design*, edited by Robert Jacobson, 15–34. Cambridge, MA: MIT Press, 1999.

Huizinga, Johan. *Homo Ludens: A Study of the Play Element in Culture*. London: Maurice Temple Smith, 1970.

Johnston, John. *The Allure of Machinic Life: Cybernetics, Artificial Life, and the New AI*. Cambridge, MA: MIT Press, 2008.

Karan, Pradyumna Prasad. "The Pattern of Indian Towns: A Study in Urban Morphology." *Journal of the American Institute of Planners* 23, no. 2 (1957): 70–75.

Katz, Barry M. *Make It New: A History of Silicon Valley Design*. Cambridge, MA: MIT Press, 2015.

Kay, Alan. "Personal Computing." In *Meeting on 20 Years of Computer Science*. Pisa, Italy: Istituto di Elaborazione della Informazione, 1975. https://mprove.de/diplom/gui/Kay75.pdf.

Keller, Sean. "Fenland Tech: Architectural Science in Postwar Cambridge." *Grey Room* 23 (2006): 40–65.

Keller, Sean. "Systems Aesthetics: Architectural Theory at the University of Cambridge, 1960–75." PhD diss., Harvard University, 2005.

Kitchin, Rob, and Martin Dodge. *Code/space: Software and Everyday Life*. Cambridge, MA: MIT Press, 2011.

Kittler, Friedrich A. *Optical Media: Berlin Lectures 1999*. Cambridge: Polity, 2010.

Klyn, Dan. "Make Things Be Good: Five Essential Lessons from the Life and Work of Richard Saul Wurman, UX Week 2013." Accessed July 18, 2016. http://2014.uxweek.com/videos/ux-week-2013-dan-klyn-make-things-be-good-five-essential-lessons-from-the-life-and-work-of-richard-saul-wurman.

Koffka, Kurt. *Principles of Gestalt Psychology*. International Library of Psychology, Philosophy and Scientific Method. New York: Harcourt, Brace and Company, 1935.

Landau, Royston. "An Architecture of Enabling—the Work of Cedric Price." *AA Files* 8 (Spring 1985): 3–7.

Landau, Royston. "Methodology of Scientific Research Programmes." In *Changing Design*, edited by Barrie Evans, James Powell, and Reg Talbot, 302–309. New York: Wiley, 1982.

Landau, Royston. *New Directions in British Architecture*. New York: G. Braziller, 1968.

Landau, Royston. "A Philosophy of Enabling." In *The Square Book*, edited by Cedric Price, 9–15. London: Architectural Association, 1984.

Landau, Royston. "Toward a Structure for Architectural Ideas." *Arena: The Architectural Association Journal* 81, no. 893 (June 1965): 7–11.

Lenoir, Timothy, and Henry Lowood. "Theaters of War: The Military-Entertainment Complex." In *Collection, Laboratory, Theater: Scenes of Knowledge in the 17th Century*, edited by Helmar Schramm, Ludger Schwarte, and Jan Lazardzig, 427–456. Berlin: Walter de Gruyter, 2005.

Licklider, J. C. R. "Man-Computer Symbiosis." *IRE Transactions on Human Factors in Electronics* HFE 1 (1960): 4–11.

Lindgren, Nilo A. "Human Factors in Engineering, Part I: Man in the Man-Made Environment." *IEEE Spectrum* 3 (1966): 132–139.

Llach, Daniel Cardoso. *Builders of the Vision: Software and the Imagination of Design*. London: Routledge, 2015.

Lobsinger, Mary Louise. "Cybernetic Theory and the Architecture of Performance: Cedric Price's Fun Palace." In *Anxious Modernisms: Experimentation in Postwar Architectural Culture*, edited by Sarah William Goldhagen and Réjean Legault, 199–140. Cambridge, MA: MIT Press, 2000.

Lobsinger, Mary Louise. "Programming Program: Cedric Price's Inter-Action Center." *werk, bauen+wohnen* 94, no. 12 (2007): 38–45.

Manovich, Lev. *The Language of New Media*. Cambridge, MA: MIT Press, 2002.

March, Lionel. "The Logic of Design and the Question of Value." In *The Architecture of Form*, edited by Lionel March, 1–40. Cambridge: Cambridge University Press, 1976.

Martin, William. *Network Planning for Building Construction*. London: Heinemann, 1969.

Marwick, Alice E. *Status Update: Celebrity, Publicity, and Branding in the Social Media Age*. New Haven, CT: Yale University Press, 2013.

Massanari, Adrienne. "In Context: Information Architects, Politics, and Interdisciplinarity." PhD diss., University of Washington, 2007.

Mathews, Stanley. "An Architecture for the New Britain: The Social Vision of Cedric Price's Fun Palace and Potteries Thinkbelt." PhD diss., Columbia University, 2003.

Mathews, Stanley. "Cedric Price as Anti-Architect." In *Architecture and Authorship*, edited by Tim Anstey, Katja Grillner, and Rolf Hughes, 142–147. London: Black Dog, 2007.

Mathews, Stanley. *From Agit-Prop to Free Space: The Architecture of Cedric Price*. London: Black Dog, 2007.

Mathews, Stanley. "The Fun Palace as Virtual Architecture: Cedric Price and the Practices of Indeterminacy." *Journal of Architectural Education* 59 (2006): 39–48.

Maturana, Humberto R., and Francisco J. Varela. *Autopoiesis and Cognition: The Realization of the Living*. Boston: D. Reidel, 1980.

McCarthy, Anna. "From Screen to Site: Television's Material Culture, and Its Place." *October* 98 (Fall 2001): 93–111.

McColough, C. Peter. "Searching for an Architecture of Information." Paper presented at the New York Society of Security Analysts, New York, March 3, 1970.

McCullough, Malcolm. *Digital Ground: Architecture, Pervasive Computing, and Environmental Know-*

ing. Cambridge, MA: MIT Press, 2004.

Minsky, Marvin. "Steps toward Artificial Intelligence." *Proceedings of the I.R.E.* 49, no. 1 (1961): 8–30.

Minsky, Marvin, and Seymour Papert. *Artificial Intelligence Progress Report*. Cambridge, MA: MIT Artificial Intelligence Lab, 1972.

Minsky, Marvin, and Seymour Papert. *Proposal to ARPA for Research on Artificial Intelligence at MIT, 1970–1971*. Cambridge, MA: MIT Artificial Intelligence Lab, 1970.

MIT. *Course and Degree Programs*. Cambridge, MA: MIT Press, 1972.

MIT. *Course and Degree Programs*. Cambridge, MA: MIT Press, 1977.

MIT. *MIT Report to the President*. Cambridge, MA: MIT Press, 1968.

MIT. *MIT Report to the President*. Cambridge, MA: MIT Press, 1980.

Moggridge, Bill. *Designing Interactions*. Cambridge, MA: MIT Press, 2007.

Mohl, Robert. "Cognitive Space in the Interactive Movie Map: An Investigation of Spatial Learning in Virtual Environments." PhD diss., MIT, 1981.

Moreno, Jacob. "Sociometry in Relation to Other Social Sciences." *Sociometry* 1, no. 1/2 (1937): 206–219.

My. "Lifeboat #5: Richard Saul Wurman." *Journal of Information Architecture* 3, no. 2. http://journalofia.org/volume3/issue2/02-my/.

My. *What Do We Use for Lifeboats When the Ship Goes Down?* New York: Harper & Row, 1976.

Negroponte, Nicholas. *The Architecture Machine*. Cambridge, MA: MIT Press, 1970.

Negroponte, Nicholas. "The Architecture Machine." *Computer Aided Design* 7 (1975): 190–195.

Negroponte, Nicholas. *Being Digital*. New York: Alfred A. Knopf, 1995.

Negroponte, Nicholas. "Books without Pages." 1979. Nicholas Negroponte Personal Papers, Cambridge, MA.

Negroponte, Nicholas. "The Computer in the Home: Scenario for 1985." Architecture Machine Group, Cambridge, MA: MIT, 1977.

Negroponte, Nicholas. "The Computer Simulation of Perception during Motion in the Urban Environment." Master's thesis, MIT, 1966.

Negroponte, Nicholas. *Dedication Booklet One, Draft*. Cambridge, MA: MIT Media Lab, 1984.

Negroponte, Nicholas. *Media Room*. Cambridge, MA: MIT Press, 1978.

Negroponte, Nicholas. "Recent Advances in Sketch Recognition." *Proceedings of the June 4–8, 1973, National Computer Conference and Exposition*, 663–675. New York: ACM, 1973.

Negroponte, Nicholas. *The Return of the Sunday Painter, or the Computer in the Visual Arts*. Manuscript, 1976. Nicholas Negroponte Personal Papers, Cambridge, MA.

Negroponte, Nicholas. *The Semantics of Architecture Machines.* Architectural Forum 133, no. 3, October 1970, 38–41.

Negroponte, Nicholas. "Sketching: A Computational Paradigm for Personalized Searching." *Journal of Architectural Education* 29 (1975): 26–29. Reprint. Nicholas Negroponte Personal Papers, Cambridge, MA.

Negroponte, Nicholas. *Soft Architecture Machines.* Cambridge, MA: MIT Press, 1975.

Negroponte, Nicholas. "Systems of Urban Growth." Bachelor's thesis, MIT, 1965.

Negroponte, Nicholas, and Richard A. Bolt. *Data Space Proposal to the Cybernetics Technology Office, Defense Advanced Research Projects Agency.* Cambridge, MA: MIT Press, 1978. Nicholas Negroponte Personal Papers, Cambridge, MA.

Negroponte, Nicholas, and Leon Groisser. *URBAN2.* Cambridge, MA: IBM Scientific Center, 1967. Nicholas Negroponte Personal Papers, Cambridge, MA.

Negroponte, Nicholas, Leon Groisser, and James Taggart. "HUNCH: An Experiment in Sketch Recognition." 1971. Nicholas Negroponte Personal Papers, Cambridge, MA.

Nelson, Ted M. *Computer Lib/Dream Machines.* Chicago: Theodor H. Nelson, 1974.

Newell, Allen, J. C. Shaw, and Herbert A. Simon. *Report on a General Problem-Solving Program.* Santa Monica, CA: RAND Corporation, 1959.

Norberg, Arthur L. *An Interview with Terry Allen Winograd.* Charles Babbage Institute, Center for the History of Information Processing, University of Minnesota, 1991.

Norberg, Arthur, Judy O'Neill, and Kerry Freedman. *Transforming Computer Technology: Information Processing for the Pentagon, 1962–1986.* Baltimore, MD: Johns Hopkins University Press, 1996.

O'Doherty, Brian. *Object and Idea.* New York: Simon and Schuster, 1967.

Pangaro, Paul. "Thoughtsticker 1986: A Personal History of Conversation Theory in Software, and Its Progenitor Gordon Pask." *Kybernetes* 30, no. 5/6 (2001): 790–805.

Pask, Gordon. "The Architectural Relevance of Cybernetics." *Architectural Design* 39, no. 7 (1969): 494–496.

Pask, Gordon. "Aspects of Machine Intelligence." In *Soft Architecture Machines*, edited by Nicholas Negroponte, 6–31. Cambridge, MA: MIT Press, 1975.

Pask, Gordon. "A Comment, a Case History and a Plan." In *Cybernetics, Art, and Ideas*, edited by Jasia Reichardt, 76–99. Greenwich, CT: New York Graphic Society, 1971.

Passonneau, Joseph R., and Richard Saul Wurman. *Urban Atlas: 20 American Cities, a Communication Study Notating Selected Urban Data at a Scale of 1:48,000.* St. Louis, MO: Western Print and Lithographing, 1966.

Picon, Antoine. "From 'Poetry of Art' to Method: The Theory of Jean-Nicolas-Louis Durand." In

Jean-Nicolas-Louis Durand: Précis of the Lectures on Architecture: With Graphic Portion of the Lectures on Architecture, 1–68. Los Angeles: Getty Publications, 2000.

Picon, Antoine. *Smart Cities: A Spatialised Intelligence—AD Primer*. John Wiley & Sons, 2015.

Pólya, George. *How to Solve It: A New Aspect of Mathematical Method*. Princeton, NJ: Princeton University Press, 1945.

Portola Institute. *The Last Whole Earth Catalog: Access to Tools*. Menlo Park, CA: Portola Institute, 1971.

Poster, Mark. "Theorizing Virtual Reality: Baudrillard and Derrida." In *The Information Subject*, edited by Mark Poster and Stanley Aronowitz, 117–138. London: Routledge, 2001.

Price, Cedric. "Atom: Design for New Learning for a New Town." *Architectural Design* 5 (May 1968): 232–235.

Price, Cedric. "Cedric Price Supplement #1." *Architectural Design* 40 (October 1970): 507–522.

Price, Cedric. "Cedric Price Supplement #3." *Architectural Design* 41 (June 1971): 353–369.

Price, Cedric. "Cedric Price Talks at the AA." *AA Files* 19 (1990): 27–34.

Price, Cedric. "Potteries Thinkbelt." *New Society* 7, no. 192 (June 1966): 14–17.

Price, Cedric. "Self-Pace Public Skill and Information Hive." *Architectural Design* 38, no. 5 (1968): 237–239.

Price, Cedric. *The Square Book*. London: Architectural Association, 1984.

Price, Cedric, Hans-Ulrich Obrist, Arata Isozaki, Patrick Keiller, and Rem Koolhaas. *Re-CP*. Basel: Birkhäuser, 2003.

Quattlebaum, Patrick. "A Conversation with Dan Klyn: Richard Saul Wurman & IA for UXers—Adaptive Path." http://adaptivepath.org/ideas/a-conversation-with-dan-klyn-richard-saul-wurman-and-ia-for-uxers/.

Resmini, Andrea, and Luca Rosati. "A Brief History of Information Architecture." *Journal of Information Architecture* 3, no. 2 (2012). http://journalofia.org/volume3/issue2/03-resmini/jofia-0302-03-resmini.pdf.

Romanycia, Marc H. J., and Francis Jeffry Pelletier. "What Is a Heuristic?" *Computational Intelligence* 1 (1985): 47–58.

Rosenfeld, Louis. "Design—Structure and Effectiveness." *Web Review* (Archive.org), November 27, 1996. https://web.archive.org/web/19961127163741/http://webreview.com/95/08/17/design/arch/aug17/index.html.

Rosenfeld, Louis, and Peter Morville. *Information Architecture for the World Wide Web*. 1st ed. Sebastopol, CA: O'Reilly, 1998.

Sanoff, Henry, and Sidney Cohn, and the Environmental Design Research Association. *EDRA 1/1970: Proceedings of the 1st Annual Environmental Design Research Association Conference*. Chapel Hill, NC: EDRA, 1970.

Schmandt, Chris. *Put That There*. Cambridge, MA: MIT Press, 1979.

Shanken, Edward. "The House That Jack Built: Jack Burnham's Concept of 'Software' as a Metaphor for Art." *Leonardo Electronic Almanac* 6 (1998). http://www.artexetra.com/House.html.

Shields, Rob. *The Virtual*. London: Routledge, 2003.

Simon, Herbert A. *The Sciences of the Artificial*. Cambridge, MA: MIT Press, 1996.

Smith, Douglas K., and Robert C. Alexander. *Fumbling the Future: How Xerox Invented, Then Ignored, the First Personal Computer*. New York: W. Morrow, 1988.

Summerson, John. "The Case for a Theory of Modern Architecture." In *Architecture Culture, 1943–1968: A Documentary Anthology*, edited by Joan Ockman and Edward Eigen, 226–236. New York: Rizzoli, 1993.

Sutherland, Ivan. "The Ultimate Display." In *Multimedia: From Wagner to Virtual Reality*, edited by Randall Packer and Ken Jordan, 253–257. New York: W. W. Norton, 2001.

Taggart, James. "Reading a Sketch by HUNCH." Bachelor's thesis, MIT, 1973.

Thacker, Eugene. "Foreword: Protocol Is as Protocol Does." In *Protocol: How Control Exists after Decentralization*, edited by Alexander R. Galloway, xi–xxii. Cambridge, MA: MIT Press, 2004.

Thompson, D'Arcy Wentworth. *On Growth and Form*. Cambridge: Cambridge University Press, 1917.

Tuan, Yi-Fu. *Space and Place: The Perspective of Experience*. Minneapolis: University of Minnesota Press, 2001.

Tufte, Edward. *Envisioning Information*. Cheshire, CT: Graphics Press, 1990.

Turing, Alan. "Computing Machinery and Intelligence." *Mind* 59 (1950): 433–460.

Turner, Fred. "Why Study New Games?" *Games and Culture* 1, no. 1 (2006): 107–110.

Umpleby, Stuart. "Heinz Von Foerster and the Mansfield Amendment." *Cybernetics & Human Knowing* 10, no. 3/4 (2003): 187–190.

Upitis, Alise. "Nature Normative: The Design Methods Movement, 1944–1967." PhD diss., MIT, 2008.

Vardouli, Theodora. "Design-for-Empowerment-for-Design: Computational Structures for Design Democratization." Master's thesis, MIT, 2012.

Virilio, Paul, and Sylvère Lotringer. *Pure War*. Foreign Agents Series. Los Angeles: Semiotext(e), 2008.

Vismann, Cornelia. *Files: Law and Media Technology*. Stanford, CA: Stanford University Press, 2008.

Wasserman, Stanley, and Katherine Faust. *Social Network Analysis: Methods and Applications*. Structural Analysis in the Social Sciences. Cambridge: Cambridge University Press, 1994.

Weitzman, Louis Murray. "The Architecture of Information: Interpretation and Presentation of Information in Dynamic Environments." PhD diss., MIT, 1995.

Weizenbaum, Joseph. "ELIZA—a Computer Program for the Study of Natural Language Communication between Man and Machine." *Communications of the ACM* 9, no. 1 (1966): 36–45.

Weizman, Eyal. *Hollow Land: Israel's Architecture of Occupation*. London: Verso, 2007.

Wiener, Norbert. *Cybernetics: Or, Control and Communication in the Animal and the Machine*. Cambridge, MA: Technology Press, 1948.

Wiener, Norbert. *Cybernetics: Or, Control and Communication in the Animal and the Machine*. Cambridge, MA: MIT Press, 1961.

Wiener, Norbert. *The Human Use of Human Beings: Cybernetics and Society*. Boston: Houghton Mifflin, 1954.

Wigley, Mark, and Howard Shubert. "Il Fun Palace di Cedric Price=Cedric Price's Fun Palace." *Domus* 866 (2004): 14–23.

Wildes, Karl L., and Nilo Lindgren. *A Century of Electrical Engineering and Computer Science at MIT, 1882–1982*. Cambridge, MA: MIT Press, 1985.

Winograd, Terry. *Bringing Design to Software*. New York; Reading, MA: ACM Press; Addison-Wesley, 1996.

Winograd, Terry. "Procedures as a Representation for Data in a Computer Program for Understanding Natural Language." PhD diss., MIT, 1971.

Winograd, Terry. "What Can We Teach About Human-Computer Interaction? (Plenary Address)." In *Proceedings of the SIGCHI Conference on Human Factors in Computing Systems*, 443–448. CHI '90. New York: ACM, 1990.

Winston, Patrick. "Learning Structural Descriptions from Examples." PhD diss., MIT, 1970.

Wodtke, Christina. "Towards a New Information Architecture: The Rise and Fall and Rise of a Necessary Discipline." *Medium*, February 16, 2014. https://medium.com/goodux-badux/towards-a-new-information-architecture-f38b5cc904c0#.f4gqifdrx.

Wolf, Gary. "The Wurmanizer." *Wired*, February 2002. http://www.wired.com/2000/02/wurman/.

Wurman, Richard Saul. "An American City: The Architecture of Information." Convention brochure. Washington, DC: AIA, 1976.

Wurman, Richard Saul. *Cities—Comparisons of Form and Scale: Models of 50 Significant Towns and Cities to the Scale of 1:43,200 or 1"=3,600'*. Philadelphia: Joshua Press, 1974.

Wurman, Richard Saul. "Hats." *Design Quarterly*, no. 145 (1989). Minneapolis, MN: MIT Press for the Walker Art Center.

Wurman, Richard Saul. *Information Anxiety*. 1st ed. New York: Doubleday, 1989.

Wurman, Richard Saul. *Information Anxiety 2*. Indianapolis: Que, 2001.

Wurman, Richard Saul. *Information Architects*. Edited by P. Bradford. Zurich, Switzerland: Graphis Press, 1996.

Wurman, Richard Saul. "Making the City Observable." *Design Quarterly* 80 (1971): 1–96.

Wurman, Richard Saul. *33: Understanding Change and the Change in Understanding.* 1st ed. Norcross, GA: Greenway Communications, 2009.

Wurman, Richard Saul, and Joel Katz. "Beyond Graphics: The Architecture of Information." *AIA Journal* 64, no. 10 (1975): 45–46.

Wurman, Richard Saul, and Scott W. Killinger. "Visual Information Systems." *Architecture Canada* 44, no. 3 (March 1967): 37–38, 44.